"十三五"普通高等教育规划教材

光电子器件

（第3版）

汪贵华　编著

国防工业出版社

·北京·

内 容 简 介

本书着重讲授光电子探测与成像器件的基础理论和基本知识。主要内容有：半导体光电探测器、光电倍增管、微光像增强器、真空摄像管、CCD 和 CMOS 成像器件、致冷和非致冷红外成像器件、紫外成像器件、X 射线成像器件。

本书适合电子科学与技术、光电子技术、物理电子学等专业本科生作为教材使用，也可供相近专业的研究生阅读，同时可供从事光电子器件研究和从事光电子技术的技术人员参考。

图书在版编目(CIP)数据

光电子器件 / 汪贵华编著 .—3 版 .—北京：国防工业出版社，2020.10
ISBN 978-7-118-12173-5

Ⅰ.①光… Ⅱ.①汪… Ⅲ.①光电器件 Ⅳ.①TN15

中国版本图书馆 CIP 数据核字(2020)第 193215 号

※

国防工业出版社出版发行
(北京市海淀区紫竹院南路 23 号　邮政编码 100048)
三河市天利华印刷装订有限公司印刷
新华书店经售

*

开本 787×1092　1/16　印张 22½　字数 520 千字
2020 年 10 月第 3 版第 1 次印刷　印数 1—4000 册　定价 58.00 元

(本书如有印装错误，我社负责调换)

国防书店：(010)88540777　　书店传真：(010)88540776
发行业务：(010)88540717　　发行传真：(010)88540762

前　言

光电子器件是光电子技术的关键和核心部件，是现代光电技术与微电子技术的前沿研究领域，是信息技术的重要组成部分。光电子器件的范围很广，本书将主要介绍光电探测器件和光电成像器件。目前，光电子器件发展十分迅猛，不断采用新技术、利用新材料、研究新原理、开发新产品，各种新型器件不断涌现、器件性能不断提高。从可见光探测向微光、红外、紫外、X射线探测的器件，其探测范围从 γ 射线至远红外甚至到亚毫米波段的广阔的光谱区域，其探测元从点探测到多点探测至二维成像器件，像元数越来越多，分辨本领越来越大。通过微光学机械电子技术的集成工艺，光电子器件的体积越来越小，集成度越来越高，各种新型固体成像器件不断被开发成功，在很多方面代替了传统的真空光电器件。随着光信息技术的需求，探测器频率响应不断被提高。

光电子器件应用范围十分广阔，如家用摄像机、手机相机、夜视眼镜、微光摄像机、光电瞄具、红外探测、红外制导、红外遥感、指纹探测、导弹探测、医学检测和透视等，从军用产品扩展到民用产品，其使用范围难以胜数，是一个巨大的产业。

本书从光电转换机理入手，详细地分析光电探测器和成像器件的理论、原理、结构、特性、应用，系统地阐述了光电探测和成像器件的基本体系。该课程能较大程度地提高读者的理论和基础知识，能使读者系统、全面地掌握光电探测与成像技术的精髓，提高专业水平和能力，更好地适应现代科技的发展以及社会对专业人才的需求。

该书稿在南京理工大学使用了十多年，且经过二十多年的课程建设，多次修改得以完成第3版。与第2版相比，第3版增加了一些理论基础知识，这对于完善其体系是十分必要的。该课程的信息量十分巨大，题材广泛，技术性强，涉及大量的基础知识和理论。虽然经过近三十年的课程教授和内容补充，然而受编者水平和精力的限制，尚有许多器件和相关知识没有被涉及，还需要深化和完善。虽然经过师生的长期应用和订正，但是书中难免存在错误以及不足，恳请读者给予指正，提出意见，以供改进。

本书的第3版得到了南京理工大学教务处教材项目的支持，特此表示感谢！在第3版的修订中，吴睿喆和张舒淼同学进行了资料收集、公式验算和绘图的工作，在此向两位同学表示感谢！本书的课件可在国防工业出版社网站"资源下载"栏目下载，编者将保持更新。编者的邮箱是 ghwang@njust.edu.cn。编者愿意与读者交流，以共同进步和提高。

编著者

2020年10月

目 录

绪论 ………………………………… 1
第1章 光电导探测器 …………… 12
1.1 光电子器件的基本特性 …… 12
　1.1.1 光谱响应率和响应率 … 12
　1.1.2 最小可探测辐射功率和探测率 …………… 16
　1.1.3 光吸收系数 …………… 17
　1.1.4 光生载流子的复合 …… 19
1.2 光电导探测器原理 ………… 23
　1.2.1 光电导效应 …………… 23
　1.2.2 光电导电流 …………… 25
　1.2.3 光电导增益 …………… 26
　1.2.4 光电导灵敏度 ………… 27
　1.2.5 光电导惰性和响应时间 ………………… 27
　1.2.6 光电导的光谱响应特性 ………………… 29
　1.2.7 电压响应率 …………… 31
　1.2.8 探测率 D_λ^* ………… 33
1.3 光敏电阻 …………………… 35
　1.3.1 光敏电阻的结构 ……… 35
　1.3.2 光敏电阻的特性 ……… 36
练习题 …………………………… 39
第2章 结型光电探测器 ………… 41
2.1 光生伏特效应 ……………… 41
　2.1.1 PN 结 ………………… 41
　2.1.2 PN 结电压电流公式 … 43
　2.1.3 PN 结光生伏特效应 … 45
　2.1.4 光照平行结的定态情况 ………………… 46
　2.1.5 光照垂直于 PN 结的定态情况 ………… 48
　2.1.6 光照垂直于 NP 结的定态情况 ………… 49
2.2 光电池 ……………………… 51
　2.2.1 光电池的结构 ………… 51
　2.2.2 光电池的电流与电压 … 52
　2.2.3 光电池的主要特性 …… 53
2.3 光电二极管 ………………… 56
　2.3.1 PN 结型光电二极管 … 57
　2.3.2 PIN 型光电二极管 …… 61
　2.3.3 雪崩光电二极管 ……… 64
2.4 光电三极管 ………………… 73
　2.4.1 光电三极管结构和工作原理 ………………… 73
　2.4.2 光电三极管的主要性能参数 ………………… 74
练习题 …………………………… 75
第3章 光电阴极与光电倍增管 … 77
3.1 光电发射过程 ……………… 77
　3.1.1 外光电效应 …………… 77
　3.1.2 金属的光谱响应 ……… 78
　3.1.3 半导体光电发射过程 … 78
　3.1.4 实用光电阴极 ………… 81
3.2 负电子亲和势光电阴极 …… 83
　3.2.1 负电子亲和势光电阴极的原理 ……………… 84
　3.2.2 NEA 光电阴极中的电子传输过程 ………… 85
　3.2.3 NEA 阴极的量子产额 ………………… 85
　3.2.4 负电子亲和势阴极的工艺及结构 ………… 89
3.3 真空光电管 ………………… 91
　3.3.1 真空光电管工作原理 … 91
　3.3.2 真空光电管的主要

特性……………………… 91
3.4 光电倍增管……………………… 93
　3.4.1 光电倍增管结构和工作原理……………………… 94
　3.4.2 光电倍增管主要特性和参数……………………… 98
　3.4.3 光电倍增管的供电电路……………………… 103
练习题……………………… 105

第4章 微光像增强器……………………… 106
4.1 像管的基本原理和结构……………………… 106
　4.1.1 光电阴极……………………… 107
　4.1.2 电子光学系统……………………… 107
　4.1.3 荧光屏……………………… 111
　4.1.4 光学纤维面板……………………… 112
4.2 像管主要特性分析……………………… 113
　4.2.1 像管的光谱响应特性……………………… 113
　4.2.2 像管的增益特性……………………… 118
　4.2.3 像管的光传递特性……………………… 120
　4.2.4 像管的背景特性……………………… 121
　4.2.5 像管的传像特性……………………… 122
　4.2.6 像管的时间响应特性……………………… 123
　4.2.7 空间分辨特性……………………… 123
4.3 红外变像管……………………… 130
　4.3.1 玻璃管型的红外变像管……………………… 130
　4.3.2 金属型红外变像管……………………… 131
4.4 第一代微光像增强器……………………… 132
4.5 微通道板……………………… 134
　4.5.1 通道电子倍增器……………………… 134
　4.5.2 微通道板的增益特性……………………… 135
　4.5.3 电流传递特性……………………… 137
　4.5.4 微通道板的噪声……………………… 138
　4.5.5 微通道板的噪声因子……………………… 139
4.6 第二代微光像增强器……………………… 141
　4.6.1 近贴式 MCP 像增强器……………………… 141
　4.6.2 静电聚焦式 MCP 像增强器……………………… 142
　4.6.3 第二代微光像增强器的优点……………………… 143
　4.6.4 第二代微光像增强器的缺点……………………… 143
4.7 第三代微光像增强器……………………… 144
4.8 第四代微光像增强器……………………… 147
练习题……………………… 149

第5章 摄像管……………………… 150
5.1 摄像管的工作方式……………………… 150
5.2 摄像管的性能指标与评定……………………… 151
　5.2.1 摄像管的灵敏度……………………… 152
　5.2.2 摄像管的光电转换……………………… 153
　5.2.3 摄像管的分辨率……………………… 154
　5.2.4 摄像管的惰性……………………… 157
　5.2.5 摄像管的灰度……………………… 158
5.3 氧化铅光电导视像管……………………… 158
　5.3.1 氧化铅靶结构……………………… 158
　5.3.2 视像管的结构……………………… 159
　5.3.3 视像管的工作原理……………………… 160
　5.3.4 氧化铅视像管特性……………………… 162
练习题……………………… 163

第6章 CCD 和 CMOS 成像器件……………………… 164
6.1 电荷耦合器件的基本原理……………………… 164
　6.1.1 MOS 结构特征……………………… 164
　6.1.2 CCD 的势阱深度和存储电荷能力……………………… 166
　6.1.3 电荷耦合原理……………………… 168
　6.1.4 电荷耦合的机理……………………… 169
6.2 电荷耦合器件基本结构……………………… 172
　6.2.1 转移电极结构……………………… 172
　6.2.2 转移信道结构……………………… 175
　6.2.3 通道的横向限制……………………… 177
　6.2.4 输入结构……………………… 178
　6.2.5 输出结构……………………… 179
6.3 CCD 的主要特性……………………… 181
6.4 电荷耦合成像器件……………………… 184
　6.4.1 线阵电荷耦合成像

V

　　　　器件 …………………… 184
　6.4.2　面阵电荷耦合成像器件
　　　　（ACCID）………………… 186
　6.4.3　两种面型结构成像器件
　　　　的比较 ………………… 189
　6.4.4　扫描方式与读出转移
　　　　动作 …………………… 190
6.5　彩色 CCD 成像器件 ………… 193
6.6　CMOS 型成像器件的结构与
　　原理 ………………………… 197
　6.6.1　PN 结光电二极管
　　　　方式 …………………… 197
　6.6.2　MOS 光电门方式 …… 199
　6.6.3　掩埋型光电二极管
　　　　方式 …………………… 200
6.7　CMOS 彩色成像器件 ………… 202
6.8　CMOS 与 CCD 图像器件的
　　比较 ………………………… 205
练习题 ………………………………… 210

第7章　致冷型红外成像器件 ……… 212
7.1　SPRITE 红外探测器 ………… 212
　7.1.1　碲镉汞的性质 ………… 212
　7.1.2　SPRITE 探测器的工作
　　　　原理与结构 …………… 213
　7.1.3　SPRITE 探测器的
　　　　响应率 ………………… 217
7.2　红外焦平面阵列的结构和
　　工作原理 …………………… 220
　7.2.1　红外探测的原理 ……… 220
　7.2.2　红外焦平面阵列
　　　　特点 …………………… 220
　7.2.3　红外焦平面阵列的
　　　　材料 …………………… 221
　7.2.4　混合式 IRFPA 之倒装式
　　　　结构 …………………… 222
　7.2.5　混合式 IRFPA 之 Z 平面
　　　　结构 …………………… 223
　7.2.6　单片式阵列之 PtSi 肖特
　　　　基势垒 IRFPA ………… 224
　7.2.7　单片式阵列之异质结

　　　　探测元 IRFPA ………… 228
　7.2.8　单片式阵列之 MIS 像元
　　　　IRFPA ………………… 228
　7.2.9　准单片式阵列结构…… 229
7.3　IRFPA 的性能参数 ………… 229
　7.3.1　光伏型红外探测器的
　　　　电压响应率 …………… 230
　7.3.2　光伏型红外探测器的
　　　　噪声和探测率 ………… 233
　7.3.3　光子探测器的背景
　　　　辐射限制 ……………… 235
　7.3.4　IRFPA 的其它特性
　　　　简述 …………………… 239
7.4　红外成像器件与材料的制备 … 241
　7.4.1　材料制备技术 ………… 241
　7.4.2　衬底的选择与制备 …… 243
　7.4.3　PN 结的制作 ………… 244
练习题 ………………………………… 245

第8章　微测辐射热计红外成像器件 … 246
8.1　热探测器的基本原理 ………… 246
　8.1.1　热探测器的基本
　　　　原理 …………………… 246
　8.1.2　热探测器的温度噪声
　　　　限制 …………………… 248
8.2　微测辐射热计的工作原理 …… 249
　8.2.1　微测辐射热计的工作
　　　　模式 …………………… 249
　8.2.2　微测辐射热计的工作
　　　　原理 …………………… 251
8.3　微测辐射热计的结构 ………… 253
8.4　微测辐射热计的响应率 ……… 259
　8.4.1　微测辐射热计热平衡
　　　　方程 …………………… 259
　8.4.2　无偏置的热平衡方程
　　　　的解 …………………… 260
　8.4.3　加偏置的热平衡 ……… 261
　8.4.4　V—I 曲线的计算 ……… 262
　8.4.5　负载线 ………………… 263
　8.4.6　带偏置的微辐射计的
　　　　低频噪声 ……………… 265

8.4.7 微辐射计性能的数值计算 …… 267
8.5 微测辐射热计的噪声 …… 269
　8.5.1 辐射计的电阻噪声 …… 269
　8.5.2 偏置电阻的噪声 …… 271
　8.5.3 热传导引起的温度噪声 …… 272
　8.5.4 辐射噪声 …… 272
　8.5.5 整个电噪声 …… 273
　8.5.6 前置放大器噪声 …… 275
8.6 微辐射计信噪比 …… 275
　8.6.1 噪声等效功率 …… 275
　8.6.2 噪声等效温差 …… 276
　8.6.3 探测率 …… 276
　8.6.4 与理想辐射计相比较 …… 277
　8.6.5 Johnson 噪声近似 …… 278
练习题 …… 279

第9章 热释电探测器和成像器件 …… 280
9.1 热释电探测器的基本原理 …… 280
　9.1.1 热释电效应 …… 280
　9.1.2 热释电探测器特性分析 …… 282
9.2 热释电材料和探测器 …… 286
　9.2.1 热释电材料 …… 286
　9.2.2 热释电探测器的结构形式 …… 288
　9.2.3 热释电探测器的特点 …… 289
9.3 混合型热释电成像器件的设计 …… 290
　9.3.1 热隔离以提高温度响应 …… 290
　9.3.2 像素间热隔离以改进 MTF …… 291
　9.3.3 斩波器的结构 …… 291
9.4 单片热释电成像器件 …… 292
　9.4.1 热释电薄膜材料 …… 293
　9.4.2 隔离结构 …… 293
　9.4.3 微机械加工传感器的制作流程设计 …… 293
　9.4.4 热释电成像器件的集成电路 …… 295
练习题 …… 298

第10章 紫外探测与成像器件 …… 299
10.1 紫外光的特性 …… 299
　10.1.1 紫外光波段的划分 …… 299
　10.1.2 大气对紫外光的吸收 …… 300
　10.1.3 紫外辐射源 …… 301
10.2 紫外成像器件概述 …… 302
10.3 紫外像增强器 …… 303
10.4 GaN 的性质 …… 306
10.5 GaN 和 GaAlN 材料的生长技术 …… 308
　10.5.1 分子束外延 …… 308
　10.5.2 有机金属化学气相沉积 …… 309
10.6 器件的制作 …… 311
10.7 紫外成像器件的基本结构 …… 313
　10.7.1 PIN 结构紫外探测器 …… 313
　10.7.2 金属/(Al)GaN 肖特基势垒结构 …… 315
　10.7.3 ITO/N-GaN 肖特基势垒结构 …… 315
　10.7.4 金属—半导体—金属(MSM)紫外探测器 …… 316
练习题 …… 319

第11章 X射线探测与成像器件 …… 320
11.1 X射线的特性 …… 320
　11.1.1 X射线的产生 …… 320
　11.1.2 X射线透过和吸收特性 …… 321
　11.1.3 X射线量的表征 …… 322
11.2 X射线探测与成像器件的分类 …… 324
　11.2.1 X射线成像器件的分类 …… 324
　11.2.2 X射线计算机断层扫描

    技术 ………………… 326
 11.3 X射线成像器件系统的性能
    指标 ………………………… 326
 11.4 CsI/MCP反射式X射线光电
    阴极 ………………………… 328
   11.4.1 反射式X光阴极的物理
      过程 …………………… 329
   11.4.2 反射式X光阴极的量子
      效率 …………………… 330
 11.5 窗材料/阴极透射式X光
    阴极 ………………………… 332
   11.5.1 窗材料/阴极透射式X
      光阴极物理过程 …… 332
   11.5.2 窗材料/阴极透射式X
      光阴极的量子效率 … 332
 11.6 X射线像增强器 …………… 333
   11.6.1 X射线像增强器的基本
      结构 …………………… 333
   11.6.2 近贴型X射线像
      增强器 ………………… 334
 11.7 X射线影像光电二极管阵列
    成像器件 …………………… 335

 11.8 直接数字X射线影像器件 … 335
   11.8.1 光电导体X射线的
      吸收 …………………… 336
   11.8.2 电子—空穴对
      产生能 ………………… 336
   11.8.3 电荷传输和移动
      距离 …………………… 336
   11.8.4 X射线光电导体
      材料 …………………… 337
   11.8.5 非晶Se的性质 ……… 338
   11.8.6 样品制备 …………… 343
   11.8.7 动态成像的直接转换
      探测器的结构 ……… 344
   11.8.8 动态成像的直接转换
      探测器的工作原理 … 345
   11.8.9 直接转换成像器件的
      分辨本领 …………… 346
   11.8.10 动态成像的直接转换
      探测器的灵敏度…… 347
 练习题 ……………………………… 349
参考文献 ………………………………… 350

绪　　论

1. 光的认识历程

人类很早就开始了对光的观察和研究。17 世纪,"微粒说""波动说"两种对立的学说开始展开激烈的争论,到 20 世纪初,最终以光的波粒二象性告终。正是这场争论导致了 20 世纪物理学的重大成就——量子力学和相对论的诞生。

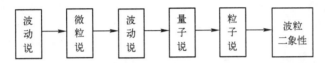

光的本性的概念,是以光的直线传播观念为基础的。1660 年,意大利物理学家格里马尔迪让一束光通过前后排列的狭缝后,投射到一个空白屏幕上。他发现,投射到该表面上的光带比进入第一道狭缝时的光束略宽些。他认为,这束光在狭缝边缘向外有所弯曲,他把这个现象称为衍射。这显然是光线绕过障碍的一种情况,因此,他认为光是一种波,而粒子则不会有此特性。他把这个发现和看法记录在书中,这是首次记录的光的波动观点。1667 年,笛卡尔在《屈光学》一书中首先明确提出光是机械微粒的观点。1672 年,牛顿(图 0-1)完成了著名的三棱镜色散试验,并发现了牛顿环。牛顿是主张"微粒说"的主要代表,认为光是一种细微的大小不同而又迅速运动的粒子从远处发光体那里一个个地发射出来。在发现这些现象的同时,牛顿在出版的《光学》中提出了光是"微粒流"的理论,他认为这些微粒从光源飞出来,在真空或均匀物质内由于惯性而作匀速直线运动,并以此观点解释光的反射和折射定律。然而此观点在解释牛顿环时却遇到了困难,同时也难以说明光在绕过障碍物之后所发生的衍射现象。

惠更斯(图 0-2)反对光的微粒说,1678 年他在《论光》一书中从声和光的某些现象的相似性出发,认为光是在"以太"中传播的"波"。"以太"是一种假想的弹性媒质,充满于整个宇宙空间,光的传播取决于"以太"的弹性和密度。运用他的波动理论中的次波原理,惠更斯不仅成功地解释了反射和折射定律,还解释了方解石的双折射现象,但没有脱离几何光学的观念,因此不能由此说明光的干涉和衍射等有关光的波动本性的现象。

图 0-1　牛顿

图 0-2　惠更斯

牛顿指出"波动说"有三个要害问题：①不能解释光的直线传播；②不能解释偏振现象；③波动说赖以存在的"以太"值得怀疑。

惠更斯则认为，如果光是由粒子组成的，那么在光的传播过程中各粒子必然互相碰撞，这样一定会导致光的传播方向发生改变，而事实并非如此。

过了一个世纪以后，1770年，托马斯·杨做了一个非常重要的实验（图0-3），颠覆了牛顿的光粒子论。实验先让一束光通过一个缝，然后在缝隙的板后面再加一个双缝。如果光是一个粒子，直接打过去就不一定能够通过双缝。但是，如果光是光波，就可以绕过去，而且通过两个缝绕过去以后，会形成一个干涉条纹。

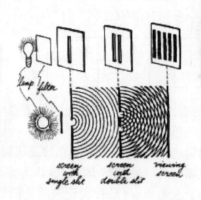

图0-3 托马斯·杨及实验示意图

菲涅耳于1818年以杨氏干涉原理补充了惠更斯原理，由此形成了今天为人们所熟知的惠更斯-菲涅耳原理，用它可圆满地解释光的干涉和衍射现象，也能解释光的直线传播现象。19世纪初期，"波动光学"初步形成，圆满地解释了"薄膜颜色"和双狭缝干涉现象。

在进一步的研究中，人们观察到了光的偏振和偏振光的干涉。为了解释这些现象，菲涅耳仍假定光是一种在连续媒质（以太）中传播的横波。19世纪，"以太"说很活跃。泊松发现：如果"以太"是一种类固体，则在光的横向振动中必然有纵向振动，这与新的光波学说相矛盾。光"以太"必须是既能传播横波又必须能产生切向力的胶状体或弹性介质，且弹性模量比钢还大，这种非常离奇的性质是光的机械波动论本身根本无法解决的。

为说明光在各不同媒质中的不同速度，又必须假定"以太"的特性在不同的物质中是不同的，在各向异性媒质中还需要有更复杂的假设。此外，还必须给"以太"以更特殊的性质才能解释光不是纵波。如此性质的"以太"是难以想象的！"以太"的问题是留给物理学的一个谜题。从此科学家们开始了对"以太"长达百年的探索。

2. 电和电子的认识历程

有关电的记载可追溯到公元前6世纪。早在公元前585年，希腊哲学家泰勒斯就发现了用木块摩擦过的琥珀能够吸引碎草等轻小物体，后来又有人发现摩擦过的煤玉也具有吸引轻小物体的能力。在以后的两千年中，这些现象被看成与磁石吸铁一样，属于物质具有的性质，此外没有其他重大的发现。

18世纪，电的研究迅速发展起来。1729年，英国的格雷在研究琥珀的电效应是否可传递给其他物体时发现了导体和绝缘体的区别，即金属可导电，丝绸不导电，并且第一次使人体带电。格雷的实验引起法国迪费的注意。1733年，迪费发现绝缘起来的金属也可摩擦起电，因此他得出所有物体都可摩擦起电的结论。他把玻璃上产生的电称为"玻璃电",琥珀上产生的电与树脂产生的相同,称为"树脂电"。他得到结论:带相同电的物体互相排斥;带不同电的物体彼此吸引。

1747年,美国的富兰克林(图0-4)根据实验提出:在正常条件下,电是以一定的量存在于所有物质中的一种元素;电跟流体一样,摩擦的作用可以使它从一物体转移到另一物体,但不能创造;任何孤立物体的电总量是不变的,这就是通常所说的电荷守恒定律。他把摩擦时物体获得的电的多余部分称为带"正电",物体失去电而不足的部分称为带"负电"。

图0-4　富兰克林论证"雷的本质是电"

18世纪后期开始了电荷相互作用的定量研究。1769年,鲁宾逊通过作用在一个小球上的电力和重力平衡的实验,第一次直接测定了两个电荷之间的相互作用力与它们之间距离的二次方成反比。1773年,卡文迪许推算出电力与距离的二次方成反比,他的这一实验是近代精确验证电力定律的雏形。1776年,普里斯特利发现带电金属容器内表面没有电荷,猜测电力与万有引力有相似的规律。

1785年,库仑设计了精巧的扭秤实验(图0-5),直接测定了两个静止点电荷的相互作用力与它们之间距离的二次方成反比,与它们的电量乘积成正比。库仑的实验得到了世界的公认,从此电学的研究进入科学行列。1811年,泊松把早先力学中拉普拉斯在万有引力定律基础上发展起来的势论用于静电,发展了静电学的解析理论。

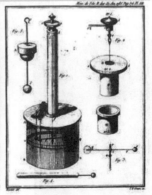

图0-5　库伦和扭秤

19世纪初,科学界普遍认为电和磁是两种独立的作用。与这种传统观念相反,丹麦的自然哲学家奥斯特(图0-6)接受了德国哲学家康德和谢林关于自然力统一的哲学思想,坚信电与磁之间有着某种联系。经过多年的研究,奥斯特终于在1820年发现电流的磁效应:当电流通过导线时,引起导线近旁的磁针偏转。电流磁效应的发现开拓了电学研究的新纪元。

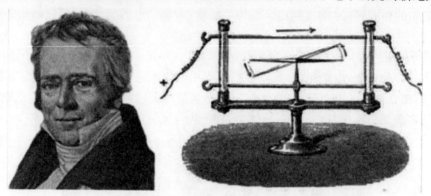

图 0-6　奥斯特与电流磁效应

奥斯特的发现首先引起法国物理学家的注意,同年即取得一些重要成果,如安培关于载流螺线管与磁铁等效性的实验,毕奥和萨伐尔关于长直载流导线对磁极作用力的实验,此外安培还进一步做了一系列电流相互作用的精巧实验。由这些实验分析得到的电流元之间相互作用力的规律,是认识电流产生磁场以及磁场对电流作用的基础。

电流磁效应发现不久,几种不同类型的检流计设计制成,为欧姆发现电路定律提供了条件。1826年,受到傅里叶关于固体中热传导理论的启发,欧姆认为电的传导和热的传导很相似,电源的作用好像热传导中的温差一样。为了确定电路定律,他开始进行实验,得到电路中的电流强度与电源的"验电力"成正比,比例系数为电路的电阻。由于当时的能量守恒定律尚未确立,因此验电力的概念是含混的,直到1848年基尔霍夫从能量的角度考察,才澄清了电位差、电动势、电场强度等概念,使得欧姆理论与静电学概念协调起来。在此基础上,基尔霍夫解决了分支电路问题。

杰出的英国物理学家法拉第从事电磁现象的实验研究(图0-7),对电磁学的发展作出了极重要的贡献,其中最重要的贡献是1831年发现了电磁感应现象。紧接着他做了许多实验来确定电磁感应的规律,他发现当闭合线圈中的磁通量发生变化时,线圈中就产生感应电动势,感应电动势的大小取决于磁通量随时间的变化率。后来,楞次于1834年给出感应电流方向的描述,而诺埃曼概括了他们的结果,并给出感应电动势的数学公式。

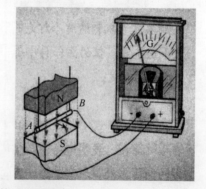

图 0-7　法拉第及电磁感应

法拉第在电磁感应的基础上制出了第一台发电机。此外,他把电现象和其他现象联系起来广泛进行研究,在1833年成功地证明了摩擦起电和伏打电池产生的电相同,1834年发现电解定律,1845年发现磁光效应,并解释了物质的顺磁性和抗磁性,详细研究了极化现象和静电感应现象,并首次用实验证明了电荷守恒定律。1860年前后,麦克斯韦(图0-8)指出,变化的磁场在其周围的空间激发涡旋电场;变化的电场引起媒质电位移的变化,电位移的变化与电流一样在周围的空间激发涡旋磁场。麦克斯韦明确地用数学公式把它们表示出来,从而得到了电磁场的普遍方程组——麦克斯韦方程组。

图0-8 麦克斯韦及电磁方程组

麦克斯韦根据他的方程组得出结论:电磁作用以波的形式传播,电磁波在真空中的传播速度等于电量的电磁单位与静电单位的比值,其值与光在真空中传播的速度相同。麦克斯韦由此预言,光也是一种电磁波。

至此,光学与电学开始联系起来。1888年,赫兹根据电容器放电的振荡性质,设计制作了电磁波源和电磁波检测器,通过实验检测到电磁波,测定了电磁波的波速,并观察到电磁波与光波一样,具有偏振性质,能够反射、折射和聚焦,赫兹的实验证实了麦克斯韦的预言。由此开辟了一个全新的领域——电磁波的应用和研究(图0-9)。光波是电磁波,光速等于电磁波的传输速度。光波传播速度c、频率ν和波长λ的关系满足波的一般方程:

$$\nu = \frac{c}{\lambda}$$

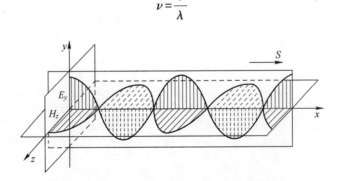

图0-9 电磁波的E和H分量

在19世纪末以前,一项伟大的发现催生了现代电子学的发展。1897年4月,英国科学家汤姆逊从阴极射线的研究中证实了电子的存在,发现了电子,并提出了原子的模型。1899年,洛伦兹根据电子的特性提出电子论(图0-10),将物质的电磁性质归结为原子中电子的效应,将麦克斯韦方程组应用到微观领域,不仅解释了物质的极化、磁化、导电等现象以及物质对光的吸收、散射和色散现象,而且成功地说明了关于光谱在磁场中分裂的正常塞曼效应。从此经典电磁场理论建立起来了,并且在电子学领域开始活跃起来。

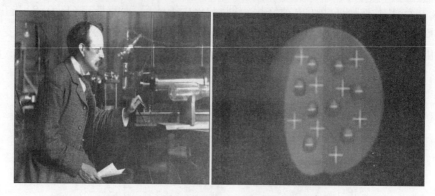

图 0-10　汤姆逊发现电子及提出的原子模型

3. 物理学的两朵"乌云"

19 世纪末,以经典力学、经典电磁场理论和经典统计力学为三大支柱的经典物理理论已经成熟。1900 年,76 岁的开尔文勋爵(图 0-11)在世纪之交的报告会上致开幕词:"动力学理论断言热和光都是运动的方式,现在这种理论的优美性和明晰性被两朵乌云遮蔽得黯然失色了。第一朵乌云是随着光的波动论而开始出现的。菲涅耳和托马斯·杨研究过这个理论,它包括这样一个问题:地球如何能够通过本质上是光"以太"这样的弹性固体运动?第二朵乌云是麦克斯韦和玻耳兹曼关于能量均分的学说,在短波区(紫外光区)随着波长的变短,辐射强度可以无止境地增加,这明显是不符合物理现象。"正是这两朵"乌云"掀起了狂风暴雨,催生出了 20 世纪现代物理学的两大支柱——相对论和量子力学。

图 0-11　开尔文

光波为什么能在真空中传播?物理学家给光找了一个传播介质——"以太"。此问题由来已久,而且,新的问题又产生了:地球以 30km/s 的速度绕太阳运动,就必须会遇到 30km/s 的"以太"风迎面吹来,同时,它也必须对光的传播产生影响。

为了观测"以太"风是否存在,1887年,迈克耳逊(图0-12)与美国化学家、物理学家莫雷合作,在克利夫兰进行了一个著名的实验——迈克耳逊-莫雷实验,即"以太漂移"实验。实验结果证明,不论地球运动的方向与光的射向一致还是相反,测出的光速都相同,在地球上设想的"以太"之间没有相对运动。迈克尔逊-莫雷论文发表后,人们起先怀疑实验结果,后来逐渐相信了这个结果。那么出路又在哪里呢?迈克尔逊提到物理世界的这朵"乌云",它飘在经典物理的上空,越来越大。

图0-12 迈克尔逊

19世纪末,卢梅尔等在黑体辐射实验中发现黑体辐射的能量不是连续的,它按波长的分布仅与黑体的温度有关。英国物理学家瑞利和金斯认为能量是一种连续变化的物理量,建立了黑体辐射公式,证明在黑体温度比较高、波长比较长的地方,辐射分布和实验比较符合,但是,从瑞利-金斯公式推出,在短波区(紫外光区)随着波长的变短,辐射强度可以无止境地增加,这和实验数据相差太多。这被称为"紫外灾难"。

4. 辐射光和光电转换建立了光量子论基础

德国物理学家普朗克在1900年10月19日柏林科学院物理学的一次会议上,提出了热辐射公式中的量子假设(图0-13),宣示着"20世纪最伟大的物理学突破之一"量子力学的诞生。他指出,黑体辐射过程不是连续的,而是以最小的分量一份一份地放射出来,这个最小的能量单位叫量子,并且给出了黑体辐射的数学公式。能量子假说理论认为,辐射黑体分子、原子的振动可以看作谐振子,这些谐振子可以发射和吸收辐射能,但这些谐振子只能处于某些分立的状态,在这些状态中,谐振子的能量并不像经典物理学所允许的那样可具有任意值。相应的能量是某一最小能量 ε(称为能量子)的整数倍,即 $\varepsilon, 2\varepsilon, 3\varepsilon, \cdots, n\varepsilon$。$n$ 为正整数,称为量子数。振动频率为 ν 的谐振子的最小能量为 $\varepsilon = h\nu$。h 为普朗克在拟合黑体辐射时得到的常数,称为普朗克常数。尽管数学公式与实验结果完全一致,但由于能量的量子化概念与传统物理学中的连续性概念相违背,所以该理论当时并没有受到认同。

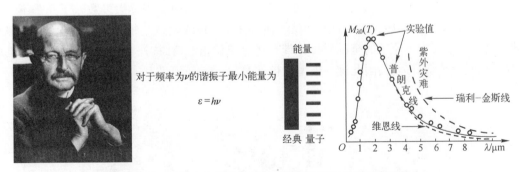

图0-13 普朗克及能量量子假说以及计算的黑体辐射曲线

1905年德国物理学家爱因斯坦首先提出"光子"概念(图0-14),认为光不仅在发射时以能量为 $h\nu$ 的微粒形式出现,而且在空间传播以及吸收时也是如此。也就是说,频率为 ν 的光是由能量为 $\varepsilon = h\nu$ 的大量光子组成的粒子流,这些光子沿光的传播方向以光速 c 运动。对光电效应解释为,光子以 $\varepsilon=h\nu$ 的能量照射到金属上,金属中的电子吸收了光子的能量,也是以量子形式吸收,光子激发电子,电子逸出。光子的一部分能量消耗在电子逸出表面所需的能量 W_0,称为逸出功,另一部分能量变为电子逸出后的动能。出射电子的最大初动能为 $\frac{1}{2}mv^2=h\nu-W_0$。

图 0-14　爱因斯坦及光电效应的解释

爱因斯坦成功地解释了光电效应,并否定了"以太"的存在。光电效应解释的巨大成功使得光量子理论受到了重视和研究,利用光子探索原子内部结构得到科学家们的极大关注,从此量子力学伴随原子物理学开始飞速发展。1905 年,爱因斯坦以光速不变的假设为基础,提出了质能关系和"狭义相对论"思想,开创了相对论。自此,所谓的两朵"乌云"消散了,量子力学和相对论的理论诞生。

5. 光和电子的研究引发原子物理学和量子物理学的建立

19 世纪末以前,原子一直被认为是不可分割的。1897 年,英国科学家汤姆逊在阴极射线的研究中证实了电子的存在,宣布发现了电子,提出了正电荷均匀地分布在原子中,电子又均匀地分布在正电荷中的模型。人们逐渐认识到原子也有本身的结构,原子并不是组成物体的最小单元。探索原子结构的序幕由此拉开,原子物理学也因此诞生。

1909 年,卢瑟福用一束高能带正电的氦离子流轰击金箔时发现绝大多数粒子几乎不受阻碍直接通过金箔(图 0-15)。1911 年,卢瑟福据此提出"核式模型":每个原子中心有一个极小的原子核,几乎集中了原子的全部质量并带有 Z 个单位正电荷,核外有 Z 个电子绕核旋转,电子绕核如同行星绕日运行,因此这一模型也被称为"行星式模型"。

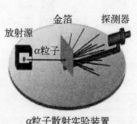

图 0-15　卢瑟福及其实验装置和提出的原子模型

但是，卢瑟福的模型与经典电动力学的模型存在冲突：电子在做圆周运动，是变加速运动，理应向外辐射电磁波，电子因此会产生能量损耗，最后与原子核相撞，正负电荷抵消泯灭。这种"原子塌陷"的现象与原子结构极为稳定的事实完全不符，所以没有被其他科学家认同。

1913年，丹麦物理学家玻尔（图0-16）在导师卢瑟福工作的基础上引用量子论，假设了定态不会辐射电磁波，提出了对氢原子有效的"玻尔模型"，即电子围绕原子核在一定的能量轨迹上运行。尽管"玻尔模型"是经典到量子的过渡模型，它仍然成功解释了氢原子的光谱，成功解开了存在近30年的"巴尔末公式之谜"。这就是电子能级模型。

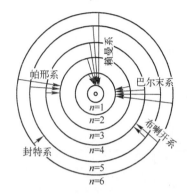

图0-16　玻尔和氢原子的电子轨道与光谱

1924年，法国物理学家德布罗意在他的博士毕业论文中提出了"物质波"这一概念。这个大胆的创造性假设轰动了整个学术界，因为按照经典物理的观念，粒子与波是两种完全不同的物质形态，根本不可能融合在一起，因此许多学者都对此持怀疑态度。但爱因斯坦对此却十分赞赏，说道："一幅巨大帷幕的一角卷起来了。"光子、电子以及其他粒子的运动都以波的形式运动。物质波的动量 p 与波长 λ 满足下列公式：

$$p = \frac{h}{\lambda}$$

这就是光的波粒二象性。光子与电子等其他粒子一样具有动量与能量，从此确立了光子的波粒二象性。

爱因斯坦这样描述这一现象："好像有时我们必须用一套理论，有时候又必须用另一套理论来描述（这些粒子的行为），有时候又必须两者都用。我们遇到了一类新的困难，这种困难迫使我们要借助两种互相矛盾的观点来描述现实，两种观点均无法单独完全解释光的现象，但是合在一起便可以。"

1926年，奥地利人薛定谔（图0-17）根据德布罗意的"物质波"概念，沿着另一条途径建立了量子力学的又一种数学形式——波动力学。薛定谔的物质波运动方程提供了系统和定量处理原子结构问题的理论，除了物质的磁性及其相对论效应外，它在原则上能解释所有原子现象，是原子物理学中应用最广泛的公式，它在量子力学中的地位与牛顿运动方程在经典力学中的地位相似。

1927年，海森堡第一次提出了"不确定关系"，指出在同一时刻以相同的精度测定粒子的位置与动量是不可能的，只能从中精确确定两者之一。从此，"不确定关系"也成为量子力学的基本原理之一。电子云的概念以及概率波的概念被提出（图0-18）。至此，原子结构模型（图0-19）已经建立。

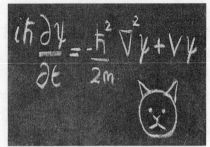

图0-17　薛定谔及薛定谔方程

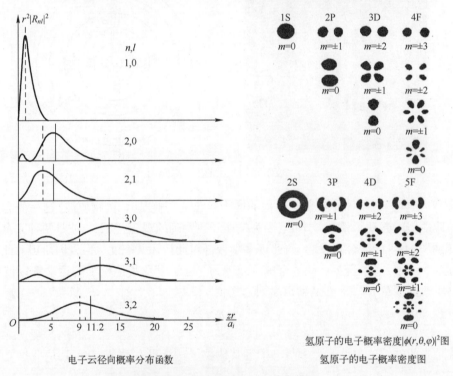

电子云径向概率分布函数　　　　氢原子的电子概率密度图

图0-18　氢原子的电子云分布模型

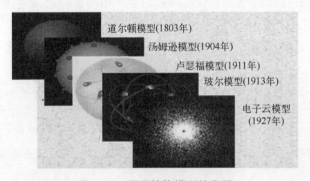

图0-19　原子结构模型的发展

从此,基于对光、电子的认知和探索,建立了人类对微观世界认知的量子力学理论,其应用和技术(如半导体、芯片、信息化、计算机、电子设备、互联网等)开始改变人类的生活。今天,以光、电子为手段的量子信息已经开始用于探测未知世界,将来有一天也许光、电会给人类带来进一步的突破。

1927年10月在比利时布鲁塞尔国际索尔维物理研究所召开了第五次索尔维会议（图0-20），此会议的主题为"电子与光子"。世界上最著名的物理学家聚在一起讨论光子、电子、量子理论。至此，基于光的本质认知、电子的发现、辐射发光、光电探测的研究，导致量子力学的大厦基本建立。在此，向光、电子物理学和量子理论的先驱们致敬！

图0-20　1927年第五次索尔维会议的物理学家合影

第1章 光电导探测器

1.1 光电子器件的基本特性

光电子器件的种类很多、很广,由于其类型和用途不同,对其性能和参数的要求也不同,评价的参数和方法也不尽相同,此处仅就其共性进行描述。由于本课程主要涉及光电探测器和光电成像器件两大类,所以将它们的性能参数也分为两大类。光电探测器的性能参数有响应特性、噪声特性,包括响应率、探测率、时间常数及噪声等。光电成像器件的性能参数除上面的参数外,还有成像特性,包括分辨率、空间频率特性以及空间抽样特性等。信号噪声比乃是反映器件总体特性的综合参数,对描述光电探测器以及光电成像器件都是必不可少的。

本节只叙述光电器件的响应特性、探测率以及吸收系数,其他特性在各章叙述。

1.1.1 光谱响应率和响应率

光电探测器输出信号电压或电流与单位入射光功率之比,即单位入射光功率作用下探测器输出信号电压或电流称为响应率,有光谱响应率 R_λ 和积分响应率 R。

1. 光谱响应率

光谱电压响应率 $R_{u\lambda}$:光电器件在单色(在波长 λ 附近一个很小的波长范围内)辐射功率 dP 作用下产生的信号电压为 $du_{s\lambda}$,则

$$R_{u\lambda} = \frac{du_{s\lambda}}{dP} \tag{1-1}$$

光谱电流响应率 $R_{i\lambda}$:光电器件在单色(在波长 λ 附近一个很小的波长范围内)辐射功率 dP 作用下产生的信号电流为 $di_{s\lambda}$,则

$$R_{i\lambda} = \frac{di_{s\lambda}}{dP} \tag{1-2}$$

$R_{u\lambda}$,$R_{i\lambda}$ 简写为 R_λ,就是光谱响应率。对其归一化,可得相对光谱响应率 $R(\lambda)$。

相对光谱电流响应率

$$R_i(\lambda) = \frac{R_{i\lambda}}{R_{im}} \tag{1-3}$$

式中 R_{im}——光谱电流响应率的最大值。

光谱响应率随波长分布的曲线就是光谱响应曲线,如图 1-1 所示,图中同时标出了相对光谱响应率。

光谱量子效率 η_λ:单色辐射下,辐射量子数所产生的光电子数,即产生光生载流子数与辐射光子数之比,即

$$\eta_\lambda = \frac{N_{s\lambda}}{N_{P\lambda}} \tag{1-4}$$

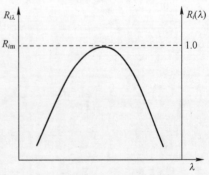

图 1-1 光电器件的光谱响应曲线

式中 $N_{P\lambda}$——单色入射辐射量子数,指光子数;
$N_{s\lambda}$——由 $N_{P\lambda}$ 产生的信号量子数,如电子数。

把 $R_{i\lambda}$ 转化为 η_λ:

$$\eta_\lambda = \frac{\mathrm{d}i_{s\lambda}/e}{\mathrm{d}P/h\nu} = \frac{\mathrm{d}i_{s\lambda}/e}{\mathrm{d}P/(hc/\lambda)} = \frac{hc}{e\lambda}R_{i\lambda} = \frac{1.24}{\lambda}R_{i\lambda} \tag{1-5}$$

$$R_{i\lambda} = \frac{\lambda}{1.24}\eta_\lambda \tag{1-6}$$

式中 e——电子电量,$e=1.6\times10^{-19}$ C;
h——普朗克常数,$h=6.63\times10^{-34}$ J·s;
ν——入射光的频率;
c——真空中的光速,$c=3\times10^8$ m/s。

在式(1-5)和式(1-6)中,若 λ 以 μm 为单位,则 $R_{i\lambda}$ 以 A/W 为单位;如果 λ 以 nm 为单位,则 $R_{i\lambda}$ 以 mA/W 为单位。式(1-6)计算简单,常在工程中应用到。图 1-2 表明了硅(Si)、锗(Ge)和铟镓砷(InGaAs)材料做成的相关光电器件的光谱量子效率与光谱电流响应率的关系曲线。

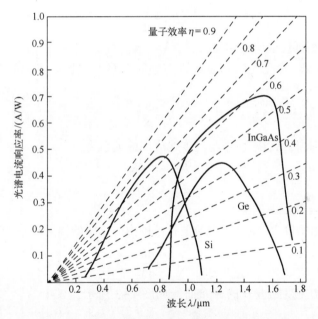

图 1-2 一些器件的光谱响应曲线以及量子效率

光谱响应率 R_λ 及量子效率 η_λ 仅由器件的响应特性所决定,与光源无关。

2. 响应率

积分响应率简称为响应率 R,为器件输出信号与输入功率之比。

电压响应率

$$R_u = \frac{U_s}{P} \tag{1-7}$$

式中 P——入射辐射功率;
U_s——输出信号电压。

电流响应率

$$R_i = \frac{I_s}{P} \quad (1-8)$$

式中 I_s——输出信号电流。

量子效率

$$\eta = \frac{N_s}{N_P} \quad (1-9)$$

式中 N_P——入射辐射量子数,即光子数;

N_s——由 N_P 所产生的信号量子数,一般是电子数。

响应率实质上反映了器件的灵敏程度,所以在许多场合下,响应率又称为灵敏度或积分灵敏度,而相应的光谱响应率称为光谱灵敏度。

如果器件在可见光波段有响应,则可用光度量定义响应率 R_ϕ。

光度量的电压响应率和电流响应率分别为

$$R_{u\phi} = \frac{U_s}{\phi} \quad (1-10)$$

$$R_{i\phi} = \frac{I_s}{\phi} \quad (1-11)$$

式中 ϕ——输入光通量,单位是流明(lm)。

对给定色温的光源,可见光区光通量 ϕ 与辐射功率 P 之比即光源的光视效能 $K(\text{lm/W})$ 是一定的,即

$$K = \frac{\phi}{P} \quad (1-12)$$

在可见光谱范围内,辐射响应率与光度响应率的关系为

$$R_{u\phi} = R_u / K \quad (1-13)$$

$$R_{i\phi} = R_i / K \quad (1-14)$$

3. 光谱响应率与响应率的关系

光源辐射功率谱密度 P_λ 定义为单位波长范围内的光源的辐射功率,即

$$P_\lambda = \frac{dP}{d\lambda} \quad (1-15)$$

光源辐射功率谱密度随波长的分布曲线如图 1-3 所示,是光源的特性。

将光源辐射功率谱密度归一化,即

$$P(\lambda) = \frac{P_\lambda}{P_m} \quad (1-16)$$

式中 P_m——单色辐射功率最大值;

$P(\lambda)$——单色辐射功率的相对值。

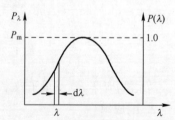

图 1-3 光源光谱辐射功率谱密度的分布

取电流响应率作为实例进行计算,即

$$R_i = \frac{I_s}{P} = \frac{\int_0^\infty R_{i\lambda} dP}{\int_0^\infty dP} = \frac{\int_0^\infty R_{i\lambda} P_\lambda d\lambda}{\int_0^\infty P_\lambda d\lambda} (\text{A/W}) \quad (1-17)$$

$$R_{i\phi} = \frac{\int_0^\infty P_\lambda R_{i\lambda} \mathrm{d}\lambda}{\int_{0.38}^{0.78} P_\lambda K_\lambda \mathrm{d}\lambda} (\mathrm{A/lm}) \tag{1-18}$$

式(1-18)中 K_λ 为光谱光视效能,单位为 lm/W,如图 1-4 所示,标示可见光区波长为 λ 处的单位光功率对应的光通量。光视效能的归一化,就是光谱光视效率 $V(\lambda)$。$V(\lambda) = V_\lambda/V_{\lambda m}$,$V_{\lambda m}$ 在 555nm 处的光视效能最大(明视觉),为 683lm/W。

$$R_i = \frac{\int_0^\infty P(\lambda) \cdot P_m \cdot R_i(\lambda) R_{im} \mathrm{d}\lambda}{\int_0^\infty P(\lambda) P_m \mathrm{d}\lambda}$$

$$= \frac{R_{im} \int_0^\infty P(\lambda) \cdot R_i(\lambda) \mathrm{d}\lambda}{\int_0^\infty P(\lambda) \mathrm{d}\lambda} = \alpha \cdot R_{im} \tag{1-19}$$

式中 α——器件同光源的光谱匹配系数,$\alpha = \dfrac{\int_0^\infty P(\lambda) \cdot R_i(\lambda) \mathrm{d}\lambda}{\int_0^\infty P(\lambda) \mathrm{d}\lambda}$,它反映了器件响应的波长范围同光源光谱的吻合程度,可用面积 A_1、A_2 形象地表示,如图 1-5 所示。

$$R_i = R_{im} \cdot \frac{A_2}{A_1} \tag{1-20}$$

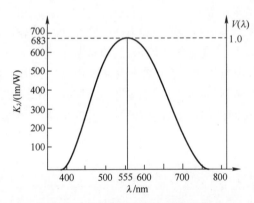

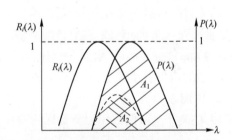

图 1-4 光谱光视效能与波长的关系   图 1-5 器件的光谱响应同光源的光谱辐射的匹配程度

在光源固定的情况下,面积 A_1 是不变的,$R(\lambda)$ 与 $P(\lambda)$ 曲线重合得越多,面积 A_2 越大,光谱匹配也就越好,α 越大;反之,如果两曲线没有重合之处,$\alpha=0$,即二者完全失配,则该光电器件对该光源没有探测能力。光谱匹配系数在光电探测中具有重要意义。

自然界中任何光源都有一定的光谱辐射分布范围,而每一种光谱辐射分布范围都含有自然界及所照物体的信息,这些信息对于人类有重要的价值,必须加以探测。

任何光电探测器都有一定的光谱探测范围,其探测的光谱范围有限。

要探测某个波段的光辐射的信号,就要使器件的响应范围与光辐射的波段尽量一致,希望光电探测器的 $R(\lambda)$ 尽量与光源的 $P(\lambda)$ 匹配。例如,大部分夜视器件工作在夜晚,其红外波段辐射较集中,因此,制作夜视探测器要尽量向红外方向延伸。

光谱匹配是选择光电探测器(如像管、光电倍增管、红外成像器件的光电转换材料)的重要依据,也是进行光电探测成像器件研究的基本方向。

1.1.2 最小可探测辐射功率和探测率

光电器件能否探测到足够的辐射功率,是灵敏限的问题,因此,最小可探测功率为一切光电探测器的重要参数。

1. 最小可探测辐射功率 $P_{\min}$

定义:当输出信号电压等于输出噪声电压均方根值时的探测器的入射辐射功率,即

$$P_{\min} = \frac{P}{u_s/u_n} = \frac{u_n}{R_u} \tag{1-21}$$

式中　P——入射辐射功率;
　　　u_n——噪声电压均方根;
　　　u_s——输出信号电压。

光电探测器输出的电流或电压在其平均值上下起伏,这种起伏是无规则的、随机的,在某一瞬间的幅度不能预先知道,并且与其前后相邻时刻的幅度大小也毫无关系,这种起伏称为噪声,这种噪声是物理过程中所固有的,不可能人为消除。由于噪声是在平均值附近的随机起伏,其瞬间值是不确定的,其长时间的平均值为零,因此简单地求平均值没有意义,有意义的是在足够长的时间内求其平方平均值或均方根。当有多个噪声源同时存在时,只要这些噪声源是独立且互不相关的,其噪声功率就可进行相加。光电探测器的噪声来源有热噪声、散粒噪声、产生-复合噪声、$1/f$噪声、温度噪声及放大器噪声等。

在信号较弱时,光电探测器的噪声会显著地影响信号探测的准确性,另外,噪声也限制了系统可能探测到的最小信号功率,因为信号太弱,因此会被噪声所掩没,难以被发现。

当入射辐射较弱,所产生的信号电压等于噪声电压时,信号被淹没在噪声之中,不能分辨信号,此时该入射的辐射功率为该探测器所能探测到的最小功率,因此,又称为噪声等效功率(Noise Equivalent Power, NEP)。当然,$P_{\min}$越小,器件的探测能力越强,$P_{\min}$越小越好,但这不符合人们的习惯表示方法,因此引入探测率。

2. 探测率 D

定义:对 $P_{\min}$ 取倒数作为衡量探测器探测能力的参数称为探测率,即

$$D = \frac{1}{P_{\min}} = \frac{1}{NEP} = \frac{u_s/u_n}{P} \tag{1-22}$$

D 越大,表示器件的探测性能越好。

探测率与探测器的面积和工作频率带宽有关,为了将不同面积和不同工作带宽的器件进行比较,必须消除两个因素的影响。

研究指出,探测率与器件的面积和工作带宽成反比,即

$$P'_{\min} = \frac{P_{\min}}{(A \cdot \Delta f)^{1/2}} \tag{1-23}$$

式中　A——器件的接收面积;
　　　Δf——工作带宽。

因此,有

$$D^* = \frac{1}{P'_{\min}} = \frac{1}{P_{\min}}(A \cdot \Delta f)^{1/2} = D(A\Delta f)^{1/2} \qquad (1-24)$$

通常 D^* 也称探测率,又称比探测率,单位是 $\mathrm{cm \cdot Hz^{1/2} \cdot W^{-1}}$。

$$D^* = \frac{u_s/u_n}{P}(A \cdot \Delta f)^{1/2} = \frac{R_u}{u_n}(A \cdot \Delta f)^{1/2} \qquad (1-25)$$

D^* 表示探测器接收面积为 $1\mathrm{cm}^2$、工作带宽为 $1\mathrm{Hz}$ 时的单位入射辐射功率所产生的信噪比。

D^* 的测量是在一定的条件下进行的,如一定的黑体光源的温度、调制频率、测量系统的带宽等,测量值的 $D^*(T,f,\Delta f)$ 如 $D^*(500,900,5)$。

为了描述单色情况,还引入光谱探测率 D_λ^*,它表示器件对波长为 λ 的辐射的探测率,以 $D^*(\lambda,f,\Delta f)$ 标出。

目前基本用 D^* 取代 D,若无特殊说明,本书所称的探测率均指 D^*。

如果探测器的噪声不由器件本身,而是由外界辐射所决定,例如由背景辐射所决定,则这样的探测器往往需要致冷屏蔽。致冷屏的开口决定了探测器视场的大小。在这种情况下,探测器是探测器视场的函数,为了消除参数依赖于视场的关系,引入 D^{**},定义为

$$D^{**} = \sqrt{\frac{\Omega}{\pi}}D^* \qquad (1-26)$$

式中 Ω——探测器视场的立体角,等于响应元向挡板的孔所张的有效立体角。

1.1.3 光吸收系数

光入射到材料,会发生吸收、色散、反射、折射等现象。对半导体而言,材料吸收光的原因在于光与处于各种状态的电子、晶格原子和杂质原子的相互作用。

设入射光的强度为 I_0,入射到样品厚度为 x 处的光强度为 I,则经过 $\mathrm{d}x$ 的厚度,光强度的减少量为 $\mathrm{d}I$,$\mathrm{d}I$ 与入射光强度和厚度成正比,即

$$\frac{\mathrm{d}I}{\mathrm{d}x} = -\alpha I \qquad (1-27)$$

负号表示光强度的衰减,α 为线吸收系数,单位为 cm^{-1}。

设初始入射光强度为 I_0,则由式(1-27)得

$$I = I_0 \exp(-\alpha x) \qquad (1-28)$$

光吸收特性曲线如图 1-6 所示。由图可见,光吸收系数大,主要发生在材料的表层。吸收系数小,光入射得深。如果样品厚度为 d,则样品吸收的光强度 ΔI 为

$$\Delta I = I_0[1-\exp(-\alpha d)] \qquad (1-29)$$

当厚度 $d=1/\alpha$ 时,光强 $I=I_0/\mathrm{e}$(e 为自然对数的底数),约为入射光强度的 36%,此时的厚度称为吸收厚度,有 64% 的光在 $1/\alpha$ 厚度内被吸收,即在吸收厚度内吸收了大部分的光,如图 1-6 所示。当样品厚度 $d \gg 1/\alpha$ 时,光在样品内被全部吸收。吸收系数是光波长 λ 的函数 $\alpha(\lambda)$,且各材料的吸收系数不同,吸收系数与

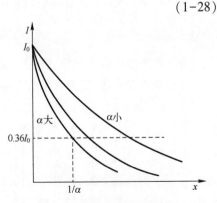

图 1-6 光强度随吸收系数和入射深度的关系曲线

材料的禁带宽度以及掺杂浓度等有关。图1-7所示为硅(Si)、锗(Ge)、砷化镓(GaAs)半导体的吸收系数与光子能量的关系。图1-8所示为半导体的吸收系数与光波长的关系。

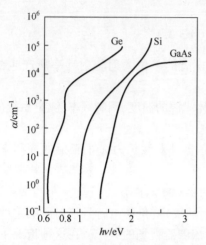

图1-7　Si、Ge和GaAs的吸收系数与光子能量的关系

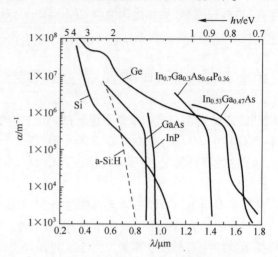

图1-8　某些半导体的光谱吸收曲线

半导体的光吸收有本征吸收、杂质吸收、自由载流子吸收、激子吸收、晶格振动吸收等多种吸收机制。其中,作为光电探测器件,最主要的吸收是本征吸收。

如图1-9所示,价带中的电子吸收了能量足够大的光子后,受到激发,越过禁带,跃入导带,并在价带中留下一个空穴,形成电子空穴对,这种跃迁过程所形成的光吸收过程称为本征吸收。

要产生本征吸收,光子的能量 $h\nu$ 必须大于或等于禁带的宽度 E_g,即

$$h\nu \geq E_g \tag{1-30}$$

换算成光波长 λ 的表达式,可得

$$hc/\lambda \geq E_g \tag{1-31}$$

就是说,波长 λ 必须满足

$$\lambda \leq hc/E_g \tag{1-32}$$

$\lambda_{th} = hc/E_g$ 称为本征吸收的长波限,又称阈值波长。

$$\lambda_{th} = \frac{1.24}{E_g(\text{eV})}(\mu m) \tag{1-33}$$

所以要产生本征光吸收,光波长 λ 必须小于长波限。

对于杂质光吸收,要求入射光子能量大于杂质电离能 ΔE,$h\nu \geq \Delta E$,如图1-10所示。

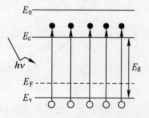

图1-9　价电子吸收光子后被激发

图1-10　半导体的杂质光电导能带图

$$\Delta E = E_c - E_d \tag{1-34}$$

式中 E_c, E_d——导带底和杂质能级。

可得杂质光吸收的长波阈值为

$$\lambda_{th} = hc/\Delta E = \frac{1.24}{\Delta E(\text{eV})} (\mu m) \tag{1-35}$$

杂质光吸收导致光电导器件大大地扩展了探测的长波域,但是其热噪声较大,所以需要低温致冷,使用起来不方便。

1.1.4 光生载流子的复合

1. 复合的概念

光激发的电子—空穴属于非平衡载流子。非平衡载流子是在外界作用下产生的,它们的存在相应于非平衡情况。当外界作用(例如光照作用)撤除以后,由于半导体的内部作用,非平衡载流子将逐渐消失,例如,导带中的非平衡电子落入到价带的空状态中,使电子和空穴成对地消失,这个过程称为非平衡载流子的复合,如图1-11所示。

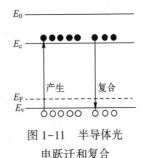

图1-11 半导体光电跃迁和复合

非平衡载流子的复合是半导体由非平衡态趋向平衡态的一种弛豫过程,是统计性的过程。事实上,即使在平衡态的半导体中,载流子产生和复合的微观过程也在不断地进行。

通常把单位时间、单位体积内产生的载流子数称为载流子的产生率 g,而把单位时间、单位体积内复合的载流子数称为载流子的复合率 U。在热平衡情况下,由于半导体的内部作用,产生率和复合率相等,使载流子浓度维持一定,产生与复合之间达到相对平衡。当有外界作用时(如光照),产生与复合之间的相对平衡被破坏,产生率将大于复合率,使半导体中载流子的数目增多,即产生非平衡载流子。随着非平衡载流子数目的增多,复合率增大,当产生和复合这两个过程的速率相等时,非平衡载流子的数目不再增加,达到稳定值。在外界作用撤除以后,复合率超过产生率,使非平衡载流子的数目逐渐减少,最后恢复到热平衡情况。

实验证明,在只存在体内复合的简单情况下,如果非平衡载流子的数目不是太大,则在单位时间内,由于少子与多子的复合而引起非平衡载流子浓度的减少率 $-d\Delta p/dt$ 与(即复合率)它们的浓度 Δp 成比例,即

$$-\frac{d\Delta p}{dt} \propto \Delta p \tag{1-36}$$

引入比例系数 $1/\tau$,则可写成等式

$$\frac{d\Delta p}{dt} = -\frac{\Delta p}{\tau} \tag{1-37}$$

式中 $1/\tau$——单位时间内每个非平衡载流子被复合掉的概率;

$-d\Delta p/dt$——单位时间、单位体积内复合掉的载流子数。

所以,$\Delta p/\tau$ 就是非平衡载流子的净复合率。后面讨论非平衡载流子问题要用到这个物理量。

求解式(1-37),可得

$$\Delta p = \Delta p_0 \exp(-t/\tau) \tag{1-38}$$

式中 Δp_0——$t=0$ 时的非平衡载流子浓度。

显然，Δp 是一个非平衡载流子没有被复合掉的概率。式(1-38)表明，非平衡载流子浓度随时间按指数规律衰减，τ 是反映衰减快慢的时间常数，τ 越大，Δp 衰减得越慢。τ 是 Δp 衰减到 Δp_0 的 $1/e$（e 为自然对数的底数）所用的时间。

在 t 至 $t+dt$ 时间内，复合掉的载流子数为 $1/\tau\Delta pdt=1/\tau\Delta p_0\exp(-t/\tau)dt$。假设这些载流子的存活时间是 t，则 $t/\tau\Delta p_0\exp(-t/\tau)dt$ 是这些载流子存活时间的总和。对所有时间积分，就得到 Δp_0 个载流子存活时间的总和，再除以 Δp_0 便得到载流子平均存活时间，表示为

$$\bar{t}=\frac{1}{\Delta p_0}\int_0^\infty \frac{1}{\tau}\Delta p_0 e^{-t/\tau}tdt=\tau \tag{1-39}$$

τ 标志着非平衡载流子在复合前平均存在的时间，通常称为非平衡载流子的寿命。$1/\tau$ 是单位时间内每个非平衡载流子被复合掉的概率。

载流子的寿命是标志半导体材料质量的主要参数之一，依据半导体材料的种类、纯度和结构完整性的不同，它可以在 $10^{-9}\sim10^{-2}$ s 的范围内变化。对于硅和锗容易获得非平衡载流子、寿命长的样品，τ 一般可以达到毫秒数量级。砷化镓的非平衡载流子寿命则很短，约为纳秒的数量级。平面器件用的硅材料，其寿命通常都在几十微秒以上。

由于半导体内部的相互作用，半导体在平衡态总有一定数目的电子和空穴。从微观角度讲，平衡态指的是由系统内部一定的相互作用所引起的微观过程之间的平衡。也正是这些微观过程促使系统由非平衡态向平衡态过渡，引起非平衡载流子的复合。因此，复合过程是统计性的过程。

根据复合过程的微观机构讲，复合过程（图 1-12）可以分为两种：

直接复合——电子在导带和价带之间的直接跃迁，引起电子和空穴的直接复合。

间接复合——电子和空穴通过禁带的能级（复合中心）进行复合。根据复合过程发生的位置，又可以把它分为体内复合和表面复合。半导体中的杂质和缺陷在禁带中形成一定的能级，除了影响半导体的电特性外，对非平衡载流子的寿命也有很大的影响。实验发现，半导体中杂质越多，晶格缺陷越多，寿命就

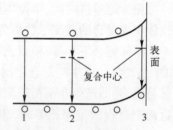

图 1-12 复合过程
1—直接复合；2—体内间接复合；
3—表面间接复合。

越短。这说明杂质和缺陷有促进复合的作用。这些促进复合过程的杂质和缺陷称为复合中心。间接复合指的是非平衡载流子通过复合中心的复合。间接复合分为体内间接复合和表面间接复合。

电子复合时，一定要释放出多余的能量。放出能量的方法有三种：

（1）发射光子。伴随着复合，将有发光现象，常称为发光复合或辐射复合；复合是产生发光的重要物理基础，是很复杂的过程。

（2）发射声子。载流子将多余的能量传给晶格，加强晶格的振动。

（3）将能量给予其他电子或空穴，增加它们的动能，称为俄歇（Auger）跃迁过程。

2. 直接复合

无论何时，半导体中总存在着载流子产生和复合两个相反的过程。由于热激发、光激发等原因，价带中的电子有一定概率跃迁到导带中，产生一对电子和空穴。通常把单位时间和单位体积内所产生的电子—空穴对数称为产生率 G，而把单位时间和单位体积内复合掉的电子—

空穴对数称为复合率 R。而由电子在导带与价带间直接跃迁而引起非平衡载流子的复合过程就是直接复合。n 和 p 分别表示电子浓度和空穴浓度。单位体积内,每一个电子在单位时间内都有一定的概率和空穴相遇而复合,这个概率显然和空穴浓度成正比,可以用 r 表示,r 称为电子—空穴复合概率,那么复合率 R 就有如下的形式:

$$R = rnp \tag{1-40}$$

在一定温度下,价带中的每个电子都有一定的概率被激发到导带,从而形成一对电子和空穴。如果价带中本来就缺少一些电子,即存在一些空穴,则产生率就会相应地减少一些。同样,如果导带中本来就有一些电子,也会使产生率相应地减少一些。因为根据泡利原理,价带中的电子不能激发到导带中已被电子占据的状态上。但在非简并情况下,价带中的空穴数相对于价带中的总状态数是极其微小的,导带中的电子数相对于导带中的总状态数也是极其微小的。这样,可认为价带基本上是满的,而导带基本上是空的,激发概率不受载流子浓度 n 和 p 的影响。因而在所有非简并情况下,产生率基本上是相同的,G 仅是温度的函数,与 n,p 无关,与热平衡的载流子有关。热平衡时,产生率必须等于复合率。此时 $n=n_0, p=p_0$,就得到 G 和 R 的关系:

$$G = rn_0 p_0 = rn_i^2 \tag{1-41}$$

在非平衡状态下,非平衡载流子的净复合率 U_d 就等于复合率减去产生率,可以求出非平衡载流子的直接净复合率 U_d 为

$$U_d = R - G = r(np - n_i^2) = r((n_0 + \Delta n)(p_0 + \Delta p) - n_0 p_0) \tag{1-42}$$

把 $n = n_0 + \Delta n, p = p_0 + \Delta p, \Delta n = \Delta p$ 代入上式,得

$$U_d = r(n_0 + p_0)\Delta p + r(\Delta p)^2 \tag{1-43}$$

由此得到非平衡载流子的寿命为

$$\tau = \frac{\Delta p}{U_d} = \frac{1}{r[(n_0 + p_0) + \Delta p]} \tag{1-44}$$

由式(1-44)可以看出,r 越大,净复合率越大,τ 值越小。寿命 τ 不仅与平衡载流子浓度有关,而且与非平衡载流子浓度有关。在小注入条件下,即 $\Delta p < n_0 + p_0$,τ 变为

$$\tau = \frac{1}{r(n_0 + p_0)} \tag{1-45}$$

对于 N 型材料,即 $n_0 > p_0$,τ 变为

$$\tau = \frac{1}{rn_0} \tag{1-46}$$

即在小注入条件下,当温度和掺杂一定时,寿命是一个常数。寿命与多数载流子浓度成反比,或者说,半导体电导率越高,非平衡载流子寿命就越短。而当 $\Delta p > n_0 + p_0$ 时,寿命随非平衡载流子浓度而改变,因而在复合过程中,寿命不再是常数。

3. 体内间接复合

这里只讨论具有一种复合中心能级的简单情况。禁带中有了复合中心能级,就好像多了一个台阶,电子—空穴的复合可分两步走:第一步,导带电子落入复合中心能级;第二步,这个电子再落入价带与空穴复合。复合中心恢复了原来空着的状态,可以再去完成下一次复合过程。显然,一定还存在上述两个过程的逆过程。所以,间接复合仍旧是一个统计性的过程。相对于复合中心而言,共有四个微观过程,如图 1-13 所示。

① 俘获电子过程:复合中心能级 E_t,从导带俘获电子。

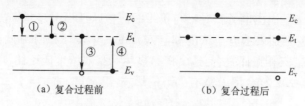

(a) 复合过程前   (b) 复合过程后

图 1-13 间接复合的四个过程

①—俘获电子；②—发射电子；③—俘获空穴；④—发射空穴。

② 发射电子过程：复合中心能级 E_t 上的电子被激发到导带。

③ 俘获空穴过程：电子由复合中心能级 E_t 落入价带与空穴复合。也可看成复合中心能级从价带俘获了一个空穴。

④ 发射空穴过程：价带电子被激发到复合中心能级上。也可以看成复合中心能级向价带发射了一个空穴。

显然，寿命 τ 与复合中心浓度 N_t 成反比。通过控制掺杂浓度，可以在宽广的范围内改变少数载流子的寿命。显然，少量的有效复合中心能大大缩短少数载流子的寿命，这样，就不会因为复合中心的引入而严重地影响电阻率等其他特性。因此，掺杂工艺已经作为缩短少数载流子寿命的有效手段而广泛应用。

4. 表面复合

在前面研究非平衡载流子的寿命时只考虑了半导体内部的复合过程，实际上，少数载流子寿命值在很大程度上受半导体样品的形状和表面状态的影响。例如，实验发现，经过吹砂处理或用金刚砂粗磨的样品，非平衡载流子寿命很短；而细磨后再经适当化学腐蚀的样品，非平衡载流子寿命要长得多。实验还表明，对于同样的表面情况，样品越小，寿命越短。可见，半导体表面确实有促进复合的作用。表面复合是指在半导体表面发生的复合过程。表面处的杂质和表面特有的缺陷也在禁带形成复合中心能级，因而，就复合机构讲，表面复合仍然是间接复合。所以间接复合理论完全可以用来处理表面复合问题。

考虑了表面复合，实际测得的非平衡载流子寿命应是体内复合和表面复合的综合结果。设这两种复合是单独平行发生的。用 τ_v 表示体内复合寿命，则 $1/\tau_v$ 就是体内复合概率。若用 τ_s 表示表面复合寿命，则 $1/\tau_s$ 就表示表面复合概率。因此，总的复合概率是

$$\frac{1}{\tau} = \frac{1}{\tau_v} + \frac{1}{\tau_s} \tag{1-47}$$

式中 τ——非平衡载流子有效寿命。

通常用表面复合速度来描述表面复合的快慢。单位时间内通过单位表面积复合掉的电子—空穴对数称为表面复合率。实验发现，表面复合率 U_s 与表面处非平衡载流子浓度 Δp 成正比，即

$$U_s = s(\Delta p) \tag{1-48}$$

比例系数 s 表示表面复合的强弱，显然，它具有速度的量纲，因而称为表面复合速度。由 s 的定义式(1-48)，可以给它一个直观而形象的意义：由于表面复合而失去的非平衡载流子数目，就如同表面处的非平衡载流子 Δp 都以 s 大小的垂直速度流出了表面。

根据上面的假设，表面复合显然可以当作靠近表面的一个非常薄的区域内的体内复合来处理，所不同的只是这个区域的复合中心密度很高。在真实表面上，表面复合的过程还要复杂一些。

表面复合速度的大小，很大程度上受到晶体表面物理性质和外界气氛的影响。Ge 的 s 值

为 $10^2 \sim 10^6 \mathrm{cm/s}$,Si 的 s 值一般是 $10^3 \sim 5 \times 10^3 \mathrm{cm/s}$。

表面复合具有重要的实际意义。任何半导体器件总有它的表面,较高的表面复合速度,会使更多的注入载流子在表面复合消失,以致严重地影响器件的性能。因而在大多数器件生产中,总希望获得良好而稳定的表面,以尽量降低表面复合速度,从而改善器件性能。另外,在某些物理测量中,为了消除金属探针注入效应的影响,要设法增大表面复合,以获得较为准确的测量结果。

如上所述,非平衡载流子的寿命值与材料种类有关。有些杂质原子的出现,特别是锗、硅中的深能级杂质,能形成有效复合中心,使寿命大大降低,同时,半导体的表面状态对寿命也有显著的影响。

另外,晶体中的位错等缺陷,也能形成复合中心能级,严重地影响少数载流子的寿命。例如,位错密度在 $5 \times 10^3 \sim 2 \times 10^7 \mathrm{cm}^{-2}$ 范围内,P 型锗中电子的寿命与位错密度成反比。在制造半导体器件的工艺过程中,由于高温热处理,在材料内部增加新的缺陷,往往使寿命值显著下降。此外,高能粒子和射线的照射也能造成各种晶格缺陷,从而产生位于禁带中的能级,明显地改变寿命值。所以,非平衡载流子的寿命值在很大程度上反映了晶格的完整性,是衡量材料质量的一个重要指标。综上所述,非平衡载流子的寿命与材料的完整性、某些杂质的含量以及样品的表面状态有极密切的关系,所以,称非平衡载流子寿命 τ 是"结构灵敏"的参数。

1.2 光电导探测器原理

半导体光电探测器是根据内光电效应制成的光电器件。材料在吸收光子能量后,出现光生电子—空穴,由此引起电导率变化或电流电压现象,称为内光电效应,是相对于外光电效应而言的。光电导器件是光电器件的重要组成部分。本章主要分析光电导原理、器件结构、特性等。

光电导效应:当半导体材料受光照时,吸收光子引起载流子浓度增大,产生附加电导率使电导率增加,这个现象称为光电导效应。

材料对光吸收有本征型和非本征型,所以光电导效应也有本征型和非本征型。当光子能量大于禁带宽度时,把价带中的电子激发到导带,在价带中留下自由空穴,从而引起材料导电率的增加,这是本征光电导效应。若光子能量激发杂质半导体的施主或受主,使它们电离,产生自由电子或空穴,从而增加材料电导率,这种现象就是非本征光电导效应。

材料受光照引起电导率的变化,在外电场作用下就能得到电流的变化,通过测量回路的电流,就能检测到电导率的变化。

1.2.1 光电导效应

1. 电子的漂移速度和迁移率

以金属导体为例,在导体两端加电压 U,导体内就形成电流 I,电子在电场作用下沿着电场的反方向作定向运动称为漂移运动,定向运动的速度称为漂移速度。

如图 1-14 所示,设导体中电子浓度为 n,电子在电场作用下的运动速度(漂移速度)为 V_d,导体截

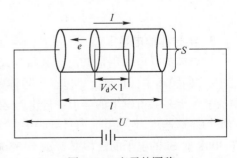

图 1-14 电子的漂移

面为 S,则单位时间内通过截面的电子数 $nV_d \times 1 \times S$,则电流 I 和电流密度 J 分别为

$$I = neV_d \cdot S \tag{1-49}$$

$$J = neV_d \tag{1-50}$$

当导体内部电场恒定时,电子受到多种散射作用的影响,在一定的电场范围内,电子具有一个恒定不变的平均漂移速度。电场强度增大时,平均漂移速度也增大;反之亦然。平均漂移速度的大小与电场强度成正比,即

$$V_d = \mu E \tag{1-51}$$

式中 μ——电子迁移率,表示单位电场下电子的平均漂移速度,单位为 $m^2/(V \cdot s)$。

$$J = ne\mu E \tag{1-52}$$

根据电导率 σ 的定义,单位电场作用下引起的电流密度为

$$J = \sigma E \tag{1-53}$$

所以

$$\sigma = ne\mu \tag{1-54}$$

式(1-54)表达了电导率和迁移率间的关系。

2. 欧姆定律

以金属导体为例,金属导体的电阻为 R,电阻率为 ρ,电阻 R 与导体长度 l 成正比,与截面积 S 成反比,则

$$R = \rho \frac{l}{S} \tag{1-55}$$

电导率为

$$\sigma = \frac{1}{\rho} \tag{1-56}$$

电场强度为

$$E = \frac{U}{l} \tag{1-57}$$

$$J = \sigma E = \frac{U}{\rho \frac{l}{S} \cdot S} \tag{1-58}$$

$J = \sigma E$ 表示欧姆定律,它把通过导体中某一点的电流密度和该处的电导率及电场强度联系起来,称为欧姆定律的微分形式。电流密度 J 就是通过垂直于电流方向的单位面积的电流,流过回路的电流为

$$I = J \cdot S \tag{1-59}$$

常见的欧姆定律表示为

$$I = \frac{U}{R} \tag{1-60}$$

3. 半导体的电导率

半导体的导电作用是电子导电和空穴导电的总和,如图1-15所示。导电的电子是在导带中,它们脱离了共价键上可以在半导体中自由运动的电子;而导电的空穴是在价带中,空穴电流实际上是共价键上的电子在价键间运动时所产生的电流。显然,在相同电场作用下,两者的平均漂移速度不会相同,而且导带中的电子平均漂移速度要大些。μ 值与材料特性有关,如在 300K 时 Si 的电子的迁移率为 $\mu_n = 1350 cm^2/(V \cdot s)$,空穴迁移率 $\mu_p = 500 cm^2/(V \cdot s)$;而在 300K 时 GaAs 的 $\mu_n = 8000 cm^2/(V \cdot s)$,$\mu_p = 400 cm^2/(V \cdot s)$,$\mu$ 值大的材料适用于快速响应的

高频器件。μ_n、μ_p 分别表示电子、空穴的迁移率，J_n、J_p 分别表示电子和空穴的电流密度，n、p 分别表示电子、空穴的浓度，则

$$J=J_n+J_p=(ne\mu_n+pe\mu_p)\cdot E \tag{1-61}$$

$$\sigma=ne\mu_n+pe\mu_p \tag{1-62}$$

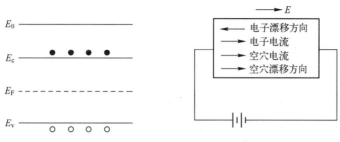

图 1-15 电子—空穴的漂移

4. 光电导效应

本征半导体在没有光照时，电子空穴浓度记为 n_0、p_0，此时电导率为 σ_0，为暗电导。

$$\sigma_0=n_0e\mu_n+p_0e\mu_p \tag{1-63}$$

光照到半导体，如图 1-16 所示。当光子的能量大于禁带宽度时，价带中的电子吸收光子，被激发到导带上，导带中的电子浓度增加 Δn，价带中的空穴浓度增加 Δp，$\Delta n=\Delta p$ 称为非平衡载流子，如图 1-17 所示。

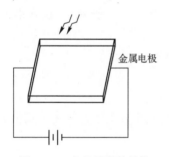

图 1-16 光电导器件结构

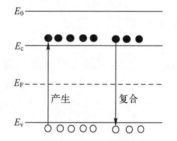

图 1-17 本征半导体能级和光电跃迁

在光注入时，半导体电导率为

$$\sigma=e(n_0+\Delta n)\mu_n+e(p_0+\Delta p)\mu_p \tag{1-64}$$

电导率增量为

$$\Delta\sigma=\sigma-\sigma_0=e(\Delta n\mu_n+\Delta p\mu_p) \tag{1-65}$$

这种由于光照注入非平衡载流子引起的附加电导率的现象称为光电导效应，附加的电导率称为光电导率，能够产生光电导效应的材料称为光电导材料。

1.2.2 光电导电流

设光电导体两边的电极对光电导体中载流子的运动不产生影响，即只有光电导体的载流子移到电极上，而电极上的电子不能注入到光电导体中。

如图 1-18 所示，设电极复合间的距离为 l，宽度为 w，样品厚度为 d，样品横截面积为 $S=wd$，光照射在样品上，单位时间内

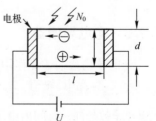

图 1-18 光电导效应的产生

入射在单位面积的光子数为 N_0,样品的线性吸收系数为 α,量子效率为 η,则样品表面的光生载流子产生率 g,即单位时间单位体积内电子—空穴对为

$$g = \alpha N_0 \eta \tag{1-66}$$

由于在产生的同时,还伴随着载流子的复合消失,所以光生载流子浓度的变化关系为

$$\frac{d\Delta n}{dt} = g - \frac{\Delta n}{\tau_n} \tag{1-67}$$

$$\frac{d\Delta p}{dt} = g - \frac{\Delta p}{\tau_p} \tag{1-68}$$

式中 τ_n、τ_p——电子、空穴的平均寿命。

当产生率和复合率达到平衡状态时,即稳定状态光生电子和空穴浓度分别为

$$\Delta n = g\tau_n \tag{1-69}$$

$$\Delta p = g\tau_p \tag{1-70}$$

稳态光电导率为

$$\Delta \sigma = e\mu_n \Delta n + e\mu_p \Delta p \tag{1-71}$$

定态光电导率 $\Delta \sigma$ 与载流子的迁移率、寿命、光电导体的线性吸收系数、量子效率有关。流过外电路的电流包括电子和空穴运动形成的电流。设电场强度为 E,局部电流密度为

$$\Delta J = \Delta J_n + \Delta J_p = (\Delta n e \mu_n + \Delta p e \mu_p) E \tag{1-72}$$

由于稳定时,$\Delta n = g \cdot \tau_n$、$\Delta p = g \cdot \tau_p$,因此

$$\Delta J = eg(\tau_n \mu_n + \tau_p \mu_p) E \tag{1-73}$$

实际上,光入射到材料过程中,沿着入射深度方向,光子数逐渐减少,设入射的光子数为 N_0,到达深度 x 处的光子数为

$$N(x) = N_0 \exp(-\alpha x) \tag{1-74}$$

光生载流子产生率随入射深度位置 x 而变化,即

$$g(x) = \alpha N_0 \eta \exp(-\alpha x) \tag{1-75}$$

设样品足够厚度,入射的光子在厚度内都能被吸收,光生载流子产生率平均值为

$$\bar{g} = N_0 \eta / d \tag{1-76}$$

稳态时的电子浓度 Δn_0 和空穴浓度 Δp_0 分别为

$$\Delta n_0 = \frac{N_0 \eta}{d} \tau_n \tag{1-77}$$

$$\Delta p_0 = \frac{N_0 \eta}{d} \tau_p \tag{1-78}$$

则光电流为

$$I_s = \overline{\Delta J} \cdot S = e\bar{g}(\tau_n \mu_n + \tau_p \mu_p) ES = eN_0 \eta (\tau_n \mu_n + \tau_p \mu_p) w \frac{U}{l} \tag{1-79}$$

1.2.3 光电导增益

光电导增益描述光作用下外电路电流的增强能力。

定义:样品中每产生一个光生载流子所构成的流过外电路的载流子数,即流过外电路横截面的载流子数与同一时间内由于光照而产生的载流子数之比 G,$G = \dfrac{\text{流过外电路横截面的载流子数}}{\text{由于光照而产生的载流子数}}$。

增益与所加电压、样品的结构有关,则

$$G=\frac{I_{\mathrm{s}}/e\cdot S}{gl\cdot S}=(\tau_{\mathrm{n}}\mu_{\mathrm{n}}+\tau_{\mathrm{p}}\mu_{\mathrm{p}})\cdot\frac{U}{l^2}=(\tau_{\mathrm{n}}\mu_{\mathrm{n}}+\tau_{\mathrm{p}}\mu_{\mathrm{p}})\cdot\frac{E}{l} \quad (1-80)$$

由此可见，光电导的增益与样品上所加电压成正比，与样品长度的平方成反比，减小样品长度可提高增益。

载流子通过两个电极距离 l 所需的时间称为渡越时间 t_{r}，电子渡越时间为 t_{rn}，空穴渡越时间为 t_{rp}，且

$$t_{\mathrm{rn}}=\frac{l}{\mu_{\mathrm{n}}E} \quad (1-81)$$

$$t_{\mathrm{rp}}=\frac{l}{\mu_{\mathrm{p}}E} \quad (1-82)$$

代入式(1-80)，得

$$G=\frac{\tau_{\mathrm{n}}}{t_{\mathrm{rn}}}+\frac{\tau_{\mathrm{p}}}{t_{\mathrm{rp}}} \quad (1-83)$$

即增益等于载流子寿命与渡越时间之比，显然，增加寿命有利于提高增益，但会增加惰性，二者应折中考虑。光生电子流与所加电压成正比，电子载流子寿命增加有利于输出电流的增加。

1.2.4 光电导灵敏度

光电导灵敏度 R_σ 通常定义为单位入射的光辐射功率所产生的光电导率。

设 $b=\mu_{\mathrm{n}}/\mu_{\mathrm{p}}$，由于 $\Delta n=\Delta p$，则 $\Delta\sigma=e\mu_{\mathrm{p}}(b+1)\Delta n$。

设入射的光功率为 P，样品上的光辐照度为 E_{x}，则

$$R_\sigma=\frac{\text{光电导率}}{\text{入射的光功率} P}=\frac{e\mu_{\mathrm{n}}\Delta n+e\mu_{\mathrm{p}}\Delta p}{E_{\mathrm{x}}wl}=\frac{e\mu_{\mathrm{p}}(1+b)\eta N_0\tau}{E_{\mathrm{x}}wld} \quad (1-84)$$

1.2.5 光电导惰性和响应时间

以上分析了稳定态光电导的工作情况，对于非定态情况，例如当光照开始及撤去的瞬间有 $\frac{\mathrm{d}\Delta n}{\mathrm{d}t}\neq 0$，$\Delta n$ 将是时间的函数，必须解方程才能求得。对不同的光照水平和不同的光电导类型，一般有直线型光电导和抛物线的光电导。弱光时一般为直线型光电导，强光时为抛物线的光电导。下面以直线型光电导为例进行论述。弱光时，光生载流子浓度远小于平衡载流子浓度(小注入)，即 $\Delta n\ll n_0$，$\Delta p\ll p_0$，光电导与光强度成正比，即为直线型光电导。在这种情况下，载流子寿命 τ 为定值，按单分子过程进行复合，以电子为例，Δn 满足以下方程：

$$\frac{\mathrm{d}\Delta n}{\mathrm{d}t}=g-\frac{\Delta n}{\tau_{\mathrm{n}}} \quad (1-85)$$

即在载流子产生的同时，还伴随着载流子的复合消失。

下面以电子为例解方程。

光照开始时即上升情况，$t=0$，$\Delta n=0$，解方程，得

$$\Delta n=g\tau_{\mathrm{n}}\left[1-\exp\left(-\frac{t}{\tau_{\mathrm{n}}}\right)\right]=\Delta n_0\left[1-\exp\left(-\frac{t}{\tau_{\mathrm{n}}}\right)\right] \quad (1-86)$$

式中 Δn_0——定态光电子浓度。

光电导率为

$$\Delta\sigma = \Delta\sigma_0 \left[1 - \exp\left(-\frac{t}{\tau_n}\right)\right] \tag{1-87}$$

当 $t \gg \tau_n$ 时，$\Delta\sigma = \Delta\sigma_0$，即趋于定态情况。

当光照撤去后，$g=0$，初始条件为 $t=0$，$\Delta n = \Delta n_0$，则

$$\Delta n = \Delta n_0 \exp\left(-\frac{t}{\tau_n}\right) \tag{1-88}$$

$$\Delta\sigma = \Delta\sigma_0 \exp\left(-\frac{t}{\tau_n}\right) \tag{1-89}$$

当 $t \gg \tau_n$ 时，$\Delta\sigma = 0$。

$\Delta\sigma$ 的上升和下降速度取决于 τ_n 值，τ_n 为弛豫时间，它表征了光电导的特性，τ_n 越长，弛豫时间越大，这种现象就是光电导的惰性，如图 1-19 所示。

如果照在光电导体上的光辐射是调制的光辐射，调制频率为 f，圆频率 $\omega = 2\pi f$，则光生载流子遵循的微分方程，即

$$\frac{\mathrm{d}(\Delta n)}{\mathrm{d}t} = -\frac{\Delta n}{\tau} + \frac{\eta N_0}{d}(1 + \exp(\mathrm{i}\omega t)) \tag{1-90}$$

输出的信号将包含与调制频率有关的交流分量和与频率无关的直流分量，即

$$\Delta n = \frac{\eta N_0}{d} \frac{\tau}{1+\mathrm{i}\omega t} \exp(\mathrm{i}\omega t) = \frac{\eta N_0 \tau \exp(\mathrm{i}(\omega t - \theta))}{d(1+\omega^2 \tau^2)^{1/2}} \tag{1-91}$$

式中，$\theta = \arctan(\omega\tau)$。

可见，与稳态的光生载流子的浓度 $(\Delta n)_0$ 相比，随着调制频率的增加，光生载流子浓度的幅值 Δn 将减少。相应地，与稳态的光电流 i_{s0} 相比，随着调制频率 f 的增加，光电流的幅值将减小，如图 1-20 所示。光生载流子浓度

$$\Delta n = \frac{\eta N_0 \tau}{d(1+\omega^2 \tau^2)^{1/2}} = \frac{(\Delta n)_0}{(1+\omega^2 \tau^2)^{1/2}} \tag{1-92}$$

$$i_s = \frac{i_{s0}}{(1+\omega^2 \tau^2)^{1/2}} \tag{1-93}$$

$$f_0 = \frac{1}{2\pi\tau} \tag{1-94}$$

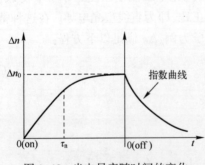

图 1-19 光电导率随时间的变化

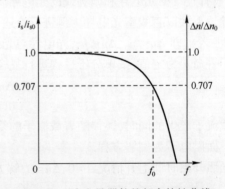

图 1-20 光电导器件的频率特性曲线

图 1-20 所示的特性就是光电导器件的频率响应特性，绝大部分光电器件都有这样的特性。在其他器件中，τ 可以更广义地定义为时间常数。f_0 为截止工作频率，工作带宽通常为 0~

f_0。载流子寿命的增加有利于增加光电导灵敏度和光电导的增益,有利于光电流的输出。灵敏度越高,增益越大,能探测到的最小光信号越小,响应率越大,从这个角度上讲,要提高载流子的寿命。另外,载流子寿命 τ 的增加,增大了光电导的惰性,惰性决定了可能探测到的光信号调制速度,决定了器件的频率响应特性。增益与惰性是光电导的两个重要的性能指标,二者往往不可兼得,必须折中考虑。

1.2.6 光电导的光谱响应特性

光谱响应特性是光电导的一个重要指标,它决定着光电导器件的应用范围和灵敏度。光电导的光谱响应范围由它的激发类型所决定。例如对本征激发,则要求入射光子能量 $h\nu$ 要大于禁带宽度,即 $h\nu \geq E_g$;对于杂质光电导,要求入射光子能量大于杂质电离能。

以下推导本征激发光电导的光电流随波长的变化关系。在此考虑到载流子浓度梯度的扩散与表面复合率。

考虑 N 型半导体,在入射光下产生本征激发。设样品结构如图 1-21 所示。光线沿 x 方向垂直入射在样品上,样品厚度为 d,长度为 l,宽为 w,表面反射比为 r,线吸收系数为 α。α 和 r 均为波长的函数。设单位时间内入射到单位面积上光子数为 N_0,则体内光生电子—空穴对的产生率为

$$g(x) = \alpha \eta N_0 (1-r) \exp(-\alpha x) \quad (1-95)$$

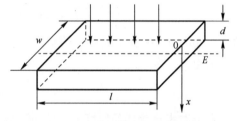

图 1-21 光电导探测器几何模型

连续性方程为

$$\frac{\partial \Delta p}{\partial t} = D_p \nabla^2 (\Delta p) - \mu_p \nabla (p\varepsilon) + g(x) - \frac{\Delta p}{\tau_p} \quad (1-96)$$

式(1-96)等号右边第一项为扩散项,第二项为漂移项,第三项为产生项,第四项为复合项。

在电场均匀和小注入的稳态情况下,一维的连续性方程为

$$D_p \frac{d^2 \Delta p(x)}{dx^2} - \frac{1}{\tau_p} \Delta p(x) + g(x) = 0 \quad (1-97)$$

式中 D_p——空穴扩散系数;
τ_p——空穴的寿命。

对微分方程(1-97)求齐次解,得到特征根分别为 $-\dfrac{1}{L_p}$ 和 $\dfrac{1}{L_p}$,则齐次解为

$$\Delta p_h(x) = A_1 \exp\left(-\frac{x}{L_p}\right) + A_2 \exp\left(\frac{x}{L_p}\right) \quad (1-98)$$

式中 A_1、A_2——常数;
L_p——空穴扩散长度。

$$L_p = \sqrt{D_p \tau_p} \quad (1-99)$$

将式(1-95)代入式(1-97)中,求得微分方程的特解为

$$\Delta p(x) = \frac{\alpha \tau_p \eta N_0 (1-r)}{1 - L_p^2 \alpha^2} \exp(-\alpha x) \quad (1-100)$$

结合式(1-98)和式(1-100),得

$$\Delta p(x) = A_1 \exp\left(-\frac{x}{L_p}\right) + A_2 \exp\left(\frac{x}{L_p}\right) + \frac{\alpha \tau_p \eta N_0 (1-r)}{1-L_p^2 \alpha^2} \exp(-\alpha x) \tag{1-101}$$

厚样品边界条件为

$$\Delta p(d) = 0 \tag{1-102}$$

表面边界条件为

$$D_p \left.\frac{d\Delta p}{dx}\right|_{x=0} = sp(0) \tag{1-103}$$

式中　s——表面复合速度,表示表面复合作用的大小,具有速度的量纲,可以把表面复合看作在表面附近的非平衡载流子以垂直速度 s 流出表面。

根据边界条件确定 A_1 和 A_2,并代入式(1-101)中,得

$$\Delta p(x) = \frac{\alpha \eta \tau_p N_0}{L_p^2 \alpha^2 - 1}(1-r)\left[\frac{\alpha L_p^2 + s\tau_p}{L_p + s\tau_p}\exp\left(-\frac{x}{L_p}\right) - \exp(-\alpha x)\right] \tag{1-104}$$

式中　$\Delta p(x)$——在 x 处产生的空穴浓度。

光电流 i 为

$$i = e(\mu_n + \mu_p) w \int_0^d \Delta p(x) dx \cdot E \tag{1-105}$$

积分时考虑到样品厚度 d 很大,由 Δp 积分可得到光电流 i,其方向与 E 相同。

$$i = \frac{e(\mu_n + \mu_p) E w \eta L_p \tau_p N_0 (1-r)}{L_p + s\tau_p}\left(1 + \frac{s\tau_p}{L_p}\frac{1}{1+\alpha L_p}\right) \tag{1-106}$$

当 $L_p \gg 1/\alpha$,即载流子的扩散长度远大于光的贯穿深度时,i 将与 α 无关。在这种情况下,有

$$i = \frac{e(\mu_n + \mu_p) E w \eta L_p \tau_p N_0 (1-r)}{L_p + s\tau_p} \tag{1-107}$$

当 $L_p \ll 1/\alpha$,且 $s \geq L_p/\tau_p$ 时,式(1-107)变成

$$i = e(\mu_n + \mu_p) \tau_p E w \eta N_0 (1-r) \tag{1-108}$$

这相当于表面复合速率 s 高、扩散速度小的情况。尽管表面处 L_p 以内的电子被复合,但是在光贯穿的大部分路程上,光生载流子被利用。由于 τ_p 较大,所以 i 也较大。

根据光谱电流灵敏度的定义

$$R_{i\lambda} = \frac{i}{P} = \frac{i}{h\nu N_0 w l} \tag{1-109}$$

将式(1-108)代入上式,可得光谱电流灵敏度为

$$R_{i\lambda} = \frac{e(\mu_n + \mu_p) E \eta L_p \tau_p (1-\rho)}{l(L_p + s\tau_p) h\nu}\left(1 + \frac{s\tau_p}{L_p}\frac{1}{1+\alpha L_p}\right) \tag{1-110}$$

考虑到光电导增益

$$G = \frac{(\mu_n + \mu_p) E \tau}{l} \tag{1-111}$$

光谱电流灵敏度可写为

$$R_{i\lambda} = \frac{e\eta L_p (1-r)}{h\nu (L_p + s\tau_p)}\left(1 + \frac{s\tau_p}{L_p}\frac{1}{1+\alpha L_p}\right) G \tag{1-112}$$

本征激发的结果是产生电子—空穴对,而杂质激发可能产生电子或空穴,这与杂质有关。影响光谱响应有两个主要因素:光电导材料对各波长辐射的吸收系数和表面复合率。光谱响应有一个峰值,而无论向长波或短波方向,响应都会降低,图 1-22 为多种光电导器件的光谱响应曲线。在材料不同深度 x 处获得的光功率为 $P=P_0\exp(-\alpha x)$。在较长波长上,光子能量不足,吸收系数 α 很小,产生的电子浓度较少,一部分辐射会穿过材料,因此灵敏度低。随着波长减小,吸收系数增大,入射光功率几乎全被材料吸收,量子效率增加,因此光电导率达到峰值。一般峰值靠近长波限,通常定义长波限为峰值一半处所对应的波长。

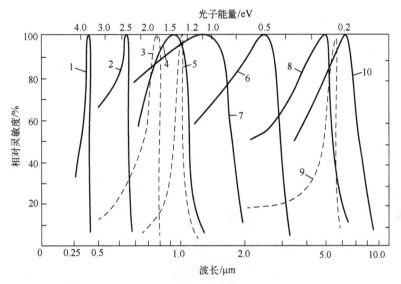

图 1-22 光电导器件的光谱响应曲线
1—ZnS;2—CdS;3—CdSe;4—Si;5—GaAs;6—PbS;7—Ge;
8—PbTe,90K;9—InSb,77K;10—HgCdTe,77K。

当波长进一步减小时,吸收系数进一步增加,光子能量增大,激发的光生载流子大部分靠近材料表面附近,表面处的载流子复合率增加,光生载流子寿命减低,量子效率也随之下降,灵敏度减小。

1.2.7 电压响应率

光电导工作时的典型等效电路如图 1-23 所示,利用简单的光电导公式进行计算。由光电导的原理已经知道,材料的光电导应包括热激发、背景激发及光信号激发所构成的光电导。设光信号构成的光电导为 $\Delta\sigma$,其余两项的光电导记为 σ_0,与其相应的电阻分别记为 ΔR 及 R_D。

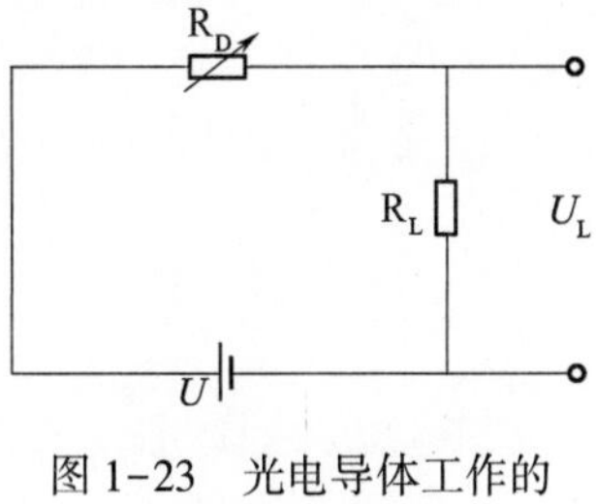

由图 1-23 可知,负载上的输出电压为

$$U_L = IR_L = \frac{U}{R_D+R_L}R_L \quad (1-113)$$

当光电导的电阻变化 ΔR 时,输出信号电压为

$$U_s = \frac{UR_L\Delta R}{(R_D+R_L)^2} \quad (1-114)$$

图 1-23 光电导体工作的等效电路

当 $R_L = R_D$ 时,有最大的输出信号。这就要求负载电阻与探测器的电阻相匹配。

如果光电导体回路的光电流为 I_s,则输出光信号为

$$U_s = I_s R_L \tag{1-115}$$

由于是本征激发,$\Delta n = \Delta p$,所以有

$$I_s = jwd = e(\mu_n + \mu_p)\Delta p E w d \tag{1-116}$$

光生空穴浓度 Δp 可由连续性方程给出。设在厚度方向上,Δp 均匀分布,所以无扩散项;又设场强 E 均匀分布,所以无 dE/dy 项;入射光均匀照射,所以不考虑 Δp 沿 y 方向的变化。这样连续方程为

$$\frac{d\Delta p}{dt} = -\frac{\Delta p}{\tau} + g(t) \tag{1-117}$$

设入射在光电导上的辐射功率 P_s 为

$$P_s = P_{s0}\exp(j\omega t) \tag{1-118}$$

产生率为

$$g(t) = \alpha\eta \frac{P_s}{h\nu}\frac{1}{V} \tag{1-119}$$

式中 V——光电导体体积。此时 $\alpha = 1$。

$$g(t) = \frac{\alpha\eta}{h\nu V}P_{s0}\exp(j\omega t) = g_0\exp(j\omega t) \tag{1-120}$$

$$g_0 = \frac{\alpha\eta P_{s0}}{h\nu V} \tag{1-121}$$

$$\frac{d\Delta p}{dt} = -\frac{1}{\tau}\Delta p + g_0\exp(j\omega t) \tag{1-122}$$

用拉普拉斯变换解方程,考虑到初条件 $t=0$ 时,$\Delta p(0) = g_0\tau$,得

$$\Delta p(t) = -\frac{g_0\tau}{1+j\omega\tau}\left[\exp\left(-\frac{t}{\tau}\right) - \exp(j\omega t)\right] \tag{1-123}$$

考虑到 $t \gg \tau$,并取其模,得

$$\Delta p = \frac{g_0\tau}{\sqrt{1+\omega^2\tau^2}} = \frac{\alpha\eta\tau P_{s0}}{h\nu V\sqrt{1+\omega^2\tau^2}} \tag{1-124}$$

将式(1-124)代入式(1-114),得

$$I_s = \frac{\alpha\eta\tau P_{s0}}{h\nu l\sqrt{1+\omega^2\tau^2}}(\mu_n+\mu_p)eE \tag{1-125}$$

$$G = \frac{\tau}{t_r} = \frac{(\mu_n+\mu_p)}{l}E\tau \tag{1-126}$$

$$E = \frac{UR_D}{(R_D+R_L)l} \tag{1-127}$$

所以

$$I_s = \frac{\alpha\eta P_{s0}e}{h\nu\sqrt{1+\omega^2\tau^2}}G \tag{1-128}$$

输出信号电压为

$$U_s = I_s R_L = \frac{\alpha \eta P_{s0} e R_L}{h\nu \sqrt{1+\omega^2\tau^2}} G \tag{1-129}$$

将 G 代入上式,得

$$U_s = \frac{\alpha \eta P_{s0} e R_L}{h\nu \sqrt{1+\omega^2\tau^2}} \cdot \frac{(\mu_n+\mu_p)\tau U R_D}{l^2(R_D+R_L)} \tag{1-130}$$

取 $R_L \gg R_D$,有

$$U_s = \frac{\alpha \eta P_{s0} e}{h\nu \sqrt{\omega^2\tau^2+1}} \frac{(\mu_n+\mu_p)\tau U}{l^2} \tag{1-131}$$

因为

$$R_D = \frac{1}{\sigma_0} \cdot \frac{l^2}{V} \tag{1-132}$$

所以

$$U_s = \frac{\alpha \eta P_{s0} e}{h\nu \sqrt{\omega^2\tau^2+1}} \frac{(\mu_n+\mu_p)\tau U}{\sigma_0 V} \tag{1-133}$$

根据电压响应率的定义,有

$$R_u = \frac{U_s}{P_{s0}} = \frac{\alpha \eta e}{h\nu \sqrt{1+\omega^2\tau^2}} \frac{(\mu_n+\mu_p)\tau U}{\sigma_0 V} = \frac{\alpha \eta}{h\nu \sqrt{1+\omega^2\tau^2}} \frac{(1+b)\tau U}{V(n_0 b+p_0)} \tag{1-134}$$

式中 n_0, p_0——除信号以外的电子浓度和空穴浓度;

τ——少子寿命;

$b = \mu_n/\mu_p$。

对于 N 型材料,$n_0 \gg p_0$,则

$$R_u = \frac{\alpha \eta}{h\nu \sqrt{1+\omega^2\tau^2}} \frac{\left(1+\frac{1}{b}\right)\tau U}{V n_0} \tag{1-135}$$

对于 P 型材料,$p_0 \gg n_0$,则

$$R_u = \frac{\alpha \eta}{h\nu \sqrt{1+\omega^2\tau^2}} \cdot \frac{(1+b)\tau U}{V p_0} \tag{1-136}$$

此外,根据式(1-129),响应率还可写为

$$R_u = \frac{\alpha \eta e R_L}{h\nu \sqrt{1+\omega^2\tau^2}} \cdot G \tag{1-137}$$

1.2.8 探测率 D_λ^*

根据 D_λ^* 的定义,有

$$D_\lambda^* = \frac{R_\lambda(I)}{i_n}(A\Delta f)^{\frac{1}{2}} \tag{1-138}$$

或

$$D_\lambda^* = \frac{R_\lambda(U)}{u_n}(A\Delta f)^{\frac{1}{2}} \tag{1-139}$$

式中 i_n, u_n——所有噪声的电流及噪声电压的均方根。

在光电导探测器中,主要是以下噪声起作用:

$$\overline{i_n^2} = \overline{i_{nb}^2} + \overline{i_{g\tau}^2} + \overline{i_{nh}^2} \tag{1-140}$$

$$\overline{u_n^2} = \overline{u_{nb}^2} + \overline{u_{g\tau}^2} + \overline{u_{nh}^2} \tag{1-141}$$

式中 $\overline{i_{nb}^2}, \overline{u_{nb}^2}$——背景光子起伏噪声电流及电压均方值；

$\overline{i_{g\tau}^2}, \overline{u_{g\tau}^2}$——复合噪声电流和电压均方值；

$\overline{i_{nh}^2}, \overline{u_{nh}^2}$——热噪声电流和电压均方值。

欲求 D_λ^* 的具体表达式，首先应该求出噪声均方根值。一般工作在中频区的光电导，主要噪声是产生复合噪声，包括光激发和热激发载流子的产生复合噪声。如果光电导工作在高频区，则主要考虑热噪声。以下对不同情况给出 D_λ^* 的表达式。

1. 产生复合噪声限制下的 D_λ^*

因为是本征激发，所以有

$$\overline{u_{g\tau}^2} = 4I_B^2 R^2 \left[\frac{1+b}{bN_0+P_0}\right]^2 \frac{N_0 P_0}{N_0+P_0} \frac{\tau \cdot \Delta f}{1+\omega^2 \tau^2} \tag{1-142}$$

$$D_\lambda^* = \frac{R_u}{u_{g\tau}} (A \cdot \Delta f)^{\frac{1}{2}} \tag{1-143}$$

将式(1-134)及式(1-142)代入式(1-143)，且

$$N_0 = n_0 V; P_0 = p_0 V \tag{1-144}$$

$$A = lw; U = I_B R \tag{1-145}$$

则

$$D_\lambda^* = \frac{\alpha \eta \sqrt{\tau}}{2h\nu} \left[\frac{n_0+p_0}{n_0 \cdot p_0 \cdot d}\right]^{\frac{1}{2}} \tag{1-146}$$

1) 对 N 型本征激发光电导

在这种光电导中，如果背景激发远大于热激发，即 $n_b = p_b \gg n_{th}$，则 $n_0 = p_0 = n_b = p_b$，n_b、p_b 为背景所引起的载流子浓度。所以有

$$D_\lambda^* = \frac{\alpha \eta \sqrt{\tau}}{h\nu \sqrt{2n_b d}} \tag{1-147}$$

如果光电导的热激发电子浓度远大于背景激发的载流子浓度，即 $n_{th} \gg n_b = p_b \gg p_{th}$，则

$$D_\lambda^* = \frac{\alpha \eta \sqrt{\tau}}{2h\nu \sqrt{2n_b d}} \tag{1-148}$$

式(1-147)及式(1-148)均为本征激发光电导在产生复合噪声限制下的探测率，但构成产生复合噪声的情况不相同。前者由背景激发构成，而后者由热激发构成。通常红外探测器处于冷却状态，满足 $n_b \gg n_{th}$，这样有利于达到背景限。

2) 对 P 型本征激发光电导

仿照对 N 型的处理，可直接写出类似公式。在背景光子激发远大于热激发条件下，有

$$D_\lambda^* = \frac{\alpha \eta \sqrt{\tau}}{h\nu \sqrt{2p_b d}} \tag{1-149}$$

在热激发限制条件下，有

$$D_\lambda^* = \frac{\alpha \eta \sqrt{\tau}}{2h\nu \sqrt{p_b d}} \tag{1-150}$$

2. 热噪声限制下的 D_λ^*

$$D_\lambda^* = \frac{R_u}{u_{nh}}(A \cdot \Delta f)^{\frac{1}{2}} = \frac{\alpha \eta e(\mu_n + \mu_p)\tau U}{2h\nu \sqrt{(1+\omega^2\tau^2)kT\sigma_0 ld}} \tag{1-151}$$

式中　k——玻尔兹曼常数；
　　　T——工作温度。

1.3　光敏电阻

利用光电导效应制成的最典型的光电导器件是光敏电阻。光敏电阻种类繁多，有对紫外敏感的，有对可见光敏感的，有对红外敏感的，主要由其所使用的材料所决定，光电导材料均可制作成光敏电阻。目前广泛使用的光敏电阻主要品种有硫化镉（CdS）、硒化镉（CdSe）、硫化铅（PbS）、硅（Si）、锗（Ge）、锑化铟（InSb）等。

光敏电阻和其他半导体光电器件（如光生伏特探测器）相比有以下特点：

（1）光谱响应范围宽。根据材料不同，有的在可见光灵敏，有的灵敏域可达红外区、远红外区。

（2）工作电流大，可达数毫安。

（3）所测的光强范围宽，既可测弱光，也可测强光。

（4）灵敏度高，通过对材料、工艺和电极结构的适当选择和设计，光电增益可大于1。

（5）无极性之分，使用方便。

缺点：在强光照下光电线性较差，光电弛豫时间长，频率特性较差，因此它的应用领域受到一定限制。

光敏电阻的主要用途是用于照相机、光度计、光电自动控制、辐射测量等辐射接收元件。

表征光敏电阻器特征的参数主要有光照灵敏度、伏安特性、光谱响应、温度特性、γ 值等，下面就简述其结构和特性。

1.3.1　光敏电阻的结构

光敏电阻器均制作在陶瓷基体上，光敏面均做成蛇形，目的是保证有较大的受光表面。上面由带有光窗的金属管帽或直接进行塑封，其目的是尽可能减少外界（主要是湿气等有害气体）对光敏面及电极所造成的不良影响，使光敏电阻器的性能长期稳定，工作长期可靠，如图1-24所示。

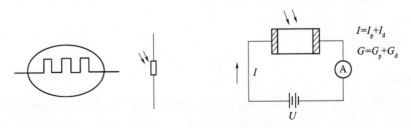

图1-24　光敏电阻及其符号

1.3.2 光敏电阻的特性

1. 光电特性

光电流与照度的关系称为光电特性,如图 1-25 所示。

光敏电阻光电特性:

$$I_p = S_g E_x^\gamma U^a \tag{1-152}$$

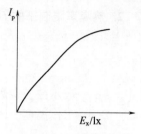

图 1-25 硫化镉光敏电阻的光电特性曲线

式中 I_p——光电流,即光敏电阻两端加上一定电压后,亮电流 I 与暗电流 I_d 之差;

E_x——光照度;

γ——光照指数,它与材料和入射光强弱有关,对于 CdS、PbS 等,在弱光照下 $\gamma=1$,在强光照射下 $\gamma=1/2$,一般 $\gamma=0.5\sim1$;

U——光敏电阻两端所加的电压;

a——电压指数,它与光电导体和电极材料之间的接触有关,欧姆接触时,$a=1$,非欧姆接触时,$a=1.1\sim1.2$;

S_g——光电导灵敏度。

如 $a=1$,在弱光照下 $\gamma=1$,则

$$I_p = S_g E_x U \tag{1-153}$$

在弱光照下,I_p 与光照度 E_x 具有良好的线性,在强光照射下则为非线性,其他光敏电阻也有类似的性质。因此,光敏电阻在强光时线性特性变差。

2. 光电阻的光电导灵敏度

欧姆接触时,$a=1$,则

$$I_p = G_p U \tag{1-154}$$

式中 G_p——光电导值。

式(1-154)即欧姆定律。

线性系数 γ 值代表亮电阻与光照之间呈非线性,γ 值是光敏电阻器的一个重要参考数据,如图 1-26 所示。

光电导灵敏度 S_g 为光电导值与光照度 E_x 之比。

如 $\gamma=1$,则

$$S_g = \frac{G_p}{E_x} \tag{1-155}$$

单位为西门子/勒克斯(s/lx)。

对于光敏电阻来说,电流有暗电流 I_d、亮电流 I 与光电流 I_p,电导也有暗电导 G_d、亮电导 G 和光电导 G_p 之分,即 $I=I_p+I_d$,$G=G_p+G_d$。

所以亮电流为

$$I = (S_g E_x + G_d) U \tag{1-156}$$

3. 伏安特性

伏安特性指在一定光照下,光敏电阻器上的外加电压与流过光敏电阻器的电流之间的关系曲线。从图 1-27 中可以看出两个明显的特点,一是在额定功率范围内(如 50mW),光电流与所加电压成线性,即电流正比于所施加的外电压。而在给定光照下,光敏电阻器的阻值与外加电压无关,这由光电特性的 E_x 与 G 之间的关系确定,但是不同光照下的伏安特性具有不同的斜率,E_x 由小到大曲线越来越密。二是当光敏电阻器上承受的功率超过它本身的额定功率后,曲线开始变弯,趋向饱和,电流并未继续增大,即大部分光生载流子已参与为光电流。

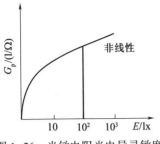

图 1-26 光敏电阻光电导灵敏度

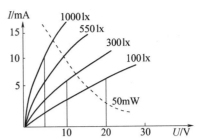

图 1-27 光电流与外加电压的关系

4. 温度特性

亮电阻的温度系数为

$$\alpha = \frac{R_1 - R_0}{R_0(T_1 - T_0)} \tag{1-157}$$

式中　R_0,R_1——温度 T_0、T_1 相对应的亮电阻。

随 T 增加,电阻增加,则 α 为正值;随 T 增加,电阻下降,则 α 为负值,如图 1-28 所示。

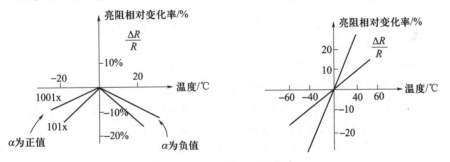

图 1-28 亮电阻相对变化率

亮电阻相对变化率为

$$\frac{\Delta R}{R} = \frac{R_1 - R_0}{R_0} = \frac{R_1 - R_0}{R_0} \times 100\% \tag{1-158}$$

5. 频率特性

光敏电阻采用交变光照时,其输出随入射光的调制频率的增加而减少,这是因为光敏电阻是依靠非平衡载流子效应工作的,非平衡载流子的产生与复合都有一个时间过程,这个时间过程即在一定程度上影响了光敏电阻对变化光照的响应。光敏电阻频带宽度都比较窄,在室温下,一般不超过几千赫兹,如图 1-29 所示。

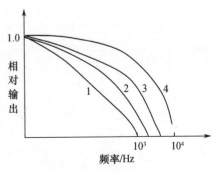

图 1-29 光敏电阻频率特性
1—硒;2—硫化铊;3—硫化硒;4—硫化铅。

6. 光谱响应特性

光敏电阻的光谱响应特性主要由所用的半导体材料所决定。光敏电阻可用于与人眼有关的仪器,如照相机、照度计、光度计等,它们的光谱响应曲线形状与人眼的光谱光视效能 $V(\lambda)$ 曲线还不完全一致,在使用时,必须加滤光片加以修正。

硅是重要的可见光和近红外探测材料,其 $\lambda_{th}=1.1\mu m$,且在紫外区也有明显的响应。锗是重要的可见光和近红外光电探测材料,$\lambda_{th}=1.7\mu m$。硅和锗的峰值探测率分别为 $5\times10^{10} cm Hz^{\frac{1}{2}}/W$ 和 $1\times10^{13} cm Hz^{\frac{1}{2}}/W$,如图1-30所示,可在室温下应用。

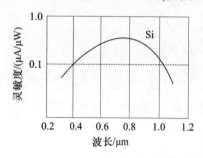
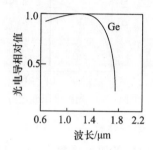

图1-30 硅和锗的光谱响应曲线

硫化镉(CdS)是在可见光区用得非常广泛的一种光电导材料。单晶 CdS 的响应波段为 $0.3\sim0.5\mu m$,多晶 CdS 的响应波段为 $0.3\sim0.8\mu m$,如图1-31所示。它的光谱范围与人眼响应匹配。

硒化镉(CdSe)的响应范围为 $0.3\sim0.85\mu m$,与硫化镉相比,其响应时间较快。在强光下灵敏度相差不大,但在弱光下要比硫化镉低得多,硒化镉的主要问题是灵敏度随温度而变化,其光谱响应如图1-32所示。

硫化铅(PbS)在室温下响应波长为 $1\sim3.5\mu m$,是较早采用的一种红外光电导材料,主要以多晶形式存在,具有相当高的响应率和探测率,其响应光谱随工作温度而变化。PbS 光敏电阻在冷却情况下,相对光谱灵敏度随温度降低时,灵敏范围和峰值范围都向长波方向移动,如图1-33所示。在195K下,长波 $\lambda_{th}=4\mu m$,$\lambda_m=2.8\mu m$;在77K下,$\lambda_{th}=4.5\mu m$,$\lambda_m=3.2\mu m$。

硫化铅的主要缺点是响应时间长,在室温下为 $100\sim300\mu s$,在77K下为几十毫秒。单晶硫化铅的响应时间可以缩短到 $32\mu s$ 以下,另外其光敏面不容易制作均匀,低频噪声电流也较大。硫化铅主要用于制作光敏电阻,也可用作光伏器件。

硒化铅(PbSe)在室温下工作时,阈值波长可达 $\lambda_{th}=4.5\mu m$;在195K时,$\lambda_{th}=5.2\mu m$;在77K时,$\lambda_{th}=6\mu m$。硒化铅可在高温下工作,如在100℃时,$D_\lambda^*=8\times10^8 cm Hz^{\frac{1}{2}}\cdot W^{-1}$。

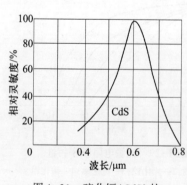
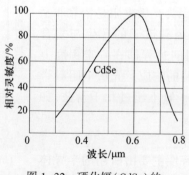
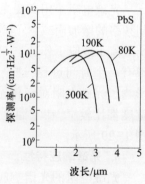

图1-31 硫化镉(CdS)的光谱响应曲线　　图1-32 硒化镉(CdSe)的光谱响应曲线　　图1-33 硫化铅光谱响应曲线

锑化铟(InSb)是用得非常广泛的一种红外光导材料,其制备工艺比较成熟和容易,主要用于探测大气窗口(3~5μm)的红外辐射。在室温下,长波阈值可达 $\lambda_{th}=7.5\mu m$,其峰值为 $\lambda_m=6\mu m$;在77K下工作时,长波阈值为 $\lambda_{th}=5.5\mu m$,峰值为 $\lambda_m=5\mu m$。红外探测的光电导体还有砷化铟(InAs)、碲镉汞(HgCdTe)等材料,几种红外探测的光电导体的光谱响应如图1-34所示。

温度对光谱响应影响较大,如图1-33和图1-35所示,一般来说,光谱响应主要由材料的禁带宽度决定,禁带宽度越窄,则对长波越敏感,但禁带很窄时,半导体中热激发也会使自由载流子浓度增加,使复合运动加快,灵敏度降低,因此采用冷却灵敏面的办法降低热发射来提高灵敏度往往是很有效的。温度降低,灵敏范围和峰值向长波范围移动,降低了热激发,提高了灵敏度。

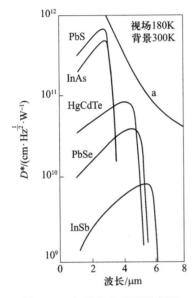

图1-34 红外光电导探测率图

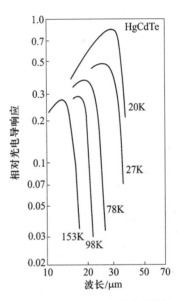

图1-35 碲镉汞的光谱响应特性

练 习 题

1.1 什么是光谱响应特性曲线?什么是光谱匹配系数?其有何意义?某半导体探测器在0.62μm处的光量子效率为10%,该探测器在该波长处的电流响应率是多少?

1.2 什么是器件的最小可探测辐射功率和比探测率?它们有何意义?某光电器件面积为0.4cm²,测得该器件在10μm、调制频率为500Hz、带宽为10Hz情况下的噪声电压均方根为4nV,器件电压响应率为50V/W。那么,该器件比探测率是多少?

1.3 一正方形半导体样品,边长1mm,厚度为0.1mm,用能量为2eV、光强度为0.96mW/cm²的光照射在该正方形表面,其量子效率为1,设光生空穴全部被陷而不能运动,电子寿命 $\tau_n=10^{-3}s$,电子迁移率 $\mu_n=100cm^2/(V\cdot s)$,光照全部被半导体均匀吸收,求:

(1) 样品中电子空穴对的产生率(/(cm³·s))及每秒产生电子空穴对数(/s);

(2) 定态时样品中的光电子数及浓度(个/整个样品,个/cm³);

(3) 样品光电导率及光电导 $\left(\dfrac{1}{\Omega\cdot cm},\dfrac{1}{\Omega}\right)$;

（4）若样品加 24V 的电压在正方形侧面，求光生电流；

（5）光电导的增益。

1.4 列表说明 Si、Ge、CdS、CdSe、Sb_2S_3、PbS、PbSe、InSb、InAs、PbSeTe、HgCdTe 的光谱响应范围、峰值比探测率、应用、优点、缺点。

1.5 光敏电阻的暗电阻为 600kΩ，在 200lx 的光照下亮电阻与暗电阻之比为 1∶100，求该电阻的光电导灵敏度。

1.6 用光电导器件控制一继电器，使用 24V 的直流电源。器件在无光照时电阻为 600kΩ，在 400lx 的照度下电阻为 1.2kΩ。在 400lx 光照度下，至少需要 10mA 的电流才可使继电器吸合，无光照时释放，试画出控制电路，计算暗电流和所需串联电阻。

第 2 章 结型光电探测器

2.1 光生伏特效应

光生伏特效应是两种半导体材料或金属/半导体相接触形成势垒,当外界光照射时,激发光生载流子,注入到势垒附近,形成光生电压的现象。光生伏特效应属于内光电效应。利用光生伏特效应制成的光电探测器称为势垒型光电探测器。势垒型光电探测器是由对光照敏感的"结"构成的,故也称结型光电探测器。根据所用结的种类不同,结型光电探测器可分为 PN 结型、PIN 结型、异质结型和肖特基势垒型等。最常用的器件有光电池、光电二极管、PIN 管、雪崩光电二极管、光电三极管和光电场效应管等。

势垒型光电探测器与光电导探测器相比较,主要区别在于:

(1) 产生光电变换的部位不同。

(2) 光电导型探测器没有极性,工作时必须有外加电压;而结型探测器有确定的正负极,不需要外加电压也可把光信号变为电信号。

(3) 光电导探测器为均质型探测器,均质型探测器的载流子弛豫时间比较长、响应速度慢、频率响应特性差;而结型探测器响应速度快、频率响应特性好。另外,雪崩光电二极管和光电三极管还有很大的内增益作用,不仅灵敏度高,而且可以通过较大的电流。

势垒型光电探测器的应用非常广泛,广泛应用于光度测量、光开关报警系统、光电检测、图像获取、光通信、自动控制等方面。

2.1.1 PN 结

当 P 型与 N 型半导体相接触时,电子和空穴相互扩散在接触区附近形成空间电荷区和耗尽层,结区两边形成内建电场。在内建电场作用下电子和空穴发生漂移运动,方向与扩散方向相反,起着阻止扩散的作用。随着扩散运动的不断进行,空间电荷逐渐增加,漂移作用随之增强,当扩散与漂移运动相等时,达到了动态平衡,结区建立了相对稳定的内建电场,如图 2-1 和图 2-2 所示。

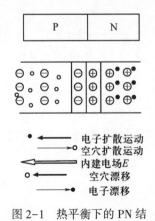

图 2-1 热平衡下的 PN 结

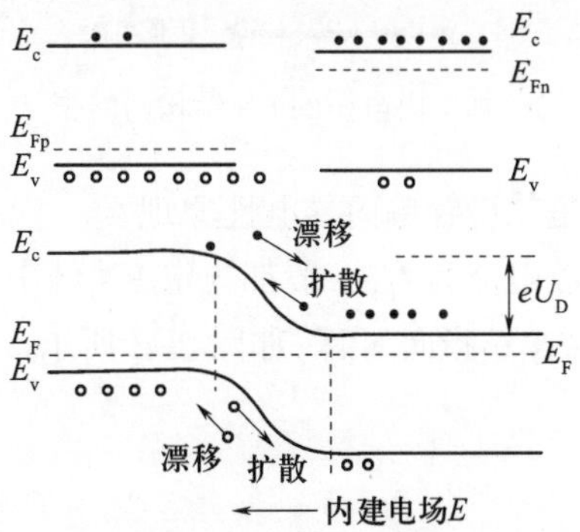

图 2-2 PN 结未施加外电压时的能带图

接触电势差 U_D 取决于 P 型和 N 型半导体的费米能级 E_{Fp}、E_{Fn} 之差,即

$$U_D = \frac{1}{e}(E_{Fn} - E_{Fp}) \tag{2-1}$$

如图 2-3 所示,若在半导体两端施以外加电压 U,P 区电位高于 N 区的电位,即通常所说的加正向电压。外加电场的方向与内建电场方向相反,削弱内建电场,PN 结两边的空间电荷区变窄,势垒变低,其接触电势差将变为 $U_D - U$,扩散运动大于漂移运动,由于扩散运动是 P 区空穴向 N 区移动,N 区电子向 P 区移动,由于空穴、电子都是多数载流子,所以形成较大的结电流。

如图 2-4 所示,若在半导体两端施以外加电压 U,P 区的电位低于 N 区的电位,即通常所说的加反向电压。PN 结外加电场与内建电场方向相同,增强了 PN 结电场,漂移运动将大于扩散运动,PN 结两边的空间电荷区变宽,势垒高度增加,结接触电势差为 $U_D + U$。由于漂移运动是空穴由 N 区到 P 区运动,电子由 P 区向 N 区运动,由于 P 区电子、N 区空穴都是少数载流子,因此形成的结电流很小。

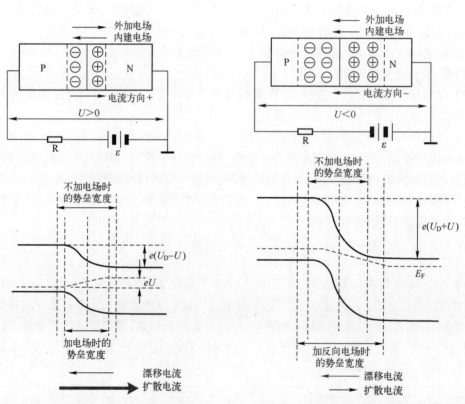

图 2-3 加正向电压的 PN 结构与能带　　图 2-4 加反向电压的 PN 结构与能带

这就是二极管单向导电性原理。

设扩散电流为 I_1,一般都规定 PN 结中的扩散电流方向为流过 PN 结电流的正方向,即由 P 区通过 PN 结指向 N 区,如图 2-3 所示。反向饱和漂移电流 I_s 与扩散电流方向相反,也称反向电流。

$$I_1 = I_s \exp\left(\frac{eU}{kT}\right) \tag{2-2}$$

式中　e ——电子电量;

k——玻尔兹曼常数，$k=1.38\times10^{-23}$ J/K；
T——热力学温度。

PN结加上外加电压，流过PN结的电流为

$$I=I_1-I_s=I_s\left[\exp\left(\frac{eU}{kT}\right)-1\right] \tag{2-3}$$

U为正，即P区电压高于N区，即常说的正向电压，此时电流由P区流到N区，电流为正值，如图2-3所示。U为负，即N区电压高于P区，即通常所说的负向电压，电流由N区流到P区，电流为负值，如图2-4所示。PN结的电流电压特性如图2-5中的无光照的I-U曲线。

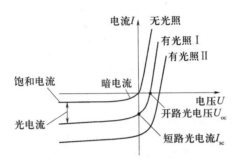

图2-5 光电二极管的无光照和有光照的电流电压特性

2.1.2 PN结电压电流公式

如图2-6所示，设PN结面积为A，P型半导体与N型半导体接触形成空间电荷层要产生接触电势差，附加静电位能引起能带弯曲，最后使费米能级相平。在加了外加电压以后，静电势能改变，能带发生弯曲，有电流流过。下面简单推导PN结电流电压的肖克利（Shochley）方程。

在PN结上加了外加电压，以U表示外加电压，PN结势垒由原来的U_0（即接触电势U_D），降为(U_0-U)。由于电压作用，结附近N区中少数载流子空穴浓度分布p有相应的变化Δp，是随扩散位置而变化，如图2-7所示。

$$x=x_n, \quad \Delta p=p_0\left[\exp\left(\frac{eU}{kT}\right)-1\right] \tag{2-4}$$

$$x=x_n, \quad p-p_0=p_0\left[\exp\left(\frac{eU}{kT}\right)-1\right] \tag{2-5}$$

$$x=W_n, \quad p-p_0=0 \tag{2-6}$$

式中 p_0——N区中少数载流子空穴浓度。

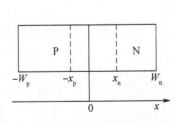

图2-6 PN结示意图

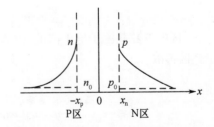

图2-7 PN结在加正向电压时少数载流子的注入

N区少数载流子空穴向N区扩散,如图2-7所示。按照半导体的连续性方程,在中性区,包括扩散区,电场为0,在平衡条件下,载流子的浓度不随时间改变,得

$$x \geqslant x_\mathrm{n}, \quad \frac{\mathrm{d}p}{\mathrm{d}t} = D_\mathrm{h}\frac{\mathrm{d}^2 p}{\mathrm{d}x^2} - \frac{\Delta p}{\tau_\mathrm{h}} = 0 \tag{2-7}$$

$$x \geqslant x_\mathrm{n}, \quad \frac{\mathrm{d}^2(p-p_0)}{\mathrm{d}x^2} - \frac{p-p_0}{L_\mathrm{h}} = 0 \tag{2-8}$$

式中 D_h——空穴的扩散系数;

τ_h——空穴的寿命,空穴的扩散长度 $L_\mathrm{h} = (D_\mathrm{h}\tau_\mathrm{h})^{1/2}$。

根据边界条件式(2-5)和式(2-6),可以求出空穴浓度分布,即

$$x \geqslant x_\mathrm{n}, \quad p - p_0 = p_0 \left[\exp\left(\frac{eU}{kT}\right) - 1\right] \frac{\sinh\left(\frac{W_\mathrm{n}-x}{L_\mathrm{h}}\right)}{\sinh\left(\frac{W_\mathrm{n}-x_\mathrm{n}}{L_\mathrm{h}}\right)} \tag{2-9}$$

对于N区很长($W_\mathrm{n} \gg L_\mathrm{h}$)的PN结,上式简化为

$$x \geqslant x_\mathrm{n}, \quad p - p_0 = p_0 \left[\exp\left(\frac{eU}{kT}\right) - 1\right] \exp\left(-\frac{x-x_\mathrm{n}}{L_\mathrm{h}}\right) \tag{2-10}$$

空穴的扩散电流密度和电流分布分别为

$$x \geqslant x_\mathrm{n}, \quad J_\mathrm{h} = -eD_\mathrm{h}\frac{\mathrm{d}p}{\mathrm{d}x} = e\frac{D_\mathrm{h}}{L_\mathrm{h}}p_0 \left[\exp\left(\frac{eU}{kT}\right) - 1\right] \exp\left(-\frac{x-x_\mathrm{n}}{L_\mathrm{h}}\right) \tag{2-11}$$

$$x \geqslant x_\mathrm{n}, \quad I_\mathrm{h} = \frac{eAD_\mathrm{h}}{L_\mathrm{h}}p_0 \left[\exp\left(\frac{eU}{kT}\right) - 1\right] \exp\left(-\frac{x-x_\mathrm{n}}{L_\mathrm{h}}\right) \tag{2-12}$$

在空间电荷区的边缘 $x = x_\mathrm{n}$ 处,空穴电流为

$$I_\mathrm{h}(x_\mathrm{n}) = \frac{eAD_\mathrm{h}}{L_\mathrm{h}}p_0 \left[\exp\left(\frac{eU}{kT}\right) - 1\right] \tag{2-13}$$

空穴电流分布为

$$x \geqslant x_\mathrm{n}, \quad I_\mathrm{h} = I_\mathrm{h}(x_\mathrm{n}) \exp\left(-\frac{x-x_\mathrm{n}}{L_\mathrm{p}}\right) \tag{2-14}$$

结附近P区中少数载流子电子浓度获得一增量 Δn,即

$$x \leqslant -x_\mathrm{p}, \quad \Delta n = n_0 \left[\exp\left(\frac{eU}{kT}\right) - 1\right] \tag{2-15}$$

P区中边界上少数载流子电子浓度为

$$x = -x_\mathrm{p}, \quad n - n_0 = n_0 \left[\exp\left(\frac{eU}{kT}\right) - 1\right] \tag{2-16}$$

$$x = -W_\mathrm{p}, \quad n - n_0 = 0 \tag{2-17}$$

式中 n_0——P区中少数载流子电子浓度,由 Δn 这部分增加的少数载流子不断地注入,并不断地向体外P区扩散。

$$x \leqslant -x_\mathrm{p}, \quad n - n_0 = n_0 \left[\exp\left(\frac{eU}{kT}\right) - 1\right] \frac{\sinh\left(\frac{W_\mathrm{p}+x}{L_\mathrm{e}}\right)}{\sinh\left(\frac{W_\mathrm{p}-x_\mathrm{p}}{L_\mathrm{e}}\right)} \tag{2-18}$$

对于长的 PN 结,有

$$x \leqslant -x_p, \quad n-n_0 = n_0\left[\exp\left(\frac{eU}{kT}\right)-1\right]\exp\left(\frac{x+x_p}{L_e}\right) \qquad (2\text{-}19)$$

电子电流密度和电流分别为

$$x \leqslant -x_p, \quad J_e = eD_e\frac{dn}{dx} = \frac{eD_e}{L_e}n_0\left[\exp\left(\frac{eU}{kT}\right)-1\right]\exp\left(\frac{x+x_p}{L_e}\right) \qquad (2\text{-}20)$$

$$x \leqslant -x_p, \quad I_e = \frac{eAD_e}{L_e}n_0\left[\exp\left(\frac{eU}{kT}\right)-1\right]\exp\left(\frac{x+x_p}{L_e}\right) \qquad (2\text{-}21)$$

式中 D_e——电子的扩散系数;

τ_e——电子的寿命,电子的扩散长度 $L_e = (D_e\tau_e)^{1/2}$。

在 $x = -x_p$ 处,电子电流为

$$I_e(-x_p) = \frac{eAD_e}{L_e}n_0\left[\exp\left(\frac{eU}{kT}\right)-1\right] \qquad (2\text{-}22)$$

电流分布为

$$x \leqslant -x_p, \quad I_e = I_e(-x_p)\exp\left(\frac{x+x_p}{L_e}\right) \qquad (2\text{-}23)$$

通过 PN 结的总的电流密度 J 为二者之和,即

$$J = J_e(-x_p) + J_h(x_n) = e\left(n_0\frac{D_e}{L_e} + p_0\frac{D_h}{L_h}\right)\cdot\left[\exp\left(\frac{eU}{kT}\right)-1\right] = J_s\left[\exp\left(\frac{eU}{kT}\right)-1\right] \qquad (2\text{-}24)$$

反向饱和电流密度 J_s 为

$$J_s = e\left(n_0\frac{D_e}{L_e} + p_0\frac{D_h}{L_h}\right) \qquad (2\text{-}25)$$

通过 PN 结的总的电流为

$$I = eA\left(n_0\frac{D_e}{L_e} + p_0\frac{D_h}{L_h}\right)\cdot\left[\exp\left(\frac{eU}{kT}\right)-1\right] = I_s\left[\exp\left(\frac{eU}{kT}\right)-1\right] \qquad (2\text{-}26)$$

反向饱和电流为

$$I_s = eA\left(n_0\frac{D_e}{L_e} + p_0\frac{D_h}{L_h}\right) \qquad (2\text{-}27)$$

2.1.3 PN 结光生伏特效应

当光线照射 PN 结时,光线可以透过 P 型半导体入射到 PN 结,甚至可以到达 N 型半导体一边。对于能量大于材料禁带宽度 E_g 的光子,由于本征吸收,在光子所到之处就可能激发出电子—空穴对,如图 2-8 所示。

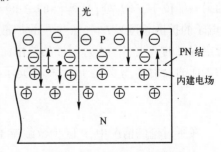

图 2-8 PN 结的光生伏特效应

产生于 N 区和 P 区的光生电子与空穴,它们对多数载流子(N 区的电子,P 区的空穴)的浓度影响不大,其作用可以忽略,但会使少数载流子的浓度产生明显的变化。离 PN 结较近的由光产生的少数载流子,N 区中的空穴,P 区中的电子,受到内建电场的分离,电子移向 N 区,空穴移向 P 区。PN 结区的光生电子—空穴对被 PN

结势垒区较强的内建电场分离,空穴被移向 P 区,电子被移向 N 区,如图 2-8 所示。结果在 N 区将积累电子,P 区将积累空穴,产生了一个与内建电场方向相反的光生电场,于是在 P 区和 N 区之间造成光生电势差;如果光照保持不变,则积累过程达到动态平衡状态,从而给出一个与光照度相应的稳定的电势差,称为光生电动势。光强越强,光生电动势 U 就越大。积累的光生载流子部分地补偿了平衡 PN 结的空间电荷,引起了 PN 结势垒高度降低,为 U_D-U,如图 2-9(a)、(b)所示。

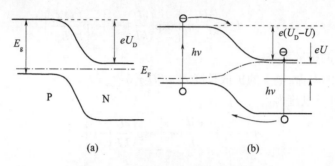

图 2-9 光照引起电势和能带的变化
(a) 无光照时的能带;(b) 有光照的能带。

外接电路开路时,光生载流子积累在 PN 结两侧,光生电压最大,即光生电势 U_{oc},等于费米能级分开的距离,U_{oc} 称为开路电压。

外接电路短路时,流过电路的电流为短路时的光生电流,I_{sc} 称为短路电流,短路电流在 PN 结中由 N 区到 P 区(电流方向),在外回路中由 P 区到 N 区。

PN 结在有光照的电流电压曲线如图 2-5 所示,与普通的二极管的电流电压特性相区别,相当于在回路中加了一个反向电势,所以产生了光生伏特效应的光电二极管的电流电压特性发生了移动。当 $I=0$ 时,$U=U_{oc}$,即光生电势。当 $U=0$ 时,$I=I_{sc}$,即光生电流。比较图 2-5 中的曲线 Ⅰ 和 Ⅱ,随着光照的增强,曲线向下移动,光生电势和电流增加。

2.1.4 光照平行结的定态情况

如图 2-10 所示,样品长度为 $2L$,厚度为 d,宽度为 w。光照平行于结,结位于 $x=0$ 处,P 区另一端位于 $x=-L$ 处,N 区的另一端位于 $x=L$ 处,且器件的 P 区和 N 区的长度 $L\gg L_e$ (电子的扩散长度)、$L\gg L_h$ (空穴的扩散长度)。Q 为光生电子空穴对的产生率。入射到样品单位面积上的光功率为 P,r 为表面的反射率,η 为量子效率,设光子被均匀吸收,则

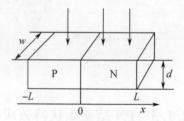

图 2-10 光照平行于结平面的光伏探测器结构

$$Q=\eta(1-r)\frac{P}{h\nu d} \tag{2-28}$$

在所讨论的情况中,P 区少数载流子电子所遵循的基本方程为

$$D_e\frac{d^2(\Delta n)}{dx^2}+Q-\frac{\Delta n}{\tau_e}=0 \tag{2-29}$$

P 区的边界条件为

$$x=0,\ \Delta n=n_0\left[\exp\left(\frac{eU}{kT}\right)-1\right] \tag{2-30}$$

$$x = -L, \quad \Delta n = 0 \tag{2-31}$$

相类似，N区少数载流子空穴的基本方程和边界条件为

$$D_h \frac{d^2(\Delta p)}{dx^2} + Q - \frac{\Delta p}{\tau_h} = 0 \tag{2-32}$$

$$x = 0, \quad \Delta p = p_0 \left[\exp\left(\frac{eU}{kT}\right) - 1 \right] \tag{2-33}$$

$$x = L, \quad \Delta p = 0 \tag{2-34}$$

式(2-30)、式(2-33)的边界 $x = 0$ 实际上应该为空间电荷区的边界，但如此设定不影响结果。

由以上方程及边界条件可求得光生载流子浓度 Δn 和 Δp 分别为

$$\Delta n = \frac{n_0 \left[\exp\left(\frac{eU}{kT}\right) - 1 \right] \text{sh}\left(\frac{x+L}{L_e}\right) + Q\tau_e \left[\text{sh}\left(\frac{L}{L_e}\right) + \text{sh}\left(\frac{x}{L_e}\right) - \text{sh}\left(\frac{x+L}{L_e}\right) \right]}{\text{sh}\left(\frac{L}{L_e}\right)} \tag{2-35}$$

$$\Delta p = \frac{p_0 \left[\exp\left(\frac{eU}{kT}\right) - 1 \right] \text{sh}\left(\frac{L-x}{L_h}\right) + Q\tau_h \left[\text{sh}\left(\frac{L}{L_h}\right) - \text{sh}\left(\frac{x}{L_h}\right) - \text{sh}\left(\frac{L-x}{L_h}\right) \right]}{\text{sh}\left(\frac{L}{L_h}\right)} \tag{2-36}$$

由此，得到结处电子电流密度和空穴电流密度分别为

$$J_e = eD_e \frac{d(\Delta n)}{dx}\bigg|_{x=0} = e\frac{D_e}{L_e}n_0\left[\exp\left(\frac{eU}{kT}\right)-1\right]\text{cth}\left(\frac{L}{L_e}\right) + eQL_e\left[\text{csch}\left(\frac{L}{L_e}\right) - \text{cth}\left(\frac{L}{L_e}\right)\right] \tag{2-37}$$

$$J_h = -eD_h \frac{d(\Delta p)}{dx}\bigg|_{x=0} = e\frac{D_h}{L_h}p_0\left[\exp\left(\frac{eU}{kT}\right)-1\right]\text{cth}\left(\frac{L}{L_h}\right) + eQL_h\left[\text{csch}\left(\frac{L}{L_h}\right) - \text{cth}\left(\frac{L}{L_h}\right)\right] \tag{2-38}$$

因为在所讨论的情况下，$L \gg L_e$、$L \gg L_h$，所以 $\text{csch}\frac{L}{L_e} \to 0$，$\text{csch}\frac{L}{L_h} \to 0$，$\text{cth}\frac{L}{L_e} \to 0$，$\text{cth}\frac{L}{L_h} \to 0$，因此，有

$$J_e = e\frac{D_e}{L_e}n_0\left[\exp\left(\frac{eU}{kT}\right)-1\right] - eQL_e \tag{2-39}$$

$$J_h = e\frac{D_h}{L_h}p_0\left[\exp\left(\frac{eU}{kT}\right)-1\right] - eQL_h \tag{2-40}$$

由式(2-39)和式(2-40)得到结处总的电流密度为

$$J = J_e + J_h = e\left(\frac{D_e}{L_e}n_0 + \frac{D_h}{L_h}p_0\right)\left[\exp\left(\frac{eU}{kT}\right)-1\right] - eQ(L_e + L_h) \tag{2-41}$$

短路时总电流为光生电流，得在光照平行于结的情况下，光生电流密度 J_p 和反向饱和电流密度 J_s 分别为

$$J_p = eQ(L_e + L_h) \tag{2-42}$$

$$J_s = e\left(\frac{D_e}{L_e}n_0 + \frac{D_h}{L_h}p_0\right) \tag{2-43}$$

把 Q 代入，可得光生电流 I_p、反向饱和电流 I_s、流过结的电流 I，即

$$I = eA\left(\frac{D_e}{L_e}n_0 + \frac{D_h}{L_h}p_0\right)\left[\exp\left(\frac{eU}{kT}\right)-1\right] - eAQ(L_e + L_h) \tag{2-44}$$

$$I_p = eA\eta(1-r)\frac{P}{h\nu d}(L_e+L_h) \tag{2-45}$$

$$I_s = eA\left(\frac{D_e}{L_e}n_0 + \frac{D_h}{L_h}p_0\right) \tag{2-46}$$

$$I = I_s\left[\exp\left(\frac{eU}{kT}\right)-1\right]-I_p \tag{2-47}$$

2.1.5 光照垂直于 PN 结的定态情况

光照垂直于 PN 结的方式如图 2-11 所示。P 区厚度 $d \ll L_e$，N 区厚度 $L \gg L_h$，L_e 及 L_h 分别为 P 区电子和 N 区空穴（均为少数载流子）的扩散长度。

若辐射垂直于结平面从 P 区表面入射，入射到单位面积上的光功率为 P，表面的反射比为 r，s 为前表面的表面复合速度，N 为面激发率，即

$$N = \eta(1-r)\frac{P}{h\nu} \tag{2-48}$$

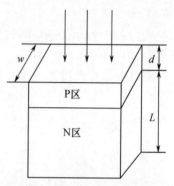

图 2-11 光照垂直于 PN 结平面的光伏探测器的结构

则 P 区电子的定态方程为

$$D_e\frac{d^2(\Delta n)}{dx^2}-\frac{\Delta n}{\tau_e}=0 \tag{2-49}$$

P 区的边界条件为

$$x=0,\ -D_e\frac{d(\Delta n)}{dx}=N-s\Delta p \tag{2-50}$$

$$x=d,\ \Delta n=n_0\left[\exp\left(\frac{eU}{kT}\right)-1\right] \tag{2-51}$$

满足式(2-49)和式(2-50)、式(2-51)的解为

$$\Delta n = \frac{n_0\left[\exp\left(\frac{eU}{kT}\right)-1\right]\left[s\cdot\text{sh}\left(\frac{x}{L_e}\right)+\frac{D_e}{L_e}\text{ch}\left(\frac{x}{L_e}\right)\right]-N\cdot\text{sh}\left(\frac{x-d}{L_e}\right)}{s\cdot\text{sh}\left(\frac{d}{L_e}\right)+\frac{D_e}{L_e}\text{ch}\left(\frac{d}{L_e}\right)} \tag{2-52}$$

因此，结处电子电流密度为

$$J_e = eD_e\frac{d(\Delta n)}{dx}\bigg|_{x=d} = e\frac{D_e}{L_e}\cdot\frac{n_0\left[\exp\left(\frac{eU}{kT}\right)-1\right]\left[s\cdot\text{sh}\left(\frac{d}{L_e}\right)+\frac{D_e}{L_e}\text{ch}\left(\frac{d}{L_e}\right)\right]-N}{s\cdot\text{sh}\left(\frac{d}{L_e}\right)+\frac{D_e}{L_e}\text{ch}\left(\frac{d}{L_e}\right)} \tag{2-53}$$

因 P 区的厚度 $d \ll L_e$，又若表面复合速度 s 不大，则式(2-53)分母中的 $s\cdot\text{sh}\left(\frac{d}{L_e}\right)$ 项为二级小量，可以略去，并将 N 代入式(2-53)得

$$J_e = e\left[\exp\left(\frac{eU}{kT}\right)-1\right]\left[s\cdot n_0+\frac{D_e}{L_e}n_0\text{th}\left(\frac{d}{L_e}\right)\right]-e\eta(1-r)\frac{P}{h\nu}\text{sec}\left(\frac{d}{L_e}\right) \tag{2-54}$$

对于 N 区，空穴的定态方程为

$$D_h \frac{d^2(\Delta p)}{dx^2} - \frac{\Delta p}{\tau_h} = 0 \tag{2-55}$$

N区的边界条件为

$$x = d, \quad \Delta p = p_0 \left[\exp\left(\frac{eU}{kT}\right) - 1 \right] \tag{2-56}$$

$$x = d+L, \quad \Delta p = 0 \tag{2-57}$$

满足上述方程和边界条件的解为

$$\Delta p = \frac{p_0 \left[\exp\left(\frac{eU}{kT}\right) - 1 \right] \text{sh}\left(\frac{d+L-x}{L_h}\right)}{\text{sh}\frac{L}{L_h}} \tag{2-58}$$

由此得到结处空穴电流密度为

$$J_h = -eD_h \frac{d(\Delta p)}{dx}\bigg|_{x=d} = e\frac{D_h}{L_h} p_0 \left[\exp\left(\frac{eU}{kT}\right) - 1 \right] \text{cth}\left(\frac{L}{L_h}\right) \tag{2-59}$$

因此，结处总电流密度为

$$J = J_e + J_h = e\left[\exp\left(\frac{eU}{kT}\right) - 1\right]\left(s \cdot n_0 + \frac{D_e}{L_e} n_0 \text{th}\left(\frac{d}{L_e}\right) + \frac{D_h}{L_h} p_0 \text{cth}\left(\frac{L}{L_h}\right)\right) - e\eta(1-r)\frac{P}{h\nu} \text{sech}\left(\frac{d}{L_e}\right) \tag{2-60}$$

短路时，总的电流为光电流，得在光照垂直于结的情况下，光生电流密度 J_p 和反向饱和电流密度 J_s 分别为

$$J_p = e\eta(1-r)\frac{P}{h\nu} \text{sech}\left(\frac{d}{L_e}\right) \tag{2-61}$$

$$J_s = e\left[s \cdot n_0 + \frac{D_e}{L_e} n_0 \text{th}\left(\frac{d}{L_e}\right) + \frac{D_h}{L_h} p_0 \text{cth}\left(\frac{L}{L_h}\right)\right] \tag{2-62}$$

光生电流 I_p、反向饱和电流 I_s、流过结的电流 I 分别为

$$I_p = e\eta A(1-r)\frac{P}{h\nu} \text{sech}\left(\frac{d}{L_e}\right) \tag{2-63}$$

$$I_s = eA\left[s \cdot n_0 + \frac{D_e}{L_e} n_0 \text{th}\left(\frac{d}{L_e}\right) + \frac{D_h}{L_h} p_0 \text{cth}\left(\frac{L}{L_h}\right)\right] \tag{2-64}$$

$$I = I_s\left[\exp\left(\frac{eU}{kT}\right) - 1\right] - I_p \tag{2-65}$$

2.1.6 光照垂直于NP结的定态情况

设入射到单位面积上的光功率为 P，入射至 N 区表面，材料吸收系数很大，以致可视为"表面"吸收，可用面激发率 N 表示。如图 2-12 所示，N 区厚度为 d，设 d 远小于少数载流子空穴的扩散长度 L_h，P 区厚度为 L，设 L 远大于其少数载流子电子的扩散长度 L_e，器件的宽度为 w。

先讨论 N 区，在图 2-12 中，因为已假设入射光在"表面"被全部吸收，所以 N 区中少数载流子空穴的定态基本方程为

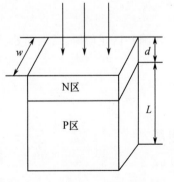

图 2-12 光照垂直于 NP 结平面的光伏探测器的结构

$$D_h \frac{d^2(\Delta p)}{dx^2} - \frac{\Delta p}{\tau_h} = 0 \tag{2-66}$$

在所作坐标中，N 区的边界面为 $x=0$ 的前表面及 $x=d$ 的 PN 结处。在前表面，在单位面积单位时间内，向内扩散的光生空穴数应等于在"表面"产生的光生空穴数与在表面复合掉的光生空穴数之差。即应有边界条件

$$x=0, \quad -D_h \frac{d(\Delta p)}{dx} = N - s\Delta p \tag{2-67}$$

式中 s——前表面的表面复合速度；
　　　N——面激发率，即

$$N = \eta(1-r)\frac{P}{h\nu} \tag{2-68}$$

在结处，边界条件则为

$$x=d, \quad \Delta p = p_0\left[\exp\left(\frac{eU}{kT}\right)-1\right] \tag{2-69}$$

式(2-66)满足边界条件式(2-67)及式(2-69)的解为

$$\Delta p = \frac{-N \cdot \text{sh}\left(\frac{x-d}{L_h}\right) + p_0\left[\exp\left(\frac{eU}{kT}\right)-1\right]\left[s \cdot \text{sh}\left(\frac{x}{L_h}\right) + \frac{D_h}{L_h}\text{ch}\left(\frac{x}{L_h}\right)\right]}{s \cdot \text{sh}\left(\frac{d}{L_h}\right) + \frac{D_h}{L_h}\text{ch}\left(\frac{d}{L_h}\right)} \tag{2-70}$$

由此求得结处的空穴电流密度 J_h 为

$$J_h = -eD_h \frac{d(\Delta p)}{dx}\bigg|_{x=d} = e\frac{D_h}{L_h} \cdot \frac{N - p_0\left[\exp\left(\frac{eU}{kT}\right)-1\right]\left[s \cdot \text{ch}\left(\frac{d}{L_h}\right) + \frac{D_h}{L_h}\text{sh}\left(\frac{d}{L_h}\right)\right]}{\left[s \cdot \text{sh}\left(\frac{d}{L_h}\right) + \frac{D_h}{L_h}\text{ch}\left(\frac{d}{L_h}\right)\right]} \tag{2-71}$$

因 N 区的厚度 d 远小于空穴扩散长度 L_h，若表面复合速度又不大，则式(2-71)分母中第一项为二级小可先略去，并将 N 代入，得

$$J_h = e\eta(1-r)\frac{P}{h\nu}\text{sech}\left(\frac{d}{L_h}\right) - ep_0\left[\exp\left(\frac{eU}{kT}\right)-1\right]\left[s - \frac{D_h}{L_h}\text{th}\left(\frac{d}{L_h}\right)\right] \tag{2-72}$$

再讨论 P 区，对 P 区，定态基本方程为

$$D_e \frac{d^2(\Delta n)}{dx^2} - \frac{\Delta n}{\tau_e} = 0 \tag{2-73}$$

因 P 区足够厚，后表面处已无光生载流子，所以，P 区的边界条件为

$$x=d, \quad \Delta n = n_0\left[\exp\left(\frac{eU}{kT}\right)-1\right] \tag{2-74}$$

$$x=d+L, \quad \Delta n = 0 \tag{2-75}$$

其解为

$$\Delta n = \frac{n_0\left[\exp\left(\frac{eU}{kT}\right)-1\right]\text{sh}\left(\frac{d+L-x}{L_e}\right)}{\text{sh}\left(\frac{L}{L_e}\right)} \tag{2-76}$$

由此得结处的电子电流密度 J_e 为

$$J_e = eD_e \frac{\mathrm{d}(\Delta p)}{\mathrm{d}x}\bigg|_{x=d} = -\frac{eD_e}{L_e}n_0\left[\exp\left(\frac{eU}{kT}\right)-1\right]\mathrm{cth}\left(\frac{L}{L_e}\right) \tag{2-77}$$

结处的总电流密度则为

$$J = J_e + J_h = e\eta(1-r)\frac{P}{h\nu}\mathrm{sech}\left(\frac{d}{L_h}\right) - e\left[\exp\left(\frac{eU}{kT}\right)-1\right]\left[s\cdot p_0 + \frac{D_h}{L_h}p_0\mathrm{th}\left(\frac{d}{L_h}\right) + \frac{D_e}{L_e}n_0\mathrm{cth}\left(\frac{L}{L_e}\right)\right] \tag{2-78}$$

在光照垂直于 NP 结的情况下,式中的光生电流密度 J_p 及反向饱和电流密度 J_s 分别为

$$J_p = e\eta(1-r)\frac{P}{h\nu}\mathrm{sech}\left(\frac{d}{L_h}\right) \tag{2-79}$$

$$J_s = e\left[s\cdot p_0 + \frac{D_h}{L_h}p_0\mathrm{th}\left(\frac{d}{L_h}\right) + \frac{D_e}{L_e}n_0\mathrm{cth}\left(\frac{L}{L_e}\right)\right] \tag{2-80}$$

可得到光生电流 I_p、反向饱和电流 I_s、流过结的电流 I 分别为

$$I_p = e\eta A(1-r)\frac{P}{h\nu}\mathrm{sech}\left(\frac{d}{L_h}\right) \tag{2-81}$$

$$I_s = eA\left[s\cdot p_0 + \frac{D_h}{L_h}p_0\mathrm{th}\left(\frac{d}{L_h}\right) + \frac{D_e}{L_e}n_0\mathrm{cth}\left(\frac{L}{L_e}\right)\right] \tag{2-82}$$

$$I = I_s\left[\exp\left(\frac{eU}{kT}\right)-1\right] - I_p \tag{2-83}$$

2.2 光 电 池

光电池是直接把光变成电的光电器件,由于它是利用各种势垒的光生伏特效应制成的,故称为光生伏特电池,简称光电池。

按用途分:太阳能光电池、测量光电池。

按材料分:硅光电池、锗光电池、硒光电池、硫化镉光电池、砷化镓光电池等。

其中最受重视的是硅光电池、硒光电池。

硅材料研究得最充分,硅光电池具有一系列的优点,如性能稳定、寿命长、光谱响应范围宽、频率特性好、耐高温。

硒光电池的光谱响应曲线与人眼的光视效率曲线相似。

光电池:应用于光能转换、光度学、辐射测量、光学计量和测试、激光参数测量等方面。

2.2.1 光电池的结构

光电池的结构有两种:一种是金属—半导体接触型,如硒光电池;另一种是 PN 结型,如硅光电池。硅光电池的结构形式有多种,按基底材料可分为 2DR 型和 2CR 型。如图 2-13 所示,2DR 型以 P 型硅为基底,在基底上扩散磷便形成 N 型薄层受光面,构成 PN 结。2CR 型以 N 型硅为基底,在基底上扩散硼便形成 P 型薄层受光面,构成 PN 结。经各种工艺处理,引出电极,在受光表面涂保护膜,可以减小反射损失,增加对入射光的吸收,同时又可以防潮、防腐蚀,如镀 SiO_2、MgF_2。上电极一般多做成栅指状,其目的是便于透光和减小串联电阻。

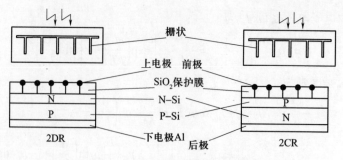

图 2-13 PN 结光电池的结构图

除典型结构形式的硅光电池以外,按不同用途,还有些特殊的结构形式,如图 2-14 所示。

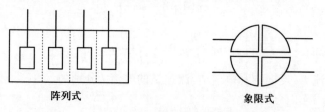

图 2-14 特殊结构的光电池

光电池的符号、连接电路如图 2-15 所示。

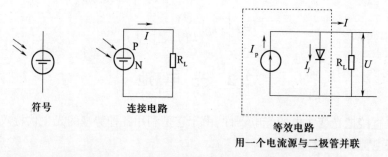

图 2-15 光电池的符号及其等效电路

2.2.2 光电池的电流与电压

当 PN 结两端通过负载构成闭合回路时,如图 2-16 所示,就会有电流沿着 P 经外电路到 N 的方向流动,即 P→负载→N,设置为正向电流,只要光照不停止,这个电流就不会消失。如此规定正向电流方向在实际中使用比较方便。

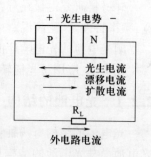

图 2-16 电流的方向

PN 结中有三种电流:扩散电流、漂移电流、光生电流 I_p。光生电流与漂移电流方向相同,而与扩散电流方向相反。把扩散电流和漂移电流之差定义为结电流 I_j。U 为光照而引起的 PN 结两端电压差。流过外电路的电流为

$$I = I_p - I_j = I_p - I_s\left[\exp\left(\frac{eU}{kT}\right) - 1\right] \quad (2-84)$$

当开路时,外电路电流为 0,开路电压为

$$U_{oc} = \frac{kT}{e}\ln\left(\frac{I_p}{I_s}+1\right) \qquad (2-85)$$

若外电路短路,外电压为0,则短路电流为

$$I_{sc} = I_p \qquad (2-86)$$

外电路被短路时,短路电流就等于光电流。

用低阻(近于短路条件)高灵敏度的检流计可测量短路光电流,用高阻(近于开路条件)毫伏计可以测量辐射产生的开路电压。

I_p 与入射到样品表面上单色辐射的光功率 P_r 可写成

$$R_{i\lambda} = \frac{I_p}{P_r} \qquad (2-87)$$

式中 $R_{i\lambda}$——光谱电流灵敏度。

如前所述,光谱灵敏度与光的入射方式、结构密切有关,是一个复杂的关系式。

为了计算使用简单,光生电流 I_p 与入射单色辐射的功率 P_r 可简写为如下的关系,即

$$I_p = e\beta\frac{P_r}{h\nu} \qquad (2-88)$$

式中 β——有效量子效率。

设光垂直照到 PN 结构的光敏面上,如图 2-11 所示。

$$I_p = e\eta A(1-r)\frac{P}{h\nu}\text{sech}\left(\frac{d}{L_e}\right) \qquad (2-89)$$

光谱电流灵敏度为

$$R_{i\lambda} = \frac{e\eta(1-r)}{h\nu}\text{sech}\left(\frac{d}{L_e}\right) \qquad (2-90)$$

有效量子效率为

$$\beta = \eta(1-r)\text{sech}\left(\frac{d}{L_e}\right) \qquad (2-91)$$

2.2.3 光电池的主要特性

1. 光照特性

光照特性是指光电池的光生电动势,即光电流与照度的关系,如图 2-17 所示。

光生电动势即开路电压 U_{oc} 与光照度 E_x 呈非线性关系,在照度为 2000lx 时趋向饱和,根据前面推导的公式,开路电压 U_{oc} 与光照度或通量成对数关系,光电流的短路电流 I_{sc} 与光照呈线性。

当 $R_L = 0$ 时,外电路短路,电流全部流过外电路,$I_p = I_{sc}$,光电流随着光照而变化,故 I 与光照度 E_x 成正比。如图 2-18 所示,一定负载下,随着 E_x 增加,I 出现非线性,负载越大,线性范围越小,非线性越严重。因此,作为探测器用的光电池,为保证测量呈较好的线性,应选择较小的负载电阻,如 5Ω 的串联电阻。

2. 光谱特性

光电池的光谱特性主要取决于所采用的材料与制作工艺,同时也与温度有关,硒光电池在 400~700nm 的可见光谱范围内,有较高的灵敏度;峰值波长在 500nm 附近,和人眼的视觉特性很接近。

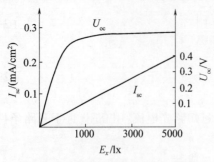
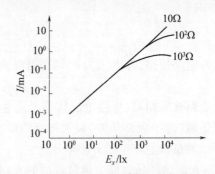

图 2-17 硅光电池的光照特性曲线　　　图 2-18 硅光电池的光照特性与负载的关系

结深为 1μm 的硅普通光电池,可以应用的范围为 400~1150nm,峰值波长在 850nm 附近,对可见光灵敏度就差些,如图 2-19 中的曲线 Ⅰ。为了在短波长的范围内有较好的灵敏度,现在又研制出一种硅蓝光电池,它的结深比较浅,它的光谱响应峰值比普通硅光电池的短,峰值波长在 600nm 附近,近于人眼的光谱特性,但在同样条件下它的灵敏度和线性比普通硅光电池差,如图 2-19 中的曲线 Ⅱ。

3. 伏安特性

伏安特性指在有光照条件下,光电池的回路电流 I 与输出电压 U 的关系,实际上是指输出电流 $I=I_p-I_j$ 与输出电压 U 之间的函数关系,如图 2-15 所示的等效回路,由于 $I=U/R_L$,由式(2-84),得

$$I = U/R_L = I_p - I_s \left[\exp\left(\frac{eU}{kT}\right) - 1 \right] \tag{2-92}$$

$$U = \frac{kT}{e} \ln\left(1 + \frac{I_p - I}{I_s}\right) \tag{2-93}$$

如图 2-20 所示,横轴代表 PN 结两端电压(以 P 区一端为正),纵轴代表流出的电流。光电池串接上一个负载电阻,在某一光照照射下,连续改变负载电阻值,就得到一条输出电压与电流的关系曲线,这就是伏安特性曲线。交点 $(U_{oc}, 0)$ 代表开路情况,$R_L = \infty$,U_{oc} 称为开路电压,交点 $(0, I_{sc})$ 代表短路情况,I_{sc} 称为短路电流。光电池的电流方向如图 2-16 所示。

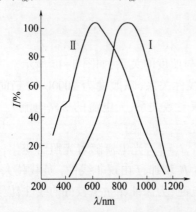
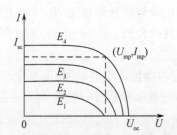

图 2-19　硅普通(Ⅰ)与硅蓝光(Ⅱ)　　　图 2-20 光电池的伏安特性曲线
　　　光电池的光谱特性

当光照度 E_x 改变时,就得到一簇伏安特性曲线。如图 2-20 所示,随着入射光照度从 E_1 增加到 E_4,其短路电流 I_{sc}、开路电压 U_{oc} 随着增加。

$$I_{sc} = I_p = R_i \Phi \tag{2-94}$$

式中 Φ——光通量;

R_i——积分电流灵敏度,单位为 A/lm,是用光通量表示的积分灵敏度。

光电池的积分灵敏度由 1lm 光通量所产生的短路电流决定。如硅光电池的灵敏度为 $I_{sc}=6mA/lm$,$U_{oc}=0.45\sim0.6V$。

4. 转换效率

当 R_L 增大时,输出电压也增大,R_L 越大,U 越接近 U_{oc},当 $R_L \to \infty$ 时,$U=U_{oc}$。

负载电阻 R_L 越小,输出的电流越大,当 $R_L \to 0$ 时,即短路时,$I=I_{sc}$。

对于输出的功率 $P=IU$,对其求极值,可以获得光电池存在一个最大输出功率 P_m,此时对应的最佳负载电阻为 R_{Lm},对应的电流为 I_{mp},电压为 U_{mp}。

$$P_m = U_{mp} \cdot I_{mp} \tag{2-95}$$

光电池的转换效率为光电池输出的最大功率与入射光功率的比值,即

$$\eta = \frac{输出最大功率}{入射光功率} \tag{2-96}$$

填充因子(F_F)定义为

$$F_F = \frac{U_{mp} \cdot I_{mp}}{U_{oc} \cdot I_{sc}} \tag{2-97}$$

式(2-95)、式(2-97)表示光电池把光转变为电信号的能力。

为了比对,已制定了用于测量太阳能电池的标准太阳光谱。太阳光在地球的大气层外,在地球绕太阳的平均距离上,太阳光的强度变化非常小,可以将其视为定值,在太阳光垂直截面上的标准值为 $1367W/m^2$,大气层对地表接收到的阳光的影响定义为大气质量(air mass)。AM0 代表地球大气层外的太阳光谱。AMx 中,x 表示太阳光线与地面法线方向的夹角 θ 的余弦值的倒数,$x=1/\cos\theta$。常用的 $\theta=0°,45°,60°$,对应 AM1,AM1.5,AM2,表示在这样的太阳光谱照射下的光电池的性能参数。

5. 频率特性

光电池作为探测器使用时,由于载流子在 PN 结区内扩散、漂移、产生、复合都要有一个时间弛豫过程,所以当光照变化很快时,光电流就有滞后于光照变化的现象。光电池的频率响应除了载流子运动的内在因素外,还与材料、结构、光敏面的大小及使用条件有关。

如图 2-21 所示,负载电阻越大,时间响应越差。光敏面积越大,频率特性变差,光照越弱,频率特性越差,因为在高频交变光照下,光电池的响应时间由 PN 结电容和负载电阻所决定,PN 结阻挡层的面积越大,极间电容越大,因而频率特性变差。如要求有较好频率特性,需选用小面积的光电池,以使它的结电容减小或者减小负载电阻。

6. 温度特性

光电池许多参数都与温度有关,一般光电池的参数都是在 30℃ 条件下测得的。T 升高,U_{oc} 减小到 3mV/℃,具有负温度系数;T 升高,I_{sc} 上升到 $10^{-5} \sim 10^{-3}$ mA/℃,具有正温度系数,如图 2-22 所示。光电池受强光照射时,必须考虑光电池的工作温度。当硒光电池的结温超过 50℃,硅光电池超过 200℃ 时,它们的晶格就受到破坏,导致器件破坏。

7. 太阳能光电源装置

由于太阳能量的重要性,光电池要将太阳能直接转变成电能供给负载。单片光电池的电压很低,输出电流很小,因此不能直接用作负载的电源。一般要把很多片光电池组装成光电池

组作为电源使用。

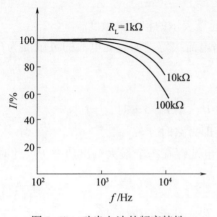

图 2-21 硅光电池的频率特性

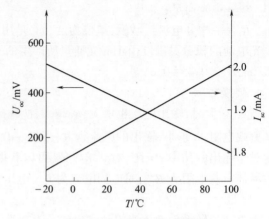

图 2-22 光电池的温度特性

通常在用单片光电池组装成电池组时,可以采用增加串联片数的方法来提高输出电压,用增加并联片数的方法来增大输出电流。为了在无光照时仍能正常供电,往往把光电池组和蓄电池装在一起使用,通常,把这种组合装置称为太阳能电源。

光电池的连接方式有两种,如图 2-23 所示。

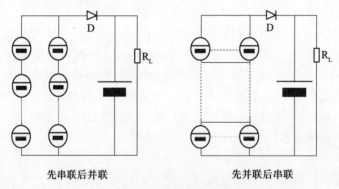

图 2-23 光电池的连接方式

R_L 是负载电阻,D 是防逆流二极管。因为辐照度减弱会造成光电池组输出电压降低,加了防逆流二极管可以阻止蓄电池对光电池放电。

太阳能光电池材料有单晶硅、多晶硅、非晶硅、CdS、GaAlAs/GaAs 等,现在单晶硅太阳能电池的效率达 10%~22%,聚光后,效率可达 26%~28%,已获得了广泛的应用。

光电池发展很快,用非晶半导体代替单晶体,采用化学气相沉积等镀膜工艺,来制备大面积的光电池,具有低成本、大面积的优势。采用多层薄膜的结构,可有效地吸收光辐射。微聚光结构以及微透镜结构,能减少光电池的面积和成本。在光电池材料上镀增透膜,可减少光的反射和损失。开发新的材料(例如有机光电池材料)或者在塑料上镀膜,可以开发出使用更方便的光电池。

2.3 光电二极管

光电二极管是一种重要的光电探测器,广泛用于可见光和红外辐射的探测,其本质是二极

管,根据光生伏特效应工作,属于结型器件。它与光电池的光电转换有许多相似之处,而与光电池的主要区别如下:

(1) 结面积大小不同,光电二极管的结面积远比光电池小。

(2) PN结工作状态不同,光电池PN结工作在零偏置状态下,而光电二极管工作于反偏工作状态下,需外加电压。因此光电二极管的内建电场强,结区较宽,结电容很小,所以频率特性比较好。其势垒宽,光电流比光电池小,一般在微安量级。

根据所用的半导体材料分类:锗、硅、Ⅲ-Ⅴ族化合物及其他化合物半导体。

按工作基础分类:耗尽型及雪崩型。

按特性分类:PN结、PIN结、异质结、肖特基势垒及点接触型等。

按对光的响应分类:紫外型、可见光型、红外光型。

按制造工艺分类:平面型、生长型、合金型、台面型。

按用途分类:聚光透镜式、平板玻璃式。

目前,光电二极管绝大部分用硅和锗做材料,采用平面型结构制成,由于硅管比锗管有较小的暗电流和较小的温度系数,而且硅工艺较成熟,结构工艺易于控制,因此,以硅为材料的光电二极管发展超过了同类锗管。国内定型生产的硅光电二极管主要有PN结型、PIN型及雪崩型。

2.3.1 PN结型光电二极管

1. PN结型光电二极管的结构

根据衬底材料不同分为2DU型和2CU型两种。2DU型的结构如图2-24所示,是利用P型硅材料做衬底,在表面扩散P元素形成重掺杂N^+型,P型与N^+型层相接触形成PN结。在N^+区上引出电极,并涂上SiO_2保护膜,衬底镀镍蒸铝之后引出负极。

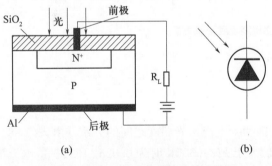

图2-24 2DU光电二极管的结构及符号

由于SiO_2层中不可避免地沾污一些少量杂质正离子(Na^+、K^+、H^+),它们来源于所使用的化学试剂、玻璃器皿、高温器材及人体沾污等,其中最主要且对器件稳定性影响最大的是Na^+。这些正离子对其下面的半导体将产生静电感应,在SiO_2膜下面将感应出一些负电荷,就如同电容器一般,在P型Si衬底表面产生一个电子层,它与原来半导体衬底导电类型相反,因此叫做反型层。这些电子与N^+的电子相沟通,在外加反向偏压的作用下,由于势垒电场很强,电子形成电流,流到前极,成为表面漏电流,这些表面漏电流可达几个微安数量级,成为暗电流的大部分,使通过负载的电流的散粒噪声增大,从而影响光电二极管的测量极限。

为了降低这部分噪声,就不能让 SiO_2 中少量正离子静电感应所产生的表面漏电流经过外电路的负载。目前,一般采用在 P-Si 扩散磷形成 N^+ 层时,同时扩散环形 N^+ 层,把原来的 N^+ 层环绕起来,单独引出一个电极,称为环极,如图 2-25 所示。由于环极电位高于前极,大部分表面漏电流将通过环极直接流向后极,而不经过负载电阻了。这样就减少了流过前极的暗电流和噪声,若环极不接电,除前级暗电流大、噪声大一些以外,对其他性能均无影响。

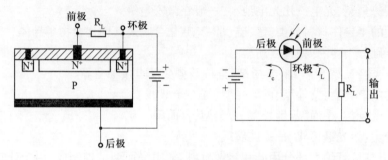

图 2-25　2DU 型光电二极管和电路

2CU 型光电二极管利用 N 型硅材料做衬底,在表面扩散 B 元素形成重掺杂 P^+ 型,P^+ 型层与 N 型 Si 相接触形成 PN 结,引出电极,涂上 SiO_2 保护膜,加上反向偏压,在光照作用下便有光电流流过负载。由于 N-Si 中 SiO_2 为衬底,电子是 N 型 Si 中的多数载流子,表面有大浓度的电子。SiO_2 中少数正离子的静电感应不会在 N-Si 表面产生电子层。因此,也没有少数漏电流的问题,故 2CU 光电二极管只有两个引出线,如图 2-26 所示。

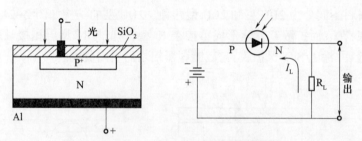

图 2-26　2CU 型光电二极管和电路

2. 光照特性

光照特性是输出的饱和光电流与光照度之间的关系。由式(2-84)可得,在一般加了反偏压情况下,当 U 的绝对值大于 kT/e(300K 时为 0.026V)时,扩散电流被抑制,输出的电流为

$$I = I_p + I_s \tag{2-98}$$

而反向饱和电流 I_s 一般远小于光电流 I_p,将其忽略,得

$$I = I_p \tag{2-99}$$

如图 2-27 所示为硅光电二极管光照特性曲线,其线性比较好,用于检测方面。

3. 光谱特性

光谱特性主要取决于所采用的材料的禁带宽度,同时也与结构工艺有密切的关系。

Si:400~1150nm,峰值响应波长在 800~900nm;

Ge:400~1800nm,峰值响应波长为 1400~1500nm。

Si、Ge 光电二极管的光谱响应如图 2-28 所示。

4. 伏安特性

在零偏压下,光电二极管仍有光电流,这是光生伏特效应所产生的短路电流,如图2-29所示。在低反向偏压下,光电流随电压的变化比较敏感,随电压增大,加大了耗尽层的宽度及电场强度,提高了光吸收效率及对载流子的收集,光电流增大,但反向偏压再进一步增大,光生载流子全部到达电极,光生电流趋向饱和,饱和光生电流与所加电压无关,仅取决于光照度。

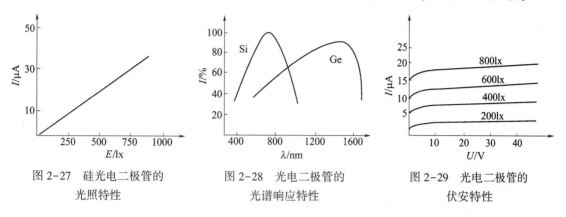

图 2-27 硅光电二极管的光照特性　　图 2-28 光电二极管的光谱响应特性　　图 2-29 光电二极管的伏安特性

5. 温度特性

2CU型光电二极管在偏压50V和照度不变的情况下,光电流随温度变化。

T 升高,光电流 I 增加,暗电流 I_d 增加,当环境温度改变 25~30℃ 时,光电流的变化量为10%左右,而暗电流增加了约10倍,光电二极管受温度影响最大的是暗电流。

6. 入射特性

由于光电二极管入射窗口的不同封装而造成的灵敏度随入射角而变化。入射窗由玻璃或塑料制成,一般有聚光透镜和平面玻璃。

聚光透镜入射窗的优点是能够把入射光会聚于面积很小的光敏面上,以提高灵敏度。由于聚光位置与入射位置有关,减小了背景杂散光的干扰,因此,当入射光与透镜光轴重合时($\theta=0°$),灵敏度最大。如果入射光偏离于光轴,则灵敏度就要下降,这给使用带来了麻烦,在做检测控制时,发光源要放在合适的位置,否则就会使灵敏度下降,甚至检测不到,如图2-30所示。

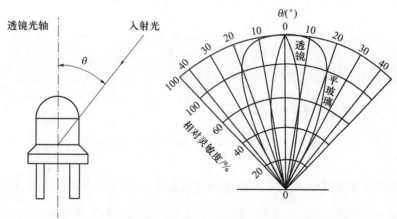

图 2-30 入射光方向与透镜光轴线夹角对相对灵敏度的影响

平板玻璃入射窗使用比较简单,但易受到杂散光的干扰,聚光作用差,光易受到反射,极值灵敏度下降。

7. 频率特性

频率特性主要由光生载流子的渡越时间和 $R_L C_j$ 的乘积决定。

对耗尽层型光电二极管的渡越时间主要由光生载流子在耗尽层中的漂移时间来决定，对于可见光，渡越时间为 10^{-9} s，由渡越时间决定的频率上限可以高达 2000MHz。这时决定光电二极管的频率响应上限的因素是它的电容 C_j 和负载电阻 R_L 所构成的时间常数 $R_L C_j$。

在一定的照度下，光电二极管的伏安特性曲线几乎是平直的，即一定光照度，会产生一定的光电流，所以把它看作恒流源。

考虑光电二极管的结构、功能，画出它的微变等效电路，如图 2-31 所示。

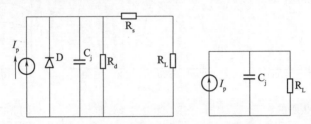

图 2-31　光电二极管微变等效电路和简化的光电二极管等效电路

其中 I_p 为光电流；D 为理想二极管；C_j 为结电容；R_d 为 PN 结电阻，由于是反向偏压，R_d 一般很大，约为 $10^8\Omega$；R_s 为体电阻（邻近结 P 区和 N 区的体电阻），一般很小，为几十欧；R_L 为外加负载电阻，为几千欧。

由于 R_d 很大，R_s 很小，D 内阻无穷大，不消耗电流，因此可把图简化。

因为 C_j 很小，如皮法量级，只有在高频情况下，要考虑其分流作用，在低频情况下，它的阻抗很大，可不计。

设入射光的调制频率为 f，圆频率 $\omega = 2\pi f$，入射光的功率 $P = P_0 \exp(j\omega t)$，P 值对应的光电流为

$$I_p = I_{p0} \exp(j\omega t)$$

则通过负载的电压为

$$U_L = \frac{I_p}{\frac{1}{R_L} + j\omega C_j} = \frac{I_p R_L}{1 + j\omega R_L C_j} \tag{2-100}$$

$$I_L = \frac{I_p}{1 + j\omega R_L C_j} \tag{2-101}$$

如 $\tau = R_L C_j$，$\omega = 2\pi f$，则通过 R_L 的电流值为

$$I_L = \frac{|I_p|}{\sqrt{1+\omega^2\tau^2}} = \frac{I_{p0}}{\sqrt{1+\omega^2\tau^2}} \tag{2-102}$$

I_L 是频率的函数，随着入射光调制频率的增加而减少，当 $\omega = \frac{1}{\tau}$ 时，$|I_L| = |I_{p0}|/\sqrt{2}$，这时

$$f_0 = \frac{1}{2\pi\tau} \tag{2-103}$$

称为上限截止频率，或称带宽。

一般 2DU 型硅光电二极管的结电容为 3pF，响应时间为 0.1μs，带宽为 2MHz。

要改善频率特性,就应缩小时间常数,即应分别减小 R_L 和 C_j 的数值,减小 R_L 可改善频率特性,但输出电压减小,两者应同时考虑,选择出最佳负载电阻。减小结电容途径有:减小结面积,尽可能增大耗尽层宽度;适当加大偏压,减小封装和引线电容等。

8. 噪声与噪声等效功率

光电二极管等结型光电器件的噪声主要是电流散粒噪声和电阻的热噪声。

犹如射出的散粒无规则地落在靶上所呈现的起伏,每一瞬间到达值有多少,每一点有多少,这些散粒是完全独立的、随机的。由粒子随机起伏所形成的噪声称为散粒噪声,如光辐射中光子到达的起伏、阴极发射的电子数、半导体中载流子数等。电流散粒噪声均方值为

$$\overline{i_{I_n}^2} = 2eI\Delta f \tag{2-104}$$

式中 I——包括暗电流 i_d、信号光电流 i_s 和背景光电流 i_b;
　　　e——电子电量;
　　　Δf——测试系统带宽。

电阻的热噪声是由电阻中电子的热运动引起的,根源在于载流子的无规则热运动,因为任何导体或半导体的载流子在一定温度下都作无规则热运动,所以它存在于任何导体或半导体中。

热噪声电流均方值为

$$\overline{i_{th_n}^2} = \frac{4kT\Delta f}{R} \tag{2-105}$$

式中 k——玻尔兹曼常数;
　　　T——绝对温度;
　　　R——阻值;
　　　Δf——测试系统的带宽。

器件在实际使用中,后面总是接负载和放大器,式中 R 应为 PN 结的漏电阻和负载电阻的并联值,因为 PN 结的漏电阻远大于负载电阻,所以 R 值实际是 PN 结的负载电阻值。

光电二极管回路输出总的信号噪声比 SNR 为

$$\mathrm{SNR} = \frac{I_p}{\sqrt{\overline{I_n^2}}} = \frac{S\Phi}{\sqrt{2eI\Delta f + \frac{4kT\Delta f}{R_L}}} \tag{2-106}$$

式中 S——光电二极管的灵敏度;
　　　Φ——入射的光通量。

在一般情况下,电流的散粒噪声都比电阻的热噪声大,如果只考虑电流的散粒噪声时,则

$$\mathrm{SNR} = \frac{S\Phi}{\sqrt{2eI\Delta f}} \tag{2-107}$$

噪声等效功率(NEP)为

$$\mathrm{NEP} = \frac{\sqrt{2eI\Delta f}}{S} \tag{2-108}$$

2.3.2　PIN 型光电二极管

1. PIN 硅光电二极管

PIN 硅光电二极管是一种常用的耗尽层光电二极管,通过适当选择耗尽层的厚度,可获得

较大的输出电流、较高的灵敏度和较好的频率响应特性,频率带宽可达10GHz,适用于快速探测的场合。其结构、能带和光谱响应曲线如图2-32所示。

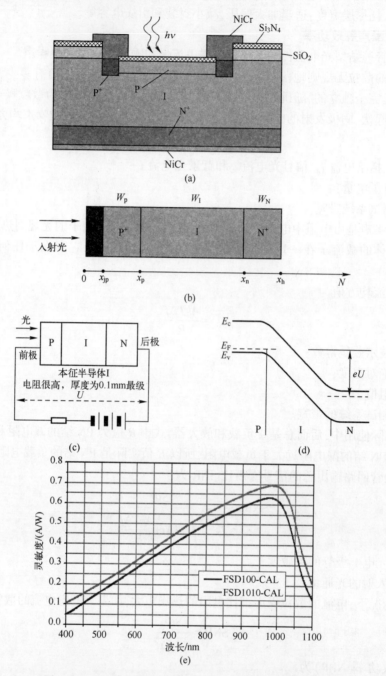

图2-32 硅PIN光电二极管的结构、能带和光谱响应特性
(a) Si的PIN光电二极管的结构;(b) Si的PIN光电二极管的一维结构示意图;(c) 硅PIN光电二极管所加的电压;(d) 硅PIN光电二极管能带图;(e) Si的PIN光电二极管的光谱响应曲线。

辐射垂直于结平面从P区表面入射,入射的光功率为P,表面的反射比为r,线吸收系数为α,是波长λ的函数$\alpha(\lambda)$,η为量子效率,h为普朗克常数,c为光速。在强电场作用下,P^+区的耗尽区很窄,PIN型光电二极管的I区比较厚,光吸收主要发生在I区。由于PIN管加了较高的电压,因此在 I 区产生的电子都能到达电极而形成电流。在只考虑 I 区的光电子的情况下,PIN 型的光电二极管的光电流为

$$I_\lambda = e\frac{P\lambda}{hc}(1-r)\eta\alpha\int_{x_p}^{x_n}\exp(-\alpha x)\mathrm{d}x = e\frac{P\lambda}{hc}(1-r)\alpha\eta[\exp(-\alpha x_p)-\exp(-\alpha x_n)]$$
(2-109)

光谱电流响应率为

$$R_{i\lambda} = e\frac{\lambda}{hc}(1-r)\alpha\eta[\exp(-\alpha x_p)-\exp(-\alpha x_n)] \tag{2-110}$$

有效光谱量子效率为

$$\beta_\lambda = (1-r)\alpha\eta[\exp(-\alpha x_p)-\exp(-\alpha x_n)] \tag{2-111}$$

PIN 管加反向电压时,势垒变宽,在整个本征区展开,耗尽层宽度基本上是 I 区的宽度,光照到 I 层,激发光生电子空穴时,在内建电场和反向电场作用下,空穴向 P 区移动,电子向 N 区移动,形成光生电流,通过负载在外电路形成电流。由于 I 层比 PN 结宽得多,光生的电子—空穴比 PN 结的光生电子—空穴多得多,因此输出的光生电流较大,灵敏度有所提高。

时间响应特性主要取决于结电容、载流子渡越耗尽层所需要的时间。

由于 PIN 管耗尽层变宽,这就相当于增大了结电容之间的距离,使结电容变小,而且耗尽层的厚度随反向电压的增加而加宽,因此结电容随着外加反向偏压的增大变得更小。同时,由于 I 层的电阻率很高,故能承受很高的电压,I 层电场很强,对少数载流子起加速作用,虽然渡越距离增大一些,但少数载流子的渡越时间还是相对短了。因此,PIN 光电二极管结电容小,载流子渡越耗尽层时间短,时间特性好,频带宽度可达 10GHz。

一般来说,扩散运动的速度比漂移运动的速度低得多,它将影响探测器的响应速度。例如,在 PN 结区强电场的作用下做漂移运动,载流子通过 10μm 的距离,其渡越时间小于 0.1ns,但在 PN 结作扩散运动时,同样经过 10μm 的距离,需要的时间则长达 40ns。为了提高探测器的响应速度,故尽量希望光的吸收或光生载流子对的产生发生在 PN 结的耗尽层内。PIN 管的光吸收主要在耗尽层区,由于加的是反偏压,因此扩散电流被抑制。

硅材料制成的 PIN 型光电二极管,长波段响应到 1.1μm,能探测波长为 1.06μm 的激光,可用于激光测距、激光制导、激光雷达等许多方面。

2. 长波长光电二极管

为探测 1.3μm 及更长波段的光通信的激光,通常将 1.2~1.7μm 的光波探测器称为长波长探测器。目前主要用Ⅲ-Ⅴ族化合物半导体材料来制作长波长光电探测器。如用 InP—InGaAs—InP 材料制成的响应在 1.3μm 的光电探测器。InP 的禁带宽度为 1.35eV,$In_xGa_{1-x}As$ 的禁带宽度为 0.7eV,InP 对波长大于 0.9μm 的光透明,光吸收作用主要在 InGaAs 层,形成 PIN 结构,光谱响应可达 1.7μm,其基本结构如图 2-33 所示,这样该器件的光谱响应范围为 0.9~1.7μm,广泛应用于光通信的光探测。

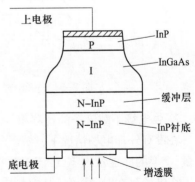

图 2-33 长波长 PIN 光电二极管

还有四元系 InGaAsP、AlGaAsP 等材料分别与 InP(0.9~1.7μm)、GaSb(0.75~1.9μm)晶格匹配形成长波长的光电探测器,其探测光谱范围更宽,用于光通信中光的探测。

长波长 PIN 管的优点:

（1）工作电压比较低，一般为 5V。

（2）探测灵敏度比较高，为 0.8mA/mW，使用 InGaAs-PIN 管可用于 1Gb/s 的光纤通信系统中，其接收灵敏限可达 -90dBmW。

（3）内量子效率较高，内量子效率为 90% 以上。

（4）响应速度快，1Gb/s 以上。

（5）可靠性高，上万小时后没有发现明显退化现象。

（6）PIN 管能低噪声工作。

2.3.3 雪崩光电二极管

1. 迁移率与电场之间的关系

由第 1 章的电子流密度公式 $J=nev$ 可见，电流密度 J 与电子浓度 n 和漂移速度 v 成正比。电场不太强时，平均电子漂移速度 v 与电场成正比，$v=\mu E$，比例系数 μ 为电子迁移率，迁移率 μ 的大小与电场 E 无关。电流密度 J 与电场强度 E 的关系服从欧姆定律 $J=ne\mu E=\sigma E$。电导率 σ 是与电场无关的常数。但是，对 Si 材料而言，当电场强度增强到 10^3 V/cm 以上时，实验发现，电子漂移速度 v 与电场不成正比，v 随着电场增加而饱和，J 与 E 不再成正比，偏离了欧姆定律。电导率不再是常数，而随电场而变。实验指出，电场增强到接近 10^5 V/cm 时，载流子浓度 n 也开始改变。所以，电场在 $10^3\sim10^5$ V/cm 范围内，平均漂移速度与电场强度不再成正比，迁移率随电场改变，电流偏离欧姆定律。Si 和 Ge 的平均漂移速度随电场的改变，如图 2-34 所示。

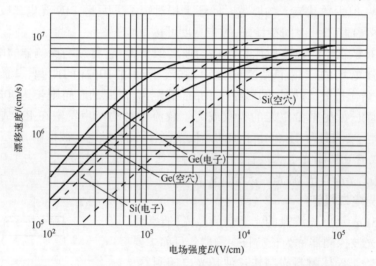

图 2-34 300K 时 Ge 和 Si 的平均漂移速度与电场强度的关系

2. 强电场下载流子的迁移率

在没有外加电场情况下，载流子和晶格散射时将吸收声子或发射声子，与晶格交换动量和能量，交换的净能量为零，载流子的平均能量与晶格的相同，两者处于热平衡状态。

在电场存在时，载流子从电场中获得能量，随后又以发射声子的形式将能量传给晶格，这时，平均来说，载流子发射的声子数多于吸收的声子数。到达稳定状态时，单位时间载流子从电场中获得的能量同给予晶格的能量相同。但是，在强电场情况下，载流子从电场中获得的能量很多，载流子的平均能量比热平衡状态时的大，因而载流子和晶格系统不再处于热平衡状态。温度是平均动能的量度，既然载流子的能量大于晶格系统的能量，人们便引进载流子的有

效温度 T_e 来描述与晶格系统不处于热平衡状态的载流子,并称这种状态的载流子为热载流子。在强电场情况下,载流子温度 T_e 比晶格温度 T 高,载流子的平均能量比晶格的大。热载流子与晶格散射时,由于热载流子能量高,速度大于热平衡状态下的速度,由平均自由时间 $t=l/v$,在平均自由程 l 保持不变的情况下,平均自由时间减小,因而迁移率降低。

当载流子和晶格处于热平衡时,$T=T_e$,所以 $\mu=\mu_0$,这就是弱场下的情况。当电场不是很强时,载流子主要和声学波散射,迁移率有所降低。当电场进一步增强,载流子能量高到可以和光学波声子能量相比时,散射时可以发射光学波声子,于是载流子获得的能量大部分又消失,因而平均漂移速度可以达到饱和。

当电场继续增加时,对 Si 材料,电场增强到接近 $10^5 \mathrm{V/cm}$ 时,载流子浓度 n 也开始改变,这就是所谓的击穿现象。

3. 光电二级管的击穿机制

半导体中所有的击穿机制共有三种类型:热电击穿、齐纳击穿和雪崩击穿。

热电击穿是由于价带中的电子受到热激发进入导带,从而使得电流增大,并且在电流增大的瞬间烧坏器件。

齐纳击穿与雪崩击穿都发生在反向偏压的情况下且都与势垒中的强电场相关,但分别在不同的击穿电压范围内起作用。齐纳击穿在掺杂浓度较高的非简并半导体的突变结中产生。当电场的数值大于一定的临界值时,价带上的 A 点处的电子在电场的作用下越过价带进入导带,其击穿电压与浓度成反比,如图 2-35(a)所示。

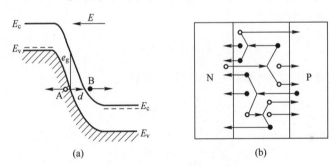

图 2-35 齐纳击穿和雪崩击穿的示意图
(a) 齐纳击穿;(b) 雪崩击穿。

雪崩击穿在缓变结中产生。少量载流子在强电场的作用下,具有超过阈值能量。在运动的过程中,碰撞价带上的电子,使其进入导带,由此产生电子—空穴对。产生的电子—空穴对在强电场的作用下也具有了足够的能量,并且重复上述的过程,产生新的电子—空穴对,导致 PN 结或 PIN 结中的电流增大。对于雪崩光电二极管而言,其工作在反向偏压的缓变结中,其中以雪崩击穿占主导,如图 2-35(b)所示。

4. 倍增系数 M

由气体雪崩理论-汤森电离理论出发,对半导体中反向偏压陡增的暗电流进行研究。为简单起见,首先仅研究单一载流子电子的情况,引入电子电离率 α。

电子电离率 α 定义为单个电子在单位长度上碰撞增加的电子数,与结区中的电场 $E(x)$ 分布密切相关。首先进行以下三个假设。

① 电离率仅仅是由电场 $E(x)$ 决定的函数,且忽略电离率所产生的电子—空穴对对电场分布的影响。对于窄结型,此条假设不成立。

② 忽略载流子间的复合作用。由于倍增时间远小于复合时间,因此此条假设通常成立。
③ 忽略导电电子间的相互作用影响。在导电电子数不是太多时,此假设也是成立的。

在一般情况下,电子电离率 α 与空穴电离率 β 相差很小,电子电离率与空穴电离率之间存在偏差,在部分理论计算时仍需考虑在内,故而仍然需要讨论 $\alpha \neq \beta$ 的情况。图 2-36 所示为 PN 结中一维电流密度的分布图。

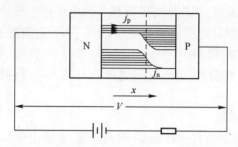

图 2-36 PN 结加了反偏电压情况下的雪崩倍增过程

图 2-36 中,设电子在一次碰撞的速度为 v_n,时间为 t,电子数密度为 n,根据电子电离率 α 的定义:

$$\alpha = \frac{\mathrm{d}n}{n\mathrm{d}x} = \frac{\mathrm{d}n}{n\mathrm{d}v_n} = \frac{\mathrm{d}n}{nv_n\mathrm{d}t} \tag{2-112}$$

电子碰撞引起电子—空穴对的产生,空穴碰撞也产生电子—空穴对,设空穴密度为 p,碰撞的速度为 v_p,空穴电离率为

$$\frac{\mathrm{d}n}{\mathrm{d}t} = \alpha n v_n + \beta p v_p \tag{2-113}$$

在电场作用下,得到电子电流密度 j_n 和空穴电流密度 j_p:

$$\frac{\mathrm{d}j_p}{\mathrm{d}x} = \alpha j_n + \beta j_p \tag{2-114}$$

$$-\frac{\mathrm{d}j_n}{\mathrm{d}x} = \alpha j_n + \beta j_p \tag{2-115}$$

两式相加,得

$$\frac{\mathrm{d}(j_p - j_n)}{\mathrm{d}x} - (\beta - \alpha)(j_p - j_n) = (\beta + \alpha)(j_p + j_n) \tag{2-116}$$

令 $K = j_p - j_n$,$j = j_p + j_n$,代入式(2-116)中,得

$$\frac{\mathrm{d}K}{\mathrm{d}x} - (\beta - \alpha)K = (\beta + \alpha)j \tag{2-117}$$

式(2-117)两侧乘以 $\exp\left[-\int_0^x (\beta - \alpha)\mathrm{d}x\right]$,得

$$\frac{\mathrm{d}}{\mathrm{d}x}\left\{K\exp\left[-\int_0^x (\beta - \alpha)\mathrm{d}x\right]\right\} = (\beta + \alpha)j\exp\left[-\int_0^x (\beta - \alpha)\mathrm{d}x\right] \tag{2-118}$$

如图 2-36 所示,仅考虑空穴的作用,流入的电子流为 0,$j_n(d) = 0$,$j = j_p + j_n$,则得到空穴电流引起的增益为

$$M_p = \frac{j_p(d)}{j_p(0)} = \frac{j}{j_p(0)} \tag{2-119}$$

对式(2-118)进行有效结区长度范围 $0\sim d$ 上的积分,并代入初始条件,得

$$\int_0^d (\beta+\alpha) j \exp\left[-\int_0^x (\beta-\alpha) \mathrm{d}x\right] \mathrm{d}x = K\exp\left[-\int_0^x (\beta-\alpha) \mathrm{d}x\right]\Big|_0^d \tag{2-120}$$

$$1 - M_p^{-1} = \int_0^d \beta \exp\left[-\int_0^x (\beta-\alpha) \mathrm{d}x'\right] \mathrm{d}x \tag{2-121}$$

$$M_p = \frac{1}{1-\int_0^d \beta \exp\left[-\int_0^x (\beta-\alpha)\mathrm{d}x'\right]\mathrm{d}x} \tag{2-122}$$

同样的方法,仅考虑电子流的情况,$j_p(0)=0$,$j=j_p+j_n$,可以得到输入的电子流引起的电流增益为

$$M_n = \frac{j}{j_n(d)} = \frac{j_n(0)}{j_n(d)} \tag{2-123}$$

$$1 - M_n^{-1} = \int_0^d \alpha \exp\left[\int_0^x (\beta-\alpha)\mathrm{d}x'\right]\mathrm{d}x \tag{2-124}$$

$$M_n = \frac{1}{1-\int_0^d \alpha \exp\left[\int_0^x (\beta-\alpha)\mathrm{d}x'\right]\mathrm{d}x} \tag{2-125}$$

经过处理,还可以得到

$$\ln\frac{M_p}{M_n} = \int_0^d (\beta-\alpha)\mathrm{d}x \tag{2-126}$$

由此,设参数 $b = \frac{j_n(d)}{j_p(0)}$,可以得到,电流增益为

$$M = \frac{j_p+j_n}{j_s} = \frac{j_p(d)+j_n(0)}{j_p(0)+j_n(d)} = \frac{M_p+bM_n}{1+b} \tag{2-127}$$

在 $b=1$ 的情况下,有

$$M = \frac{M_p+M_n}{2} = \frac{1}{2\left(1-\int_0^d \beta\exp\left[-\int_0^x(\beta-\alpha)\mathrm{d}x'\right]\mathrm{d}x\right)} + \frac{1}{2\left(1-\int_0^d \alpha\exp\left[\int_0^x(\beta-\alpha)\mathrm{d}x'\right]\mathrm{d}x\right)} \tag{2-128}$$

5. 电离率与击穿电压

如图 2-37 所示,纵坐标为硅中的电离率数值 α,横坐标为电场 E 的数值。其中▲为突变结在击穿区的数据,○和+为缓变结在倍增区的数据,×■●三种为突变结在倍增区的数据。当电场数值小于 500kV/cm 时,电离率与电场符合图中的黑色曲线,说明此时电离率与结的具体结构无关,与电场分布具有强烈的依赖关系。实验测得 Si 和 GaAs 的电子迁移率和空穴迁移率不同,如图 2-38 所示。

经过实验和理论得到,电离率与电场 E 和温度 T 有关。电离率的表达式为

$$\alpha(E) = \frac{eE}{E_I}\exp\left[-\frac{\varepsilon_I}{E(1+E/\varepsilon_P)+\varepsilon_T}\right] \tag{2-129}$$

式中　E_I——高场有效电离阈值能量;
$\varepsilon_T, \varepsilon_P, \varepsilon_I$——载流子克服热散射、光学声子散射、电离散射等减速效应的阈值能量。

对于 Si,电子的 E_I 值为 3.6eV,空穴的 E_I 值为 5.0eV,具体参数如表 2-1 所列。

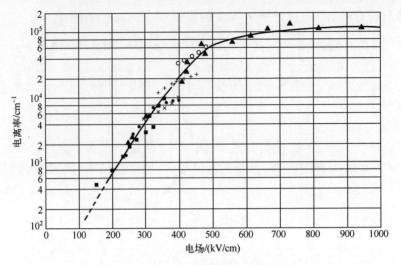

图 2-37 Si 的电子电离率随电场的变化

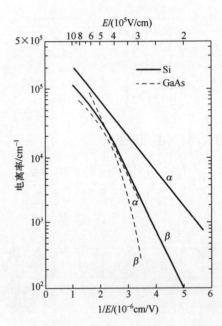

图 2-38 Si 和 GaAs 的电子电离率与空穴电离率随电场的变化

表 2-1 常温下电子和空穴的电离率计算所用到的参数

参 数	电 子	空 穴	备 注
E_I	3.6eV	5.0eV	
ε_I	1.954×10^6 eV/cm	3.091×10^6 eV/cm	
ε_P	1.096×10^5 eV/cm	1.110×10^5 eV/cm	
ε_T	1.357×10^4 eV/cm	1.545×10^4 eV/cm	与温度有关,正比于温度 T
电子或空穴与声子碰撞的平均自由程	70Å	100Å	

在实验研究中,在外加电压 V 下,增益系数 M 与电压 V 存在如图 2-39 所示的关系,V_B 是结的击穿电压,在此电压下,粒子能量足够大,发生大量无规则的剧烈弹性碰撞,以至于电流与

初始电流无关,甚至结的晶体结构破坏,产生等离子体,发生化学反应。所以所加电压不能超过这个电压。

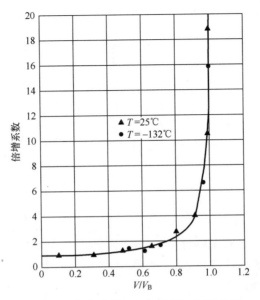

图 2-39 倍增系数与电压、击穿电压的关系

$$M(V) = \frac{1}{1-(V/V_B)^n} \quad (2\text{-}130)$$

式中 n——调整参数,它取决于半导体材料、器件结构和入射辐射的波长,对 Si,$n=1.5\sim4$,对 Ge,$n=2.5\sim3$。

击穿电压 V_B 与结的结构、工艺和掺杂浓度 N 等密切相关,如图 2-40 所示。各材料的击穿电压也不同,如图 2-41 所示。

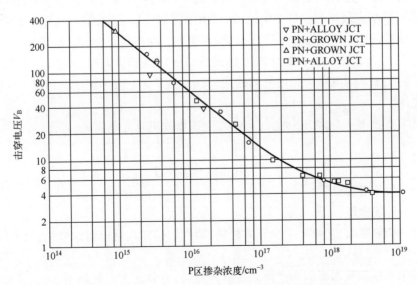

图 2-40 击穿电压 V_B 与 PN+结的 P 区掺杂浓度的关系

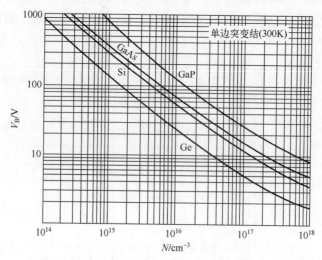

图 2-41　Si,Ge,GaAs 和 GaP 单边突变结击穿电压随掺杂浓度 N 的变化

6. 雪崩光电二极管的原理与特性

一般光电二极管的灵敏度都不够高,大约在每 1000lx 的照射下,只输出几微安光电流。雪崩光电二极管(APD)利用高反压下二极管耗尽层产生载流子的雪崩倍增效应来获得很高的光电流增益,其增益可达 $10^2 \sim 10^4$,电流达 mA 量级,因此其灵敏度高,且响应速度快,可达 10^2GHz,适用于探测弱光信号和快速变化的信号,非常有发展前途。

雪崩型光电二极管的雪崩过程如图 2-36 所示。当光电二极管的 PN 结上加相当大的反向偏压时,光照激发电子—空穴对。由于反向偏压相当大,在耗尽层内将产生一个很高的电场,它足以使在该强电场区产生和漂移的光生载流子获得充分的动能,电子—空穴对与晶格原子碰撞,将产生新的电子—空穴对。新的电子—空穴对在强电场作用下分别向相反的方向运动,在运动过程中又可能与原子碰撞,再一次产生新的电子—空穴对。如此反复,形成雪崩式的载流子倍增。这一过程就是雪崩光电二极管的工作基础。

APD 是目前响应最快的一种光电二极管,由于雪崩反应是随机的,所以它的噪声较大,特别是工作电压接近或等于反向击穿电压时,噪声更大。噪声大是这种二极管的一个主要缺点。在正常情况下,雪崩光电二极管的反向工作偏压一般略低于反向击穿电压。如图 2-42 所示为不同波长的光照下的电压与光电流的曲线,其中,归一化电流为倍增输出电流与没有倍增的输出电流之比。

光电倍增系数 M_{ph}:倍增光电流 i_{ph} 与不发生倍增效应时光电流 i_{pho} 之比,即

$$M_{ph} = \frac{i_{ph}}{i_{pho}} = \frac{1}{1-(V/V_B)^n} \tag{2-131}$$

式中　V_B——反向击穿电压;

　　　V——外加电压;

　　　n——调整参数,它取决于半导体材料、器件结构和入射辐射的波长,对 Si,$n=1.5\sim 4$,对 Ge,$n=2.5\sim 3$。

APD 的倍增系数受温度影响严重。温度升高时,APD 击穿电压随着上升,工作电压不变,倍增系数将减小。为使 APD 保持在最佳增益值状态下工作,获得最大信噪比,需控制 APD 偏压,通常采用自动增益控制电路。

如图 2-43 所示,当 V 接近 V_B 时,M_{ph} 将增大,但 V 增大导致热噪声和散粒噪声增大。在反向偏压较小时,A 点以左无雪崩过程,放大倍数小,光电流较小。随着反向偏压升高(A→B),将引起雪崩,使光电流增大。若反向偏压再继续升高(超出 B 点),则发生雪崩击穿,粒子能量足够大,发生大量无规则的剧烈弹性碰撞。电流增大,暗电流 I_d 增大,没有光照仍能维持放电,这时器件无法使用,因此实际使用时反向工作偏压必须适当。雪崩光电二极管的反向击穿电压一般为几十伏到几百伏,与器件的结构有关。

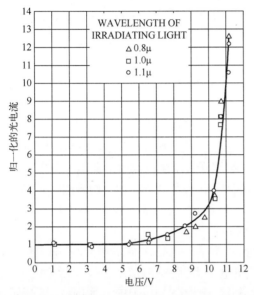
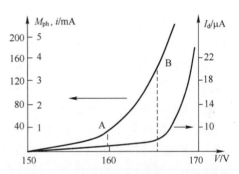

图 2-42　不同波长的光照下的电压与光电流的曲线　　图 2-43　光电倍增系数与电压电流的关系

雪崩光电二极管除热噪声和散粒噪声外,还有因雪崩过程引入的附加噪声。由于雪崩过程是大量载流子电离过程的累加,这本身就是一个随机过程,必然带来附加的噪声,由雪崩过程引起的散粒噪声为

$$\overline{i_{NM}^2} = 2eIM^m\Delta f = 2e(I_d + I_p)M^m\Delta f \quad (2-132)$$

I_d,I_p——暗电流和光电流;

M——光电倍增系数;

m——与雪崩光电二极管材料有关的系数,对于锗管,$m=3$,对于硅管,$m=2.3\sim2.8$。采用硅材料制作的雪崩光电二极管,其噪声性能优于锗。

考虑到负载电阻 R 的热噪声,雪崩光电二极管的总噪声电流均方值为

$$\overline{i_{NM}^2} = 2e(I_d + I_p)M^m\Delta f + \frac{4kT\Delta f}{R} \quad (2-133)$$

由于雪崩光电二极管工作在高反偏压,载流子发生雪崩倍增,运动速度相当快,光生载流子渡越时间短,一般为 10^{-10}s 数量级,结电容 C_j 为几皮法,所以管子响应时间一般很小,如国外 APD5-3R 硅雪崩光电二极管结电容为 3pF,响应时间小于 0.5ns,频率响应可达 10^5MHz,是目前响应速度最快的一种光电二极管。

雪崩型光电二极管需要加保护环,如图 2-44 所示,保护环作用有二:一是由于保护环为深扩散,在保护环处结区拉得较宽,且其在光照较弱,在反向电压作用下,相当于 PN 结加反向电压,呈现高阻抗,阻止表面感应电子层流到电极上,可以减小表面漏电,并耐一定的击穿电

压。二是避免了由于结边缘材料的不均匀及缺陷,使结边缘过早击穿,所以也可称为保护环雪崩光电二极管(GAPD)。

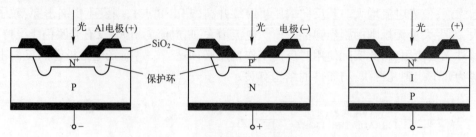

图 2-44　雪崩型光电二极管结构示意图

Si-APD 耗尽层达 30~50μm,要产生雪崩效应,电压太高,偏压高达 300V。为降低偏压,研制出 RAPD(拉通型 APD),如图 2-45 所示。

它使雪崩效应仅发生在很薄的区域内。P^+ 和 N^+ 为高掺杂低阻区,I 为本征区,PN 结附近为倍增高场区,随偏压增高,耗尽区从 P 区扩大直至"拉通"整个 I 区,I 区电场比 PN^+ 结区电场低,但也能保证载流子有很高的漂移速度。入射光子在 I 区吸收后形成电子—空穴对,一次电子向 PN^+ 区漂移,并在 PN^+ 区内产生倍增。可见只有一次电子参加初始碰撞电离,倍增噪声非常低。其工作电压约 200V。Si-RAPD 具有低倍增噪声、高量子效率、高响应速度等优点,是用于 0.8~0.9μm 波段光纤通信最适合的结构。

在长波长段主要有两类雪崩型光电二极管,一类是 Ge-APD,它灵敏度高,响应快,击穿电压低,一般截止频率高达 1GHz,但过剩噪声及暗电流大,限制倍增增益及灵敏度。另一类是 InGaAs/InP 制造的分别吸收和倍增的雪崩型光电二极管(SAM-APD),如图 2-46 所示,它是一种异质结构,吸收区和高场区分别由 InGaAs 和宽带隙材料 InP(截止波长 0.96μm)构成,InP 对由 P 区入射的光信号透明,这种结构使得纯空穴注入高场区,且减少了光在无场区的吸收,能获得较低过剩噪声,较高的增益、响应速度和响应度。PIN 雪崩型光电二极管的特性如表 2-2 所列。

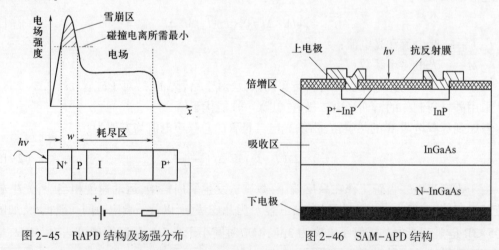

图 2-45　RAPD 结构及场强分布　　　　图 2-46　SAM-APD 结构

表 2-2　PIN 光电二极管和雪崩型光电二极管的特性

参数	符号	单位	型号	Si	Ge	InGaAs
波长	λ	μm		0.4~1.1	0.8~1.8	1.0~1.7

(续)

参数	符号	单位	型号	Si	Ge	InGaAs
响应率	R	mA/mW	PIN	0.4~0.45	0.8~0.87	0.5~0.95
量子效率	η	%	PIN	75~90	50~55	60~70
APD增益	M	—	APD	—	50~200	10~40
暗电流	I_d	nA	PIN	1~10	50~500	1~20
			APD	0.1~1	50~500	1~5
带宽	BW	GHz	PIN	0.125~1.4	0~0.015	0.0025~40
			APD	—	1.5	1.5~3.5
比特率	BR	Gb/s	PIN	0.01	—	0.155~53
			APD	—	—	2.5~4
反向电压	V	V	PIN	50~100	6~10	5~6
			APD	200~250	20~40	20~30

2.4 光电三极管

光电三极管是在光电二极管基础上发展起来的。目前用得较多的两种是 PNP 和 NPN 型平面硅光电三极管，PNP 型称为 3CU 型光电三极管，NPN 型称为 3DU 型光电三极管。

2.4.1 光电三极管结构和工作原理

光电三极管的结构与能带如图 2-47 和图 2-48 所示。

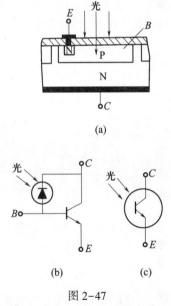

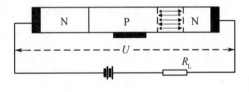

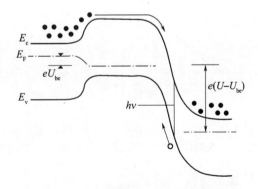

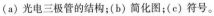

图 2-47

(a) 光电三极管的结构；(b) 简化图；(c) 符号。

图 2-48 光电三极管的简化结构和能带图

当光电三极管不受光照时，相当于一般三极管基极开路状态，这时集电结处于反向偏压，因此集电结电流较小，这时的集电极电流称为光电三极管的暗电流。

当光线照射到集电结时就会产生电子—空穴对,由于集电结处于反向偏置,在结内有很强的内建电场,这些光生电子—空穴对被很强电场分离,电子漂移到集电极,空穴漂移到基极,基区内电荷的变化改变了发射结电位,造成电子由发射区向基区注入,由于发射区电子是多数载流子,发射区结正偏,因此扩散作用大于漂移运动,大量电子越过发射结到达基区,在基区扩散受到内建电场作用到达集电极,当基极没有引线时,集电极电流等于发射极电流,即

$$I_c = I_e = (1+\beta)I_p \tag{2-134}$$

式中 β——电流放大倍数;

I_p——所对应的光电二极管的电流。

在光电三极管中,集电结是光电转换部分,而集电极、基极和发射极又构成一个有放大作用的晶体管,相当于一个基极—集电极组成的光电二极管加上一个普通的晶体放大管。

2.4.2 光电三极管的主要性能参数

1. 光照特性

光电三极管有电流放大作用,它的灵敏度比光电二极管高,输出电流也比光电二极管大,多为毫安级,但它的光电特性不如光电二极管,在弱光时,电流增长缓慢,在强光时,将出现饱和现象,光电流与光照不成线性,β 也不为线性,如图 2-49 所示,所以光电三极管不利于弱光测量,多用来做光电开关元件或光电逻辑元件。

为了得到更高的灵敏度和更大的电流输出,也可把光电二极管和普通三极管按达林顿法接在一起,封装在一个管里,称为光电达林顿管,如图 2-50 所示。

2. 伏安特性

伏安特性指输出的光电流与所加电压的关系,它有两个特点:在照度低时比较均匀;随照度增加,曲线变密。这是因为电流放大倍数 β 与光照强度有关,随 E 增加,β 下降,导致 I_c 下降,在强光照射下,光电流与照度不呈线性。工作电压低时,光电三极管的集电极电流与照度呈非线性,如图 2-51 所示。为了避免电压对线性的影响,光电三极管的工作电压尽可能高些。

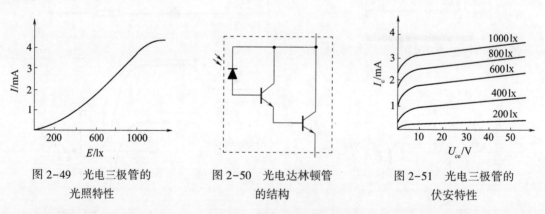

图 2-49 光电三极管的光照特性　　图 2-50 光电达林顿管的结构　　图 2-51 光电三极管的伏安特性

3. 温度特性

图 2-52 为 3DU 型光电三极管的光电流和暗电流 I_d 随温度变化的曲线。由于光电流放大系数随温度升高而变大,因此,光电三极管的光电流和暗电流随温度升高都比光电二极管快。

4. 频率特性

光电三极管的频率特性与结的结构、负载及结电容有关。一般的光电三极管为了得到较

大的信号电流,增大吸收光敏面积,集电结做得较大,因此电容 C_{bc} 较大,使它的频率特性比光电二极管的要差。在 $U_{ce}=10\mathrm{V}$,$f=1\mathrm{kHz}$ 时,它的结电容 C_j 为几皮法。响应时间与负载有关系,在 $U_{ce}=10\mathrm{V}$ 时,$R_L=100\Omega$,响应时间 $\tau=10\mathrm{\mu s}$,频带宽度约为 $10^5\mathrm{Hz}$。随负载电阻增加,频率特性变差,如图 2-53 所示。

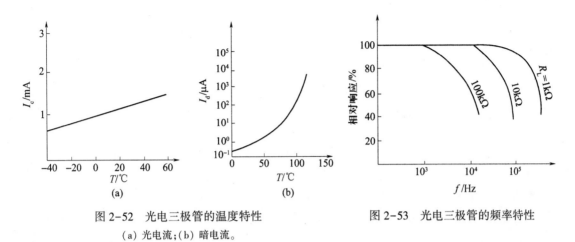

图 2-52 光电三极管的温度特性
(a) 光电流;(b) 暗电流。

图 2-53 光电三极管的频率特性

光电三极管光照特性的非线性,以及输出电流较大的特点,使得光电三极管广泛应用于数字信号的耦合和控制。把发光二极管和光电三极管封装在一个元器件,就是所谓的光电耦合器,如图 2-54 所示,当在数字输入端输入逻辑电平时,在数字输出端也输出同相的逻辑电平,VDD(例如 3.3V)和 VCC(例如 24V)的电压可以不一样,低电压脉冲可以控制高电压脉冲,能进行信号控制和耦合,消除高电压对低逻辑电平的干扰。目前,控制信号的频率可达 $10^5\mathrm{Hz}$,光电耦合器在控制电路中获得了广泛的应用。

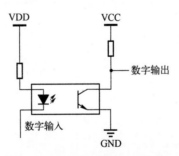

图 2-54 光电耦合器的控制电路

练 习 题

2.1 试述光生伏特效应。要求画出能带图并推导有关公式。

2.2 用波长为 $0.83\mathrm{\mu m}$,强度为 $3\mathrm{mW}$ 的光照射硅光电池,设其反射系数为 15%,有效量子效率为 0.8,并设这些光生载流子能到达电极。

(1) 求光生电流;

(2) 当反向饱和电流为 $10^{-8}\mathrm{A}$ 时,求 $T=300\mathrm{K}$ 时的开路电压。

(3) 太阳能光电池效率低的原因是什么?论述提高太阳能光电池效率的方法。

2.3 已知 2CR 太阳能光电池的参数为 $U_{oc}=0.54$,$I_{sc}=50\text{mA}$,要用若干个这样的光电池合起来对 0.5A、6V 的蓄电池充电,应组成怎样的电路?需要多少个这样的电池(充电电源电压应比充电电池电压高 1V 左右)?

2.4 为什么结型光电器件只有反偏或零偏置电压时才有明显的光电流?

2.5 某光电二极管的结电容为 5pF,要求带宽为 10MHz,求允许的最大负载电阻。

2.6 说明 PIN 光电二极管的工作原理(包括能带图)。PIN 光电二极管的频率特性为什么比普通光电二极管好?

2.7 说明雪崩光电二极管的结构、工作原理和特性。

2.8 拉通型雪崩光电二极管结构如图 2-45 所示,说明其工作原理。与普通的雪崩光电二极管相比,它有哪些优点?

2.9 画出光电三极管的能带图,并说明光电三极管的工作原理和特性。

2.10 列表简述光敏电阻、光电池、光电二极管、Si 的 PIN 光电二极管、InGaAs 的 PIN 光电二极管、雪崩光电二极管、光电三极管的结特征、所加电压范围、电流放大倍数、电流强弱、光照特性和频率特性。

第3章 光电阴极与光电倍增管

光电阴极是根据外光电效应制成的光电发射材料。真空光电器件利用光电阴极在光辐射作用下向真空中发射光电子的效应来探测光信号。这种光电器件是一种真空型的光电器件。真空光电器件可以是成像型的,也可以是非成像型的。真空光电器件有突出的优点:易于在管内实现快速、高增益、低噪声的电子倍增,易于制取大面积、均匀的光敏面,像元密度大,可得到很高的空间分辨率,因而广泛用于探测极微弱的光辐射,变化极快的光辐射,以及要求获得空间分辨率很高的精密测量和光电成像。

3.1 光电发射过程

3.1.1 外光电效应

当光照射某种物质时,若入射的光子能量足够大时,它与物质的电子相互作用,致使电子逸出物质表面,这种现象称光电发射效应,又称外光电效应,由赫兹在1887年发现,后来发现了外光电效应的两个定律。

1. 爱因斯坦定律

光电子的最大动能 E_m 与入射光的频率 ν 成正比,而与入射光的强度无关。

$$E_m = h\nu - \phi = h\nu - h\nu_0 \tag{3-1}$$

式中　E_m——光电子的最大动能;

　　　ϕ——与材料有关的常数,实际上就是光电逸出功;

　　　h——普朗克常数;

　　　ν——入射光的频率;

　　　ν_0——材料产生光电发射的极限频率,$\nu_0 = \dfrac{\phi}{h}$。

在 $T=0K$ 时,当光子能量 $h\nu \geq \phi$,即 $\nu \geq \nu_0$ 时,光电子最大动能随光子能量增加而线性增加,在入射光频率低于 ν_0 时,不论光照强度如何、照射时间多长,都不会有光电子产生。光频率 ν_0 对应的波长为 λ_0,当入射光波长 λ 大于 λ_0 时,不论光照强度如何、照射时间多长,都不会有光电子产生。λ_0 称为长波阈值或红阈波长。

$$\lambda_0 = \frac{hc}{\phi} = \frac{1.24}{\phi(\text{eV})}(\mu m) \tag{3-2}$$

当然,在常温下,光谱响应在长波阈附近有一拖尾,但基本上认为满足爱因斯坦公式。

2. 斯托列托夫定律

当入射光的频率或频谱成分不变时,饱和光电流(即单位时间内发射的光电子数目)与入射光的强度成正比。

$$I = e\eta \frac{P}{h\nu} = e\eta \frac{P\lambda}{hc} \tag{3-3}$$

式中 I——饱和光电流；
　　　e——电子电量；
　　　η——光电激发出电子的量子效率；
　　　P——入射到样品的辐射功率。

3.1.2 金属的光谱响应

金属光电阴极的光谱响应特征具有选择性光电效应。如碱金属的光谱响应曲线在某一固定频率范围内有一最大值，然后随着入射光频率增加，光电响应下降，这种现象称为选择性光电效应。不同的金属有不同的光谱响应曲线，如图 3-1 所示。

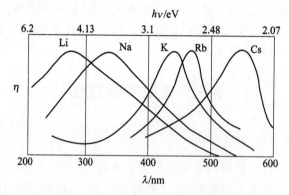

图 3-1　碱金属的光谱响应曲线

其他金属的逸出功都大于碱金属，为了测量它们的光谱响应峰值，就需要更短的紫外光，同时，为了获得可靠的纯金属特性，测量工作应该在良好的真空条件下进行，这就又遇到了在真空系统中透紫外光的窗材料问题。目前 LiF 窗材料的透过率极限是 100nm，波长再短就难以找到合适的材料，这就给发现其他金属的光谱响应峰值造成了难以克服的困难。金属光电发射量子效率低于 0.1%，因此灵敏度比较低，光谱响应主要在紫外区。

3.1.3 半导体光电发射过程

半导体光电发射的量子效率远高于金属光电发射的量子效率，而且探测响应宽，尤其在红外探测方面有不可替代的地位，在红外探测、夜视、地物勘探等方面具有越来越重要的作用。

将半导体光电发射的物理过程归纳为三步：

(1) 半导体中的电子吸收入射光子的能量而被激发到高能态（导带）上。
(2) 这些被激电子在向表面运动的过程中受到散射而损失掉一部分能量。
(3) 到达表面的电子克服表面电子亲和势 E_A 而逸出。

下面简述光电发射的物理过程。

1. 对光子的吸收

半导体中价带上的电子、杂质能级上的电子、自由电子都可以吸收入射光子而跃迁到导带上去，分别称为本征吸收、杂质吸收和自由载流子吸收。相应光电子发射体称为本征发射体、杂质发射体、自由载流子发射体。本征发射体的吸收系数很高，线吸收系数达 10^5/cm，本征发射的量子效率也很高，达 10%～30%。后面介绍的锑铯阴极、锑钾纳铯阴极、负电子亲和势光电阴极都属于本征发射体。而杂质发射，因其杂质浓度一般不超过 1%，所以量子效率较低，约为1%,有人认为 Ag-O-Cs 阴极属于这一类。关于自由电子发射,因其在半导体中的浓度很低,对光电发射的贡献与前两种相比是微不足道的。

因为金属在可见光范围对入射光有高的反射,吸收率少,而半导体有较高的吸收系数,因此对吸收光子而言,半导体比金属更有效。

2. 光电子向表面运动的过程

被激光电子在向表面运动的过程中,因散射要损失掉一部分能量。对于一个光电发射体,这种能量损失当然是越小越好。金属因其自由电子浓度大,光电子受到很强的电子散射,在运动很短的距离内就达到热平衡,这样只有靠近表面的光电子才能逸出表面,即逸出深度很浅,因此金属不是良好的光电发射体。

对于非简并半导体,它的自由电子很少,光电子受到的电子散射可以忽略不计,而造成光电子能量损失的主要原因是晶格散射、光电子与价键中电子的碰撞,这种碰撞电离产生了二次电子—空穴对。

以硅为例,当被激的光电子与晶格发生散射时,相互交换声子,每散射一次,平均损失能量为 0.06eV,相应平均自由程是 60Å。如损失 1eV,散射应该是 $\frac{1}{0.06} = 17$ 次,在此能量损失的过程中光电子所扩散的距离应是 17×60Å = 1020Å,而逸出深度 $d_{esc} = \left(\frac{N_c}{3}\right)^{\frac{1}{2}} \cdot l = 140$Å,$N_c$ 为散射次数,l 为平均自由程,约为 60Å,而半导体中的被激光电子能量一般在导带以上几电子伏,因而散射的能量损耗是很小的。因此,在以晶格散射为主的半导体,半导体的光电子逸出深度 d_{esc} 就比较大,约在几百埃的数量级,如图 3-2 所示。

半导体的本征吸收系数很大($3×10^5 \sim 10^6 cm^{-1}$),光电子只能在距表面 100~300Å 的深度内产生,而这个深度在半导体的光电子逸出深度之内。在这个距离内随 α 增大,光电子数增加,发射效率提高。实验证明,半导体吸收系数大于 $10^6 cm^{-1}$,所产生的光电子几乎全部都能以足够的能量到达表面。

当光电子与价带上的电子发生碰撞电离时,便产生二次电子—空穴对,它将损耗较多的能量。引起碰撞电离所需的能量一般为带隙 E_g 的 2~3 倍,因此作为一个良好的光电发射体,应适当选择 E_g,以避免二次电子—空穴对的产生。

3. 克服表面势垒而逸出

到达表面的光电子能否逸出还取决于它的能量是大于表面势垒还是小于表面势垒。

对于大多数情况(非简并半导体),能够有效吸收光子的电子高密度位置是在价带顶附近,如图 3-3 所示为本征半导体的能带图。

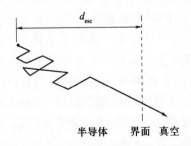

图 3-2 光电子受到晶格散射所走的路程

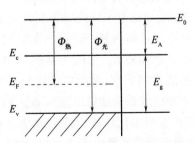

图 3-3 本征半导体的能带图

E_A 为电子亲和势,等于真空能级 E_0 减去导带底能级 E_c,即

$$E_A = E_0 - E_c \tag{3-4}$$

半导体受光照后能量转换公式为

$$h\nu = \frac{1}{2}mv^2 + E_A + E_g \tag{3-5}$$

即

$$\frac{1}{2}mv^2 = h\nu - (E_A + E_g) \tag{3-6}$$

m 为电子质量,v 为出射电子的速度。

如果 $h\nu < E_g$,则电子不能从价带跃迁到导带。如 $E_g \leq h\nu < E_A + E_g$,则电子吸收光子能量后只能克服禁带能级跃入导带,而没有足够能量克服电子亲和势逸入真空。

只有当 $h\nu \geq E_A + E_g$ 时,电子吸收光子能量后才能克服禁带跃入导带并逸出。所以 $E_A + E_g$ 称为光电发射的阈能量,$E_{th} = E_A + E_g$。光子的最小能量必须大于光电发射阈值,这个最小能量对应的波长称为阈值波长(或称长波限)λ_{th},只有波长 $\lambda \leq \lambda_{th}$ 的光才能产生光电子发射。

$$h\nu = \frac{hc}{\lambda} \geq E_{th} = E_A + E_g \tag{3-7}$$

$$\lambda_{th} = \frac{1.24}{E_{th}(\text{eV})}(\mu m) \tag{3-8}$$

根据光电发射逸出功 $\phi_{光}$ 的定义,在绝对零度时光电子逸出表面所需的光子最低能量,可得大部分半导体的光电逸出功,即

$$\phi_{光} = E_{th} = E_g + E_A \tag{3-9}$$

热电子发射逸出功 $\phi_{热}$ 为真空能级 E_0 与费米能级 E_F 之差,$\phi_{热} = E_0 - E_F$。

对于金属光电逸出功 $\phi_{光} = \phi_{热}$,这是因为在绝对零度时电子处在最高能量为费米能级,金属逸出功多数要大于 3eV,所以金属的光谱响应大多在紫外区。

因为本征半导体的费米能级是在禁带中间,如图 3-3 所示。

$$\phi_{热} = E_0 - E_F = \frac{1}{2}E_g + E_A \tag{3-10}$$

$$\phi_{光} = \phi_{热} + \frac{1}{2}E_g \tag{3-11}$$

所以对于半导体,其光电逸出功和热电子发射逸出功是不同的。对于杂质发射体,其光电子发射中心是在杂质能级上。实际的半导体表面在一定深度内,其能带是弯曲的,这种弯曲影响了体内导带中的电子逸出表面所需的能量,也改变了它的逸出功。

半导体光电逸出功这样随表面能带弯曲的不同而有所增减,并不是由于表面电子亲和势 E_A 有什么变化,而是由于体内导带底 E_c 与真空能级 E_0 之间的能量差发生了变化,即 $E_A + \Delta E$ 或 $E_A - \Delta E$。把电子从体内导带底逸出真空能级所需的最低能量称为有效电子亲和势 E_{Aeff},以区别于表面电子亲和势 E_A,如图 3-4 所示,ΔE 为能带弯曲量。作为一个良好的光电发射体,需要的当然是能带向下弯,为此应该选择 P 型半导体表面上吸附 N 型半导体材料,这样不仅可以得到向下弯曲的表面能带以减少 $\phi_{光}$,而且由于 P 型半导体的费米能级处于较低的价带附近,所以其热发射也比较小。通过改变表面的状态,可获得有效电子亲和势为负值的光电阴极,这就是通常所讲的负电子亲和势(NEA)光电阴极。

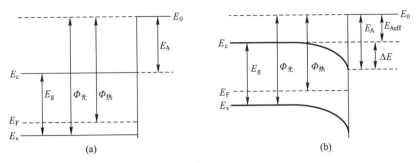

图 3-4 表面能带弯曲的能带图
(a) 一般的能带图；(b) 表面能带弯曲的能带图。

3.1.4 实用光电阴极

金属光电发射的量子效率都很低，大多数金属的光谱响应都在紫外或远紫外范围，因此它们只能适用于要求对紫外灵敏的光电器件。随着光电器件的发展，特别是微光夜视器件的发展，需要在可见光、近红外、红外范围内具有较高量子效率的光电发射材料，从而研制出了目前被广泛应用的各种实用光电阴极及半导体阴极。

根据国际电子工业协会的规定，把 NEA 光电阴极出现以前的各种光电阴极按其发现的先后顺序和所配的窗材料的不同以 S-数字形式编排，常称为实用光电阴极。下面简述几种常用的实用光电阴极的性能。

1. 银氧铯光电阴极

银氧铯(Ag-O-Cs)光电阴极(S-1)是最早出现的一种实用光电阴极，它对可见光和近红外灵敏，早期在红外变像管中得到应用，在实用光电阴极中可用于红外探测。

如图 3-5 所示的 S-1 曲线，从光谱响应曲线可看出，它有两个峰值：一个在紫外区，处在约 400nm 附近；另一个在红外区，位于 800nm 左右。它在整个可见光及近红外都灵敏，阈值波长可达 1.2μm。光谱响应极大值处的量子效率不超过 1%，它的积分灵敏度，对透射型的半透明阴极来说，一般为 30~60μA/lm。

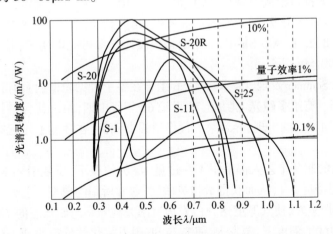

图 3-5 实用光电阴极的灵敏度与波长的关系

Ag-O-Cs 光电阴极有两个明显的缺点：一是在室温下热电子发射较大，典型值为 10^{-11} ~ 10^{-14} A/cm^2。二是该阴极存在疲乏现象，即随所用时间增长，电子发射能力下降。光强越强，疲乏越厉害；光波越短，疲乏越严重，对红外线几乎观察不到疲乏；阳极电压增高，疲乏增大；温度降低，疲乏增大。

Ag-O-Cs 光电阴极的制备工艺简单、成本低，因此继续努力延伸它的长波阈值和提高它的红外灵敏度是有意义的，该类阴极在主动微光夜视仪器中获得了应用。

2. 锑铯光电阴极

锑铯（Cs_3Sb）光电阴极的型号主要有 S-4，S-5，S-11，S-13 等。由于这种光阴极的工艺和理论比较成熟，所以在光电管、光电倍增管中通常选用这种光电阴极。

锑铯光电阴极的光谱响应在可见光区，光谱峰值在蓝光附近，阈值波长截止于红光，其短波部分的光谱响应可达到紫外区，如图 3-5 所示。它的灵敏度比 Ag-O-Cs 阴极高得多，积分灵敏度为 $100 \sim 150 \mu A/lm$，量子效率可达 $10\% \sim 20\%$。暗电流约 $10^{-16} A/cm^2$，疲乏效应比 Ag-O-Cs 阴极小。

锑铯光电阴极制备工艺比较简单，仅由 Cs 和 Sb 两种元素组成，结构简单。几十年来，对这种光电阴极的成分和结构进行了较深入的研究，所以 Sb-Cs 光电阴极是目前理论和工艺方面最成熟的一种光电阴极。

Cs-Sb 光阴极是 P 型半导体，主要杂质能级是受主引起的，这个受主能级是由于锑的化学计量过剩而形成的，因为受主能级处在价带附近，所以 Cs_3Sb 阴极热发射低，电导率高。Cs-Sb 光阴极为立方对称结构，化学组成为 Cs_3Sb，并含有轻微过量 Sb。锑铯阴极具有氧敏化的特点，敏化后它的积分灵敏度可提高 $1.5 \sim 2$ 倍，并使光谱响应曲线向长波方向移动，长波阈达 $800 \sim 900nm$。在蒸发的 Cs_3Sb 上再蒸发上一层本征 Cs_2O，其作用是降低了 Cs_3Sb 层的电子亲和势，因而长波阈延长，光发射电流增大。

3. 多碱光电阴极

锑铯光电阴极是锑与一种碱金属的化合物，也可称为单碱光电阴极。当锑与几种碱金属形成化合物时，发现它具有比锑铯阴极更高的光电灵敏度，其中有双碱（如 Sb-K-Cs、Sb-Rb-Cs 等），三碱（如 Sb-Na-K-Cs）和四碱（如 Sb-K-Na-Rb-Cs）等，二碱、三碱、四碱光电阴极统称为多碱光电阴极。

锑与任何碱金属都可组成单碱化合物，如 Cs_3Sb、Rb_3Sb、K_3Sb。锑可以与任意两种碱金属形成光阴极，称为双碱光阴极，如 K_2CsSb、Na_2KSb、Rb_2CsSb。锑与三种碱金属形成的光阴极称为三碱光电阴极，如 Sb-K-Na-Rb-Cs。无论是单碱还是多碱光电阴极，其化学组成关系为 1 个 Sb 原子和 3 个碱金属原子。

1955 年，A. H. Sommer 发现，Cs-K-Na-Sb 组合在整个可见光谱内具有比任何光电阴极材料都高的量子产额。有了多碱光电阴极，20 世纪 60 年代中期，第一代像增强器问世才成为现实。70 年代初，微通道板的出现，导致第二代像增强器问世，在性能上比起第一代管有了长足的进步。

多碱光电阴极的制备工艺大都采用了在过量 Na 的情况下，反复引入 K 和 Sb，最终把 Na 和 K 的比率调整到接近 2∶1，从而获得最佳灵敏度，通常所用的典型工艺为：

（1）蒸 Sb，缓慢蒸发，使其厚度达到白光透过率大约降到原始状态的 $70\% \sim 80\%$。

（2）引 K，在 160℃ 温度下，蒸发 K，使 K 与 Sb 膜发生化学反应生成 K_3Sb，观察其光电流上升至峰值并略有下降。

（3）引 Na，在 220℃ 温度下，将 K_3Sb 暴露在 Na 蒸气中，使 K 逐渐被 Na 置换，观察其光电流上升到峰值，并有明显下降，表明 Na 已过量，这时的化学计量比为 $Na_{>2}K_{<1}Sb$。

(4) Sb、K 交替。温度下降至 160~180℃，反复引入 Sb 和少量 K，直至获得最佳灵敏度，即 Na：K=2:1。其 Sb、K 交替的次数取决于 Na 过量的程度，完成这一步后就形成了锑的双碱化合物 Na_2KSb 光电阴极。

(5) Sb、Cs 交替。在保持温度在 160℃下，Sb、Cs 交替与 Sb、K 交替相同，反复引入 Sb 和 Cs，直到光电流达到峰值为止，最终形成的多碱光电阴极可表示为 $(Cs)Na_2KSb$，最后的 Sb、Cs 交替要控制好，尽量使表面层做的比较薄。上述工艺大体可将整个工艺过程描述如下：

$$Sb+K \xrightarrow[(2)]{160℃} K_3Sb+Na \xrightarrow[(3)]{220℃} Na_{>2}K_{<1}Sb+(K,Sb)$$

$$\xrightarrow[(4)]{160℃} Na_2KSb+(Cs,Sb) \xrightarrow[(5)]{160℃} (Cs)Na_2KSb$$

多碱阴极有 S-20、S-25 等类型，如图 3-5 所示，S-20 阴极的量子产额一般为 10%左右，最大可达 20%，长波阈延伸到 0.87μm，峰值位置在 420nm，积分灵敏度在 150~300μA/lm，灵敏度重复性好，暗电流为 $3×10^{-16} A/cm^2$。

S-25 阴极是在 S-20 的基础上发展起来，对原工艺进行改进和研究而获得的，被誉为超二代光电阴极。其主要特点是光谱响应向红外延伸，可达 900nm，峰值灵敏度向长波方向移动，黄光(550~600nm)和红光(630~760nm)的光电灵敏度也增加了，积分灵敏度可达 500~600μA/lm，如图 3-5 所示。如超二代光电阴极其峰值响应移到 800nm，峰值响应率达 80mA/W。

多碱光电阴极的结构为 $Na_2KSb+K_2CsSb+Cs_3Sb$。一般认为，性能良好的多碱光电阴极的主要成分是由 Na_2KSb 构成的 P 型半导体，并存在有少量的其他化合物，如六角形 Na_3Sb、K_3Sb 或 NaK_2Sb 等。Na_2KSb 的 $E_A=1.0eV$，$E_g=1.0eV$。最外层是 K_2CsSb 层，厚 1~3nm，$E_A=0.55eV$。

3.2 负电子亲和势光电阴极

从图 3-4 的能级图可见，光电子要逸出表面，首先要使电子受激到导带上去，然后向表面运动而散射掉一部分能量，在到达表面时的电子要克服表面有效电子亲和势 E_{Aeff} 才能逸出。前面讲到实用光电阴极中，真空能级与体内导带底 E_c 之间能量差即有效电子亲和势 E_{Aeff} 均大于 0，即都为正值。出射的电子动能最大值 E_{max} 为

$$E_{max}=\frac{1}{2}mv_{max}^2=h\nu-(E_{Aeff}+E_g) \tag{3-12}$$

只有 $h\nu \geq E_{Aeff}+E_g$ 时，才有光电子逸出。

$$\frac{hc}{\lambda} \geq E_{Aeff}+E_g=E_{th} \tag{3-13}$$

$$\lambda_{th}=\frac{hc}{E_{th}}=\frac{hc}{E_{Aeff}+E_g} \tag{3-14}$$

式(3-14)在 $E_{Aeff} \geq 0$ 时是正确的，但是当 $E_{Aeff}<0$ 时，阈值波长 λ_{th} 为

$$\lambda_{th}=\frac{hc}{E_{th}}=\frac{hc}{E_g}=\frac{1.24}{E_g(eV)}(\mu m) \tag{3-15}$$

从式(3-14)和式(3-15)中可知，如果要扩展探测器长波方向的光谱响应，必须减小 E_{Aeff}，

在 E_{Aeff} 等于零或小于零时,阈值波长最大。J. J. Scheer 等用 Cs(铯)吸附在 P 型 GaAs 表面得到了零电子亲和势(指有效电子亲和势),后来,又有人用(Cs,O)吸附在 GaAs 上得到了负电子亲和势(指有效电子亲和势)光电发射体,其白光灵敏度比当时任何光电发射材料都高,从此开始了用 Cs 或(Cs,O)激活Ⅲ-Ⅴ族化合物而得到一系列负电子亲和势(NEA)光电阴极的新时期。

3.2.1 负电子亲和势光电阴极的原理

在 P 型 GaAs 表面上蒸积单分子层 Cs,然后交替蒸 O 和 Cs,形成 Cs_2O 层。P-GaAs 的逸出功为 4.7eV,禁带宽度为 1.4eV,Cs_2O 是一种 N 型半导体,它的禁带宽度约为 2.1eV,逸出功是 0.6eV,电子亲和势为 0.4eV。

1. NEA 光电阴极发射的双偶极层模型

GaAs NEA 光电阴极的发射过程用偶极层模型来解释。如图 3-6 所示,由于 GaAs:Cs_2O 阴极中,Cs、Cs_2O 层相当于 4 个或 5 个单原子层,它只组成一个 Cs 单层和一个 Cs_2O 单层,对于这样的薄层,不能形成半导体异质结。GaAs 与 Cs 形成第一个偶极层,其厚度约为 1.69Å,将电子亲和势降为 0,第二个偶极层由 Cs-O-Cs 组成,厚度约为 8Å,将电子亲和势降为 -0.43eV(0.97-1.4)。整个激活层厚度约为 12Å。一定厚度的偶极层可以看成是表面真空能级 E_0 以上形成一有效位垒,这个有效位垒使有效电子亲和势 $E_{Aeff}<0$,GaAs 导带底上的电子以小于 1 的概率穿透有效位垒越过 E_0 而逸出,如图 3-6 所示。

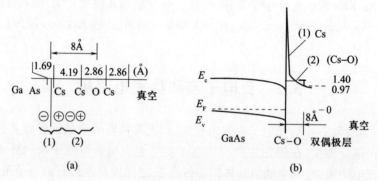

图 3-6 双偶极层模型
(a) GaAs 的表面结构;(b) 双偶极层的能带结构。

2. 界面存在势垒的偶极层模型

上述双偶极层模型不能解释界面势垒问题,有人提出了一种新的双偶极层模型(以下简称新模型),它的结构为 GaAs-O-[Cs]:[Cs^+]-O^{-2}-Cs^+,如图 3-7 所示,其中 GaAs 与 O 的连接为 GaAs-O-As=O 结构。该模型的第一偶极层是 GaAs-O-Cs,其中的 Cs 来源于形成 Cs-O-Cs 结构的多余的 Cs,用方括号表示。两模型最重要的区别在于:上述的双偶极层模型中,第一偶极层是 GaAs 和 Cs^+ 构成的,比较薄,为 Cs^+ 的直径,只有 1.67Å 的厚度,电子是完全透过的,而新模型中第一个偶极层是由 GaAs-O-Cs 组成的,其厚度约为 4Å,对电子是不完全透明的,这样就形成了对电子透过的界面势垒。第一偶极层 GaAs-O-[Cs] 将真空能级降低到了 1.4eV,即 GaAs 表面上覆盖了单层 Cs 的功函数。第二偶极层势能净下降小于 0.4eV,使 GaAs NEA 光电阴极的最终的功函数为 0.9eV。

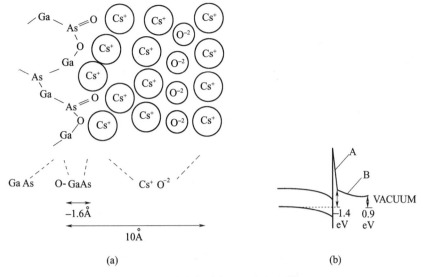

图 3-7 界面有氧化物的双偶极层模型
(a) GaAs 的表面结构；(b) GaAs 的能带结构。

3.2.2 NEA 光电阴极中的电子传输过程

在一般 $E_{Aeff}>0$ 的半导体光电发射中，吸收光子后被激发到导带的电子在向表面运动的过程中，因散射要损失一部分能量，电子停留在导带高能态的时间非常短，在 $10^{-14} \sim 10^{-12}$ s 就失去能量而到达导带底，由于 $E_{Aeff}>0$，有一个表面势垒阻挡，这部分电子没有能量逸出，只有在短于 $10^{-14} \sim 10^{-12}$ s 内迁移到表面且具有超过 E_{Aeff} 的剩余能量的电子才能逸出，这部分电子占总激发电子很少，因此这种阴极量子效率低，且逸出深度只有几百埃而不能再深。

对于 NEA 光电阴极，即使被激电子在 $10^{-14} \sim 10^{-12}$ s 内落到了导带底，只要在它们还没被复合掉之前扩散到表面，就可以逸出，原因有二：一是此时不但没有正的 E_{Aeff} 阻止电子，反而还由于表面负电子亲和势的存在，在表面区建立的电场对电子有一指向表面的作用力，使电子能量增加，因而落到导带底的电子都可以逸出表面；二是被激电子在导带底的平均存在时间，或说它们的寿命可长达 10^{-8} s，比从高能态降到导带底时间长几个数量级。只要在寿命时间内扩散到表面的电子，包括导带底的电子，都可以逸出表面，所以 NEA 阴极的逸出深度大大增加，与此寿命值相对应的扩散长度也就是 NEA 的逸出深度，约为 1μm，与一般半导体光电发射体相比，NEA 材料的光电子逸出深度增加了 2~3 个数量级，且量子效率显著提高。

NEA 光电阴极发射的电子，大部分是从导带底发射出来的，或因散射而远离表面的电子重新返回表面发射出去，正是由于这些冷电子扩散至表面再发射出去，使 NEA 光电阴极发射的光电能量分布比较集中，角度分布也比较集中，减少了像散，分辨力也有明显的提高，NEA 阴极阈值波长也增长了。

一般 $E_{Aeff}>0$，光电子寿命为 $10^{-14} \sim 10^{-12}$ s。$E_{Aeff}<0$，光电子寿命为 10^{-8} s，导致逸出深度增加，量子效率增加，红阈波长增大，制成的像管分辨率改善。

3.2.3 NEA 阴极的量子产额

量子产额(效率)是阴极的一个重要特性，它直接决定着阴极的积分灵敏度，影响着阴极制成的像增强器的亮度增益、噪声、极限分辨率,是一个必须认真对待的量,值得从理论上进行研究。

当阴极受光照射时,产生光生电子,这是非平衡载流子,这些载流子向阴极表面扩散,同时还要与空穴复合,在扩散到表面附近的空间电荷区,无须克服电子亲和势就能发射出去,形成光电流。为此,从扩散方程建立起量子效率的表达式。

光电阴极有反射式和透射式两种,如图3-8所示,其扩散方程是不同的,因此分别叙述。对于 GaAs NEA 光电阴极,阴极层就是 GaAs 基片或其上的膜,不需要玻璃基底。

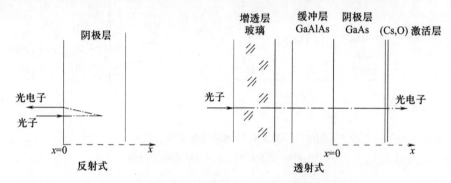

图 3-8 反射式和透射式 NEA 光电阴极的结构

1. 反射式 NEA 光电阴极的量子产额

反射式 NEA 光电阴极连续性方程为

$$D\frac{d^2 n(x)}{dx^2}+\frac{n(x)}{\tau}=G(x) \tag{3-16}$$

式中　D——电子的扩散系数;
　　　$n(x)$——沿 x 方向载流子的浓度;
　　　τ——载流子寿命;
　　　$G(x)$——光生电子产生函数,dx 内产生光生电子数目。

如图 3-8 所示,设光电阴极表面反射率为 r,线吸收系数为 α,入射光的强度为 I_0,则到达光电阴极体内 x 处光的强度应为

$$I(x)=I_0(1-r)\exp(-\alpha x) \tag{3-17}$$

产生函数为

$$G(x)=|dI(x)/dx|=\alpha I(x)=I_0(1-r)\alpha\exp(-\alpha x) \tag{3-18}$$

式中　α——光线性吸收系数,单位为 $1/cm$,是光波长的函数;
　　　I_0——入射光的强度,以光子数表示。

解方程(3-16),考虑边界条件,$n(0)=0$,$n(\infty)=0$,得

$$n(x)=\frac{\alpha(1-r)L^2}{(1-\alpha^2 L^2)D}I_0[\exp(-\alpha x)-\exp(-x/L)] \tag{3-19}$$

式中　L——载流子扩散长度,$L=\sqrt{D\tau}$,D 为扩散系数,τ 为光生载流子的寿命。

设光电子到达表面空间电荷区能够发射出去的概率为 p(表面逸出概率),则发射电子数为

$$I=pD\frac{dn}{dx}\bigg|_{x=0}=\frac{p\alpha L}{1+\alpha L}(1-r)I_0 \tag{3-20}$$

量子产额为

$$\eta = \frac{I}{I_0} = \frac{p\alpha L}{1+\alpha L}(1-r) \tag{3-21}$$

反射式光电发射体的扩散长度 L 就是它的逸出深度。对于反射式光电阴极,阴极层厚度不影响量子产额。只是表面逸出概率 p 是需要深入研究的量,影响 p 的因素有:

(1) 禁带宽度:E_g 增加,p 上升;E_g 下降,p 下降。

(2) 掺杂浓度:N_A 为 $2\times10^{19} \sim 6\times10^{18} \text{cm}^{-3}$,$N_A$ 增加,p 下降,且扩散长度下降。掺杂浓度要合适。

(3) 表面污染:C 污染对 GaAs:CsO 表面的影响是致命的,实验证明,只要表面吸附一个单层的 C 原子,就足以使光电产额为零。表面存在的氧化物,可在激活工艺前,将晶体加热至略低于蒸发温度来消除。

(4) 晶面取向的影响:如 Si:CsO 的(100)晶面的 $p=0.2$,而(110)面和(111)面的 p 值为 0,GaAs:CsO 的(111A)、(110)、(100) 和 (111B) 晶面对应的 p 值分别为 0.212、0.37、0.317 和 0.489。

2. 透射式 NEA 光电阴极的量子效率

如图 3-8 所示,透射式即指光电子从光照的背面发射出去,其连续性方程为

$$-D\frac{d^2n(x)}{dx^2} + \frac{n(x)}{\tau} = G(x) \tag{3-22}$$

将 $x=0$ 点取在缓冲层与阴极层的交界面上,解出 $n(x)$,可得到出射的电子数,即

$$I = pD\frac{dn}{dx}\bigg|_{x=d} \tag{3-23}$$

式中 d——光电发射层的厚度。

考虑边界条件

$$D\frac{dn}{dx}\bigg|_{x=0} = s \cdot n(0) \tag{3-24}$$

$$n(d) = 0 \tag{3-25}$$

式中 s——发射层与缓冲层的界面(后界面)复合速率,具有速度的量纲。

可得透射式 NEA 光电阴极的量子产额为

$$\eta_T = \frac{p(1-r)\alpha L}{\alpha^2 L^2 - 1}\left\{\frac{(s+\alpha L^2/\tau)\text{sech}(d/L)}{\tanh(d/l)+L/\tau} - \left[\alpha L + \tanh(d/L) + \frac{s \cdot \text{sech}^2(d/L)}{s\cdot\tanh(d/L)+L/\tau}\right]e^{-\alpha d}\right\} \tag{3-26}$$

透射的 GaAs 光电阴极的量子产额公式比较复杂,与材料的少子扩散长度 L、电子表面逸出概率 p、后界面复合速率 s、电子发射层的厚度 d、吸收系数 α、扩散系数 D、载流子的寿命 τ、GaAs 表面反射率 r 等有关,特别是后界面复合现象是透射式光电阴极所独有的,可用表面复合率来描述。所谓表面复合率指单位时间内通过单位表面积复合了的电子—空穴数,实验发现,表面复合率与表面的非平衡载流子浓度成正比,比例系数为 s,该系数具有速度的量纲,因而称为表面复合速度或表面复合速率。可以给它一个直观而形象的意义:由于表面复合而失去的非平衡载流子数目,就如同表面处的非平衡载流子都以 s 的大小的垂直速度流出表面。

如图 3-8 所示,对于透射式 GaAs NEA 光电阴极,入射光通过玻璃、增透层、缓冲层 GaAlAs,到达 GaAlAs/GaAs 的界面,而后进入到阴极层中,在 GaAs 层激发出光电子,而后逸出。进入阴极面上的光强度在 GaAlAs/GaAs 界面上为最强,产生的光电子的浓度最大,因此表面复合率也高,对阴极的灵敏度影响较其他部分的复合作用大,因此是一个必须研究的参

量。研究 NEA 透射式光电阴极的量子效率,必须考虑以下几个方面。

1) 界面的电子复合

光入射到阴极层中,由于光吸收过程的指数性质,在 GaAlAs 和 GaAs 界面附近产生的电子较多,在这里其界面复合速度与 GaAs 体内的复合速度有所不同。当界面复合速度 $s=0$ 时,电子完全从界面反射回来;当 $s=\infty$ 时,到达界面的电子全被复合掉。$s=0$ 和 $s=\infty$ 是两个极端状态,即最理想和最差的情况。实际的 s 是处在两者之间,其 η_T 也是在两极端情况之间,s 越大,η_T 越小。因此,尽量消除后界面的复合,对提高量子效率是重要的。

透射式阴极的后界面复合速率是透射式阴极的重要特性,它反映了后界面的匹配和后界面的能带状况,直接地影响着阴极的灵敏度。图 3-9 是 GaAlAs/GaAs 组成阴极的能带图,图中(Cs,O)激活层的能带未标出。GaAlAs 在透射式阴极起着重要作用:第一,由于 GaAlAs 与 GaAs 晶格匹配,所以 GaAlAs 层可作为 GaAs 与玻璃基片间缓冲层;第二,它起着保护层的作用,当外延层与玻璃熔接时,可防止来自玻璃等杂质向 GaAs 阴极层扩散;第三,由于 GaAlAs 层可通过改变 $Ga_{1-x}Al_xAs$ 中 x 的量来改变该层的光学带隙,从而可改变 GaAs NEA 光电阴极的短波限;第四,GaAlAs/GaAs 界面形成了异质结和电子势垒,该势垒能够阻挡光电子向 GaAlAs 层扩散,有助于光电子向 GaAs/真空方向移动。

2) GaAlAs/GaAs 掺杂浓度的影响

图 3-10 为 NEA 光电阴极使用的 GaAlAs/GaAs 结构的掺杂浓度的分布图。电子发射层 GaAs 层的掺杂浓度有一最佳掺杂浓度范围,相比而言,缓冲层 GaAlAs 也需重掺杂,如果由于缓冲层的掺杂浓度低,使缓冲层的费米能级上移,会使界面势垒降低,阻挡光电子向 GaAlAs 层扩散能力就减弱,到达 GaAs 表面的电子数目减少,灵敏度降低。同样,宽的 GaAlAs/GaAs 界面也会使界面阻挡电子能力下降。界面上电子数的损失量大,后界面光电子复合速率大,阴极灵敏度就低。因此缓冲层掺杂浓度低和界面宽都会使后界面复合速率增大,影响阴极的灵敏度。这些主要与制备材料的工艺技术有关,因此,必须改善制备阴极材料的技术,才有可能获得高性能的光电阴极。

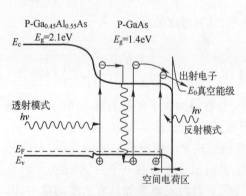

图 3-9 GaAlAs/GaAs 结构的后界面电子势垒的能带图

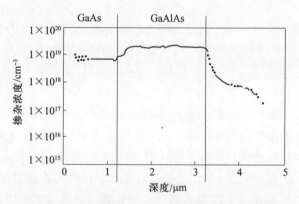

图 3-10 GaAlAs/GaAs 结构的掺杂浓度分布

3) 阴极厚度的影响

当给定了 L、p、s 和 α 后,阴极厚度 d 对量子效率 η_T,有一最佳值。如图 3-11 可见,当其他参数给定时,量子效率 η_T 有一最大值,即意味着阴极有一最佳厚度 T_m,该厚度的阴极即能吸收大部分入射光,即大于光的穿透深度($1/\alpha$),同时又薄得足以使被激的光电子能够到达表面,即小于扩散长度,所以,$L>T_m>1/\alpha$,这样既保证了阴极层内的光电子都能逸出,又可使入射光基本上在阴极层内都被吸收。如太薄,d 远小于吸收长度,则吸收减少;若太厚,$d\gg T_m$,则受激电子难以到达发射表面。故存在着量子产额最大的最佳厚度。

4) 光吸收系数的影响

如图 3-11 所示,当 $d\leq T_m$ 时,η_T 随 α 增大而提高,即 $\alpha\uparrow$,$\eta_T\uparrow$,这是由于吸收增加,被激光电子数目增加了,而且它们之中的大多数可以逸出。

当 $d\geq T_m$ 时,η_T 随 α 增大而减少,即 $\alpha\uparrow$,$\eta_T\downarrow$;$\alpha\downarrow$,$\eta_T\uparrow$。

5) 扩散长度的影响

如图 3-12 所示,对于任何一种 α、T、s 的组合,η_T 都是 L 的上升函数,即 $L\uparrow$,$\eta_T\uparrow$,但当 L 超过一定值后,η_T 就不再明显上升,这大概是由于光电子能全部扩散到表面。在 NEA 阴极中,发射电子不是过热电子的扩散,而是热化电子。因为电子受激后很快($10^{-13}\sim 10^{-12}$s)失去部分能量落到导带底附近,在此处,寿命较长,如 GaAs:O-Cs 落到导带底的寿命在 $10^{-10}\sim 10^{-8}$s,因此热化电子的扩散长度远大于过热电子的扩散长度。过热电子的扩散长度是几百埃,而热化电子的扩散长度为 $1\sim 7\mu m$。因而其量子效率明显高于非 NEA 阴极的量子效率。

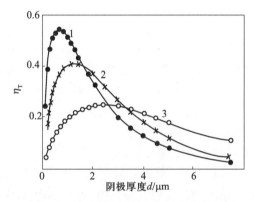

图 3-11 量子效率与阴极厚度之间的关系
($L=2.0\mu m$,$p=1.0$,$s=1.0$,α 值:曲线 1 为 $3\times 10^4 cm^{-1}$,
曲线 2 为 $1\times 10^4 cm^{-1}$,曲线 3 为 $3\times 10^3 cm^{-1}$)

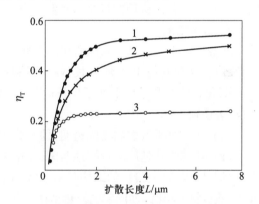

图 3-12 量子效率与扩散长度的关系
($\alpha=1\times 10^4 cm^{-1}$,$T=1.0\mu m$,$L=2.0\mu m$,
$p=1.0$,$s_1=0$,$s_2=1.0$,$s_3=\infty$)

3.2.4 负电子亲和势阴极的工艺及结构

1. NEA 阴极的特殊工艺要求

NEA 阴极对掺杂浓度和表面清洁状况要求很严。

1) 纯净的无油超高真空系统

因为在 GaAs 单晶表面,即使有很微量的残余气体的单分子层,也会使阴极报废。研究指出,形成残余气体单分子层的时间由真空度决定,在 10^{-4}Pa 时,只需 1s;在 10^{-5}Pa 时,需要 10s;在 10^{-6}Pa 时,需要 100s……故制作阴极时一般要求真空度为 10^{-9}Pa。

2) 纯净的 GaAs 单晶

哪怕是很微量的杂质,也会严重影响 NEA 光电阴极的灵敏度,而一般单晶由于杂质含量高和不均匀,根本不能作为电子发射层,因此必须生长纯净的掺杂浓度合适的 GaAs 单晶。掺杂均匀,浓度在 $2\times 10^{19}\sim 6\times 10^{18} cm^{-3}$,C 含量小于 $10^{16} cm^{-3}$。目前所用的外延方法有液相、汽相、分子束外延和有机金属气体化学气相沉积(MOCVD)等。

3）净化表面

生长好的单晶层，在激活之前，应对其表面进行清洁处理。去除表面的 C、O 污染和表面的氯化层，有加热到蒸发温度、用氩离子轰击、电子轰击等方法进行净化处理。C 在表面的含量小于 1% 个单层，无 Cl、S、Na 等元素原子。

4）激活工艺

GaAs 逸出功约为 4.7eV，如果要将其做成对可见光灵敏的光电阴极，必须将其表面势垒降下来。对 NEA 光电阴极而言，激活实际就是指降低材料表面逸出功以达到负电子亲和势状态的技术。

NEA 光电阴极激活工艺也经历了一个发展阶段。最初人们采用 A. A. Turnbull 和 G. B. Evans 提出的标准激活法，又称"yo-yo"法，其基本工艺步骤是：在室温下首先将净化的表面暴露于铯蒸气，至阴极光电流达到峰值，然后停铯进氧，等光电流达到新的峰值，再停氧进铯，……如此反复进行，直至光电流不再上升为止，通常激活工艺以短时间暴露于铯蒸气而告终。后来，B. J. Stocker 证明，在标准的加热清洁、"yo-yo"激活之后，再来一次温度较低的加热和"yo-yo"激活，可将阴极的光电发射提高 30% 左右，这种激活方法通常称为"高—低温两步激活"法，现在普遍应用的就是这种激活方法。

2. 晶格匹配

制备一般半导体光电阴极所用的基底多是玻璃、石英、蓝宝石，如多碱阴极容易在玻璃上生长，但在这些基底上外延生长 NEA 材料至今没取得成功。目前有效的方法是在较厚的 III-V 族化合物单晶基底上外延生长透射式 NEA 发射层。透射式光电阴极对基底的要求非常严格，表现在：

（1）基底对所考虑的光要透明，即吸收越小越好。

（2）基底同外延层能较好地匹配，晶格常数相同或非常接近。

目前用得最广、最佳的结构是 GaAlAs/GaAs/GaAlAs/GaAs 衬底。制作时按上述工艺进行外延，然后将 GaAlAs 面同玻璃板热粘在一起，再将 GaAlAs/GaAs 衬底腐蚀掉。为防止玻璃成分对阴极的污染，可在玻璃上先镀一层 10~40nm 厚的 SiO_2 和 Si_3N_4，同时还能起到抗反射的作用。

GaAs NEA 光电阴极有反射式光电阴极和透射式光电阴极。

反射式 NEA：$S_R = 1800\mu A/lm$；

$S_{R(max)} = 2150\mu A/lm$；

$\eta = 30\% \sim 40\%$；

光谱响应范围 $0.4 \sim 0.90\mu m$；

暗电流 $I_d = 10^{-16} A/cm^2$。

透射式 NEA：$S_T = 1000 \sim 1500\mu A/lm$；

$\eta_T = 20\% \sim 30\%$；

光谱响应范围 $0.6 \sim 0.9\mu m$；

暗发射电流 $I_d = 10^{-16} A/cm^2$。

近年来，激光研究提出了对探测 $1.06\mu m$ 波长的要求，推动了光电阴极的研究向红外方向延伸，其中 InGaAs 是较好的一种，它的禁带宽度小，长波阈可延伸到 $1.3\mu m$，在 $1.06\mu m$ 处有可观的量子效率。GaAs NEA 光电阴极的光谱响应如图 3-13 所示。

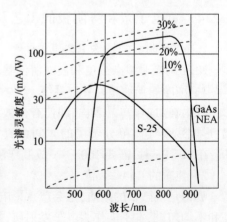

图 3-13 GaAs NEA 光电阴极的光谱响应曲线

3.3 真空光电管

光电管与光电倍增管是根据外光电效应原理工作的光电探测器。它利用光电阴极在光辐射作用下向真空中发射光电子的效应来探测光信号。这种光电探测器属于非成像型的真空光电器件。

真空光电管是一种简单的光电探测器件。按照探测的辐射光波段可分为对紫外线灵敏、对可见光灵敏与对红外线灵敏三种。按光电阴极材料可分为锑铯型、银氧铯型和锑钾钠铯型等。按接受光的方式可分为正面受光型与背面受光型两种。正面受光是指入射光线的方向与发射电子的方向相反,背面受光则指入射光线的方向与发射电子的方向一致。前者采用不透明的反射式阴极,后者采用半透明的透射式阴极。

3.3.1 真空光电管工作原理

真空光电管的组成:光电阴极 K、收集电子的阳极 A、玻璃窗、外壳及相应的电极和管脚。光电管内阳极和阴极位置设置一般分为中心阳极型、中心阴极型、半圆柱面阴极型、平行平板电极型、带圆桶平板阴极型等,如图 3-14 所示。

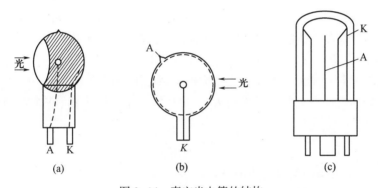

图 3-14 真空光电管的结构
(a) 中心阳极型;(b) 中心阴极型;(c) 半圆柱面阴极型。

真空光电管的原理:当入射光线透过窗口照射到光电阴极上时,根据外光电效应,光电子就从光电阴极发射电子到真空中去,在电场的作用下,阳极加正电压,光电子在两电极间做加速运动,光电子被具有较高电位的阳极所接收,在阳极回路中可以测出光电流的数值 i,i 取决于光照和光照灵敏度,如光照停止,那么阳极电路中也无电流输出,光电管是一种能把光能转变为电能的光电器件。

3.3.2 真空光电管的主要特性

1. 光照特性

在保持光谱不变和一定阳极电压(一般是阳极饱和电压)下,光电管阳极电流仅由阴极发射的电子所决定。一般,光照度 $E\uparrow$(增加)$\propto$(正比于)阴极发射电子$\uparrow \propto$阳极收集电子 $i\uparrow$,所以光电流 i 与光照度 E 之间呈良好的线性。光照度太强时,线性发生偏离,这是因为阴极发射过程产生光电疲乏,光电子逸出太多,层内补充电子有困难,电流大时,会在阳极上产生较大的电压降,影响阳极对饱和光电流的接收。所以光强越强,非线性也越严重。

当很弱的光照时,光电管受到暗电流及电子涨落所引起的噪声所限制,也出现非线性。因此 i 与光照度 E 有一定线性使用范围。

2. 光谱响应特性

真空光电管的光谱特性主要取决于光电阴极的类型、厚度及光窗材料。不同光电阴极其典型曲线如图 3-5 所示。但由于光电管的结构特点和制造工艺不同,即使光电阴极是同一类型的,各管子之间的光谱响应曲线也都存在一定差别。

3. 伏安特性

伏安特性即光电管两端所加电压 U 与光电流 I 的关系,如图 3-15 所示。在 0~50V, U 增加, I 增加;在 50~100V 之间,光电流 I 达到饱和,即 U 增加, I 不变。

饱和电压与光通量的关系:不同的电极结构有不同的电极饱和电压,在阴极面积和阴阳极之间距离相同时中心阳极型比平板型的光电流容易饱和。饱和电压随着入射光通量的增大而增大。不同波长的光,即使光通量相同,饱和电压也不同,波长短的光饱和电压高,这是因为波长短的光比波长长的光激发的光电子初速大的缘故。伏安特性是选取负载、静态工作点、工作区、电压以及测试光电阴极灵敏度的重要依据。

4. 频率特性

真空光电管在光强度变化较慢,即在低频段工作时,光电流不受频率的影响。而在很高频率工作时,光电流将随频率的增大而减小,管子频率特性变差,这表明光电转换过程有惰性,该惰性由光电发射时间、电子在极间的渡越时间、极间电容及负载电阻所决定。光电发射时间小于 10^{-12}s,可以看作是瞬时的、无惰性的。一般光电管的电子渡越时间不会超过 10^{-8}s,极间电容为 $10\sim15\mu$F,频率特性变差主要是由采用大的负载电阻引起的。

设入射光强 $P=P_0\cos\omega t$,用负载电阻 R_L 上电压随频率的影响表示其频率特性,即

$$U_L = \frac{I_a R_L}{\sqrt{1+\omega^2 R_L^2 C^2}} \tag{3-27}$$

式中　U_L——负载上的输出交流电压信号;

　　　I_a——稳态时阳极电流;

　　　ω——光强度变化的圆频率,$\omega=2\pi f$,f 为光的调制频率。

小型光电管可以在很高的频率下工作,一般工作频率上限可达几兆赫兹甚至几十兆赫兹。

5. 噪声特性

任何一个光电探测器都有噪声,光电管的噪声主要是热噪声和散粒噪声。

1) 热噪声

热噪声的根源在于载流子的无规则热运动,因为任何导体或半导体的载流子在一定温度下都作无规则热运动,所以它存在于任何导体或半导体中。

热噪声均方电流为

$$\overline{i_n^2} = \frac{4kT\Delta f}{R} \tag{3-28}$$

热噪声均方电压为

$$\overline{u_n^2} = 4kT\Delta f \cdot R \tag{3-29}$$

式中　k——玻耳兹曼常数;

T——温度；
R——器件电阻值；
Δf——所取的通带宽度。

在光电管电路中,负载电阻 R_L 上的热噪声电压为

$$u_n = (4kT\Delta f R_L)^{\frac{1}{2}} \tag{3-30}$$

因为温度影响电子运动速度,所以热噪声与温度有关。热噪声的等效电路如图 3-16 所示。

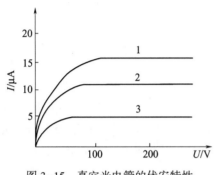
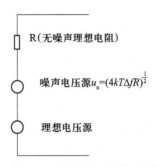

图 3-15 真空光电管的伏安特性
1—0.15lm；2—0.1lm；3—0.05lm。

图 3-16 热电阻等效噪声源

2) 散粒噪声

散粒噪声犹如射出的散粒无规则地落在靶上所呈现的起伏,每一瞬间到达值有多少,每一点有多少,这些散粒是完全独立的、随机的,由粒子随机起伏所形成的噪声称为散粒噪声,如光辐射中光子到达的起伏、阴极发射的电子数、半导体中载流子数等。

散粒噪声包括光电流和热电流的散粒噪声。

光电流散粒噪声为

$$(\overline{i_{pn}^2})^{\frac{1}{2}} = (2eI_k\Delta f)^{\frac{1}{2}} \tag{3-31}$$

式中 I_k——较长时间内饱和光电流的平均值。

热电流散粒噪声为

$$(\overline{i_{thn}^2})^{\frac{1}{2}} = (2eI_{th}\Delta f)^{\frac{1}{2}} \tag{3-32}$$

式中 I_{th}——热发射电流。

通过负载后,散粒噪声电压为

$$u_n = [(2e(I_{th}+I_k)\Delta f)]^{\frac{1}{2}} R_L \tag{3-33}$$

在探测弱光时,热噪声是主要的。散粒噪声电压与负载电阻成正比,而热噪声正比于负载电阻的平方根,因此提高负载电阻可使热噪声小于散粒噪声。

在接近探测极限时,信号电流将主要由暗电流组成,所以说暗电流是限制光电管探测能力的主要原因(见 3.4 节)。

3.4 光电倍增管

利用真空光电管探测微弱光辐射时,由于灵敏度较低,如 200μA/lm,当探测光通量小时,

信噪比太小,在输出端要设置放大器来放大电流。气体放电管测微弱光辐射时,灵敏度有较大的提高,但参数不稳定,暗电流和噪声较大,频率特性也比较差。

目前,普遍而且最有效的探测微弱光辐射的器件是光电倍增管(PMT),它是光电阴极和二次电子倍增器的结合。光电倍增管是首先将光转换成光电子,然后放大光电子的电真空器件,它是目前在紫外、可见光和红外波段探测微弱光辐射最灵敏的非成像探测器。

光电倍增管的优点:放大倍数很高,一般可达 $10^6 \sim 10^9$,即灵敏度很高,具有测量单光子的能力(可作为单光子探测器),光电特性线性好,工作频率高,性能稳定,使用方便等。所以光电倍增管已经广泛应用于光度测量、天文测量、核物理研究、频谱分析等方面。

3.4.1 光电倍增管结构和工作原理

光电倍增管结构如图 3-17 所示,K 为光电阴极,D_1、D_2、D_3、D_4、D_5 等是由二次电子发射体制成的倍增极,或称打拿极,A 为收集电子的阳极或称收集极。工作时从阴极 K 到倍增极 D_1、D_2、D_3、……,到达阳极 A 的电压(HV)逐渐升高。在微弱的光通量的照射下,从光电阴极 K 发射出来的光电子,通过电子光学结构输入系统被加速并聚焦到第一倍增级 D_1 上,从二次发射体 D_1 发射出倍增了的二次电子。这些二次电子又被加速聚焦到有较高电位的 D_2 上并获得进一步的倍增,经 8~14 次倍增的电子到达阳极 A。

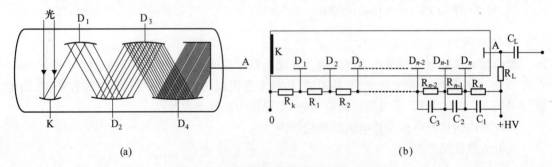

图 3-17 光电倍增管的原理与连接示意图
(a) 工作原理示意图;(b) 各级连接示意图。

光电倍增管主要由四部分组成:光电阴极、电子光学输入系统(光电阴极至第一倍增极的区域)、倍增系统(或称打拿极系统)、阳极(或称收集极)。

1. 光电阴极

常用的光电阴极有 Ag-O-Cs,Sb-Cs,多碱(Sb-K-Na-Cs)光电阴极,负电子亲和势光电阴极(GaAs)等,主要根据所探测光的光谱范围来选取。光电阴极在结构形式上分为反射型的侧窗式和透射型的端窗式,如图 3-18 所示,侧窗式多用于测量聚焦的窄光束,端窗式多用于接收发散光束。

2. 电子光学输入系统

电子光学输入系统指光电阴极至第一倍增极区域。在此区域内要求:

(1) 尽可能多的光电子打在第一倍增极的有效区域内,尽可能有效地收集光电子,可以大大提高信噪比,用收集效率表示,即

$$电子收集效率\ \eta = \frac{到达第一倍增极有效区的光电子数}{光电阴极所发射的光电子数}$$

在现代光电倍增管中,$\eta = 85\% \sim 98\%$。

(2) 光电阴极各部分发射的光电子到达第一倍增极所经历的时间最好一致,这样才能有快的时间响应,用渡越时间散差 Δt 来表示。

渡越时间散差指从阴极中心和边缘所发射的光电子在到达第一倍增极时,因所经路程不同而出现的差异,这个时间越小,器件响应时间越短。Δt 可达 1ns。合理设计膜孔直径、位置、电压及圆筒的大小,可使来自阴极的光电子会聚成束,并通过膜孔,有效地收集在 D_1 上。

3. 电子倍增系统

电子倍增系统是指由各倍增极构成的综合系统,每个倍增极是由二次电子发射体制成的。当具有足够能量的电子轰击任何物体时,该物体将有电子发射出来,这种现象称为二次电子发射,这个物体就叫二次电子发射体。

二次电子发射系数为

$$\delta = \frac{I_2}{I_1} \tag{3-34}$$

式中 I_1——一次电子流;
I_2——二次电子流。

二次电子发射系数 δ 是一次电子能量 E_p 的函数,如图 3-19 所示,当一次电子能量 E_p 由小变大时,δ 出现一个极大值,此时对应的一次电子能量记为 E_{pm},对应 δ 记为 δ_m,这一规律具有普遍意义,不论是金属还是半导体或绝缘体,二次电子发射系数曲线的形状都是相似的。只是对不同的材料仅 E_{pm}、δ_m 不同,各种不同材料的 E_{pm} 值一般在 $100\sim1800\text{eV}$。

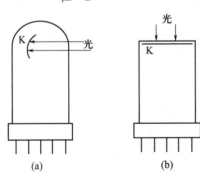

图 3-18 光电阴极的结构形式

(a) 反射型的侧窗式阴极;(b) 透射型的端窗式阴极。

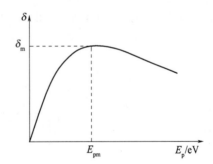

图 3-19 二次电子发射系数曲线

当一次电子能量较小时,能量低激发不出足够多的电子,随 E_p 增加,激发出的电子增多,但 E_p 进一步增大时,电子进入内部,在内部产生电子将不能逸出。为使 δ 大,尽量选择一次电子能量在 E_{pm},这样就可决定选取多大的极间电压。二次发射系数 δ 不仅与打拿极的二次发射材料有关,且与打拿极的极间电压 V_D 有关,可由近似公式求出。

作为实用的倍增材料,不仅要求 δ 大,还要兼顾以下各方面的要求:

(1) 在低的工作电压下能有大的 δ 值。因为电子倍增量是 δ^n 倍,在达到同样的电子倍增量的情况下,δ 大,就可以减少级数 n,降低工作电压。

(2) 热发射要小。热发射小,能降低噪声,特别是前几级热发射要小。

(3) 发射要稳定。较长时间要承受较大的电流,因为电子作用于倍增极会产生较高的温度,特别是最后几级发射要稳定。

(4) 容易制备。

根据这些要求,制作倍增极的材料有下列类型。

CsSb 在较低的电压下,具有较高的倍增系数,在电流较高时,它不稳定。其二次电子倍增系数可用公式 $\delta=0.2V_D^{0.7}$ 简单计算获得,V_D 为极间电压。

MgO 能承受密度为 10mA/cm^2 的一次电子流轰击,当加热到 600℃时,二次电子发射系数几乎不变,温度稳定性好,因此适用于大电流倍增极中,特别适合于做最后几级。此外 MgO 暴露在大气中,δ 变化很小,这个特点给制管工艺带来了方便。

AgMg 合金的 δ 较大,它与极间电压 V_D 的关系为 $\delta=0.025V_D$。AgMg 作为倍增极能承受大电流密度,工作稳定,热发射电流小,发射稳定性好,可暴露于大气,被广泛应用于光电倍增管,英、美等国的光电倍增管多用它做倍增极。

CuBe 合金其性质与 AgMg 合金相似,其 δ 值稍低一些。

金属的二次电子的能量分布曲线的峰值一般为 4~6eV,分布也较宽,半宽度一般为 10eV 左右,大部分二次电子的能量为 5~15eV;而绝缘体的二次电子的能量分布曲线的峰值一般为 1~2eV,半宽度也只有 1.5~2eV,即二次电子的能量一般为 0~3eV。半导体和绝缘体二次电子初速小的特点有利于光电成像器件和光电倍增管,因为它能比较容易地达到电子光学的聚焦目的。

电子倍增系统的结构根据工作原理可分为两类:聚焦型、非聚焦型。

聚焦型有圆笼式、直列式。所谓聚焦型指前一级倍增极来的电子被加速到下一个倍增极上,在两个倍增极之间可能发生电子束轨迹的交叉。

非聚焦型有盒栅式、百叶窗式。所谓非聚焦型指电场只对二次电子加速,不对电子聚焦,电子轨迹多是平行的。几种结构如图 3-20 所示。

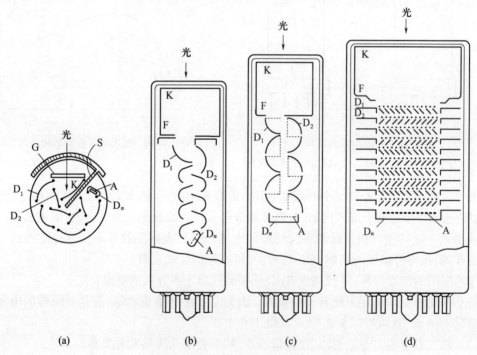

图 3-20 光电倍增系统的典型结构
(a) 圆笼式;(b) 直列式;(c) 盒栅式;(d) 百叶窗式。
S—屏蔽;G—栅网;F—聚焦极。

1) 圆笼式倍增系统

圆笼式倍增系统各个倍增极的形状均似半圆柱状的瓦片,且沿圆周依次排列,如图 3-20(a) 所示。各倍增极安置在两个同心圆上,使得管子的结构紧凑、体积小巧。

使用半圆柱瓦片式电极的目的是改善聚焦性能。因为瓦片式电极形成的电场使电子轨迹在极间会聚交叉并落在下一级倍增极靠中心处。这种结构几乎能使全部一次电子得到利用,放大倍数很高。同时倍增极表面电场比较强,使极间电子渡越时间散差较小。

2) 直列式倍增系统

它的各个培增极也为半圆柱瓦片式,但它是沿管子轴线依次排列的,如图 3-20(b) 所示。由于它的电极形状和圆笼式的电极一样,所以此倍增系统也具有放大倍数大、极间电子渡越时间零散较小的特点。

3) 盒栅式倍增系统

常用的盒栅式倍增极是一个圆柱面的 1/4,两端加盖以屏蔽倍增极的工作表面,倍增极前带有栅网,故又称盒栅式倍增系统。其电极排列如图 3-20(c) 所示。由上、下两个盒子电极构成半圆柱面形,左、右两个盒子电极转向 180°,因此,左面的半圆柱面与右面的半圆柱面在管轴方向移动了圆柱半径的距离。

倍增极前所带的栅网是为了加强倍增极对入射电子的吸引力,以提高电子的收集效率并防止二次电子往入射方向的逸散。栅网与盒子具有相同电位。这种倍增系统的优点是收集效率高(可达 95%)、结构紧凑、牢固、制作方便。其缺点是电子在倍增极之间聚焦能力差;因为倍增极表面电场弱,极间的电子渡越时间散差也较大。

4) 百叶窗倍增系统

百叶窗倍增系统的结构如图 3-20(d) 所示。它的每一倍增极均由一组互相平行并与管轴成一定倾斜角(一般为 45°)的同电位叶片组成。在叶片的入射方向上接有金属网。下一级的叶片倾斜方向与上一倍增极相反。叶片上接金属网的目的是屏蔽前一级减速电场的影响,提高收集效率。

百叶窗倍增系统的特点是倍增极的有效工作面积大,与大面积的光电阴极配合可做成探测微弱光信号的倍增管,并可工作在大电流情况下;增、减级数灵活,制作简单,反馈作用小,受磁场影响小。其缺点是由于部分二次电子可能未经倍增就穿过倍增极而打在下一倍增极上,造成倍增效率降低。但经合理设计,收集效率可达 88%。由于百叶窗倍增系统优点突出,故获得了比较广泛的应用。

除了以上几种基本的分立式倍增系统外,还有其他结构形式和微通道板连续倍增系统。

4. 阳极

阳极用来收集最后一级倍增极发射出来的二次电子,并通过引线输出倍增了的电流信号。要求工作在较大电流时,不产生空间电荷效应,阳极的输出电容要很小,并与管脚接触良好。目前多采用栅网状结构,如图 3-21 所示,它置于倒数第二级与最后一级倍增极之间,靠近最后一级,来自倒数第二级倍增极上的电子穿过栅网阳极后,打到最后

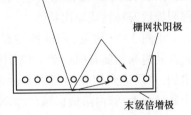

图 3-21　阳极结构示意图

一级倍增极上,从最后一级倍增极上发射出来的二次电子被阳极收集。由于栅网状阳极离最后一个倍增极很近,电场很大,其表面电场很强,有效地消除了空间电荷。栅网状阳极还使阳极与最后一级倍增极之间电容变小,在大电流脉冲时可获得短的上升时间,时间响应特性好。

3.4.2 光电倍增管主要特性和参数

光电倍增管的特性和参数决定了它们的用途,要根据特性和参数来选择型号。光电倍增管的特性和参数很多,单靠任何一个参数都不能完整地表示出管子的性能,只有综合各主要参数才能对管子作出正确的评价。下面简述几个主要特性。

1. 放大倍数

在一定的工作电压下,光电倍增管的阳极信号电流 I_A 与阴极信号电流 I_K 的比值,称为放大倍数 G,也称电流增益,即

$$G = \frac{I_A}{I_K} \tag{3-35}$$

如果各级电子倍增极二次电子发射系数 δ 相等,则经 n 级倍增后,有

$$I_A = \delta^n \cdot I_K \tag{3-36}$$

$$G = \delta^n \tag{3-37}$$

由于 δ 是工作电压的函数,所以放大倍数也是工作电压的函数。

2. 阳极灵敏度

阳极灵敏度就是当光电倍增管加上稳定的电源电压,并工作在线性放大区域时,阳极输出电流 I_A 与入射在阴极面上的光通量 ϕ_K 的比值,即

$$R_A = \frac{I_A}{\phi_K} \tag{3-38}$$

阳极灵敏度标志着光电倍增管将光能转换成电信号的能力。如果光电阴极的积分灵敏度为 R_K,光电倍增管的放大倍数为 G,则

$$R_A = R_K \cdot G \tag{3-39}$$

由于 G 是工作电压的函数,所以光电倍增管的阳极灵敏度与整管工作电压有关,在使用时往往要标出整管工作电压对应的阳极灵敏度,如图 3-22 所示。实际使用时,只要知道工作电压,就可从所给管子的关系曲线中求出该管的阳极灵敏度和放大倍数。

3. 阳极特性

阳极特性指在一定阴极光照下,阳极电流与末级电压(阳极与最末一级倍增极之间的电压)之间的关系,也称阳极伏安特性或输出特性。

由图 3-23 可见,阳极特性是有饱和区域的,阳极电流及其饱和值随着照射到光电阴极上的光通量的增加而增加,并且达到饱和值所需要的电压也提高。这是因为光通量越大,管内阳极区域的空间电荷越多,所以使阳极电流达到饱和的电压就越高。

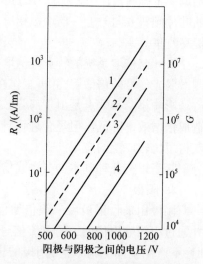

图 3-22 阳极灵敏度和放大倍数与工作电压的关系曲线

1—最大灵敏度;2—典型放大倍数;
3—典型灵敏度;4—最小灵敏度。

饱和平直区越大越宽,带负载的能力越好。因此阳极特性曲线饱和区的直线范围也是光电倍增管质量优劣的一个标志。

当阳极电压很高时,曲线开始下降,这是由来自倒数第二倍增极的电子直接打到阳极上,

而使放大倍数降低造成的。

4. 时间特性和频率响应

因为电子发射有弛豫效应，电子在极间渡越也需要时间，所以从光入射到光电倍增管上，至由阳极输出电流，在时间上有延迟。但这一延迟本身通常并不重要，重要的是由相同光电子产生的二次电子之间有渡越时间上的散差。例如，两个间隔很近的光脉冲，在输出中就可能被融合在一起。光电发射和二次电子发射的时间延迟，约为皮秒量级，因而常可忽略。光电倍增管的频率响应主要受到电子渡越时间上的散差限制，因为不同电子的初速度及其所走的具体路径均各不相同，所以由很窄的光脉冲所产生的电流脉冲，实际上比光脉冲宽得多。

进行光电倍增管的时间特性测试时，需要利用 δ 函数脉冲光源。通常 δ 函数脉冲光源是指能够提供具有有限的积分光通量和无限小的宽度的光脉冲光源。一般只要光源的上升时间、下降时间和半宽度均不超过管子输出脉冲的相应时间参数的 1/3，则这个光源即可认为是 δ 函数脉冲光源。现在可以作为 δ 函数脉冲光源的有发光二极管、激光二极管、掺钕钇铝石榴石脉冲激光器等。

当用一个 δ 函数脉冲光源对光电倍增管进行照射时，由于存在电子渡越时间和电子渡越时间散差，光电倍增管将输出一个展宽了的电脉冲，如图 3-24 所示。

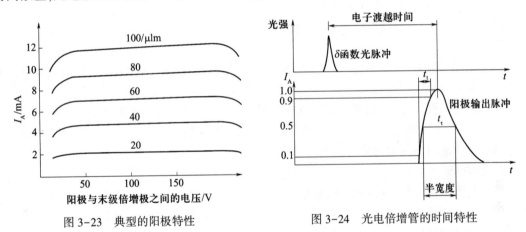

图 3-23　典型的阳极特性　　　　图 3-24　光电倍增管的时间特性

如果入射辐射之间的时间间隔极短，则这种展宽将使输出脉冲发生重叠而不能被分辨。通常对输出脉冲波形的时间特性用以下几个参数表示。

(1) 脉冲上升时间 t_t：指从 0.1 脉冲幅度升到 0.9 脉冲幅度所需要的时间，常以 ns 做单位。

(2) 脉冲前沿斜率 S：指在 t_t 时间内输出脉冲的上升值与相应的脉冲上升时间之比，即

$$S = (0.9 - 0.1) i_{max} / t_t \tag{3-40}$$

(3) 脉冲响应宽度（半宽度） t_τ：指脉冲前沿和后沿分别为 $0.5 i_{max}$ 时，两点之间的时间间隔，单位为 ns。

(4) 渡越时间散差（零散） Δt：指当重复的 δ 函数光脉冲照射到倍增管的光电阴极后，在阳极回路中所产生的诸输出脉冲上某一指定点出现时间的变动。因为它是造成脉冲展宽的主要因素，所以有时就用它来代表时间分辨率。

光电倍增管的时间特性决定了它的频率响应。当用频率为 f 的正弦交变光信号照射倍增

管时,则光电倍增管的频率上限 f_R 可用下面经验公式求得,即

$$f_R = \frac{0.35}{t_t} \tag{3-41}$$

式中 t_t——光电倍增管的脉冲上升时间。

也就是说,当用重复频率为 f_R 的正弦交变光信号作用于光电倍增管时,其输出信号的幅值降至最大值的 0.707 处。此经验公式是在负载电阻为 50Ω 时求得的。

5. 光电特性

光电倍增管的阳极电流 I_A 和光电阴极受照光通量 ϕ_K 之间的关系称为光电特性。

正常时,光电特性呈直线性。处于重载工作状态时,阳极电流与光通量之间将出现非线性偏离。对于比较好的光电倍增管,二者可在很宽的光通量范围内保持良好的线性。以取偏离直线 3% 作为线性区的界限,则满足线性的光通量范围可达 $10^{-10} \sim 10^{-4}$ lm,其线性范围越宽,就越适合于测量变化较大的辐射光通量,如图 3-25 所示。

影响线性范围上限的因素有:

(1) 光电倍增极最后几级倍增极疲乏,二次电子发射系数减小,使放大倍数降低,故阳极电流减少,特性曲线偏离直线。

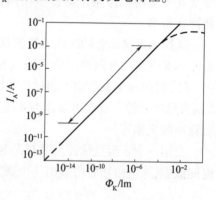

图 3-25 光电倍增管的光电特性

(2) 空间电荷效应,当电流大时倍增系统的最后两级和阳极之间出现空间电荷,将使最后几级放大倍数下降。

(3) 光电阴极疲乏,从而使光电特性偏离线性。透射式阴极层电阻率高,如 CsSb、双碱、多碱阴极,在工作时光电阴极不能有强光照射,否则易损坏管子。

影响线性范围下限的因素是暗电流与噪声。

6. 暗电流

当光电倍增管完全与光照隔绝,在加上工作电压后,阳极仍有电流输出,输出电流的直流部分称为该管的暗电流,即由非光照因素引起的一切电流称为暗电流。暗电流与阳极电压有关,通常是在相应的阳极电压下测得的。暗电流的存在决定了光电倍增管可测光通量的最小值,它是形成噪声的主要原因。

引起暗电流的因素有下列几方面:

1) 热发射

光电阴极和倍增极都是低逸出功发射体,它们在室温下有热电子发射,如金属的热电子发射电流密度 J_{th} 与温度 T,热逸出功 ϕ_t 的关系为

$$J_{th} = 120 T^2 \exp(-\phi_t / kT) \tag{3-42}$$

式中 k——玻耳兹曼常数。

热发射电子随温度上升而增加,特别是光电阴极和第一倍增极的热发射电子,由于经过充分放大,成为暗电流的主要部分。要减小热电子发射,应选用热发射小的阴极材料,并在满足使用的前提下尽量减小光电阴极的面积,并降低使用温度。

2) 极间漏电

由于光电倍增极各级绝缘强度不够、极间尘埃、碱金属蒸气凝结在管壁上等导电引起漏电

流。在正常情况下,极间漏电所造成的暗电流远小于热发射电流。

3) 光反馈

倍增极被大电流轰击产生的荧光和玻璃壳内壁在散射电子轰击下产生的荧光通过玻璃壁的反射,穿越倍增极,反馈到光电阴极上也会发射光电子,这些光电子被倍增后也组成暗电流,这就是光反馈。

4) 离子反馈

电子能量足够大,使管内残余气体电离,产生正离子和电子,电离出来的电子轰击倍增极所产生的二次电子也被倍增;而正离子被管内电场加速而反馈到阴极,并从阴极轰击次级电子加入信号光电子行列。两者形成额外的暗电流,这种效应称为离子反馈。

5) 场致发射

电极上的尖端、毛刺、棱角或加工不当造成的粗糙边缘在高电压下产生电子发射称为场致发射,由场致发射所引起的电流经过放大后,可能导致暗电流的急剧增加,致使倍增管工作状态极不稳定甚至不能工作。为避免这种暗电流的产生,要求加工精细,电极边做成弯卷状。

6) 其他原因

放射性同位素和宇宙射线激发或衰变产生光子作用于阴极而产生附加的光电子。

总的说来,产生暗电流的原因很多,究竟哪一种是主要的,取决于倍增极与倍增极间的电压。

如图 3-26 所示,在极间电压较低即小于 50V/级时,暗电流实际上是各电极间的漏电流。50~110V/级时,光电阴极和第一倍增极的热电子发射电流经过倍增放大后,成为暗电流的主要部分,这个范围恰巧是光电倍增管的工作范围。当电压继续升高时,就出现了离子反馈、光反馈现象,场致发射也可能出现,因此引起了暗电流急剧增加,最后导致管内自持放电。表示光电倍增管暗电流的另一种方法是阳极暗电流的等效输入(Equivalent Anode-Dark-Current Input,EADCI)。

EADCI 指在一定的阳极灵敏度下所测得的阳极暗电流与该阳极灵敏度的比值,即

$$\text{EADCI} = \frac{\text{阳极暗电流}}{\text{阳极灵敏度}} = \frac{I_\text{D}}{R_\text{A}} (\text{lm}) \tag{3-43}$$

其物理意义是光电倍增管受到某一光源的照射,在一定工作电压下所产生的光电流恰好等于该管的暗电流值,则这个光源的光通量就是所求 EADCI,用 EADCI 容易确定管子所能测量的光能量极限,并且还可以帮助选择管子确定最佳工作区域,如图 3-27 所示。EADCI 曲线最小值对应于阳极灵敏度最大而暗电流最小,此处电压就是光电倍增管的最佳工作区域。

7. 噪声和灵敏阈

噪声的存在决定了光电倍增管可探测的交流光通量的最小值,这个可探测的交流光能量最小值称为光电倍增管的灵敏阈(灵敏限),探测极限或噪声等效功率。

光电倍增管的噪声来源有三种:

(1) 外界干扰,如外界电磁场、背景漏光、电源不稳定等。

(2) 结构和工艺的不完善,如电极尖端的自由电子发射、剩余气体电离等。

(3) 电子过程的统计性质,如阴极光电发射的随机性、倍增极二次电子发射的随机性所引起的散粒噪声和负载电阻的热噪声等。

若精心制造并正确使用光电倍增管,前两种噪声来源基本上可以消除,后一种则是光电倍增管中的主要噪声。下面简述其噪声。

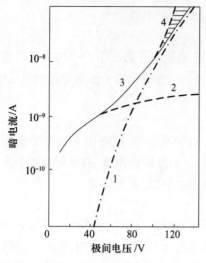
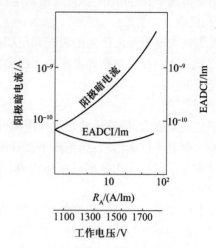

图 3-26 暗电流分量与极间电压的关系
1—经过放大后的热发射电流；2—漏电流；
3—暗电流的总和；4—不稳定状态的区域。

图 3-27 典型的阳极暗电流和 EADCI

1) 光电阴极上的散粒噪声

光电阴极上,由光信号引起的电流为光电流 I_s,由背景辐射引起的电流为背景电流 I_b,由热发射引起的为暗电流 I_d,于是光电阴极发出的电流 I_k 为

$$I_k = I_s + I_b + I_d \tag{3-44}$$

散粒噪声电流均方值为

$$\overline{i_{nk}^2} = 2eI_k\Delta f \tag{3-45}$$

2) 倍增系统引起的噪声电流

设倍增极倍增系数为 δ,则经 n 级倍增在阳极上引起的噪声电流均方值为

$$\overline{i_{na}^2} = \overline{i_{nk}^2} \cdot G^2 \cdot \frac{\delta}{\delta-1} = 2eI_k G^2 \cdot \Delta f \cdot \frac{\delta}{\delta-1} \tag{3-46}$$

式中 G——倍增系统的放大倍数；

$\frac{\delta}{\delta-1}$——倍增系统所引入的散粒效应噪声的贡献。

将 $\frac{\delta}{\delta-1}=B+1$ 代入式(3-46),得

$$\overline{i_{na}^2} = \overline{i_{nk}^2} G^2(B+1) = 2eI_k G^2(B+1)\Delta f \tag{3-47}$$

这种形式表示散粒噪声既取决于光电阴极发射,又取决于倍增极二次发射效应,B 可看作由倍增极系统引起的噪声项。如果倍增系统是一个只有放大倍数而本身不产生噪声的理想放大器,则 $B=0$,实际上,对于大多数静电聚焦的光电倍增管,$B>0$,其值由实验决定,$1+B$ 常在 1.5~3 范围内,一般取 2.5。

3) 热噪声

在光电倍增管负载电阻 R_L 上产生的热噪声电流均方值为

$$\overline{i_{nT}^2} = 4kT\Delta f/R_L \tag{3-48}$$

4）总的噪声电流均方值

$$\overline{i_n^2} = \overline{i_{na}^2} + \overline{i_{nT}^2} = 2eI_k G^2 \Delta f(1+B) + 4kT\Delta f/R_L \tag{3-49}$$

当 $R_L > 10^4 \Omega \sim 10^5 \Omega$ 时，$\overline{i_{na}^2} \gg \overline{i_{nT}^2}$，实际起作用的是经过倍增的散粒噪声。

信噪比为

$$SNR = \frac{S}{N} = \frac{I_s \cdot G}{\sqrt{2eI_k G^2 \Delta f(1+B)}} \tag{3-50}$$

噪声等效辐射通量（NEI）是用来表示光电倍增管可探测的最小辐射通量。

$$NEI = \frac{\sqrt{\overline{i_{na}^2}}}{R_A} \tag{3-51}$$

$$NEI = \frac{\sqrt{2eI_k \Delta f(1+B)}}{R_k} \tag{3-52}$$

在测量接近光电倍增管灵敏阈的辐射能量时，暗电流 I_d 已是阴极电流 I_k 的主要成分，$I_k = I_d$，暗电流经倍增后在阳极上的电流 $I_{ad} = I_d G$，所以有

$$NEI = \sqrt{\frac{2eI_{ad}\Delta f(1+B)}{R_A \cdot R_k}} \tag{3-53}$$

3.4.3 光电倍增管的供电电路

1. 分压电阻的确定

光电倍增管各极间电压由电阻链分压获得，如图 3-28 所示。

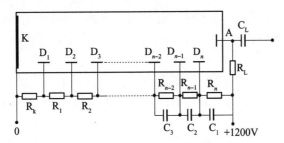

图 3-28 光电倍增管的供电电路

根据电流连续性方程，有

$$I_{in} + I_D = I_{out} + I_e \tag{3-54}$$

式中 I_{in}——阴极输出电子流；
I_{out}——阳极输出电子流；
I_D——输入端传导电子流；
I_e——输出端传导电子流。

光电倍增管工作电压的选取要保证伏安特性曲线工作在线性范围内，一般总电压 U_{ak} 为 700~2000V，极间电压 V_D 为 80~150V。

电流放大倍数稳定度与极间电压稳定度关系如下：

对 CsSb 打拿极：

$$\frac{\Delta G}{G} = 0.7n \frac{\Delta V_D}{V_D} \quad (由 \delta = 0.2 V_D^{0.7}) \tag{3-55}$$

Ag-Mg 打拿极：

$$\frac{\Delta G}{G} = n \frac{\Delta V_D}{V_D} \quad (由 \delta = 0.025 V_D) \tag{3-56}$$

由此可知，极间电压 V_D 的变化将严重影响电流放大倍数 G 的变化。假设 $n=10$，极间电压的稳定度为 1%，则电流放大倍数的稳定度对 CsSb 为 7%，对 Ag-Mg 为 10%。

当光电倍增管工作时，随电流信号 I_a 增加，其内阻变小。阳极与阴极的电压为 U_{ak}，内阻 = $\frac{U_{ak}}{I_a}$，即当电流信号增加时将导致流过分压电阻的电流减小，特别是最后几级电流较大，对分压电阻链有分流作用，引起极间电压变小，造成放大倍数下降和光电线性特性变坏。为了尽量减小光电倍增管的内阻变化对电阻链的分流作用，则要求分压电阻取得适当小，以保证流过电阻链的电流 I_R 较最大阳极电流 I_{am} 大得多，这样可将分压电阻链供电电路看作恒压系统。

因为
$$I_{in} \ll I_{out} \tag{3-57}$$
所以
$$I_{out} = I_D - I_e \tag{3-58}$$
如果
$$I_D \gg I_{out} \tag{3-59}$$
那么
$$I_D \approx I_e = I_R \tag{3-60}$$

通常要求 $I_R \geqslant 20 I_{am}$，I_R 为回路的电流，设 n 是倍增系统的级数，各级的电阻为 R，则

$$R \leqslant \frac{U_{ak}}{20 I_{am} \cdot n} \tag{3-61}$$

式中 I_{am}——阳极输出的最大电流。

I_R 也不能取得太大，否则分压电阻链功耗增大。因此，当极间电压已经给定时，分压电阻的最大值取决于最大阳极电流值，而分压电阻的最小值则取决于供电电源功率，通常取极间分压电阻值 R 为 $20 k\Omega \sim 1 M\Omega$。

要根据光电倍增管打拿极的结构来选用分压电阻，对于聚焦式结构，电阻选择比较苛刻，要求误差阻值为 1%~2%，并且具有高的稳定性和小的温度系数，对于非聚焦式结构，电阻的选择就不那么苛刻。

当电流信号很大时，往往由于在最后两个打拿极之间形成负空间电荷效应而出现饱和现象。为了消除输出级的饱和，应适当加大最后两级或三级的极间电压。要做到这一点，可适当增大最后三级电阻的阻值。

在探测弱信号时，适当提高第一打拿极和阴极之间电压是很重要的。这样，可以提高第一打拿极对光电子的收集效率，同时使第一打拿极具有较高的二次发射系数，并减小杂散磁场的影响，因此，可以大大提高信噪比。另外，因为电子飞越时间"散差"主要是由第一打拿极的收集时间"散差"所决定，所以，对于脉冲信号，使用较高的第一打拿极与阴极间电压，有利于缩短输出脉冲上升时间。提高第一打拿极和阴极间电压的方法是增大分压电阻 R_k 值。

2. 稳压电容

在光脉冲入射时，最后几级打拿极的瞬间电流很大，使最后几级分压电阻上的压降有明显的突变，导致阳极电流过早饱和，使光电倍增管灵敏度下降。为此，常在最后三级电阻上并联旁路电容 C_1、C_2 和 C_3，使电阻链上的分压基本保持不变。电容作为储能元件，当电压降低时，通过电容 C 放电来维持分压电阻上电压不变。通常并联电容器的数值为 $0.002 \sim 0.05 \mu F$。

3. 稳压电源

电源稳定度对不同类型的光电倍增管有不同的要求,根据 $\frac{\Delta G}{G} = 0.7n \frac{\Delta V_D}{V_D}$ (CsSb), $\frac{\Delta G}{G} = n \frac{\Delta V_D}{V_D}$ (Ag-Mg),假设在探测信号时要求光电倍增管放大倍数的稳定度为1%,选用结构相同的光电倍增管,打拿极的个数 $n = 10$,对于 CsSb 打拿极,则要求电源电压稳定度为 0.15%;而对于 Ag-Mg 打拿极,则要求电源电压稳定度为 0.1%。在一般比较精密测量时,通常要求电源电压稳定度为 0.01%~0.05%。

光电倍增管高压电源一般有两种接法:一种是正高压接法,即在阳极接正高压,这种接法阳极信号输出必须通过耐高压、噪声小的隔直电容,只能输出交变信号,但输出端可得到较低的暗电流和噪声,如图 3-28 所示;另一种是负高压接法,如图 3-29 所示,即光电阴极接负高压,这种接法阳极信号输出方便,可以直流输出,但由于光阴极屏蔽困难,使阳极输出的暗电流和噪声较大,这种接线方法使用得广泛。

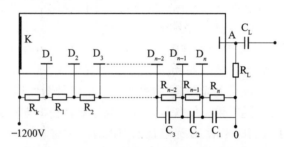

图 3-29 光电倍增管负高压接法

练 习 题

3.1 用波长为 589.3nm 光照某光电材料,其发射电流的灵敏度为 400μA/lm,该材料的逸出功为 1.4eV,求该材料的光谱量子效率、波长阈值和光电子的最大初速。(在 589.3nm 处相对光谱光视效能为 0.82。)

3.2 试述半导体光电发射的三步物理过程,并比较金属和半导体光电发射的差别。

3.3 列表简述 Ag-O-Cs、Cs_3Sb、(Cs)NaKSb、GaAsNEA 光电阴极的发射机制、光谱响应范围、量子效率、积分灵敏度、峰值灵敏度、暗电流和逸出深度。

3.4 说明光电倍增管的结构组成和工作原理。

3.5 某光电倍增管有 10 个倍增极,每个倍增极的二次电子发射系数 $\delta = 4$,阴极灵敏度为 $R_K = 200$μA/lm,阳极电流不得超过 10mA,试估计入射阴极的光通量的上限。如阳极噪声电流为 4nA,求该管的噪声等效功率。如该管阴极暗电流为 3×10^{-11}A,负载电阻很大,求该管的可探测最小光通量。取 $1+B = 2.5$, $\Delta f = 1$Hz。影响光电倍增管有效测量光功率上限和下限的原因有哪些?

3.6 画出光电倍增管电阻电容简明连接图,并说明电阻链的电阻值如何选取,以及最后几级的旁路电容的作用。

第4章 微光像增强器

光电成像器件有很多种,按器件结构可分为像管、真空摄像管、固体成像器件;按灵敏范围可分为可见光、红外、紫外、X射线成像器件。

像管包括变像管和像增强器。变像管是把非可见光,如红外、紫外、X射线等图像转化成可见光图像,如红外变像管、紫外变像管。像增强器,主要是指把微弱的可见光图像增强亮度,变成人眼可以观察到的图像,也称为微光管。红外变像管和像增强器能用于夜视条件下的光电成像,属于夜视器件。

摄像管是把图像信号转换成视频电信号。近的物体,在可见光区,人类的眼睛可以看见有足够照度的物体,但限于人眼的特性,遥远的物体或很小的物体或光线很弱很暗的环境,人类的眼睛就不能观察,于是出现了各种成像器件,如光学望远镜,主要用于放大视角,用对小物体或直视遥远的物体进行放大,提高对物体的分辨力,但这些也只有在光线足够强时才能应用,而且其光线不能被阻挡。随着科技的发展,出现了各类光电成像器件。像管能在暗环境中把人眼不能观察到的物体转换成可见光图像,而摄像管能把各种图像信号转化成电信号,记录、储存、传输到很远的距离,能随时供人们观赏。光电成像器件极大地扩大了人的视野,扩展了人眼的视力范围,丰富了人们的生活,在光电技术中占有非常重要的地位。

光电探测器和光电成像器件都是基于光电转换原理,二者均是把光信号转化成电信号,但前者一般用于点探测或多点探测,而后者能够提供空间上的二维图像,不仅要求有高的灵敏度、低噪声,而且要有高的空间信息分辨率,其结构复杂,涉及许多电子扫描、成像、聚焦和荧光屏发光等新的问题。

光电成像器件广泛应用于夜间瞄准、夜间飞行、夜视观察、侦察、预警、制导、摄像、摄影,还用于天文观察、医疗、航空、航天,在军事、国防、工农业等各方面有重要的应用。

4.1 像管的基本原理和结构

为了使微弱的可见光或不可见的辐射图像通过光电成像系统变成可见图像,像管能起到光谱变换、增强亮度和成像作用。像管的基本结构主要由光电阴极、电子光学系统和荧光屏三部分组成,如图4-1所示。对不同类型的像管,具体结构差别较大。

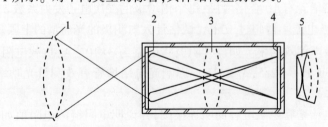

图4-1 像管结构示意图

1—物镜;2—光电阴极;3—电子透镜;4—荧光屏;5—目镜。

物镜将微弱的可见光或不可见的红外辐射图像通过光学系统成像在阴极面,光电阴极在微光或红外线入射下,发生光电效应,发射电子,电子流强度正比于光照度,将不可见的或微弱的辐射图像转换成电子图像。这样把光照强度转变成电子流强度。

电子光学系统类似于光学透镜,能使电子成像,将光电阴极发出的电子图像呈现在荧光屏上,由于电子光学系统上加有高电压,能使电子加速,电子能获得能量,以高速轰击荧光屏,使之发射出比入射光强得多的光能量。这样像管就完成了光谱变换、成像和增强亮度的功能。

4.1.1 光电阴极

目前最常用的红外和可见光光电阴极有 Ag-O-Cs、Sb-Cs、Sb-K-Na-Cs、负电子亲和势光电阴极等。

S-1:Ag-O-Cs,用于可见光和红外波段,但灵敏度太低,直接接收来自物体夜天光或红外光不能达到观察的亮度,所以仪器要自带红外光源,通常把这种仪器称为主动式红外仪器。

S-11:Sb-Cs,光电阴极的光谱响应主要在可见光区,峰值为 $0.4 \sim 0.6 \mu m$,主要做中间耦合级。

S-20 和 S-25:Sb-K-Na-Cs,光电阴极峰值和长波阈均向长波方向移动。

负电子亲和势光电阴极:具有更长的长波阈和更高的红光响应。像管中常用的光电阴极是透射式的。常用阴极的光谱响应曲线如图 4-2 所示。

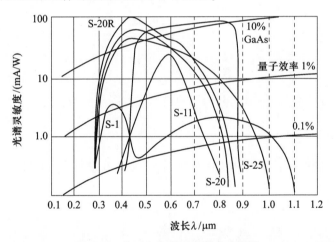

图 4-2 常用光电阴极光谱响应曲线

4.1.2 电子光学系统

像管中电子光学系统的任务有两个:一是加速光电子;二是使光电子成像在像面上。它具有与光学透镜相似的性质,能运用几何光学中类似的方法进行物像处理。因此把能使电子流聚焦成像的电子光学系统称为电子透镜。电子透镜分为静电透镜和磁透镜两类。静电透镜即静电电子光学系统,靠静电场来使光电子加速,聚焦成像。磁透镜即电磁复合系统,靠静电场的加速和磁场来完成聚焦成像。

静电系统按是否聚焦可分为聚焦型和非聚焦型。

1. 非聚焦型电子光学系统

像管中所指的非聚焦型即近贴型,其结构如图 4-3 所示。

它类似于平板电容器,极间距为 l,两个板极分别为阴极和阳极,设阳极为荧光屏。工作时,阳极板上加上高压 $V_a = U$,阴极板上加的电压 $V_0 = 0$,则在两板极间形成纵向均匀电场 E,沿 z 方向电位为 $V(z) = \dfrac{U}{l} z$。光电子在 E 作用下,以抛物线轨迹向荧光屏投射。设从物点 O 发出的任意电子,其初发射角为 α,ε_0、ε_r、ε_z 分别表示电子初能及其在 r 和 z 方向上的能量的分量(eV)。则该电子的轨迹就是抛物线,即

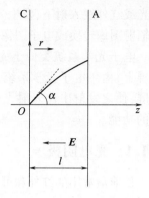

图 4-3　近贴型电子光学系统
C—阴极;A—阳极。

$$r(z) = \frac{2l\sqrt{\varepsilon_r}}{U}\left(\sqrt{V(z)+\varepsilon_z} - \sqrt{\varepsilon_z}\right) \tag{4-1}$$

在该电子到达阳极时,其落点的径向高度为

$$r = \frac{2l\sqrt{\varepsilon_r}}{U}\left(\sqrt{U+\varepsilon_z} - \sqrt{\varepsilon_z}\right) \tag{4-2}$$

在近贴聚焦像管中,一般 $U \gg \varepsilon_z$,则

$$r = 2l\sqrt{\frac{\varepsilon_r}{U}} \tag{4-3}$$

$$\varepsilon_r = \varepsilon_0 \sin^2\alpha \tag{4-4}$$

所以

$$r = 2l\sqrt{\frac{\varepsilon_0}{U}} \sin\alpha \tag{4-5}$$

考虑到电子的初角度分布,可得单能电子束的最大弥散圆斑的半径为

$$r_m = 2l\sqrt{\frac{\varepsilon_0}{U}} \tag{4-6}$$

因为光电子不仅有角度分布,还有初能量分布,若最大初电能为 ε_m,则得全色电子束的最大弥散圆半径为

$$R = 2l\sqrt{\frac{\varepsilon_m}{U}} \tag{4-7}$$

从此式可以看出,阴极与阳极之间的电位差 U 越大,弥散圆斑越小,最大初电位 ε_m 及极间距离 l 越小,弥散圆斑也越小。

通常,极间距离 l 总是很小,如小于 1mm,而 U 却很大,如 3~7kV,极间距离越小,电位差越高,图像越清晰,近贴型在像管中仍得到广泛应用。

早在 1934 年,就曾利用近贴聚焦方法制成红外变像管,并且在第二次世界大战中使用过。这种像管虽然有结构简单和没有畸变等优点,但是由于当时技术水平的限制,对于场致发射、光反馈等问题不好解决,阴极制作又很困难,所以在 25 年后,这种像管已不再生产,近贴管已被静电聚焦像管所取代。

但在 20 世纪 60 年代以后,近贴聚焦系统又引起人们广泛的注意,这是由于光电阴极制备技术的改进,光电阴极不在管壳内进行,而在管壳之外的真空室进行。冷铟封技术获得应用,荧光屏制备工艺的改进,使屏能承受很强的场应力而不致损坏,微通道板发射出来的次级电子

速度零散很大,不能使用一般电子透镜聚焦,因此 NEA 光电阴极得到应用,目前这种光电阴极只能做成平面阴极,故采用 NEA 阴极的所谓第三代微光管一般采用近贴聚焦。

2. 静电聚焦电子光学系统

静电聚焦电子光学系统,即静电透镜,通常由轴对称静电场所形成,在几个具有轴对称几何形状的金属导体电极上加以不同的电位,就可以形成轴对称电场。

1) 等径双圆筒结构

如图 4-4 所示,由等径双圆筒电极构成,右边电极加高电位 V_i,左面电极为低电位 V_0,即 $V_0<V_i$。如图 4-4(a)所示,光电阴极与左边电极相连,荧光屏与右边电极相连。在整个透镜中,电极缝隙间电场为最强,两边电场较弱,由于电场分布总是由电场强的空间往电场弱的空间渗透,因此等位面的形状为由缝隙向两边伸展的曲面,缝隙中间最密,向两边逐渐变疏,逐渐变为等电位空间。

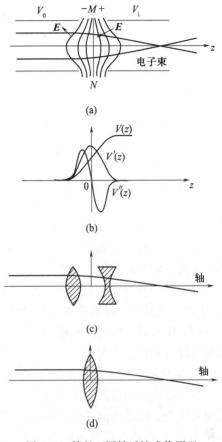

图 4-4 等径双圆筒透镜成像原理

轴上电压 $V(z)$ 分布以及 $V'(z)$、$V''(z)$ 的分布如图 4-4(b)所示。$V(z)$ 由 V_0 逐渐增加到 V_i,电场即 $V'(z)$ 在 $z=0$ 即缝隙中间最强,向两边逐渐减小,到达等位空间 $V'(z)$ 即场强变为 0。$V''(z)$ 沿 z 分布如图左边(指缝隙中间线以左)$V''(z)>0$,右边(指缝隙中间线以右)$V''(z)<0$,按电子光学计算,$V''(z)>0$,电子向轴会聚,$V''(z)<0$,电子沿轴发散,在整个透镜区 $V'(z)>0$,电子受到加速。

从等位面的垂线画出的电场 E 及方向如图 4-4(a)所示。电场方向垂直于等位面线,由高电位指向低电位。电场分解为 E_r、E_z。从图可以看出,在 z 轴方向,E_z 为负方向,即 $F_z=-eE_z>0$,即沿整个轴向,电子受到加速。

从 E_r 方向分析,径向受力 $F_r=-eE_r$,左边 $F_r=-eE_r<0$,即受到指向轴向的作用力,因此电子受到会聚,右边 $F_r=-eE_r>0$ 即受到指向轴外的作用力,因此电子受到发散。所以浸没透镜可看成是由会聚和发散两部分组成,如图 4-4(c)所示。

由于会聚部分处在轴向速度相对较慢的低电位空间,电子受到径向电场会聚作用时间较长,因而会聚作用较强。而在发散空间的电子轴向速度较大,发散作用弱,故总的透镜作用仍然是会聚的,如图 4-4(d)所示。

电子经过透镜区,到达等位区,以直线运动打在荧光屏上,由于电子透镜成像作用,使阴极面上的物在屏上成一个倒像。在电位变化空间,透镜相当于一个凸透镜。

由于作为物面的阴极浸没在透镜之中,故这种电子透镜称为浸没透镜。

2) 不等径双圆筒结构

不等径的双圆筒电极结构如图 4-5 所示,两个电极分别与光电阴极和荧光屏相连接,阳极带有小孔光栏,以便让电子穿过,在工作时,阴极接零电位,阳极加直流高压,在两个极之间形成轴对称电场。由电场分析可知,会聚作用大于发散作用。由于有孔栏,可有效地控制系统的发散作用,阻止电子射到屏上,也可以减小荧光屏发光对阴极的光反馈,从而降低背景干扰和噪声。在平面阴极像管中,几何像差比较严重,边缘像质较差。

  3) 双球面系统

  静电浸没透镜的电极结构除了双圆筒而外,还有双球面系统,这种结构的阴极面和阳极头部都呈球形,如图 4-6 所示。

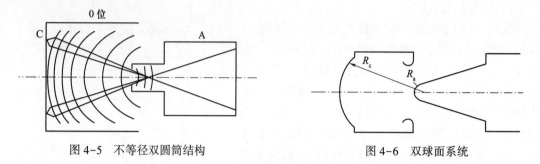

图 4-5 不等径双圆筒结构   图 4-6 双球面系统

这种比较典型的同心球电子光学系统所构成的像管有以下几个特点:

(1) 电场分布,尤其是阴极附近电场的分布,球面性很好,因此,每一条主轨迹都是轴对称,其邻近轨迹是旋转对称的,因而像散较小。所谓像散,指电子透镜随射线方向不同而产生的像差。

(2) 采用曲面荧光屏后,场曲的影响大为减小,因而像质在整个像面上比较均匀。所谓场曲是指由于轴外场折射率与近轴场折射率不同而引起的像差。

(3) 采用曲面屏也使畸变大大下降,但有可能出现桶形畸变,但是考虑到图像亮度的均匀性,宁肯采用较大的屏面曲率半径,保留较小的桶形畸变。

(4) 阴极面上的电场强度,从轴上到轴外基本上保持不变,且略有提高,这样使得色差的影响在像面上比较均匀。

  3. 复合聚焦电子光学系统

  利用静电场和静磁场形成的复合磁场使电子聚焦。如图 4-7 所示,磁场由绕在像管外面的螺旋线圈通恒定电流产生,磁场沿 z 轴方向,同时还加有纵向电场。从阴极面上发出电子,初速为 v_0,它与磁场强度 B 的方向夹角为 α,则

$$v_{0z} = v_0 \cos\alpha \tag{4-8}$$

$$v_{0r} = v_0 \sin\alpha \tag{4-9}$$

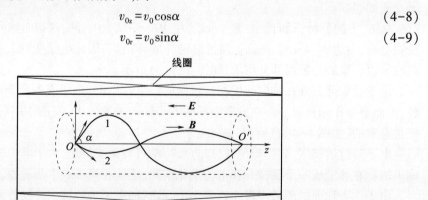

图 4-7 电子在复合场中的运动

  电子在与磁场相垂直的平面上做半径为 $R = mv_0\sin\alpha/Be$ 的圆周运动,旋转周期为 $T = 2\pi m/Be$,而与径向速度无关。同时由于加有电场,电子将在管轴方向做加速运动。由于轴向

电场不能改变电子的径向速度分量,在与磁力线垂直的平面上,电子仍做周期旋转运动,所以综合运动,电子在空间的运动轨迹为一变节距螺旋线。

设原点 O 发出的电子离开物平面的轴向初速度为 v_{0z},在场的加速下,经过 n 个周期,电子会聚于 O' 点,经过几个螺距后,像点与物点间的距离为

$$L_n = v_{0z}(nT) + \frac{a}{2}(nT)^2 \tag{4-10}$$

式中　a——轴向加速度,$a = eE/mE$;

　　　E——所加的均匀电场强度。

$$L_n = v_{0z} \cdot \frac{2\pi m}{Be} \cdot n + \frac{2\pi^2 m}{B^2 e} E \cdot n^2 \tag{4-11}$$

这样,只要由阴极面上发出的电子轴向速度相等,就能保证在每一周期之后相交于一点,因而可以形成像点。对长磁透镜,像高和物高平直而相等。当然轴向初速不相同的电子会产生像差。

磁聚焦的优点是聚焦作用强,并且容易调节聚焦能力,只需调节线圈电流即可;轴上点和轴外点有相同的成像质量,因而容易保证边缘像质;像差较小,鉴别率较高。但是它也有严重的缺点,由于产生磁场的需要,要敷设直流激磁和螺旋管等,使得设备尺寸和质量增大、结构复杂。磁聚焦常用在真空摄像管以及电子显微镜等设备上。

4.1.3 荧光屏

荧光屏将电子动能转换成光能。高能量电子打在荧光屏上,荧光屏发光。像管对荧光屏的主要要求:荧光屏应该具有高的转换效率;能产生足够的光亮度;发射光谱要同眼睛或与之相耦合的下一级光电阴极的光谱响应相一致;合适的余辉时间;必须具有良好的机械强度、化学稳定性和热稳定性等基本要求。

荧光粉材料有 ZnS:Ag(P11),ZnS:Cu(P31),(Zn,Cd)S:Ag(P20)等,几种典型的荧光屏光谱效率如图 4-8 所示,像管中常用的荧光粉是 P20,发光颜色为黄绿光,峰值波长 0.56μm,余辉时间 0.05~2ms,粉的粒度控制在 3.5μm,以保证屏的分辨率。

荧光粉材料的电阻率很高,通常在 $10^{10} \sim 10^{14} \Omega \cdot cm$,介于绝缘体和半导体之间,当它受到光电子轰击时,会积累负电荷,电压下降,影响阳极及屏的电位。为此,在屏上蒸铝,能引走积累的负电荷;同时铝还有反射光作用,使光出射强度增加。不过蒸铝后,电子通过铝膜后能量有损失。铝膜越厚,电子能量损失越大;电子能量越小,损失能量越大。因此,在满足引走电荷作用下,尽量减小膜厚度,如图 4-9 所示。

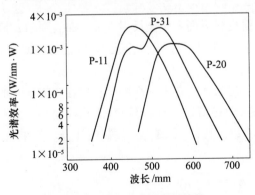

图 4-8　荧光屏光谱发射特性

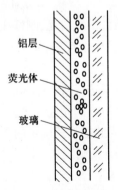

图 4-9　荧光屏的结构

荧光屏发光材料特性有光谱特性和发光效率。所谓发光效率,指轰击荧光屏的电子流能量引起的荧光屏的发光强度,单位为 lm/W。这个数值是表征荧光粉发光的强度的一个重要参量,它与光谱特性对多级像管亮度增益作用很大。

以上是单级像管的情况,在微光条件下,单级像管的亮度往往不够高,需要多级增强。目前多级像管是由单级耦合起来的,称为级联管。级联管的特殊问题是级间耦合方式和耦合器件。早期曾用光学透镜,后来用薄云母片,目前几乎全部采用纤维面板。

4.1.4 光学纤维面板

光学纤维面板简称为光纤板,它是由许多单根纤维组合而成的,其传光原理是利用材料界面的全反射。

1. 纤维传光原理

光通过界面时,其折射光满足折射定律

$$n_1 \sin \alpha_1 = n_2 \sin \alpha_2 \tag{4-12}$$

如图 4-10 所示,媒质光线从媒质 1(折射率为 n_1)以入射角 α_1 入射到媒质 2(折射率为 n_2),折射角为 α_2。若在 $\alpha_1 = \alpha_{10}$ 时使 $\alpha_2 = 90°$,则光线全部反射回媒质 1,即达到全反射。此时的 α_1 为临界角 α_{10},$\sin \alpha_{10} = \dfrac{n_2}{n_1}$。发生全反射时必须有 $n_1 > n_2$,这说明光从光密媒质向光疏媒质传播时,才有可能发生全反射。

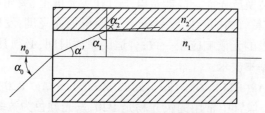

图 4-10 玻璃丝的全反射现象

对光纤来讲,光线从芯料传输到皮料,发生全反射时,有

$$\sin \alpha_{10} = \frac{n_2}{n_1} = \cos \alpha' \tag{4-13}$$

又因为入射光端面处满足折射定律

$$n_0 \sin \alpha_0 = n_1 \sin \alpha' = n_1 \sqrt{1 - \cos^2 \alpha'} = \sqrt{n_1^2 - n_2^2} \tag{4-14}$$

满足上式条件的入射光,刚好在玻璃丝中芯料皮料界面发生全反射。如 $\alpha < \alpha_0$,则随 α' 降低,α_1 增大,更能发生全反射,所以对于入射角小于 α_0 的光都能发生全反射,即能够在玻璃芯料中传播。

仿照光学透镜,将 $n_0 \sin \alpha_0$ 称为数值孔径,记为 NA,它表示纤维丝收集各个方向光的能力。如满足式(4-14)的光进入玻璃丝以后可能被吸收被散射,所以实测数值孔径要小于式(4-14)的计算值,因此把上式确定的 NA 称为"名义"数值孔径,实测为有效数值孔径。如果玻璃丝放在空气中,$n = 1$,则

$$NA = \sin \alpha_0 = \sqrt{n_1^2 - n_2^2} \tag{4-15}$$

如芯料 $n_1 = 1.76$,皮料 $n_2 = 1.50$,则 $NA = 0.8476$,从空气中或真空入射,全反射临界角是

57.9°，而实测为 53°左右。

2. 光学纤维面板及性能

单根光纤只能同时传递一个单元的信息，若要直接传递图像，则要采用许多光纤，组成光学纤维束。对于像管中用的光纤板主要有以下性能要求。

（1）数值孔径要大。数值孔径决定光纤板的集光能力和传光效率，是一个关键指标，NA 越大，集光能力越强，收集效率越高，通常希望 $NA=1$，即入射的光全部被收集，但实际上往往 $NA<1$。数值孔径角以外的光不能被传输，对亮度图像没有贡献，而且形成杂光，危害像质。为了使 NA 接近于1，应选择合适的芯料和皮料。

（2）光透过率要高。影响光纤板光的透过率有芯料皮料的透光能力、界面全反射的能力、端面反射损失以及纤维长度。从透光能力考虑，由于传输光信号是在芯料中，所以要求芯厚皮薄，传输光能较多，增益增大，但是皮料不能太薄，如果其厚度小于入射光波长的 1/2，会引起光贯穿，不可能有完全的全反射。

（3）分辨率要高。分辨率主要由单丝直径和排列方式所决定，其次也与光扩散程度有关。为了提高分辨率，主要是减小单丝直径。但直径小，皮料太薄，必使透射率下降，为此要合理选择，一般为 3~5μm。为了防止丝间串光，可在皮料外面包黑皮，或在纤维丝间插黑丝。

（4）气密性、化学稳定性、机械加工性能以及热稳定性要好。

4.2 像管主要特性分析

像管不仅是辐射探测器件，而且还是成像器件。作为辐射探测器件，它必须具有高的量子效率和信息放大能力，以便给出足够的亮度，其特性通常采用光电阴极灵敏度和整管亮度增益来描述；作为成像器件，它必须具有小的图像几何失真、合适的几何放大率和尽可能小的亮度扩散能力，以提供足够的视角和对比。对这些特性通常用畸变、放大率、调制传递函数、分辨率、对比损失来描述。两者的综合性能则用观察灵敏阈以及信噪比等参量来描述。

4.2.1 像管的光谱响应特性

像管的光谱响应特性实际上就是第一光电阴极的光谱响应特性，研究像管的光谱响应特性有两大作用：决定光电阴极光电流；提供目标与背景之间的光电子图像的对比。光电流影响着灵敏度，提高光电流有利于减小背景噪声、提高像管的亮度、提高探测率、提高像管可探测的最小辐射能力。初始对比决定了输出信噪比，是影响像管极限鉴别能力的关键。

1. 光电阴极积分灵敏度

设 $\phi(\lambda)$ 是入射光或光源的相对辐射通量分布，ϕ_m 是其辐射通量的最大值。$R(\lambda)$ 为光电阴极的相对光谱响应，R_m 是其响应峰值，则光电流为

$$I = \int_0^\infty \phi_m \phi(\lambda) \cdot R_m R(\lambda) \mathrm{d}\lambda \tag{4-16}$$

根据响应率或灵敏度 R 的定义，单位辐射所产生的光电流为

$$R = \frac{\int_0^\infty \phi_m \phi(\lambda) R_m R(\lambda) \mathrm{d}\lambda}{\int_0^\infty \phi(\lambda) \phi_m \mathrm{d}\lambda} = R_m \frac{\int_0^\infty \phi(\lambda) R(\lambda) \mathrm{d}\lambda}{\int_0^\infty \phi(\lambda) \mathrm{d}\lambda} = \alpha \cdot R_m \tag{4-17}$$

入射辐射通量为

$$\int_0^\infty \phi_m \phi(\lambda) = \phi_e \tag{4-18}$$

光电流为

$$I = \alpha R_m \phi_e = R \phi_e \tag{4-19}$$

$$\alpha = \frac{\int_0^\infty \phi(\lambda) \cdot R(\lambda) d\lambda}{\int_0^\infty \phi(\lambda) d\lambda} \tag{4-20}$$

式中　α——器件与光谱匹配系数。

由于峰值灵敏度 R_m 只与阴极有关,而与光源无关,对同一阴极,它是常数,所以 α 大就意味着阴极对这种光源的积分灵敏度高,或者说单位辐射转换成的光电流大。为像管提供高的能量增益便于对弱辐射目标的观察,能够提高作用距离。

对于反射光,入射于阴极上的是物体的反射光。如表4-1所列,光谱匹配系数 α 计算出的积分灵敏度,只是针对 0.3~1.2μm 区间求得的。

表4-1　光谱匹配系数

光源 \ 光阴极		S-1	S-11	S-20	S-25	光适应眼	NEA
绿色草木反射的辐射	晴朗星光			0.0148	0.0631	0.008	0.159
	满月光			0.130	0.270	0.088	
	标准红外光源	0.269			0.539	0	
暗绿色漆反射的辐射	晴朗星光			0.0647	0.134	0.045	0.24
	满月光			0.370	0.540	0.27	
	标准红外光源	0.270			0.0177	0	
标准光源		0.516	0.06	0.112	0.227	0.071	0.461
标准红外光谱		0.273			0.0179	0	
P-11 荧光屏		0.217	0.914	0.877	0.953	0.201	
P-20 荧光屏		0.395	0.427	0.583	0.782	0.707	
P-31 荧光屏		0.276	0.698	0.722	0.868	0.626	

2. 积分灵敏度的换算

(1) 以光辐射量表示的积分灵敏度 R(安/瓦,A/W),可以与用光度量表示的积分灵敏度 R'(安/流明,A/lm)相互转换,只需把辐射通量换算成光能量即可。

在可见光区,因为辐射通量 ϕ_e 与光通量 ϕ_v 有

$$\phi_v = \phi_e \cdot K \tag{4-21}$$

式中　K——光视效能,单位为 lm/W。

$$R = \frac{I}{\phi_e} = \frac{I}{\phi_v} \cdot K = R' \cdot K \tag{4-22}$$

只需将 R' 表示的积分灵敏度乘以光源的光视效能即可得到 R,光视效能 K 值如表4-2所列。

表 4-2　光视效能 K 值

光视效能 K \ 光源	2856K 标准光源	标准红外光源	标准红外光源下的绿色草木	晴朗星光下的绿色草木	满月下的绿色草木	P-11 荧光屏	P-20 荧光屏	P-31 荧光屏
K/(lm/W)	23* 47.8			5.45	59.2	140*	476*	421.3*
K'/(lm/W)		130	19.9					

注：带 * 的数是指对全光谱而言，其余均指 $0.3\sim1.2\mu m$。
所用最大光谱光视效能 K_m 指白昼视觉，$K_m = 683\text{lm/W}$。对红外光源，光视效能为

$$K' = \frac{\phi_v(\text{不带红外滤光片})}{\phi_e(\text{带红外滤光片})} = \frac{K_m \int \phi_{e\lambda} V_\lambda \mathrm{d}\lambda}{\int \phi_{e\lambda} \tau_\lambda \mathrm{d}\lambda}$$

式中　τ_λ——红外滤光片的光谱透过比

(2) 光电阴极对光源 1 的积分灵敏度可以换算成对光源 2 的积分灵敏度。因为

$$R_1 = \alpha_1 R_m \tag{4-23}$$
$$R_2 = \alpha_2 R_m \tag{4-24}$$

得

$$R_2 = \frac{\alpha_2}{\alpha_1} R_1 \tag{4-25}$$

式中　α_1, α_2——光阴极与光源 1 和光源 2 的光谱匹配系数。

R_1、R_2 的单位为 A/W。若光通量积分灵敏度为 R'(A/lm)，则应按式 (4-26) 和式 (4-27) 计算。将

$$R_1 = K_1 R_1' \tag{4-26}$$
$$R_2 = K_2 R_2' \tag{4-27}$$

代入式 (4-25)，得

$$R_2' = \frac{\alpha_2 K_1}{\alpha_1 K_2} \cdot R_1' \tag{4-28}$$

式中　K_1, K_2——光源 1 和光源 2 的光视效能；
　　　R_1', R_2'——光阴极对光源 1 和光源 2 的积分灵敏度(A/lm)。

注意：计算同一光源的 α 和 K 值应指相同的光谱范围。

上述的换算是有实用价值的。因为通常测出的是光阴极对标准光源的积分灵敏度，而实用中要换算成对真实目标的积分灵敏度。

(3) 用积分灵敏度换算等效光通量。对给定的光阴极，将它接收到目标 1 的光通量 ϕ_1 换算成目标 2 的等效光通量 ϕ_2，其等效条件就在于二者产生相同的光电流。

$$\phi_1 R_1' = \phi_2 R_2' \tag{4-29}$$

$$\phi_2 = \frac{R_1'}{R_2'} \phi_1 \tag{4-30}$$

只要分别测出光电阴极对目标 1 和目标 2 的积分灵敏度，则很容易换算出阴极对两光源的等效光通量。

$$\phi_2 = \frac{\alpha_1 K_2}{\alpha_2 K_1}\phi_1 \tag{4-31}$$

只要知道目标 1 和目标 2 的光效视能以及光阴极同它们的匹配系数,则可进行换算。

3. 像管的光谱响应与对比度

初始对比度指阴极面发射的光电子图像的对比,常以光电子发射密度来计算。由于目标与背景的辐射及反射性质不同,它们提供给光电阴极的光谱也不相同,与阴极作用之后,产生的电子密度分布也不相同,因而在目标和背景的成像区域产生不同的光电流密度。

设某光源的相对光谱密度分布为 $\phi(\lambda)$,其峰值为 ϕ_m,光源照射在相邻的目标 1 和目标 2 上,目标 1 和目标 2 对光源的光谱反射比分别为 $\rho_1(\lambda)$、$\rho_2(\lambda)$,目标 1 和目标 2 对光源反射后的光谱分布为 $\phi_m\phi(\lambda)\rho_1(\lambda)$、$\phi_m\phi(\lambda)\rho_2(\lambda)$,在同一光源照射下,由于 $\rho_1(\lambda)$、$\rho_2(\lambda)$ 不同,入射到阴极面上的光谱分布也不相同。$R(\lambda)$ 为光电阴极的相对光谱响应,R_m 是其响应峰值。

光源经目标 1 和目标 2 反射之后,在阴极面上所产生的光电流分别为 I_1 及 I_2,则它们之间的初始对比度为

$$C = \frac{I_1 - I_2}{I_1 + I_2} = \frac{\int \phi_m\phi(\lambda)\rho_1(\lambda)R_m R(\lambda)\mathrm{d}\lambda - \int \phi_m\phi(\lambda)\rho_2(\lambda)R_m R(\lambda)\mathrm{d}\lambda}{\int \phi_m\phi(\lambda)\rho_1(\lambda)R_m R(\lambda)\mathrm{d}\lambda + \int \phi_m\phi(\lambda)\rho_2(\lambda)R_m R(\lambda)\mathrm{d}\lambda}$$

$$= \frac{\int \phi(\lambda)\rho_1(\lambda)R(\lambda)\mathrm{d}\lambda - \int \phi(\lambda)\rho_2(\lambda)R(\lambda)\mathrm{d}\lambda}{\int \phi(\lambda)\rho_1(\lambda)R(\lambda)\mathrm{d}\lambda + \int \phi(\lambda)\rho_2(\lambda)R(\lambda)\mathrm{d}\lambda} \tag{4-32}$$

夜天光的晴朗星光和月光的辐射分布,以草木为背景、涂有暗绿色漆物体的两个目标的反射比,以及常用的两个光电阴极 S-20 和 S-25 的光谱响应特性如图 4-11 所示。在星光照射下或月光照射下,两个目标在阴极上的电流密度分布如图 4-12 所示。根据公式和实验测试的数据,计算得到的 C 值如表 4-3 所列。

表 4-3 阴极光电子发射密度及其对比度

阴极类型		S-1	S-20		S-25			眼睛			NEA
光源		标准红外光源	星光	月光	星光	月光	标准红外光源	星光	月光	日光	星光
光电子发射密度(相对值)	绿色草木	0.1706	0.2376	0.1619	0.6626	0.2206	0.1840	0.1982	0.1678	0.3435	0.116
	暗绿色漆	0.0246	0.1695	0.1447	0.2301	0.1365	0.0294	0.1816	0.1503	0.3084	0.025
对比		0.7480	0.1670	0.0560	0.4840	0.2350	0.7250	0.0437	0.0550	0.0523	0.645

由计算与实验可得到以下基本结论:

(1) 以草木为背景、涂有暗绿色漆的目标,在星光或月光照射下,对于其反射光的接收,S-25 阴极所提供的初始对比总是高于 S-20 阴极,如图 4-12(a)和(b)所示。绿色草木及暗绿色漆在短波 0.6μm 以下相差不大,而在长波区的反差能力相差极大,如图 4-11(b)所示,因而在同一光源照射下,目标和背景在长波区提供给阴极的辐射之差也大。而 S-25 和 S-20 阴极的光谱响应在短波区相差不多,而在长波区(0.6μm 以上),S-25 的光谱响应比 S-20 大得

多,如图 4-11(c)所示。与 S-20 阴极相比,S-25 阴极在长波区的较大响应,能使目标和背景的辐射之差有效地变为电流之差,因而能得到大的对比,如图 4-12(a)、(b)所示。

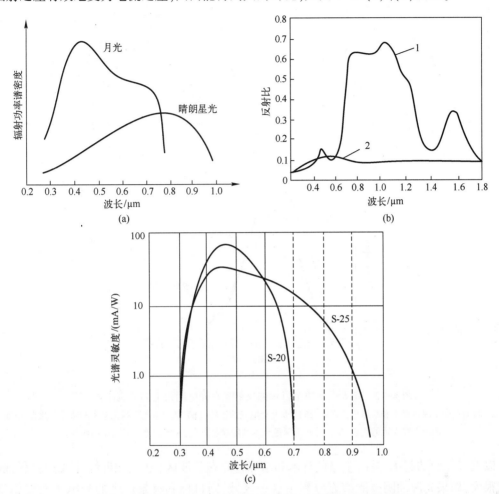

图 4-11 两种夜天光源、两个目标的反射比、两种光电阴极的特性
(a) 晴朗星光和月光光源的辐射分布;(b) 典型目标的反射光谱曲线;(c) S20 和 S25 两种光电阴极的光谱响应曲线。
1—绿色草木;2—暗绿色漆。

对同一光源,阴极长波响应大者,提供的初始对比较高,这是因为它充分利用了目标间在长波上的反差,这就是阴极响应要向红外延伸的原因。

在星光下:$C_{NEA} > C_{S-25} > C_{S-20} > C_{人眼}$。

(2) 对同一阴极(如 S-25),比较星光和月光两种情况可以看出,星光照射下的两个目标在 S-25 阴极面上的对比,总是高于月光照射下两个目标在 S-25 阴极上的对比,如图 4-12(a)、(c)所示。这是因为经反射后目标和背景在长波区相差悬殊,而星光在长波区相对分布大于月光,因而经目标反射之后,星光提供的辐射差比月光提供的辐射差大,而经同一阴极之后,有效地反映了这一差值,所以星光提供的对比较大。

对同一阴极,光源光谱偏向长波者,能提供较高的初始对比。如对 S-25,$C_{标红} > C_{星光} > C_{月光}$。

(3) 由于光电阴极长波阈总是大于眼睛,所以光电阴极 S-20、S-25、NEA 等所提供的初始对比总是大于人眼。

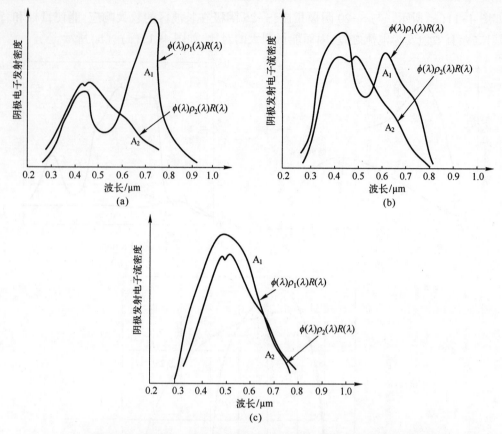

图 4-12 夜天光下两个目标的反射光在光电阴极上的电流比较

(a) 晴朗星光下绿色草木和暗绿色漆在 S-25 阴极上光电流的比较；(b) 晴朗星光下绿色草木和暗绿色漆在 S-20 阴极上光电流的比较；(c) 月光下绿色草木和暗绿色漆在 S-25 阴极上光电流的比较。

以上三点归纳起来,是由于绿色草木和暗绿色漆在长波区(红光和近红外区)的反射能力相差很大,如果光源和阴极能够充分利用这一区域,则目标和背景产生的光电子密度相差悬殊,因而能够提高初始对比。

所以,要尽可能地延伸阴极在长波(红外)的响应,并努力提高高效长波辐射光源。以上三结论是研究像管光电阴极和光源的指导思想。

4.2.2 像管的增益特性

足够的亮度是观察图像的必要条件,所以要有足够的亮度,使输出的亮度足够亮。眼睛不会因亮度而影响探测能力。而输出亮度的大小,在入射照度一定时,由亮度增益所决定。

1. 增益的定义

表示增益的方法有三种,即亮度增益、辐射亮度增益、光通量增益,常用的是亮度增益。

1）亮度增益

亮度增益为像管输出亮度 L 与阴极入射照度 E_v 之比的 π 倍,即

$$G_L = \frac{\pi L}{E_v} \tag{4-33}$$

对朗伯光源增益,有

$$G_L = \frac{M}{E_v} \tag{4-34}$$

式中 M——光出射度，单位为 lm/m^2。

2) 辐射亮度增益

$$G_{Le} = \frac{\pi L}{E_e} \tag{4-35}$$

式中 E_e——阴极面辐照度，单位为 W/m^2。

由于 $E_v = E_e \cdot K$，则

$$G_{Le} = \frac{\pi L \cdot K}{E_v} = G_L \cdot K \tag{4-36}$$

式中 K——光视效能。

3) 光通量增益

如果增益用光通量来定义，则光通量增益为

$$G_\phi = \phi_{out}/\phi_{in} \tag{4-37}$$

式中 ϕ_{out}, ϕ_{in}——输出和输入光通量。

$$G_\phi = \frac{MA_s}{E_v A_c} = G_L \cdot m^2 \tag{4-38}$$

式中 m——像管几何放大率，也称线倍率；

A_s, A_c——荧光屏和阴极有效面积。

所以，光通量增益为亮度增益的 m^2 倍。

2. 亮度增益的大小

根据亮度增益的定义，可建立其计算公式。

对于单级像管，设入射照度为 E_1，积分灵敏度为 $R_{\phi 1}$，阴极有效面积为 A_{c1}，则阴极发射的电流 I_1 为

$$I_1 = E_1 \cdot R_{\phi 1} \cdot A_{c1} \tag{4-39}$$

电子光学系统透射比为 β_1，高压为 U_1，轰击荧光屏的电子流功率为

$$P_1 = \beta_1 I_1 U_1 = \beta_1 E_1 R_{\phi 1} A_{c1} U_1 \tag{4-40}$$

设屏的发光效率为 $\eta_1 (lm/W)$，阳极有效面积为 A_{s1}，则屏发出的光通量为

$$\phi_1 = P_1 \eta_1 = \beta_1 E_1 R_{\phi 1} U_1 A_{c1} \eta_1 \tag{4-41}$$

$$G_L = \frac{M_1}{E_1} = \frac{\phi_1}{E_1 \cdot A_{s1}} = \frac{\beta_1 R_{\phi 1} U_1 \eta_1}{m_1^2} \tag{4-42}$$

$$m_1^2 = A_{s1}/A_{c1} \tag{4-43}$$

对于二级串联管，第一级出射的光通量就是第二级的入射光通量，则第二级的输出光通量为

$$\phi_2 = P_2 \eta_2 = \beta_2 I_2 U_2 \eta_2 = \beta_2 \phi_1 R_{\phi 2} U_2 \eta_2 \tag{4-44}$$

所以

$$G_L = \frac{M_2}{E_1} = \frac{\phi_2}{E_1 \cdot A_{s2}} = \frac{\beta_1 \beta_2 R_{\phi 1} R_{\phi 2} U_1 U_2 \eta_1 \eta_2}{m_1^2 \cdot m_2^2} \tag{4-45}$$

$$m^2 = \frac{A_{s2}}{A_{c1}} = \frac{A_{s2}}{A_{c2}} \cdot \frac{A_{s1}}{A_{c1}} = m_1^2 \cdot m_2^2 \tag{4-46}$$

式中 A_{c1}——第一阴极有效面积；

A_{c2}——第二阴极有效面积；

A_{s1}——第一荧光屏有效面积；

A_{s2}——第二荧光屏有效面积，其中 $A_{c2}=A_{s1}$。

同理可写出三级级联管的总亮度增益为

$$G_L = \beta_1\beta_2\beta_3 R_{\phi1}R_{\phi2}R_{\phi3}U_1U_2U_3\eta_1\eta_2\eta_3 \cdot \frac{1}{m_1^2 \cdot m_2^2 \cdot m_3^2} \tag{4-47}$$

3. 亮度增益的分析

亮度增益与像管各参量的关系是在一定照度范围内，G_L 与 β、R、η、U 成正比，与 m^2 成反比，我们希望通过改变这些参数来提高像管增益。

(1) 电子光学系统的透过率要高，亦即电子光学系统阻挡的电子尽可能少，这要通过合理地选择设计电子光学系统，在保证系统像质的前提下增大阳极孔径，保证边缘轨迹不被切割。

(2) 阴极积分灵敏度 R 要大，这要求光电阴极的峰值灵敏度 R_m 及阴极与光源的光谱匹配系数大，第一级光电阴极与目标入射来的辐射光谱要很好地吻合，中间的阴极响应与前级荧光屏的发射光谱也要很好地吻合。由于夜天光主要在红光和近红外区，绿色草木在这一光波段的反射能力很强，它和军事目标在这一光波区的反射能力相差悬殊，所以延伸阴极长波响应既可提高对比，又能提高增益。

(3) 加速电压 U 越高，增益越大，但是过高的电压会使场致发射加剧，甚至造成放电，使图像对比显著下降，严重影响成像质量。因此电压要恰到好处，适可而止。

(4) 荧光屏的发光效率 η 要高，这可通过选择合适的粉型及工艺来达到。粉层较厚，颗粒大，荧光屏效率高，但鉴别率降低。

(5) 窗口及中间耦合材料的透光率要高。如果采用光纤板，有效数值孔径要大。

(6) 缩小电子光学系统的线倍率，亮度增益将以平方关系增加，但是图像变小，因而观察视角减小，不利于观察；而且由于荧光屏的鉴别率有限，过小的图像细节难以分辨，所以不宜太小，一般取 0.5~1。

像管之所以能够实现亮度增益，其实质在于高压 U 的作用，通过高压，电子能量增加，亮度增加。而其他因素只能起传递和转换图像的作用，没有能量馈入，但是这些因素对增益影响极大，必须合理选取。

像管的亮度增益并非越大越好，增益过大会使输出亮度过高，产生眩目现象，通常保证输出亮度为 $10\mathrm{cd/m^2}$ 的数量级即可，三级像增强器工作在 $10^{-3}\mathrm{lx}$ 光照条件下，其亮度增益为 $(2\sim5)\times10^4$ 倍。要用自动亮度增益控制电路，以保证在很宽的入射辐射光范围内，输出亮度均衡。

4.2.3 像管的光传递特性

像管的光传递特性指输出亮度随入射照度变化的关系。当入射照度较低时，输出亮度同入射照度保持着线性，当入射照度大到某一值后，亮度不再增加，这个现象称为饱和，在出现饱和后，亮度增益将随照度增加而下降，如图 4-13 所示。其原因如下：

(1) 光电阴极光电发射的有限性。它的发射能力不可能无限制地增加，所以当入射照度大到一定值后，阴极出现疲劳现象，阴极没有

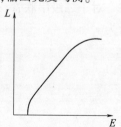

图 4-13 输出亮度与入射照度的关系

能力迅速补偿所失去的大量电子,致使光电子发射的数目减小。

(2) 空间电荷区。由于入射照度增加,阴极发射光电子数目随着增加,因而在光电子奔赴荧光屏的过程中,空间电荷效应增加,结果使部分电子不能打在屏上,影响亮度的增加。

(3) 在光电子密度太大时,荧光屏的发光能力也不可能无限地增大。当然在一般的情况下,如果电子流密度在 $10^{-15} \sim 10^{-5} \text{A} \cdot \text{cm}^{-2}$ 范围内,荧光屏的发光效率变化不大。所以在像管中一般来说,荧光屏对亮度饱和现象影响不大。$G = \frac{\pi L}{E}$ 是亮度增益。如 $L-E$ 线性部分,G 是常数可以测量,但达到饱和后,G 不再是常数,所以测试像管增益时,必须考虑工作照度,使其光学传递特性处在线性范围内。

4.2.4 像管的背景特性

像管的背景指它的背景亮度,即指除信号以外的附加亮度,根据背景的来源又分为暗背景亮度和信号感生背景亮度。

1. 暗背景

把像管置于完全黑暗的环境中,当加上工作电压后,荧光屏上仍然会发出一定亮度的光,这种无照射时荧光屏的发光称为像管的暗背景。暗背景在变像管中的表现是在荧光屏上出现均匀的亮度,在像增强器中的表现是在荧光屏上出现闪烁光点。这些现象说明,在像管中存在着与光照无关的电子,其主要来源是光电阴极的热发射电流、局部场强产生的场致发射、正电极上的二次电子发射等,这些电子也在电场的加速下轰击荧光屏,使之发光。由于暗背景的存在,在荧光屏的目标图像上都叠加了一个背景亮度,使图像的对比下降,甚至在微弱照明下产生的图像有可能淹没在背景中而不能辨别。

背景一般用背景等效照度来度量。

背景等效照度 E_b 定义为与暗背景亮度相当的阴极入射照度。

$$E_{be} = \frac{\pi L_{db}}{G_L} \tag{4-48}$$

式中 L_{db}——暗背景亮度;

G_L——亮度增益。

L_{db} 一般为 $10^{-3} \sim 10^{-2} \text{cd/m}^2$,通过增益可得 E_{be},而通常变像管的 E_{be} 为 10^{-3}lx 数量级,微光管的 E_{be} 为 10^{-7}lx 数量级。

减少暗背景,要减小热发射,选用热发射小的光电阴极,降低阴极温度可降低热发射,减小电极污染,尤其是降低铯的污染,有利于降低局部场强和二次电子发射。

2. 信号感生背景

除上述暗背景外,当像管受到辐照时还要引起一种与入射信号无关的附加背景亮度,称为信号感生背景 L_{sb},主要来源有光反馈和离子反馈。入射光有一部分要透过半透明阴极,这部分透过光在管内电极和管壁的散射下又反馈到光电阴极上,另外荧光屏的光也有一部分经过阳极孔或管壁和电极的散射反馈到光电阴极上。所有这些反馈都将引起光电阴极产生不希望有的电子发射,并在荧光屏上激发一个附加的背景亮度,这就是光反馈。在像管中,黑化电极、荧光屏上蒸铝以及合理地减小阳极孔径尺寸,都是减少光反馈的措施。

离子反馈是由于管内残余气体被电离后,正离子轰击阴极表面而产生的大量二次电子所造成的。离子反馈在无光照时由于热发射电流的作用就已存在,当有光照时将随入射光强度的提高又有所增加。

3. 背景对像质的影响

像管的总背景亮度 L_b 是暗背景亮度 L_{db} 和入射辐射所引起的信号感生背景亮度 L_{sb} 之和。

$$L_b = L_{db} + L_{sb} \tag{4-49}$$

在没考虑背景亮度时,图像对比度为

$$C_0 = \frac{L_{max} - L_{min}}{L_{max} + L_{min}} \tag{4-50}$$

式中 L_{max} 和 L_{min} ——荧光屏上图像亮度的最大值和最小值。

在考虑背景亮度时,荧光屏的图像对比度为

$$C_b = \frac{(L_{max} + L_b) - (L_{min} + L_b)}{L_{max} + L_b + L_{min} + L_b} \tag{4-51}$$

$$C_b = \frac{L_{max} - L_{min}}{L_{max} + L_{min} + 2L_b} \tag{4-52}$$

$$C_b = C_0 \left(1 + \frac{2L_{db}}{L_{max} + L_{min}} + \frac{2L_{sb}}{L_{max} + L_{min}}\right)^{-1} \tag{4-53}$$

令

$$\gamma_{db} = \frac{2L_{db}}{L_{max} + L_{min}} \tag{4-54}$$

$$\gamma_{sb} = \frac{2L_{sb}}{L_{max} + L_{min}} \tag{4-55}$$

则

$$C_b = C_0 (1 + \gamma_{db} + \gamma_{sb})^{-1} = C_0 \gamma^{-1} \tag{4-56}$$

$\gamma^{-1} = (1 + \gamma_{db} + \gamma_{sb})^{-1}$ 称为对比恶化系数,它表示了背景亮度对图像对比的恶化程度,其数值为 $0 \sim 1$。

对比恶化系数与入射光照度 E 之间的关系如图4-14所示,在 $E < 10^{-3}$ lx 时,γ^{-1} 减小,图像对比度将随入射照度的减小而迅速恶化,这时暗背景亮度是与入射光照度无关的固定量,当入射光照度减少,暗背景起主要作用,对比恶化程度增加;当 $E > 10^{-3}$ lx 时,恶化系数大致不变,对比度以一个大致不变的系数恶化,这主要是由入射辐射所引起的感生背景亮度所致,因为 L_{sb} 随入射辐射而增加,当 E 增加时 L_{db} 可忽略不计,而 L_{sb} 将随 E 增加而增加,使对比恶化。

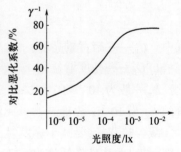

图 4-14 对比恶化系数与光照度的关系

4.2.5 像管的传像特性

像管的传像特性指像管传递图像时,对图像几何形状和亮度分布的影响,主要研究图像几何形状的影响及测试。

在像管中,影响图像几何形状的因素主要是电子光学系统,如光学系统的放大率及畸变。放大率为像管出射端图像的线性尺寸 l' 与入射端图像相应的线性尺寸 l 之比,即 $M = \frac{l'}{l}$。

变像管和像增强器是一种宽束电子光学系统的电真空器件,它的边缘由于透镜对不同的离轴距离的物点单向放大率不同而产生图像畸变。如图 4-15 所示，如果离轴远的物点单向放大率比近轴放大率大，则产生"枕形"畸变，如果离轴远的物点单向放大率比近轴放大率小，则产生"桶形"畸变，至于产生"枕形"还是"桶形"畸变，由透镜场的结构所决定。

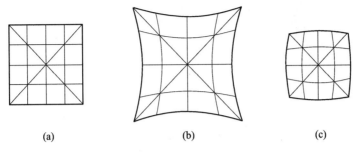

图 4-15　成像器件的畸变图形
(a) 没有畸变的图形；(b) 枕形畸变图形；(c) 桶形畸变图形。

设像管入射端距轴 r 处有一径向线段 l，出射端的实际尺寸为 l'，则该处的实际放大率是 $M_r = \dfrac{l'}{l}$。如果以 l'_0 表示出射端没有畸变时的高斯图像大小，则高斯放大率 $M_0 = \dfrac{l'_0}{l}$。由于实际图像与高斯图像之间存在着偏差，其变形尺寸为 $\Delta l' = l' - l'_0$。我们以变形尺寸 $\Delta l'(=l'-l'_0)$ 与理想的高斯成像尺寸 l'_0 之比来表征像管的畸变程度，即 r 处的畸变量为

$$D_r = \frac{l'-l'_0}{l'_0} = \frac{(l'-l'_0)/l}{l'_0/l} = \frac{M_r}{M_0} - 1 \tag{4-57}$$

根据畸变定义，对多级像管，有

$$D_r = (D_{1r}+1)(D_{2r}+1)(D_{3r}+1) - 1 \tag{4-58}$$

畸变可用实际放大率和理想放大率来求得，所以不用单独测量畸变，只要测出这两种放大率就够了。

安置在平行光管焦面上的测试板（分划板），在毛玻璃散射光的照射下，经物镜和投影物镜后成像在像管的阴极面上，通过像管，在屏上得到测试板的输出图像。只要测出测试板上图案的像高及阴极面上的物高，即可算出像管的放大率，由中心区（认为是理想成像）和轴外某点的放大率，可算出该点的畸变值。

读出中心轴上放大率 M_0 和 r 处的放大率。通常所说的放大率，是针对中心区而言的。中心区一般取有效工作直径区域的 1/10，而畸变则指 80% 有效工作直径处。通常认为中心的图像是高斯图像。

畸变低至 3%～5%，一般认为对观察者来说，已没有什么影响。

4.2.6　像管的时间响应特性

像管的时间响应特性主要由荧光屏所决定，因为光电阴极的发射过程很短，约为 10^{-12}s 量级，光电子在管中的渡越时间也很短，约为 10^{-10}s 量级，荧光屏的惰性时间由荧光粉的类型和激发电子流密度所决定，通常为 ms 级。对于特殊需要的像管，应选择短余辉的粉型。

4.2.7　空间分辨特性

1. 空间频率

空间频率为周期量在单位空间（单位长度、面积、体积）上变化的周期数。现以一维情况

具体说明。如图4-16所示,设有亮暗相间的等宽条纹图案,其亮度$L(x)$是周期函数。

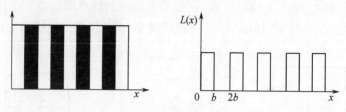

图4-16 空间频率示意图

空间频率有两种表示方法。

(1) 单位长度上的周期数,记为f,有

$$f=\frac{1}{2b} \quad (\text{lp/mm}) \tag{4-59}$$

式中 b——线条宽度;

lp——线对,每一线对包含一条亮线和一条暗线。

(2) 以整个目标上的周期数表示,记为f_t,有

$$f_t=f \cdot h=\frac{h}{2b} \tag{4-60}$$

式中 h——目标总宽度。

2. 空间分辨率

空间分辨率指成像系统能够将两个相隔极近的目标的像刚好分辨清的能力,它反映了系统的成像和传像能力,单位是线对/毫米(lp/mm),例如说某像管的分辨率是30lp/mm,就是指空间频率数小于或等于30lp/mm,对比度为100%的测试图案经过像管后能看清,而大于30lp/mm的测试图案则模糊不清,就是再放大几倍也分辨不出条纹。

测试分辨率比较常用图案是栅格状的标准测试板,如图4-17所示,共有五块测试板,每一块由25个单元组成,每一单元又由互成45°的四个方向的条纹组成,各单元的条纹宽度按一定的排列依次减小,空间频率逐渐增大。

所谓分辨出的线对数是指四个方向的条纹能同时分辨出的线对数,如果不能同时看清,则认为该单元是不可分辨的。

因为分辨率是用目视方法测定的,所以各测试者对比灵敏阈值有差别,而测得的分辨率往往是一个不确定的量。限制人眼分辨能力的因素有三个,即物体的亮度、视角及亮度对比度。为便于各器件间进行比较,测试图案的亮度对比取规定值,如取

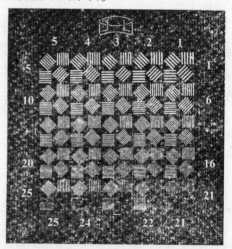

图4-17 栅格型分辨率测试板

最大亮度对比$C=1$,同时测试板的照度足够强,至少大于10^{-3}cd/cm^2,像管荧光屏的像应调到适合于人眼的亮度,测试分辨率时,测试者用5~20倍的放大镜观察屏上的图像。

用分辨率评定器件的传像特性,其优点是方便、简单、直观,但是也有缺点,主要是:受主观因素影响;只给出极限结果,对其他频率的情况一概不知;受人眼视场的限制,与实际情况不尽

相同,尤其是对串联系统的中间环节的评价更不合适;极限分辨率模糊不清,难以确认;不能排除伪分辨现象。

使用分辨率来表征像管的成像质量时往往出现两个像管所测的极限分辨率一样而其成像质量却有很大差异的现象。这说明分辨率这一参数并不能全面反映出影响成像质量的各种因素,这是由于以目测为手段和人眼的差异所致。虽然这种方法简便,但并不是评定像管的理想方法。

3. 光学传递函数的定义与表达式

鉴于用分辨率评价器件成像质量的种种缺点,需要寻求更客观的科学评价方法,传递函数就是其中一种。

点扩散函数和线扩散函数:点光源物面上坐标为(x,y),像面上光能分布函数$h(x',y')$,由于系统的影响,像为扩散弥散斑,即称为点扩展函数;物面上一条线光源为δ函数,在像面上的光能分布$h(y')$,基本为高斯分布,即称为线扩展函数,如图4-18所示。

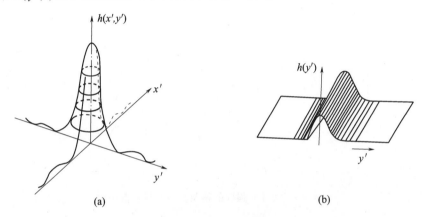

图4-18 扩散函数
(a) 点扩散函数;(b) 线扩散函数。

光学系统的物和像具备下列几个特点,则称为线性系统。

(1) 线性,即系统满足亮度叠加原理。物面上光的强度为$I_1(x)$、$I_2(x)$,相应像面上光的强度为$I_1'(x')$、$I_2'(x')$,简单表示为

$$物面\ I_1(x) \rightarrow 像面\ I_1'(x')$$
$$物面\ I_2(x) \rightarrow 像面\ I_2'(x')$$

满足线性条件,应有

$$物面\ I_1(x) + I_2(x) \rightarrow 像面\ I_1'(x') + I_2'(x')$$

上式反映了物像间的线性关系,如果器件处于亮度饱和状态,则不满足这一关系,线性条件可理解为增益不变性。

(2) 空间不变性,即在所考虑的范围内,器件处处有相同的像扩散能力,即无论物面上哪一点,它在像面上都产生同样的弥散斑,各处有相同的统一的点及线扩展函数,这就是"等晕"条件。

(3) 几何相似性,这一条件指物与像之间不发生几何变形,为简便计,设系统的几何倍率为1,即像的空间频率等于物的空间频率。

(4) 亮度增益为1,如亮度增益不为1,也得到同样的结果,但推导比较麻烦。

设在物平面x_1处有一条光强度为$I_1(x_1)$的亮线,经光学系统后在像面上x'处是一扩展的

像,如图4-19(a)所示,其光的强度分布为

$$I'_1(x') = I_1(x_1) h(x'-x_1) \tag{4-61}$$

如果物面上的 x_1、x_2 两处各有一条互相独立的亮线,光的强度分别为 $I_1(x_1)$、$I_2(x_2)$,则通过线性的光学系统后在像面上得到的光的强度分布为

$$I'(x') = I'_1(x') + I'_2(x') = I_1(x_1) h(x'-x_1) + I_2(x_2) h(x'-x_2) \tag{4-62}$$

即像的光强度分布由两个弥散斑的光强度叠加而成,如图4-19(b)所示。

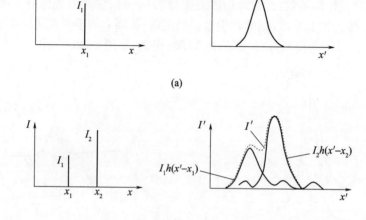

图4-19 线性光强度的物及其像的线扩散函数

在物平面上是一个连续的光强度分布 $I(x)$ 时,则像面上的光强度分布为

$$I'(x') = \int_{-\infty}^{+\infty} I(x) h(x'-x) \mathrm{d}x \tag{4-63}$$

此式在数学上叫做 $h(x'-x)$ 对 $I(x)$ 的卷积,即物的像是线性扩散函数和物函数的卷积。

像面上的强度分布 $I'(x')$ 是各 $I(x)$ 经扩展后在像面上 x' 处叠加后的结果。

$$I'(x') = I(x) * h(x) \tag{4-64}$$

分别对物、像强度分布进行傅里叶变换 $F[I(x)]$、$F[I'(x')]$,可得物、像的频谱函数为

$$I(f) = F[I(x)] = \int_{-\infty}^{+\infty} I(x) \mathrm{e}^{-\mathrm{i}2\pi fx} \mathrm{d}x \tag{4-65}$$

$$I'(f) = F[I'(x')] = \int_{-\infty}^{+\infty} I'(x') \mathrm{e}^{-\mathrm{i}2\pi fx'} \mathrm{d}x' \tag{4-66}$$

把式(4-63)代入式(4-66),有

$$\begin{aligned} I'(f) &= \int_{-\infty}^{+\infty} \left[\int_{-\infty}^{+\infty} I(x) h(x'-x) \mathrm{d}x \right] \mathrm{e}^{-\mathrm{i}2\pi fx'} \mathrm{d}x' = \\ & \int_{-\infty}^{+\infty} h(x'-x) \mathrm{e}^{-\mathrm{i}2\pi f(x'-x)} \mathrm{d}x' \int_{-\infty}^{+\infty} I(x) \mathrm{e}^{-\mathrm{i}2\pi fx} \mathrm{d}x = \\ & F[h(x)] \cdot I(f) \end{aligned} \tag{4-67}$$

第一部分积分是线扩展函数 $h(x'-x)$ 的傅里叶变换 $F[h(x)]$。

第二部分是物面光强度分布 $I(x)$ 的傅里叶变换 $I(f)$。

光学传递函数(OTF)为输出函数的傅里叶变换与输入函数的傅里叶变换之比。所以,光

学传递函数就是光学系统对线扩散函数的傅里叶变换。

$$O(f) = \frac{F[I'(x')]}{F[I(x)]} = \frac{F[I(x)*h(x)]}{F[I(x)]} = \frac{F[I(x)] \cdot F[h(x)]}{F[I(x)]} = F[h(x)] \quad (4-68)$$

当 $O(f)=1$ 时，$I'(f)=I(f)$ 表示系统对任意谐波成分是完全透明的，并对各次谐波无相位上的位移，这是理想系统的情况，实际上 $O(f)$ 永远小于1。将 OTF 写为

$$O(f) = \int_{-\infty}^{+\infty} h(x) e^{-i2\pi fx} dx \quad (4-69)$$

它是一个复函数，它的实部是线扩散函数 $h(x)$ 的傅里叶余弦变换，即

$$F_c(f) = \int_{-\infty}^{+\infty} h(x) \cos 2\pi fx dx \quad (4-70)$$

其虚部是线扩散函数 $h(x)$ 的傅里叶正弦变换，即

$$F_s(f) = \int_{-\infty}^{+\infty} h(x) \sin 2\pi fx dx \quad (4-71)$$

$$O(f) = F_c(f) - iF_s(f) \quad (4-72)$$

如果用它的模 $M(f)$ 和幅角 $P(f)$ 来表示，则

$$O(f) = M(f) e^{-iP(f)} \quad (4-73)$$

其中模为

$$M(f) = \sqrt{F_c^2(f) + F_s^2(f)} \quad (4-74)$$

幅角为

$$P(f) = \arctan \frac{F_s(f)}{F_c(f)} \quad (4-75)$$

$O(f)$ 的实部和虚部也可以分别用模和幅角表示，即

$$F_c(f) = M(f) \cos P(f) \quad (4-76)$$

$$F_s(f) = M(f) \sin P(f) \quad (4-77)$$

$F_c(f)$ 及 $F_s(f)$ 分别为线扩展函数的余弦变换和正弦变换。$M(f)$ 为线扩展函数的傅里叶变换的模，称为调制传递函数，简写为 MTF。$P(f)$ 为线扩展函数的傅里叶变换的幅角，称为相位传递函数，简写为 PTF。

4. 光学传递函数同物、像亮度对比的关系

设物函数光强度分布为

$$I(x) = I_0 + I_m \sin 2\pi fx \quad (4-78)$$

按卷积求像的强度分布为

$$I'(x') = \int_{-\infty}^{+\infty} I(x) h(x'-x) dx = \int_{-\infty}^{+\infty} I(x'-x) h(x) dx \quad (4-79)$$

把物函数代入上式，$\omega = 2\pi f$，得

$$I'(x') = \int_{-\infty}^{+\infty} I_0 h(x) dx + I_m \left\{ \left[\int_{-\infty}^{+\infty} h(x) \cos \omega x dx \right] \sin \omega x' - \left[\int_{-\infty}^{+\infty} h(x) \sin \omega x dx \right] \cos \omega x' \right\} \quad (4-80)$$

令

$$\int_{-\infty}^{+\infty} h(x) dx = 1 \quad (4-81)$$

即将光强度为1的亮线的像所包含的光能取为光能单位。

$$I'(x') = I_0 + I_m [F_c(f) \sin \omega x' - F_s(f) \cos \omega x'] = I_0 + I_m M(f) \sin[\omega x' - P(f)] \quad (4-82)$$

输出的光强度的函数如图 4-20 所示。

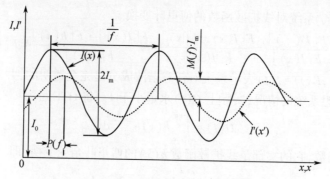

图 4-20 光学传递函数同物、像亮度对比的关系

如图 4-20 所示,可得:

(1) 物的光强度为正弦分布时,其像的光强度仍为正弦分布,并且二者平均亮度相同,空间频率也相同。

(2) 交变部分的振幅为 I_m,经光学系统后,像的振幅度为 $M(f)I_m$,$M(f)$ 是 OTF 的模。物方调制度或对比度为

$$C(f) = \frac{I_{max} - I_{min}}{I_{max} + I_{min}} = \frac{I_m}{I_0} \tag{4-83}$$

像方调制度为

$$C'(f) = \frac{M(f) \cdot I_m}{I_0} = M(f)C(f) \tag{4-84}$$

可见,$M(f) = \frac{C'(f)}{C(f)}$,即调制传递函数等于正弦图案的对比传递系数。所谓对比传递系数就是像函数的对比度与物函数的对比度之比。如果 $M(f) = 1$,则 $C'(f) = C(f)$,即像和物的调制度相同;如果 $M(f) = 0$,则不论物的调制度情况如何,像的调制度为 0,即强度是均匀的一片,分不出图像,一般 $M(f) < 1$,即经过系统后,像的调制度降低了 $M(f)$ 倍,它是随空间频率 f 变化的函数,所以称为调制传递函数,记为 MTF。

(3) 像的交变部分还附加了一个初相角 $P(f)$,在图形上表现为一个横向的位移。$P(f)$ 是 OTF 的幅角,称为相位传递因子,它是随空间频率变化的函数,所以称为相位传递函数,记为 PTF。

5. 串联系统的光学传递函数

对于复合系统的像增强器,其光学传递函数等于各级的光学传递函数之积。

对两级
$$O(f) = O_I(f) \cdot O_{II}(f) =$$
$$M(f)e^{-iP(f)} = M_I(f) \cdot M_{II}(f) \cdot e^{-j(P_1(f) + P(f_2))} \tag{4-85}$$

所以
$$M(f) = M_I(f) \cdot M_{II}(f) \tag{4-86}$$
$$P(f) = P_I(f) + P_{II}(f) \tag{4-87}$$

对于 k 个线性系统
$$O(f) = \prod_{i=1}^{k} O_i(f) \tag{4-88}$$
$$M(f) = \prod_{i=1}^{k} M_i(f) \tag{4-89}$$

$$P(f) = \sum_{i=1}^{k} P_i(f) \tag{4-90}$$

6. 调制传递函数与方波对比传递系数的关系

调制传递函数是正弦图案的对比传递系数,然而在测试时,为了便于制作测试图案,往往采用方波亮度函数,所测结果为方波对比传递系数。f 为方波的频率。

设方波函数 $I_r(x) = I_0 \pm I_m$,并设方波的对比传递系数为 $R(f)$,有

$$R(f) = C'_r(f) / C_r(f) \tag{4-91}$$

式中 $C_r(f)$——方波图案物的对比度,且

$$C_r(f) = \frac{I_{\max} - I_{\min}}{I_{\max} + I_{\min}} = \frac{I_m}{I_0} \tag{4-92}$$

$C'_r(f)$——方波图案像的对比度。

由 $R(f)$ 可以算出 $M(f)$。

因为周期的方波函数总可以展开为正弦波的叠加,$\omega = 2\pi f$,即

$$I_r(x) = I_0 + \frac{4}{\pi} I_m \left[\sin\omega x - \frac{1}{3}\sin 3\omega x + \frac{1}{5}\sin 5\omega x - \cdots \right] \tag{4-93}$$

设 $I_r(x)$ 为方波图案的物函数,其像函数应为它的各次谐波的传递结果,如不考虑相位关系,则像的光强度的分布为

$$I'_r(x) = I_0 + \frac{4}{\pi} I_m \left[M(f)\sin\omega x - \frac{1}{3}M(3f)\sin 3\omega x + \frac{1}{5}M(5f)\sin 5\omega x - \cdots \right] \tag{4-94}$$

为求方波的对比传递系数,应先求出物和像的对比度。

物的对比为

$$C_r(f) = \frac{I_m}{I_0} \tag{4-95}$$

像的对比为

$$C'_r(f) = \frac{4}{\pi} I_m \left[M(f) - \frac{1}{3}M(3f) + \frac{1}{5}M(5f) - \cdots \right] / I_0 \tag{4-96}$$

由此可得方波对比传递系数为

$$R(f) = \frac{4}{\pi} \left[M(f) - \frac{1}{3}M(3f) + \frac{1}{5}M(5f) - \cdots \right] \tag{4-97}$$

经过递推可以得到以方波传递函数表示的 MTF,即

$$M(f) = \frac{\pi}{4} \left[R(f) + \frac{1}{3}R(3f) - \frac{1}{5}R(5f) + \frac{1}{7}R(7f) + \frac{1}{11}R(11f) - \frac{1}{13}R(13f) - \frac{1}{15}R(15f) - \right.$$
$$\left. \frac{1}{17}R(17f) + \frac{1}{19}R(19f) + \frac{1}{21}R(21f) + \cdots \right] \tag{4-98}$$

7. 调试传递函数的测试原理

测试 MTF 的方法有对比度法、光学模拟傅里叶变换法和刀口法,但使用得最普遍、方便、简捷的方法是对比测试法。因为调制传递函数就是器件对正弦图案的亮度对比传递系数,所以,只需测出正弦图案的像和物的亮度对比即可。如果采用亮度对比为 1 的正弦输入图案,则其像的对比就是 MTF。

由于正弦亮度图案相对难以制作,目前,输入图案通常采用方波图案的方法。

接收系统可以用照相感光材料,也可以用狭缝扫描,用狭缝扫描器件的输出图像,将所得的光信号用光电倍增管转换成电信号而后显示或记录,从中得到对比。现在还可用CCD摄像机和计算机进行处理。各种频率的方波图案板,经标准光源照射后,经物镜变成平行光,成像于阴极面上,像管输出的图像直接用高分辨CCD摄像机摄取图像,视频信号经转换输入计算机或示波器进行信号处理,获得定量数据。如能使具有各种频率的方波图案与摄像系统计算机同步操作,则能实现自动测试。

8. 像管的调制传递函数意义举例

如图4-21所示为两个三级级联像增强器调制传递函数。

零频时MTF为1,随着空间频率的增加MTF曲线下降,直到截止,这个截止点表示像增强器所能通过的最高空间频率,换句话说,只有低于所截止频率的空间频率才能通过这个像增强器,由此可以说,像管是一个空间频率的低通滤波器。

通常取$MTF(f)=0.05$所对应的空间频率为极限分辨率,即像管的空间分辨率。严格来说,应该用器件的探测曲线(方程)同MTF曲线的交点来确定极限分辨率。

由MTF曲线可以看出,极限分辨率并不能充分地表征像管的成像性能,只有用完整的MTF曲线才能更好地评价像质,如图4-21所示,单从极限分辨率来看,B管比A管要高,但实质上A管的成像比B管清晰得多,因为A管的中低频MTF较高,而图像信号大部分位于中低频,因而A管图像的细节亮度对比明显。

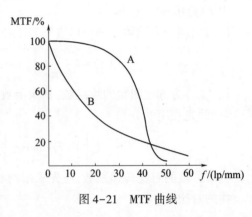

图4-21 MTF曲线

除此之外,由于MTF还可以与像管的各参数发生联系来进行计算,所以它不仅可以用来全面地比较和评价像质,而且还可作为改进像管设计的重要依据。

4.3 红外变像管

按照我国的叫法,把采用红外阴极(S-1,Ag-O-Cs)的像管称为红外变像管或简称为变像管。国外的变像管一词泛指一切像管。

目前有玻璃管型红外变像管和金属型红外变像管。

4.3.1 玻璃管型的红外变像管

如图4-22(a)所示,该管的电子光学系统属于静电透镜,由不等径的双圆筒组成,阴极为Ag-O-Cs阴极,阴极圆筒就是阴极玻璃壳及其上面的导电层,阳极圆筒由镍筒制成,阳极电压为18kV,阳极圆筒带有小孔光栏,让电子聚焦透过,光阴极及荧光屏分别做成平板玻璃窗。放大率为1,畸变达17%,中心鉴别率为30lp/mm。这种结构曾广泛使用,曾在坦克夜间驾驶仪上使用过。但它有三个主要缺点:

(1) 采用了双圆筒电极和平面阴极,使轴外像差很大(像散、场曲),再加上平面的荧光屏,边缘像质较差。

(2) 玻璃外壳本身,尤其是阴极外壳会产生局部充电现象,破坏了电场分布的稳定性,影响图像的稳定性。

(3) Ag-O-Cs 光电阴极的热发射很大,灵敏度不高,使图像对比和亮度受到限制。

为了克服前面两个缺点,设计了金属壳体的球面阴极红外变像管。

4.3.2 金属型红外变像管

其结构如图4-22(b)所示,它的结构特点如下:

(1) 采用球面阴极,模仿同心球系统,还采用了锥形阳极,增加阴极内筒和弯钩电极。

(2) 在阳极锥头部安置有套帽电极,它对阳极附近电场的敛散性影响较大,对轴外场影响较大,它使等位线展平,减少像差。

(3) 金属制的阴极内筒、外筒和弯钩电极构成屏蔽系统,避免了壳体充电,同时这些电极尤其是弯钩电极,能使场的会聚力加强,减少像管的纵向尺寸。

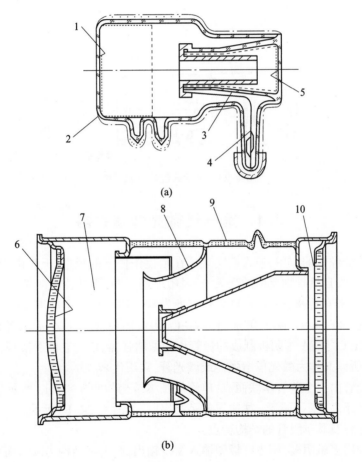

图 4-22 红外变像管
(a) 玻璃型;(b) 金属型。
1,6—S-1 光阴极;2,9—玻璃壳;3—电极;4—吸气剂;5,10—荧光屏;
7—电子加速静电场;8—电场形成电极。

(4) 电极做成圆弧形,防止了电极间的放电和场发射。

这种管型实际上与同心球系统相差还很大,但是经过以上的改进,加上 Ag-O-Cs 发射电子能量很小(约 1eV),使它能够得到令人满意的成像质量。单管中心鉴别率可达 50lp/mm,畸变 5%~10%。

缺点:

(1) 由于 Ag-O-Cs 所固有的低效率,因而需要自带红外光源,只能做成主动式结构,最大背景等效照度为 $1.2×10^{-3}$ lx。

(2) 玻璃窗口限制阴极曲率不能太小,结果使电极系统偏离同心球,造成较大的轴外像差。加上平面荧光屏,使边缘像质更低。

一般性能:中心鉴别率可达 50lp/mm,边缘最低鉴别率为 12lp/mm,畸变 5%~10%,探测距离小于 800m。

由于红外变像管的转换效率比较低,直接接收来自于目标反射的夜天光红外线尚不足以达到实现观察的亮度,所以要加一红外光源辐射,这种方式称为主动式红外夜视系统,如图 4-23 所示。

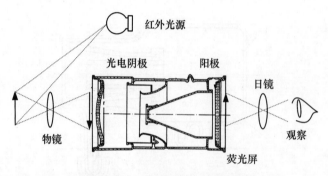

图 4-23 主动式红外夜视系统

4.4 第一代微光像增强器

主动式红外变像管的应用,使人们实现了在暗夜条件下的观察,但是由于 Ag-O-Cs 阴极效率太低,直接接收自然景物反射的夜天光,灵敏度还不够,所以必须自带红外光源。这样,一来使仪器笨重,二来容易被敌人的反红外仪器所发现。因此提出了能够在自然光下的光电阴极及像管的研究。在 Sb-Cs 阴极和 Sb-K-Na-Cs 阴极出现之后,这个需求得到了实现。利用 Sb-Cs、Sb-K-Na-Cs、NEA 等阴极制成的像管称为像增强器,由于它能够实现在微弱的自然光条件下的观察,所以又称为微光像增强器或微光管,常用代来表示。

第一代微光管由三个单管串联而成,单管的基本结构如图 4-24(a)所示。一般单级像增强管的亮度增益还满足不了需要,往往需要多级串联,如图 4-24(b)所示。

第一代微光管及其单级管的结构特点:

(1) 单管采用多碱阴极,用光纤板做输入窗及输出窗,电极结构为双球面系统,S-20 阴极和 P-20 荧光屏。

(2) 锥电极顶端呈圆弧形,它与球面阴极构成电子透镜非常接近同心球系统,这样轴外点的主轨迹可视为对称轴,因为对称轴的电子轨迹受力相同,所以系统的像散很小。

(3) 由于光纤面板可以做成平凹形,阴极曲率半径很小,使得场曲减少,加上曲面荧光屏,更有利于像质的提高。

(4) 每一级是独立的单管,通过光纤板耦合。如果某一级损坏,可以单独进行更换,给制

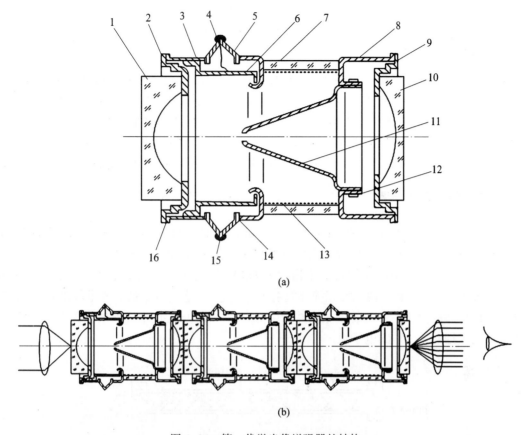

图 4-24 第一代微光像增强器的结构

(a) 级联像增强器的单级管;(b) 三级级联像增强器。

1—阴极面板(光纤板);2—阴极面板盘(铁镍合金);3—阴极外筒(可伐);4—吸气丝;5—铜支管;6—阴极内筒(铁镍铬合金);7—腰玻璃筒;8—阳极铜;9—荧光屏面板盘;10—荧光屏面板(光纤板);11—锥电极;12—卡环;13—半导体涂层(Cr_2O_3);14—钎焊;15—冷焊;16—氩弧焊。

造带来方便,提高了成品率。

单级像管的性能参数如表 4-4 所列。

表 4-4 单级像管的性能参数

型号	光阴极灵敏度			分辨率		增益 /(cd·m^{-2}·lx^{-1})	等效背景照度/μlx	输入电压/kV
	2856K /(μA/lm)	800nm /(mA/W)	850nm /(mA/W)	中心 /(lp/mm)	边缘 /(lp/mm)			
1XZ18/7F-8	225	15	10	80	80	225	0.2	12
XZ18/18FT	225	15	10	65	58	30	0.2	12
XZ18/27T	250	90	3	65	58	8	0.2	12

第一代微光管工作于被动观察方式。与主动式夜视方式相比,其特点是隐蔽性好、无须自带红外光源、质量小、成品率高,便于大批量生产;技术上兼顾并解决了光学系统的平像场与同心球电子光学系统要求有球面物(像)面之间的矛盾,成像质量明显提高。其缺点是怕强光,有晕光现象。

4.5 微通道板

为了实现电子数目的倍增,在第一代级联像管中,采用荧光屏与阴极耦合结构。这种结构,由于倍增能力较低,往往需要多级串联,逐级倍增。这不仅使结构庞大,而且使像质大大降低。为此,采用了新的电子倍增机构,即微通道板。它是带有许多微通道孔的薄板,在 1~2mm 厚的薄板上,就能够实现高达 10^6 的电子倍增。采用这种倍增结构的像管,称为微通道板像增强器,属于第二代微光夜视器件。与第一代的区别在于,它倍增效果好、像管体积小。

4.5.1 通道电子倍增器

通道电子倍增器(Channel Electron Multiplier,CEM)是一种连续的电阻管,如图 4-25 所示,管子内壁经涂敷或其他处理,内壁表面电阻很大,为 $10^9\Omega$ 量级的导电层,并且二次电子发射系数 $\delta>3$。工作时管子两端加直流电压,如 1000V,管内建立了均匀电场。入射电子进入 CEM 的低电位端后,与管壁内表面相撞并发射出二次电子,这些电子被管内电场沿轴向加速,从场中获得足够高能量后又与管壁相撞并产生更多的二次电子,这个过程被多次重复,最后在高电位端输出增益达 10^5 的电子束。

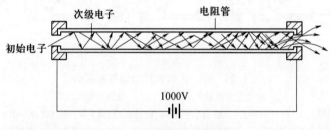

图 4-25 通道电子倍增器

制作 CEM 材料应满足下列要求:
(1) 大的二次电子发射系数,一般 $\delta>3$。
(2) 合适的均匀电阻层,以 $10^9\Omega$ 量级为最佳。
(3) 化学稳定性好,蒸气压低。
目前使用的材料有两种:高铅玻璃、陶瓷半导体。

高铅玻璃:拉制成管后,在玻璃内表面烧 H 还原,生长一层厚 10nm 的单晶 Pb 或 PbO 的 N 型半导体膜,此膜 $\delta>3$,电阻为 $10^8\Omega\sim10^{10}\Omega$,化学稳定性好,是目前使用最多的一种材料。

陶瓷半导体:$BaTiO_3$ 或 $BaZnTiO_3$ 陶瓷半导体在高温下烧结而成,它们具有耐轰击、耐烘烤、有正的温度系数和寿命长等优点;但它可塑性差,成形困难,使用时为得到相同增益所加的工作电压要比高铅玻璃高得多。

为了传送和增强图像,需要很细很细的通道成束,切片加工制成微通道板,简称 MCP,它有几十万个微通道电子倍增管,如图 4-26 所示。由于图像分辨率的要求,单通道直径为 6~10μm。

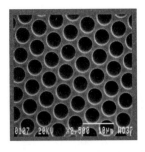 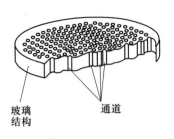

图 4-26 微通道板的结构图

4.5.2 微通道板的增益特性

微通道板的主要特性有增益特性、电流传递特性和噪声特性。

增益为 MCP 输出的电流 I_{out} 与输入电流 I_{in} 之比。

$$G = I_{out}/I_{in} \tag{4-99}$$

G 与材料、结构、电压、以及入射电子的状况有关,如电子入射方向、能量、长径比等。图 4-27 表示了增益与长度 l、直径 d 的比和所加电压 U 的函数关系曲线。

1. 增益与电压的关系

微通道板的增益由二次电子发射系数 δ 及电子碰撞次数 n 决定,因此增益可表示为

$$G = \delta^n \tag{4-100}$$

二次电子发射系数 δ 和碰撞次数 n 都与入射电子的状态有关。

电子在两次连续碰撞间的轴向运动距离为

$$s = \frac{1}{2}at^2 = \frac{1}{2}\frac{eE}{m}t^2 \tag{4-101}$$

式中 e——电子电量;
m——电子的质量;
E——轴向电场强度;
t——连续两次碰撞间的时间。

$$t = \frac{d}{v_r} = \frac{d}{\sqrt{\frac{2ev_0}{m}}} \tag{4-102}$$

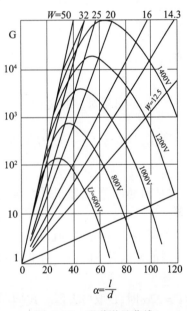

图 4-27 通道增益曲线

式中 d——微通道板通道的直径;
v_r——电子运动的径向速度;
v_0——电子发射初始电位,为 1~2V。

将式(4-102)代入(4-101)中得

$$s = \frac{Ed^2}{4v_0} \tag{4-103}$$

入射电子碰撞时的能量为

$$V_c = Es = \frac{U^2}{4v_0\alpha^2} \tag{4-104}$$

式中 U——微通道板两端所加电压;

l——微通道板的长度;

α——通道的长径比 $\alpha=l/d$。

二次电子发射系数正比于电子入射能量 V_c,比例系数为 k 是材料常数,一般为 0.02~0.04。

$$\delta = kV_c = \frac{kU^2}{4v_0\alpha^2} \tag{4-105}$$

碰撞次数为

$$n = \frac{l}{s} = \frac{4V_0\alpha^2}{U} \tag{4-106}$$

将式(4-105)和式(4-106)代入式(4-100)中可得增益

$$G = \left[\frac{kU^2}{4v_0\alpha^2}\right]^{\frac{4v_0}{U}\alpha^2} \tag{4-107}$$

由式(4-107)可以看出,对一个特定的材料而言,G 仅是通道电压 U 和长径比 α 的函数,而与通道绝对尺寸无关,因此可以把通道做得很细、很短。对于一个固定尺寸的微通道,它的增益随所加电压 U 增加而升高。在电压确定情况下,G 随 α 的变化有一最佳值,可由极点的导数求出 $\frac{dG}{d\alpha}=0$,得

$$\alpha^2 = \frac{kU^2}{4v_0 e} \tag{4-108}$$

式中 e——自然对数的底数。

所以,当 $\alpha = \sqrt{\frac{kU^2}{4v_0 e}}$ 时,G 取极大值。

将 $W=U/\alpha=Ed$ 称为归一化电压。在 G 取极大值时,$W=(4v_0 e/k)^{1/2}$ 是一个常数。这表明,对任何通道尺寸,取得最大增益时,W 值是常数,最大增益为

$$G_m = \exp(kU/e) \tag{4-109}$$

如图 4-27 所示,U 值与 α 比值组成 W 直线。对不同 U 和 α,该 CEM 的增益是 W 直线与各曲线的交点对应的值。由 W 曲线所对应的 $W=22$,有

$$U = 22\alpha \tag{4-110}$$

当 $U=22\alpha$ 时,G 取极大值。式(4-110)为供电电压提供了重要的依据。

2. 增益与长径比的关系

由实验公式表示增益,有

$$G = \beta\frac{\delta_1}{2}\left(\frac{U}{c\alpha}\right)^{\alpha/4}\left(\frac{U+c\alpha}{U}\right)\exp(-0.65h) \tag{4-111}$$

式中 β——开口面积比;

δ_1——首次碰撞的二次电子发射系数;

c——电子清刷系数(电子清刷前后分别为 8.5 和 9.5~10);

h——输出电极深度(以单丝孔径尺寸的个数计)。

对该公式计算发现,在某个长径比时,增益最大,即存在一个最佳的长径比。实验和测试显示,长径比 $\alpha=45$ 附近,增益最大。式(4-110)显示,在电压 $U=22\alpha$ 时增益取最大值。如

此,可得到结果,MCP 两端加 1000V 的电压为佳。

3. 增益与开口面积比的关系

一般随着开口面积减少,增益随之减少,因此有较大的开口面积比 β 具有比较大的意义。现在开口面积比一般在 60% 左右。扩口技术也曾用来提高开口面积。

4.5.3 电流传递特性

微通道的电流传递特性如图 4-28 所示,当输入电流 I_{in} 大到一定值时,输出电流 I_{out} 趋于饱和,这一现象称为微通道的饱和效应,产生饱和效应的原因主要有空间电荷效应、管壁充电、通道电阻太高。

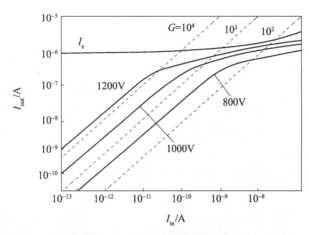

图 4-28 微通道板的电流传递特性

(1) 空间电荷作用:电子进入通道进入倍增,使管内充满电子云,越向输出端,电子云浓度越大,这些空间电荷形成等位区,拒斥来自管壁的二次电子,使电子不能获得足够能量,从而抑制了二次电子的进一步发射。计算表明当 $I_{out}=1.5mA$ 时,空间电荷作用才能使输出饱和,这个值相当大,它远大于通道的传导电流,说明在正常工作下,空间电荷限制并不重要。

(2) 管壁充电:微通道管壁因发射电子而充正电,越靠近输出端,发射电子越多,充电越多,使该区域形成等位区,对电子不再有加速作用,是输出电流出现饱和现象的原因。

(3) 通道电阻的作用:传导电流 I_D 即指通道电压除以内壁的电阻所得到的电流,在连续工作方式中,其连续输出电流饱和值却受到传导电流 I_D 的限制。I_D 由电压和电阻所决定,在材料确定后,电阻 $R\left(R=\rho\dfrac{L}{S}\right)$ 仅由长径比所决定,而 $U/\alpha=22$,所以对任何直径的通道,I_D 变化不大,一般为 $10^{-6}A$。

由电流平衡方程

$$I_D + I_{in} = I_{out} + I_e \tag{4-112}$$

式中 I_D——输入端的传导电子流;
　　　I_e——输出端的传导电子流;
　　　I_{in}——输入电子流;
　　　I_{out}——输出电子流。

由于 $I_{in} \ll I_{out}$,所以

$$I_{out} = I_{in} + I_D - I_e \approx I_D - I_e \tag{4-113}$$

如果输入端传导的电子流全部补充了从微通道输出的电子流，$I_e \approx 0$，则 $I_{out} = I_D$，实际情况是 $I_{out} < I_D$。这说明连续输出电流小于无输入时的传导电流。实际上，如果 $I_{out} > (I_D/10)$，就会出现 G 值下降现象。所以设计时，一般使 I_{out} 小于 $I_D/10$。传导电流与管壁电阻有关，I_D 既不能太大，也不能太小。如阻值较大，I_D 太小，当二次电子放出后难以迅速补充内壁充电，使 δ 降低，输出很快达到饱和，致使 I_{out} 过早饱和；如阻值太小，I_D 太大，电阻层因电流过大而发热，致使通道的热噪声增大，特别是在材料具有负电阻温度系数（如 Pb 玻璃为 $-6\%/℃$）时，还可能因热崩溃而使通道遭到破坏。一般最佳电阻值在 $10^9 \Omega$ 数量级。

通道的饱和效应会降低图像对比，但能够提供强光保护。

4.5.4 微通道板的噪声

MCP 的噪声有空间固定图案噪声、暗电流噪声、涨落噪声和离子反馈等。

1. 空间固定图案噪声

每块通道板上包含着几十万甚至上百万个通道，这么多的通道，很难保证每根直径都相同。由于通道直径或长径比或入射电子的方向不同，各个通道增益不相同，这就是增益的不均匀性。此不均匀的危害在于：对相同的输入信号，输出不相同，这将使图像亮度分布失真。这种影响通常以复丝范围表现出来，如果复丝边界被破坏，在荧光屏上表现为黑色方框，俗称"鸡丝"效应。通常要求各复丝的亮度差小于平均亮度的 10%，复丝边界的亮度不超过平均亮度的 $-15\% \sim 8\%$。

2. 暗电流噪声

加有电压没有输入时的通道输出电流称为暗电流。暗电流来自于热发射、场致发射等。暗电流 I_d 可用等效输入电流 EEI 表示，即

$$EEI = I_d / G \tag{4-114}$$

当所加电压 U 增加时，I_d 也增加，G 也增加，但因 G 增加得快，所以 EEI 不是常数，随 U 升高而下降。

3. 涨落噪声

这是 MCP 的主要噪声，在荧光屏上表现为亮点闪烁，主要是由二次发射过程的随机过程造成的。通道的倍增次数极多，而通道的二次发射系数并不高（$\delta = 3 \sim 5$），所以发射过程的涨落对量子涨落影响很大。发射过程的涨落，表现在各次发射的电子数目、方向和能量的不同，由此造成相同输入下，输出脉冲不同。这种噪声是 MCP 的主要噪声。

4. 离子反馈

正离子在通道中沿反方向运动的现象称为离子反馈。反馈离子碰撞管壁，释放出新的二次电子，这些电子仍能倍增输出。

离子反馈的来源有管壁放气、管壁上的离子解吸、通道中的剩余气体被电离、外来气体或离子，如来自屏和阴极。

1) 离子反馈的害处

（1）离子产生的二次电子倍增输出在时间上落后于输出信号，对信号造成干扰，这种现象在高增益的通道中更容易发生（如增益大于 10^6 倍）。离子反馈对于高增益、低信噪比输出的情况是极为有害的。

（2）反馈的离子可能轰击光阴极，损坏光电阴极，并在屏上产生附加亮度。这个问题对第

三代微光管的影响很严重,严重损害负电子亲和势光电阴极。

(3) 离子反馈会加速通道输出饱和。

2) 减少离子反馈的方法

(1) 采用弯曲通道。一般制作技术有难度,但现在已有应用的报道。

(2) 输入端涂薄层。在微通道板输入端面蒸镀一层 Al_2O_3 薄膜,膜厚约为3nm,覆盖住全部通道的入口。该膜层可以阻挡正离子穿过,但对质量很小、速度较高的电子并不能阻挡。电子的加速电压大于一定值时,可以穿过膜层,膜层越厚,所需要的穿透电压越高,对于3nm的膜,其穿过的临界电压为120V。这种技术在第三代微光管中获得了广泛的应用。

(3) 管壁充分除气,在装管时对 MCP 充分除气,或用电子束清刷处理除气。

(4) 改进 MCP 的制作工艺和材料性能,减少 MCP 管壁的放气。体电导的 MCP 就是由新材料制成的新型的 MCP。

4.5.5 微通道板的噪声因子

MCP 中电子的倍增过程存在噪声,它一方面来自于入射的一次电子数目的统计涨落,构成为 MCP 的噪声,存在输入信号与噪声之比 SNR_{in};此外,MCP 噪声还来自于自身的不完善性和二次电子倍增过程的随机性质,从而形成 MCP 输出信号与噪声之比 SNR_{out}。噪声因子 F 定义为输入信噪比 SNR_{in} 与输出信噪比 SNR_{out} 之比的平方。

$$F = [SNR_{in}/SNR_{out}]^2 \tag{4-115}$$

就是说,由于 MCP 作用,使输出信噪比降低了 $\sqrt{F}$ 倍。如果 F 值大,就需要更大的信噪比方能保证输出端信噪比不变,可见噪声因子 F 值越小越好。F 越大,表示噪声越大。噪声因子表示了成像器件的噪声特性。噪声因子总是大于1。根据 F 的定义可建立它的表达式。设输入电子数为1,$SNR_{in}=1$,所以 $F = SNR_{out}^{-1}$。由于各级倍增系统的起伏,倍增系统产生散粒噪声和其他多种噪声。在此,主要论述 MCP 倍增系统的散粒噪声。

设各级倍增系统的增益均值分别为 $\delta_1, \delta_2, \cdots, \delta_n$,增益方差分别为 $\sigma_1^2, \sigma_2^2, \cdots, \sigma_n^2$。由串联系统的有关公式,可直接写出不同倍增极级数的系统所产生的倍增系统的方差。

单级:
$$\sigma_{1G}^2 = \sigma_1^2 \tag{4-116}$$

两级:
$$\sigma_{2G}^2 = \sigma_1^2 \delta_2^2 + \delta_1 \sigma_2^2 \tag{4-117}$$

三级:
$$\sigma_{3G}^2 = (\sigma_1^2 \delta_2^2 + \delta_1 \sigma_2^2)\delta_3^2 + \delta_1 \delta_2 \sigma_3^2 = (\delta_1 \delta_2 \delta_3)^2 \left[\frac{\sigma_1^2}{\delta_1^2} + \frac{\sigma_2^2}{\delta_1 \delta_2^2} + \frac{\sigma_3^2}{\delta_1 \delta_2 \delta_3^2}\right] \tag{4-118}$$

⋮

N 级:
$$\sigma_{NG}^2 = (\delta_1 \delta_2 \cdots \delta_N)^2 \left[\frac{\sigma_1^2}{\delta_1^2} + \frac{\sigma_2^2}{\delta_1 \delta_2^2} + \cdots + \frac{\sigma_N^2}{\delta_1 \delta_2 \cdots \delta_{N-1} \delta_N^2}\right] \tag{4-119}$$

为书写方便,记 $\sigma_G = \sigma_{NG}$。系统的总增益为

$$G = \delta_1 \delta_2 \cdots \delta_N \tag{4-120}$$

所以增益 G 的方差为

$$\sigma_G^2 = G^2 \left[\frac{\sigma_1^2}{\delta_1^2} + \frac{\sigma_2^2}{\delta_1 \delta_2^2} + \frac{\sigma_3^2}{\delta_1 \delta_2 \delta_3^2} + \cdots\right] \tag{4-121}$$

如果各级倍增系数均服从泊松分布,且 $\delta_1=\delta_2=\cdots=\delta$,则有 $\sigma_i^2=\delta_i=\delta$,当倍增次数多,而且倍增系数足够大时,得

$$\sigma_G^2 = G^2\left[\frac{1}{\delta}+\frac{1}{\delta^2}+\cdots+\frac{1}{\delta^N}\right] \tag{4-122}$$

$$\sigma_G^2 = G^2\left(\frac{1}{\delta-1}\right) \tag{4-123}$$

这种情况也适应于光电倍增管的分离打拿极的情况。

以上是仅考虑单个电子入射的情况。如果有 N_c 个电子同时入射,则系统的输出电子平均值为 $N_c G$,如果同时还考虑入射电子 N_c 的涨落,由串联系统的随机量的方差公式,输出电子数的方差为

$$\sigma^2 = \sigma_c^2 G^2 + N_c \sigma_G^2 \tag{4-124}$$

式中 σ_c^2——入射电子数的方差。

入射电子数若服从泊松分布,有 $\sigma_c^2=N_c$,阴极和 N 个倍增极系统的均方值可化为

$$\sigma^2(N) = N_c G^2 + N_c \sigma_G^2 = N_c(G^2+\sigma_G^2) \tag{4-125}$$

如果 N_c 是由光电阴极提供的,设入射的光子数为 N_p,量子效率为 η,则光电子数 $N_c = \eta N_p$,光电阴极发射电子服从泊松分布,光电阴极发射电子数的方差仍是 N_c,即 ηN_p,所以系统的输出电子数的总方差为

$$\sigma^2(N) = \eta N_p(G^2+\sigma_G^2) = \eta N_p G^2(1+\sigma_G^2/G^2) \tag{4-126}$$

根据式(4-126)等,可得噪声因子 F 的表达式为

$$F = 1+\sigma_G^2/G^2 \tag{4-127}$$

式中,σ_G^2 可由式(4-121)给出,代入式(4-127),得

$$F = 1+\frac{\sigma_1^2}{\delta_1^2}+\frac{\sigma_2^2}{\delta_1\delta_2}+\frac{\sigma_3^2}{\delta_1\delta_2\delta_3}+\cdots \tag{4-128}$$

如果只考虑前三项,即入射项、一次、二次倍增项,并设首次 δ_1 服从泊松分布,二次 δ_2 服从弗瑞分布,则有

$$F = 1+\frac{1}{\delta_1}+\frac{(1+\delta_2)}{\delta_1\delta_2} \tag{4-129}$$

因为 $G=\delta_1\delta_2$,故有

$$F = 1+\frac{2}{\delta_1}+\frac{1}{G} \tag{4-130}$$

可见 G 增大,F 下降。所以应尽量保证最佳增益。如果 G 很大,则有

$$F = 1+2/\delta_1 \tag{4-131}$$

从上式可以看出首次发射系数的重要性。

在微光像增强器中,阴极发射电子作为初次入射的电子,能量较大,角度也有要求,而且考虑到开口面积比 β,设 δ_0 为首次入射的电子碰撞 MCP 输入端的二次发射系数,则噪声因子也写成

$$F = \frac{1}{\beta}(1+\sigma^2/G^2) = \frac{1}{\beta}\left(1+\frac{1}{\delta_0}+\left[\frac{1+(G/\delta_0)}{G}\right]\right) \tag{4-132}$$

显然,当 $G \gg 0$ 时,$F \to \frac{1}{\beta}\left(1+\frac{2}{\delta_0}\right)$。可见增大 MCP 开口面积比 β,蒸镀高二次发射系数输入膜以提高 δ_0,是改善 MCP 信噪比特性的重要措施。

对于更普遍的二次发射电子分布情况,应该用玻尔雅分布描述倍增过程。在玻尔雅分布下,b_i 为调整系数,各倍增级倍增系数的方差可由式(4-133)求得:

$$\sigma_i^2 = \delta_i(1+b_i\delta_i) \tag{4-133}$$

对具有 N 级的倍增系统,其

$$\sigma_G^2 = G^2\left[\frac{1+b_1\delta_1}{\delta_1}+\frac{1+b_2\delta_2}{\delta_1\delta_2}+\cdots+\frac{1+b_z\delta_N}{\delta_1\delta_2\cdots\delta_N}\right] \tag{4-134}$$

在玻尔雅式分布条件下,将式(4-134)代入式(4-127),并设从第三次碰撞开始具有相同的 b 及 δ 值,则有

$$F = 1+b_1+\frac{1+b_2}{\delta_1}+\frac{(1+b)}{\delta_1\delta_2}\frac{\delta}{(\delta-1)} \tag{4-135}$$

4.6 第二代微光像增强器

第二代微光像增强器采用了微通道板作为电子倍增器,与第一代相比,它的倍增效果好,像管体积小,目前应用得非常广泛。带有 MCP 的像增强器称为 MCP 像增强器,主要有两个管型,即近贴式 MCP 像增强器和静电聚焦式 MCP 像增强器。这两种管型结构配上多碱光电阴极,常称为第二代微光像增强器。

4.6.1 近贴式 MCP 像增强器

近贴式 MCP 像增强器如图 4-29 所示。光电阴极和微通道板之间,微通道板与荧光屏之间,电子都采用近贴聚焦,所以常称为第二代近贴管。其轴上轴外像质均匀,图像无畸变,放大率为 1,不倒像。

近贴式 MCP 像增强器的特点:

(1) 对于近贴聚焦,由于光电子的初速不同,不可避免地产生电子横向发散,使电子投射成像为圆斑,为了减少圆斑直径,光电阴极与 MCP 之间的距离以及 MCP 与荧光屏之间的距离都应尽量小,一般限制在 1mm 以内,最小可达 0.1mm。距离再小,就会给制造工艺带来更大的困难。这种管子可缩成到 6mm,有体积小、质量小的优点。

(2) 由于阴极与 MCP 距离很近,为了避免场致发射,所加电压限制在 300~400V,因而电子到达 MCP 的能量较低,增益受到限制,已报导的增益值为可连续变到 15000。

(3) 近贴管不发生枕形畸变,但由于电子横向发散,再加

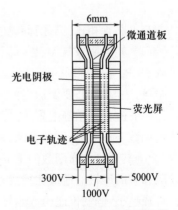

图 4-29 近贴式 MCP 像增强器

上阴极与屏之间的空间很小,光线反馈较严重,它的调制传递函数还达不到第一代像增强器的水平,它的极限分辨率约为45lp/mm。φ18mm 第二代近贴式像增强器的性能参数如表 4-5 所列。

表 4-5 φ18mm 第二代近贴式像增强器的性能参数

型号	光阴极灵敏度			分辨率		增益 /(cd·m^{-2}·lx^{-1})	等效背景照度/μlx	信噪比	输入电压(要升压电源)/V
	2856K /(μA/lm)	800nm /(mA/W)	850nm /(mA/W)	中心 /(lp/mm)	边缘 /(lp/mm)				
1XZ18/18W	350	30	25	45	45	4800	0.25	14	2.7
1XZ18/18W-1	350	30	25	45	45	4800	0.25	14	2.7
1XZ18/18W-2	350	30	25	45	45	4800	0.25	14	2.7
1XZ18/18W-3	400	32	20	45	45	9600	0.25	16	2.7

4.6.2 静电聚焦式 MCP 像增强器

如图 4-30 所示为静电聚焦式 MCP 像增强器基本结构图,光电阴极与 MCP 是静电聚焦,MCP 与屏之间是近贴聚焦。静电透镜成像在 MCP 平面上,成倒像,有时又称倒像管。

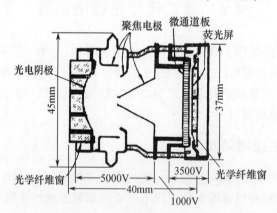

图 4-30 静电聚焦式 MCP 像增强器

与近贴管相比,倒像管有如下改进:

(1) 光电阴极与 MCP 可以加上较高的电压,典型值为 5kV,使光电子能获得较高的能量进入 MCP,整个管子的增益可达 10^5 数量级。但由于 MCP 会造成通道增益不均匀,会出现中心暗斑,一般 MCP 要做适当的倾斜。

(2) 由于采用静电聚焦,减少了电子在微通道板输入端面的横向发散,提高了整管的调制传递函数。一般地,倒像管 MTF>级联管 MTF>近贴管 MTF,如图 4-31 所示。就倒像管本身来说,影响其调制传递函数的主要因素是微通道板与荧光屏之间的近贴聚焦所造成的电子横向发散和微通道板的通道孔径尺寸,从表 4-6 和图 4-32 可见,MCP 与荧光屏距离越近,以及微孔直径越小,调制传递函数越好,分辨率越高。

(3) 近贴管为了进一步减少体积,一般不采用吸气剂来排除微通道管壁的放气,这样会影响近贴管寿命。而倒像管有足够的空间放置吸气剂,致使它的寿命更长。

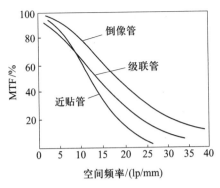

图4-31 倒像管、级联管和近贴管的MTF

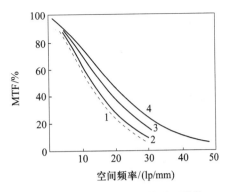

图4-32 倒像管和三级级联像增强器的MTF

表4-6 倒像管和三级级联像增强器的主要性能

曲线	管型	MCP与荧光屏的距离/mm	通道直径/μm	曲线	管型	MCP与荧光屏的距离/mm	通道直径/μm
1	级联管	—	—	3	倒像管	0.4	10
2	倒像管	0.8	10	4	倒像管	0.4	8

4.6.3 第二代微光像增强器的优点

与第一代微光管相比,第二代像增强器具有一些共同的优点:

(1) 它们的质量小、体积小,如倒像管,其长度约为第一代管的1/5~1/4,质量为第一代管的1/5左右,近贴管体积减少为第一代管的1/6,质量约为第一代管的1/10。这种像增强器在军用夜视方面具有重要意义。

(2) 增益连续可调。MCP的增益取决于通道长度与直径之比、通道的二次发射系数以及两端所加电压。对于一个特定的MCP来说,前两项是确定的,但最后一个因素可以改变,因此,改变微通道板两端的电压,就能调节像增强器的增益。这样,可以在一个很宽的外界照度范围内来改变荧光屏的输出亮度,使人眼在最适宜的亮度下进行观察。

(3) 自动防强光。MCP有电流饱和特性,有突然来的强光时,不致于产生过大的电流灼伤荧光屏,同时,每一个通道作为一个独立的电子倍增器都可以饱和,而不影响周围的通道,这样就使微通道板具有局部饱和特性,这种特性可以控制住视场范围内某些强度大的亮点。当用第一代像增强器观察时,一人、一分辨率卡、一个强光源,在荧光屏上只呈现强的明亮图像,而不见强光旁边的人和分辨率卡的图像。当用第二代像增强器观察时,荧光屏既有强光源的明亮图像,还有在强光旁边的人与测试卡的图像。第二代像增强器的这一个特性,使其在夜战中不怕炮火的闪光和照明弹的强光,因而更具有实战意义。

4.6.4 第二代微光像增强器的缺点

第二代像增强器的最大缺点是噪声大,使输出信噪比降低。

MCP像增强器的噪声来源:入射光子涨落噪声;光电子涨落噪声;MCP探测效率及其增益涨落噪声;荧光屏颗粒噪声;固定背景噪声等。在正常情况下,以MCP的噪声为主。

(1) 光电子在微通道板输入端面的损失,造成信噪比的损失。考虑MCP探测效率 η,得到 MCP 像增强器的噪声因子 F：

$$F = \frac{1}{\eta}(1+\sigma_G^2/G^2) \tag{4-136}$$

探测效率 η 为输入到 MCP 通道且能有效倍增的电子数目与输入到 MCP 入射端面的电子数目之比。由通道的开口面积比 β 和进入通道的无输出电子份额所决定。一般开口面积比为 60%，无输出电子为 20%，此时 $\beta = 0.48 \sim 0.5$，故像管的 F 值为微通道板的 F 值的 2 倍。如 60%~70% 的孔道占有率，将有 10%~20% 的光电子损失。将 MCP 输入端扩口成喇叭形，可以增加开口面积比。

（2）进入通道的光电子有一部分直接通过通道，而不倍增，只有 80% 左右能产生信号增益，这也造成了信噪比的损失。不产生倍增的电子，导致屏中心出现暗斑。消除暗斑的方法有：

① 采用倾斜式通道，使之同管轴有一夹角。倾斜角度为 5°~15°，即 MCP 通道与输入端面的法线方向成 5°~15° 的角度。

② 在 MCP 输入端镀薄层，以散射电子，这在第三代微光管中已应用。

③ 采用弯曲通道。弯曲通道的 MCP 也已经开发并使用。

④ 采用 MCP 输入端扩口技术。将输入端面腐蚀，使输入端口呈喇叭口形。

目前在第二代微光管中用得较多的是采用倾斜通道的方法，第三代微光管还采用在 MCP 输入端镀薄层的技术。

（3）微通道本身的二次电子发射有统计起伏，形成了 MCP 主要噪声。通道的倍增次数极多，而通道的二次发射系数却并不高，所以发射过程的涨落对量子涨落影响很大。发射过程的涨落，表现在各次发射的电子数目、方向和能量的不同，由此导致在相同输入下，输出脉冲不同。这种噪声是 MCP 的主要噪声。

由此原因致使第二代像增强器输出端的信噪比只有输入端的 (1/4)~(1/2)，而第一代像增强器在信号增强过程中信噪比损失很小，因此，在低照度下的观察能力第二代像增强器不如第一代，因此提高 MCP 的性能是目前技术和理论上的一个研究课题。国内倒像管性能如表 4-7 所列。

表 4-7 国内倒像管像增强器主要性能

型号	光阴极灵敏度			分辨率		增益 /(cd·m^{-2}·lx^{-1})	等效背景照度/μlx	信噪比	输入电压（要升压电源）/V
	2856K /(μA/lm)	800nm /(mA/W)	850nm /(mA/W)	中心 /(lp/mm)	边缘 /(lp/mm)				
1XZ20/30W-2	300	25	18	44	40	8000	0.2	10	2.7
1XZ20/30W-3	300	25	20	45	40	8000	0.2	3.2	2.7
1XZ25/25W	300	25	20	36	32	16000	0.2	3.2	2.7
1XZ25/25W-2	350	30		36	32	16000	0.2	3.2	2.7
1XZ25/25W-3	300	25	20	36	32	16000	0.2	3.2	2.7

4.7 第三代微光像增强器

要进一步改善像增强器的夜视性能，需要继续扩展光电阴极的光谱响应范围，提高灵敏度。S-1(Ag-O-Cs)在近红外区有一定的光谱响应,但其量子效率较低,约为1%,因此需做成主动工作式的红外变像管,而Cs_3Sb光电阴极逸出功较大,响应在可见光区,满足不了红外需要,多用于做中间级耦合的光电阴极。多碱阴极虽向红外延伸,但其红外范围太小,灵敏度不够高,往往做成三级耦合,虽有第二代的MCP像增强器,但其噪声仍比较大。配合第二代近贴结构,和负电子亲和势(NEA)光电阴极,以及先进的MCP技术,出现了第三代微光像增强器,它在红外区有较高的响应,从而在NEA管中达到了两种任务——既变像,又增强。

由于目前NEA光电阴极只能做在GaAs等单晶上,只能是平面结构,所以NEA像管只能做成近贴式结构。第三代微光像增强器的结构如图4-33所示,其中的光纤板可用光纤扭像器代替。光纤扭像器(光纤倒像器)是一种特殊类型的光纤板,可将传递图像倒转180°,常用于像增强器,这种设计主要是为了与光学系统匹配。

第三代微光像增强器的结构特征:采用了双近贴结构,阴极与MCP之间、MCP与荧光屏之间都为近贴结构,其结构与第二代近贴管相同;阴极为GaAs NEA光电阴极;采用了高增益、低噪声、长寿命的MCP,MCP电子输入端面镀了近3~10nm厚的离子阻挡膜,以减少离子反馈对阴极的损害。

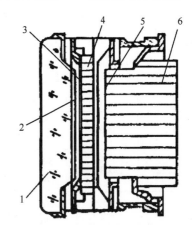

图4-33 第三代微光像增强器的结构图
1—玻璃面板;2—GaAs NEA光电阴极;3—离子阻挡膜;4—微通道板;5—荧光屏;6—光纤面板。

与第一代、第二代微光管相比,第三代管的制管过程具有如下工艺特点:

(1) GaAs光阴极的制备工程,大部分在总装台外进行,事先选择好相应的阴极材料,做成阴极组件,通过阴极材料和组件的质量控制和预筛选技术,可以大大提高总装成管的合格率。例如第二代管总装合格率一般为20%~30%,而第三代管合格率最高可达60%以上。

(2) 必须选用高增益、低噪声、长寿命MCP,并在MCP电子输入端面镀Al_2O_3离子阻挡膜。这是因为GaAs光阴极灵敏度很高,其表面Cs、O层原子的电子态最易受到管中残余气体分子尤其是正离子的轰击而被破坏。采用Al_2O_3离子阻挡膜后,可以阻止MCP电子倍增过程中产生的残余气体分子和正离子的反馈,从而保护了光阴极。此外,由于Al_2O_3膜的存在,自然损失掉输入电子的部分能量,导致MCP的增益有所降低,故需选用增益更高的MCP。MCP与GaAs光阴极一起工作在10^{-9}Pa真空环境下,因此,要求MCP还需能经受550℃以上的烘烤除气(第二代MCP为380℃)和更严格的电子清刷老炼,以彻底去除各微通道内的残余气体分子。通过以上选择和处理,使第三代管中的雪花闪烁噪声很小;第三代管寿命为5000~10000h,比第二代管的寿命长。

(3) 光阴极正常工作对真空环境的要求比第二代管光阴极提高了2个数量级。通常,第二代管的真空度为10^{-7}~10^{-8}Pa即可,而GaAs光阴极则要求为10^{-9}~10^{-10}Pa。这样,对器件总装台、处理工艺和双冷铟封技术的超高真空性能,提出了更高的要求。

第三代微光管的性能:

(1) 大大扩展了长波阈,响应非常均匀,如GaAs长波阈为0.9μm,在0.85μm的响应率与0.65μm的响应一致。三元系材料InGaAs的长波阈达1.3μm,可探测1.06μm波长激光的辐射。

(2) 光谱灵敏度和积分灵敏度大大提高,量子效率 $\eta=30\%$,积分灵敏度达 $1500\mu A/lm$ 以上。

(3) 由于 NEA 阴极的光电子初能小,初能散布小,调制传递函数提高,空间分辨率达 60lp/mm。

NEA 阴极像增强器可以大大提高夜视仪器的作用距离,提高分辨复杂物体的能力,非常适用于夜间应用。但由于 NEA 阴极原因,其制作设备复杂,成本高,价格较高。

国外的像增强器的型号及性能如表 4-8 所列。

表 4-8 国外像增强器主要性能

	型号	有效输入直径/(mm/mm)	亮度增益/(cd·m^{-2}·lx^{-1})	灵敏度(2850K)/(μA·lm^{-1})(850nm)/(mA·W^{-1})	等效背景照度/μlx	几何放大率	分辨率/(lp·mm^{-1})	信噪比	输入电压/V	尺寸/mm	质量/g	注
第一代	XX1340	18/18	20000	300 20	0.15	0.86	35	—	2.7	147×φ53	480	
	XX1147	25/25	30000	300 20	0.15	0.86	35	—	6.75	194×φ70	900	
	XX1227	18/7	270	300 20	0.15	0.37	110	—	2.7	48×φ50	70	
	XX1310	40/13	450	220 10	0.15	0.285	95	—		81×φ78	250	单管
	XX1277	18/7	6500	325 20	0.15	0.36	75	—	2.7	100×φ57	320	18/18-18/7 级联
	XX1297	18/18	1600	340 22	0.15	0.90	55	—	2.7	100×φ53	315	18/18-18/18 级联
第二代	XX1440	18/18	4800	340 22	0.1	1	30	5	2.7	30×φ43	95	带扭像器
	XX1450	18/18	4800	340 22	0.1	1	32	5	2.7	30×φ43	70	
	XX1470	25/25	17000	300 22	0.1	1	30	4.5	2.7	76×φ63	330	
	XX1383	20/30	8000	300 20	0.2	1.5	45	3.2	2.7	83×φ62	350	
	XX1420	18/18	100000	300 20	0.1	0.95	30	5.5	2.7	64×φ53	230	杂交管
第三代	XX1530	18/18	10000	1000 100	0.15	1	36	16	2.7	30×φ37	18	带扭像器
	XX1630	18/18	10000	1000 100	0.15	1	36	16	2.7	147×φ53	95	

4.8 第四代微光像增强器

在第三代微光像增强器中,电子对MCP通道壁的撞击会释放出离子和中性气体,这些离子和中性气体是"有害的物质"。正离子尤其有害,因为它们会加速朝光电阴极奔去,因而会损坏NEA层,并有损光电阴极的光电发射特性,使阴极寿命减少,使像增强器不能得到实用。像增强器中最主要的有害物质是氧、水、氢、一氧化碳和二氧化碳,及其正离子。从电子轰击MCP得到的离子化物质射到光电阴极表面上的现象通常称为"离子反馈"。

用来防止有害物质损害光电阴极的常用方法是在MCP的入口处设置阻挡层。这种离子阻挡层通常是由非导电材料组成的,如Al_2O_3或SiO。离子阻挡层可以有效地减少离子反馈,但是它也有缺陷,它会散射或吸收由光电阴极发射的电子,这样就会降低像增强器的信噪比和鉴别率。

为了克服离子阻挡层的缺陷,Litton电子—光学系统(EOS)公司首家成功利用单块非镀膜MCP制造出长寿命像增强器。与通常的MCP不同,这种MCP是体电导的材料,其导电层由整个体材料组成,不需要经过烧氢处理,离子反馈大大减少。而传统MCP经过表面烧氢处理,导电层是内壁,经过烧氢处理的MCP会产生上述的"离子反馈"现象。

采用体电导MCP,并使光电阴极与MCP间采用自动脉冲门控电源,因而提高了像增强器的信噪比,在目标探测距离和分辨率方面有很大的提高,还减少了"光晕"对成像的影响,有助于改善在强光下的视觉性能。目前,常把具有这种特征的像增强器称为第四代微光像增强器。

第四代微光像增强器结构与光电阴极都与第三代微光像增强器一样。与使用连续直流电源不同,加在光电阴极上的自动通断的电压是脉冲式的,即电源感知进入像管的光量,自动高速接通和切断。通断的频率和时间合适,既能有效减少噪声,又能在弱光和强光的一个相对宽的亮度范围内,获得最佳的输出亮度,让使用者始终看到均匀一致的图像。自动门控允许像管在黑夜和白天仍产生对比度良好的高分辨率图像,而不产生模糊的图像。

这个特点对陆军直升机驾驶员来说是特别重要的。驾驶员在村庄上空飞行和着陆时,可能遇到各种光照条件。在未来的城区作战中自动门控也是至关重要的,使陆军士兵或陆战队员能快速在黑暗和明亮区域间运动,而不必摘除夜视眼镜。自动门控还有助于减少夜间车灯等明亮光源产生的晕圈或影像模糊效应。自动脉冲门控电源(Gating Power Supply)的效果与常用直流供电的效果比较如图4-34所示,由于电源开合,减少了噪声,提高了图像的质量。当电源脉冲占空比(Gating Duty cycle)较小时,图像较暗,这时的放大倍数不够。当电源占空比太大,达到图中的直流供电,也就是标准电源供电(Standard Power Supply)时,虽然增益增大,但这时噪声较大。只有电源脉冲的占空比合适,才能得到亮度合适而噪声小的图像。

Litton公司生产的第一只体电导微光像增强器的性能如表4-9所列。如图4-35和图4-36所示,在有汽车大灯的情况下,第四代像增强器的图像有效地消除了"光晕"。比较图4-37和图4-38,第四代像增强器的图像由于其优异的特性,其图像的分辨本领增加了,其中清楚显示了人手中的武器。美国陆军认为,采用不镀膜微通道板和自动门控电源的像增强器性能,产生了质的飞跃,将其称为第四代微光管。第四代管扩大了徒步士兵和驾驶员使用像增强器的范围。第二代管在满月到1/4月条件下工作,第三代管则使士兵能在星光下观察,第四代管采用门控电源和新型微通道板,不仅能在云遮星光的极暗条件下有效工作,而且能在包括黄昏和拂晓的各种光照条件下工作。

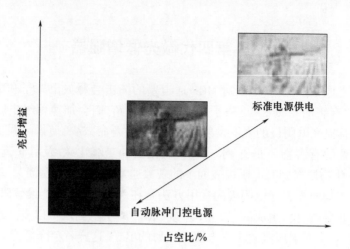

图 4-34 自动脉冲门控供电对图像效果的影响（右上角为直流供电的图像）

表 4-9 Litton 公司第四代像增强器的性能测量

MCP 电压	增益	等效背景照度 /(10^{-7}lx)	灵敏度 /(μA/lm)	800nm 灵敏度 /(mA/W)	信噪比 SNR	噪声因子	分辨率 /(lp/mm)
1100	3228	1.58	1760	108	26:1	1.66	—
1200	6699	1.57	—	—	24:1	1.80	23

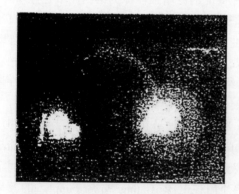

图 4-35 标准第三代像增强器的图像

图 4-36 第四代"无光晕"像增强器的图像

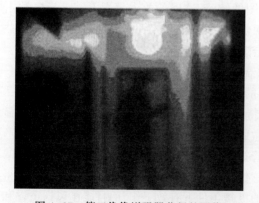

图 4-37 第三代像增强器获得的图像

图 4-38 第四代像增强器获得的图像

练 习 题

4.1 说明像管的结构和工作原理。

4.2 说明近贴型电子光学系统所加电压和极间距离与像质的影响。

4.3 说明等径双圆筒结构使电子成像的原理。

4.4 某三级级联像增强管,三个光电阴极均为 S-25,它对标准光源的积分灵敏度 $R=400\mu A/lm$,三个荧光屏均为 P-20,它的发光效率为 $50lm/W$,各级电压均为 $12kV$,各级电子光学系统通过系数为 1,各级放大率为 1,不考虑级间,级间耦合损失的情况下:

(1) 计算它对星光下绿色草木反射光的亮度增益 G_L。

(2) 说明亮度增益的来源。

(3) 说明提高阴极长波响应对增加对比度和 G_L 的意义。

4.5 试说明背景亮度产生的原因及影响,以及减少的方法。恶化系数与入射光有何关系?

4.6 何为光学传递函数、调制传递函数、对比传递函数、相位传递函数?

4.7 强度为正弦分布的入射光照射在像管输入面上,说明像管输出面上像的特征。

4.8 微通道板输入端的电子流为 $2\times10^{-10}A$,而输出端获得的电子流为 $3\times10^{-7}A$,则该微通道板的电子增益是多少?

4.9 用电流连续方程,解释微通道板的电流饱和特性。这对像增强器应用有何影响?

4.10 画出第二代像增强器的两种结构,说明各自的特点。

4.11 与第二代微光管比较,说明第三代微光管的优缺点。

4.12 说明第四代微光像增强器的结构特点。与第三代微光管比较,有哪些不同?

第5章 摄 像 管

5.1 摄像管的工作方式

直视式光电成像系统,具有作用距离短、放大率有限、对比度不能调节、不能超越障碍等缺点,为此人们研究了电视系统。

电视传送的主要对象是活动的对象,在发送端要把光学图像信息转化为电信号,经过加工之后,发送到接收端,在接收端进行处理,再把电信号还原成光学图像信息。

为了使摄像器件把活动的光学图像转换成电信号,可以把整个图像分割成 N 个有一定大小的小像点,也称为像素。把像素的平均亮度作为像素的图像信息,经过光电转换装置转变为电信号,通过信道可以把此像素随时间变化的信息传送出去。用 N 个光电元件和同样数目的信道,就能传送一幅活动的图像。随着 N 的增大,所传送图像的精度增加。

把 N 个亮度信号转变为电信号的方法称为扫描(或寻址)。在一行中自左至右的扫描称为行扫描(或者水平扫描),自上而下的扫描称为列扫描(或者垂直扫描)。在电视中,一幅图像或扫描光栅宽高比通常为 4∶3。我国把光栅(电子束扫描的范围)分成 625 行。每秒自左至右、自上至下扫描 25 次,传送 25 幅图像,称为帧频 25Hz。以这样的频率来扫描会使人感觉到闪烁现象。为了消除闪烁,又不使传送图像的电信号占用的频带太宽,实际上采用隔行扫描的方法。就是将原来在一帧中传送的 625 行分成两场来传送,第一场传送奇数行,第二场传送偶数行。于是每秒自上至下传送的次数由 25 次变成 50 次,这样传送一次称为一场,因此场频为 50Hz,帧周期和场周期分别为 40ms 和 20ms。由于一帧分成 625 行来扫描,所以行频为 $25\times625=15625$Hz,行周期为 $64\mu s$,实际上自左至右扫描一行所花的时间约为 $52\mu s$,剩下的 $12\mu s$ 为自右至左的回扫时间。在这段时间内不产生图像信号,称为行消隐。利用其中一部分时间传送使显像器件与摄像器件扫描同步的同步信号。同理,从一场最后一行的最右边回到下场第一行开始扫描位置而进行的不输出图像信号的回扫称为场消隐。此回扫时间约为 1ms,占 15~20 个行周期,这个时间包括场周期内,因此虽然规定光栅为 625 行,但由于扫描线回扫,实际上只有 575 行左右。

在电视的研究发展过程中,遇到的主要问题是图像的传送、灵敏度的提高以及像质的改善,而这些问题都与电视系统的核心部件——摄像管密切相关。

在一百多年前,就有人提出将图像分成小块依次传送,在接收端进行复合,重现图像的方法,如图 5-1(a)所示。而后这种设想曾以机械扫描和电扫描方式传送,但是只有在扫描的瞬间才能从景物得到信号,而没有信号的积累过程,光能的利用率太低,所以灵敏度低,因而未能实际应用。

帧周期为 T,像素数为 N,则电子束在一个像素上停留的时间为 T/N,这相当于 $0.062\mu s$,其余时间 $(N-1)T/N$ 内,光虽然照在光阴极上,但由于光电管没有接入电路而白白浪费掉了。而附加存储器的装置,将其余时间 $(N-1)T/N$ 内的光电信号存储起来,时间约为 40ms,当扫到接通时,储存的电量全部输送出去,于是摄像管的效率就提高 N 倍,如图 5-1(b)所示。

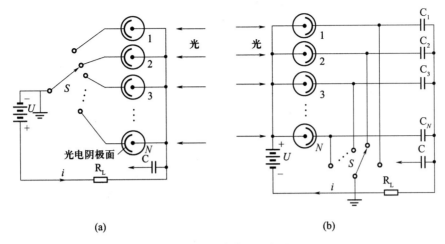

图 5-1 摄像装置示意图

(a) 没有光电积累的摄像装置;(b) 附有存储器的摄像装置。

为了完成摄像任务,摄像管必须具有写入、存储、阅读和抹除等过程。摄像管主要由三部分组成:光电变换部分、电荷存储部分和信号阅读部分。一种典型的摄像管的结构如图 5-2 所示。

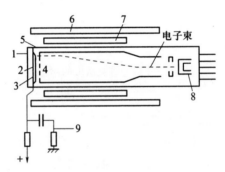

图 5-2 摄像管的典型结构

1—面板;2—信号板;3—光电导靶;4—网;5—金属环;6—聚焦线圈;7—偏转线圈;
8—调制极;9—前置放大器。

5.2 摄像管的性能指标与评定

通过电视系统来传送各种图像,目的是得到准确无误的图像,而是否能准确传送图像,和摄像器件、电视通道、显示器件有关,尤其是摄像器件。人们希望摄像管能清晰、无失真、"干净"地摄取图像。一般地,摄像器件获得的图像质量要比人们现场观察的景物差,也就是说,摄像器件送来的图像不够清晰,有失真。

影响图像失真的因素很多,如摄像器件的光谱响应曲线和人眼的视觉曲线之间的差别,会由此产生亮度变化上的失真;由于光电转换特性的非线性所引起的失真;某些摄像器件的惰性较大,也要引起图像的失真。摄像器件性能用灵敏度、光电转换特性、分辨率、信噪比、惰性、光谱响应特性来表示。

5.2.1 摄像管的灵敏度

摄像管的灵敏度指摄像管把光信号转化为电信号的能力,是摄像管的一个重要的性能指标,尤其对微光摄像管更是如此。

摄像管的灵敏度定义:摄像管输出的信号电流与入射在光敏面上的光通量(或照度)之比。

由于灵敏度和光源的光谱有关,测量时应采用标准光源,如常用的 2856K 色温的钨丝灯。在测量过程中,整管处于稳定工作状态,各电极施以正常的工作电压,测量方法有两种,如图 5-3 所示。

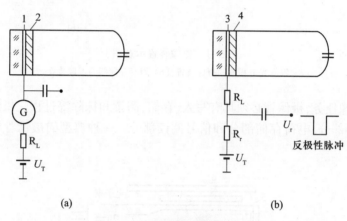

图 5-3 摄像管灵敏度的测量

1,3—信号板;2,4—靶。

(1) 用已知照度的 10lx 标准光源照射在摄像管光敏面上,同时在信号输出端(即前置放大器输入端)测量信号电流的大小,如图 5-3(a)所示,那么灵敏度为

$$R = 信号电流/光通量 \tag{5-1}$$

(2) 向摄像管的光敏面投射已知照度的黑白条纹图案,同时用示波器测量黑白电平信号的峰—峰振幅,而后将其转换成摄像管输出端的信号电流,如图 5-3(b)所示。灵敏度为

$$R = \frac{i_s}{A \cdot E} = \frac{i_s}{\Phi} \quad (\mu A/lm) \tag{5-2}$$

式中 i_s——输出信号电流(μA);

A——光敏面的有效面积;

E——光敏面上的光照度(lx)。

灵敏度 R 也有用 $\mu A/W$ 或 mA/W 表示的,即

$$R = \frac{i_s}{\Phi_e} \tag{5-3}$$

式中 Φ_e——光敏面上的辐照度。

对一定的光源,两种表示方法可以换算,用光视效能进行换算。

实际测量时,往往是通过视频前置放大器测得的,要通过视频放大器增益来换算。

由于 i_s 与 E 往往是非线性的,不仅要指出某照度下的灵敏度,而且最好给出 i_s 与 E 的变化关系。

5.2.2 摄像管的光电转换

摄像管的光电转换特性指输出信号与产生该信号的光敏面上的辐射照度的函数关系,如图 5-4 所示。

整个电视系统实质上是光能经过转换放大,再经过处理后再变成光能的过程。它包括两种转换过程:光—电转换和电—光转换。为了在显示屏上得到一个与景物的亮度分布相一致的图像,电视系统应该保证输出光和输入光之间的线性特征。

摄像管的光电转换:

$$i_s = k_1 E^{\gamma_1} \tag{5-4}$$

式中 i_s——与该照度相对应的摄像管的输出信号电流;

k_1——常数;

E——光敏面上的辐照度;

γ_1——光电转换指数。

$$\gamma_1 = \frac{d[\log i_s]}{d[\log E]} \tag{5-5}$$

由图 5-4 可见,γ 值只有在一定范围内才是常数,而在 E 很大时,由于 i_s 趋于饱和而使 γ 值下降,曲线上的弯曲点是信号趋于饱和的标志。

如上面所述,整个电视系统包含摄像管的光—电转换及讯道荧光屏的电—光转换。

设讯道转换特性为

$$I = k_2 \cdot i_s^{\gamma_2} \tag{5-6}$$

式中 k_2——常数。

荧光屏的转换特性为

$$L = k_3 I^{\gamma_3} \tag{5-7}$$

式中 k_3——常数。

L——荧光屏输出亮度。

那么对整个电视系统,有

$$L = kE^{\gamma_1 \gamma_2 \gamma_3} = kE^{\gamma} \tag{5-8}$$

如图 5-5 所示,当 $\gamma>1$ 时,即 L 与 E 成超线性,此时亮单元显得更亮,暗单元显得更暗,致使整个图像的亮暗对比增大,并且越是亮的区域,对比增大得越多,相对来说,暗区的对比就缩小了。

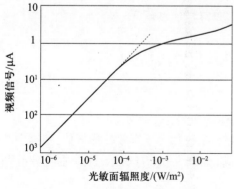

图 5-4 摄像管的光电转换特性

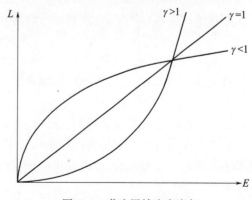

图 5-5 荧光屏输出亮度与入射光照度之间的关系曲线

当 $\gamma<1$ 时,即 L 与 E 成亚线性,此时亮单元的亮度受到压缩,暗单元相对变亮,使得整个图像的亮度对比下降,而暗区具有比亮区更大的亮度对比。

由此可见,只要系统 $\gamma\neq1$,就会造成像与物之间的亮度分布失真。因此,对整个系统要求 $\gamma=1$。

常用的显像管荧光屏 γ(指 γ_3)的平均值约为 2.5,即 $\gamma_3=2.5$,要保证总系统 γ 值等于 1,应有 $\gamma_1=0.4$,而实际上,大多数摄像管的 γ 值都不满足 0.4 的要求,例如,光电导摄像管的 γ_1 值小于 1,有的接近于 1,如 Sb_2S_3 管的 γ_1 值为 0.6~0.7,PbO 管的 γ_1 值为 0.95,而硅靶管的 γ_1 值接近 1。为了克服系统 γ 值过大的缺点,往往在放大讯道中采用专门的 γ 校正器,使放大讯道 $\gamma<1$,以保证全系统 $\gamma=1$。但使用校正器有缺点:因为校正器的 $\gamma=0.5$ 或更小,电平越低,相对放大得越多,由于噪声信号为低电平、小信号,所以把噪声放大得更大,这就使得噪声与信号一起被放大。在电视系统中,一般在发射系统中进行 γ 修正,使 $\gamma=0.4$,而在电视中不校正。光电转换 γ 值在彩色电视系统中有特别的意义。

5.2.3 摄像管的分辨率

分辨率表征了摄像管的分辨本领,是描述一切成像器件空间特性的重要指标。

电视系统图像的清晰程度实际上是像质的一个综合性指标,它与摄像管、讯道、显示器件的分辨能力相关。在测试时,必须保证讯道、显示器件的分辨能力和带宽尽可能大。

分辨率与物体的亮度、对比、视角等因素有关。测试时要给出足够亮度、对比为 1(黑白相间条纹)的标准条纹,在标准测试条件下,摄像系统能分辨出最高空间频率即空间分辨率。

由于电视系统采用扫描方式,故分辨率在垂直和水平方向上是不同的,因而分为垂直分辨率和水平分辨率。

1. 垂直分辨率

垂直分辨率指在整个画面上沿垂直方向所能分辨的像素数或黑白相间的水平等宽矩形条纹数,例如,系统能够清晰地分辨 600 条黑白相间的水平等宽条纹,则说它的垂直分辨率为 600 行/帧高。

1) 扫描行数的影响

扫描行数是垂直分辨率的上限,如水平扫描行数为 625 行的电视系统,其垂直分辨率绝对不会超过 625 行/帧高。在实际中,由于被消隐的扫描行不传递图像,而只有有效扫描行数才能分解图像,所以严格来说,有效扫描行数是垂直分辨率的上限。

在我国的电视标准中,标准扫描行数为 625 行/帧,有效扫描行数 N_e 为

$$N_e=(1-\beta)N_0$$

式中 β——消隐系数,一般有 $\beta=0.074\sim0.08$,当 $\beta=0.08$ 时,$N_e=575$ 行/帧高。

就是说,一般消隐行数为 50 行/帧高。

2) 扫描位置的影响

如果扫描中心线的位置不当,会使应有的分辨率下降,如图 5-6 所示。

如图 5-6(a)所示,被传送的是黑白等宽测试方案图,条纹数等于有效扫描行数,扫描中心线与条纹中心线正好重合,此时获得的图像分辨率最高,如图 5-6(b)所示,图像垂直分辨率等于有效扫描行数。

如图 5-6(c)所示,当扫描线的中心与图案的黑白条纹交界线相重合时,此时垂直分辨率最低,输出的图像呈现一片灰色,如图 5-6(d)所示。发生在这种情况下的条纹不能被传送。

这是极端情况。

对于图 5-6(c)所示的输入情况,如果将输入条纹数减少一半,如图 5-6(e)所示,输出的图像如图 5-6(f)所示,也能重显条纹数,此时垂直分辨率只有有效行数的 1/2。因此在最差的情况下,仍有 $\frac{1}{2}N_e$ 垂直分辨率。

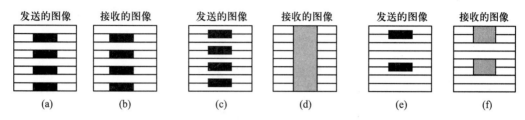

图 5-6 扫描线位置对垂直分辨率的影响

以上所说的是两种极端的情况,即扫描线处于最佳位置和最差位置。在一般情况下,扫描线的中心线位置介于线条中心线与边界线之间,垂直分辨率为 $\frac{1}{2}N_e \sim N_e$。如一般取 625 行的 0.7,即垂直分辨率为 625×0.7=437 行/帧高。

考虑扫描行数和扫描线的位置影响后,系统的垂直分辨率降为 437 行/帧高。

3) 扫描电子束落点尺寸

以上是假设扫描电子束落点尺寸正好等于线宽的情况,如果不等,垂直分辨率随着束点尺寸的变化而变化。如果束点尺寸增大,垂直分辨率将下降。束截面上的电流密度服从高斯分布,束中心和边缘部分的阅读能力不同,如果设计出均匀密度分布的束点,阅读效果及分辨率会大大改善。

2. 水平分辨率

水平分辨率指整个画面上沿水平方向所能分辨的像素数。

由于在水平方向上,扫描电子束是连续移动的,所以与垂直方向上分辨率不同。

如图 5-7 所示的条纹分界面,由于电子束着斑点有一定大小,所以,它读出的信号是在斑点范围内的综合值,不能分辨其图像细节。

当电子束扫描黑白分明的图案在靶面上所形成的像时,使得原来清晰的黑白分界面变得模糊,束点尺寸对水平分辨率的影响称为孔阑效应。为了减小孔阑效应,应缩小束点水平尺寸。

由此可见,要提高分辨率,就要求扫描点足够小,但如果扫描点太小,在规定的扫描行数下就不足以覆盖画面,使行间有明显空隙,因而扫描点大小要恰当,一般等于帧面高度除以有效行数。这样当扫描行数选定后,扫描点的大小和水平方向的分辨率就大致确定了。水平分辨率等于竖直分辨率时,图像质量最好。

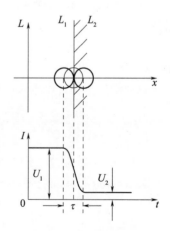

图 5-7 扫描束点尺寸对水平分辨率的影响

$$\frac{4}{3} \times 437 = 583 \text{ 行}$$

3. 信道频带宽度对分辨率的影响

1）视频信号的频带宽度

图像信号的频率取决于图像的内容,细节越细,信号的频率就越高。图像越细,频率增加,假定图像是正方形的黑白相间的方格,方格的宽度等于一根扫描线的宽度,这是能够划分的最细程度。

一幅画面最多能划分的格数为

$$\frac{4}{3}Z \cdot Z$$

式中　Z——沿竖直方向可以划分的有效的扫描行数,$Z=575$。

那么 1s 电子束内扫过的黑白格数为

$$\frac{4}{3}Z^2 \cdot f \tag{5-9}$$

式中　f——帧频,即每秒传送的画数,$f=25\mathrm{Hz}$。

因为每扫过一对黑白小格时形成一个方波,最高频率为

$$f_{\max}=\frac{1}{2}\times\frac{4}{3}Z^2 \cdot f=\frac{1}{2}\times\frac{4}{3}\times 575^2\times 25=5.5\mathrm{MHz} \tag{5-10}$$

根据我国电视标准,扫描上限频率为 5.5MHz,由于电视系统需要传送近于零频的下界频率,所以上限频率就是频带宽度,为可靠起见,我国电视标准规定视频信号带宽为 6MHz。

2）讯道带宽对分辨率的影响

$$\Delta f = 0.0128N \tag{5-11}$$

$$\frac{N}{\Delta f} = 78 \text{ 行/MHz} \tag{5-12}$$

式中　Δf——讯道带宽(MHz);

　　　N——垂直分辨率(行数/帧高)。

即每兆赫的通频带宽相当于分辨率为 78 行/帧高,这个数据在设计放大讯道和测试时经常用到。

如要求垂直分辨率为 400 行/帧高,则放大讯道的通频带不得低于 5MHz。如果设计的 Δf 小,就限制了垂直分辨率。

摄像管分辨率常以电视的 行/帧高表示,也可以换算成线对/毫米表示。即

$$f=\frac{N}{2h}=\frac{N}{1.2D} \quad (\mathrm{lp/mm}) \tag{5-13}$$

式中　h、D——光栅高度和对角线的长度。

如 $N=400$ 行/帧高,靶面有效直径为 16mm,则

$$f=\frac{400}{1.2\times 16}=20.8(\mathrm{lp/mm})$$

4. 调制传递函数

$$\mathrm{MTF}(f)=\frac{C'_\mathrm{s}(f)}{C_\mathrm{s}(f)} \tag{5-14}$$

式中　$C'_\mathrm{s}(f)$、$C_\mathrm{s}(f)$——正弦输出信号的对比度和正弦输入信号的对比度,测试台上,连同物镜、讯道、监视器一起测量,应对测量结果作出合理的分析判断。

也可采用方波输入图案,测其输出信号的对比度,则方波对比传递函数为

$$R(f) = \frac{C'_R(f)}{C_R(f)} \tag{5-15}$$

式中　$C'_R(f)$、$C_R(f)$——方波输出函数和方波输入信号的对比度,如用方波测量,就要利用公式,根据方波对比传递函数再求出 MTF。

为方便计算,许多文献直接给出方波的对比传递函数,作为衡量摄像管的空间分辨特性。一种实用的表示方法是用调制深度来表示。调制深度定义为实际输出幅值与理想输出情况下(即 MTF 为 1 时)的幅值比。

在摄像管的光敏面投射 40 线和 400 线等几组黑白条纹,在示波器上得到的信号幅值如图 5-8 所示。如果频率低的线(如 40 线)的信号幅度为 a,其调制深度为 1(100%),即 40 线时,MTF 为 1,认为没有对比损失。400 线图案的信号高度为 b 值,b/a 作为 400 线时的调制深度,这就是方波调制深度。

在广播电视中,要求摄像管在 400 线时的调制深度为 45%~35%,并规定调制深度为 10% 的线数称为摄像管的极限分辨率。

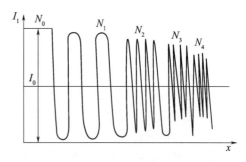

图 5-8　方波图案的输出信号波形

5.2.4　摄像管的惯性

摄像管的惯性是指输出信号变化相对于输入亮度的变化有一个滞后。由于惯性的存在,光灭后摄像管的信号是逐渐变小的,光开后摄像管的信号是逐渐增大的,所以惯性反映了一个摄像管的瞬态特性,它包括信号电流的衰减特性和上升特性,即衰减惯性和上升惯性。

衰减惯性为

$$D_1 = \frac{I_s}{I_{s_0}} \times 100\% \tag{5-16}$$

式中　I_{s_0}——稳态输出信号电流;
　　　I_s——去掉光照后第三场的输出电流。

上升惯性为

$$D_2 = \frac{I_s}{I_{s_0}} \times 100\% \tag{5-17}$$

式中　I_{s_0}——稳态输出信号电流;
　　　I_s——指脉冲光信号到来后第三场的输出信号电流。

如果考虑暗电流 I_d,则

$$D_1 = \frac{I_s - I_d}{I_{s_0} - I_d} \times 100\% \tag{5-18}$$

$$D_2 = \frac{I_s - I_d}{I_{s_0} - I_d} \times 100\% \tag{5-19}$$

一般下降惯性大于上升惯性,且后者对视觉影响不明显,所以一般以第三场的下降惯性来表征摄像管的惯性。对摄像器件惯性的要求视应用场合不同而相差很大,广播电视要求最高,

规定三场下降惯性≤5%,十场下降惯性≤1%。在工业电视中,三场下降惯性为20%~30%时,一般已可满意地使用了。

惯性的来源主要有以下几个方面:靶的响应惯性、电荷转移惯性、阅读惯性和帧周期的影响。

5.2.5 摄像管的灰度

灰度指按照一定标准划分的亮度等级。根据亮度不同、人眼特征、荧光屏亮度,按一定比值划分亮度等级,亮度相差越大时,包含的亮度等级越多,底色为1级,其余按顺序排列,级数越高,亮度越低。

人们之所以能够分出物体上的细节,就是因为各个细节有不同的亮度或它们之间有一定的亮度差或亮度对比。当物体成像时,成像系统应能如实地传递物体的亮度等级,如果不能,则说成像系统改变了物体的灰度,对比度被改变了。如果灰度减小了,就会使像面上各单元的亮度范围受到压缩,对比度减小。

用灰度测试卡测量时,测量灰度等级要消除空间频率的调制传递函数的影响,因此灰度卡做得比较宽。虽然说,能分辨9个灰度等级,但并不是说,只要用9级或10级灰度传送信号即可,因为人眼除对灰度敏感以外,还对空间频率十分敏感。如果采用这样的灰度信号传送图像,将会产生明显的马赛克效应。

5.3 氧化铅光电导视像管

光电导摄像管(视像管)没有移像部分,与以前的光电摄像管相比具有体积小、结构简单、信号质量好等优点。根据靶面结构不同,光电导摄像管分为无结型和结型两种,无结型是用均匀光电导体制成的,如 Sb_2S_3,由于均匀光电导靶暗电流大和惯性较大,灵敏度也不高,故研制了结型光电导靶。结型光电导靶有同质结靶和异质结靶。下面详细叙述氧化铅(PbO)靶视像管的原理与结构。

PbO 光电导摄像管(Plumbicon管)是荷兰飞利浦公司历经十几年苦心钻研才研制成功的,在投产以后的十几年间垄断了各种彩色广播电视的应用。目前,异质结型光电导摄像管就是在 PbO 靶管基础上发展起来的。

5.3.1 氧化铅靶结构

PbO 管的基本结构与一般视像管相同,但是它的靶却与一般靶根本不同。PbO 靶的结构如图 5-9 所示。首先在透明板上蒸镀 SnO_2 透明导电层,作为信号板,而后将 PbO 层沉积在 SnO_2 上面。最后对 PbO 的扫描面进行强氧化,形成 P 型层。

由于 SnO_2 和 PbO 的接触会形成 N 型层,而且占靶大部分厚度的纯氧化层则是高阻本征层,所以整个靶是 N-I-P 结构,由此结构形成 N-I-P 光电二极管,由这种结构形成的靶又叫合成靶。

工作时,PbO 合成靶的 SnO_2 层上加固定正电压,$U=30\sim$

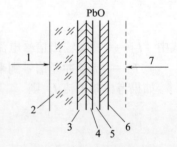

图 5-9 PbO 靶的结构
1—光;2—面板;3—透明信号板;
4—N 型层;5—本征层;
6—P 型层;7—电子束。

40V。没有光照时,PIN 电容两边电压差为靶电压。当光线透过面板极 SnO_2 层入射在 PbO 本征层上时,产生电子—空穴对,它们在反向电场下被分离,分别到达靶的两边,靶面 P 层积累正电荷,靶面 P 层面电位升高 Δu,形成了与光照强度成比例的电位分布。当电子束扫描时,P 层面被电子束扫描时达到电子枪阴极电位,通过回路取出信号。流过回路的电流为

$$I = \frac{q}{T_R} = \frac{C_i \Delta u}{T_R} \tag{5-20}$$

式中 C_i——像素点的电容;

T_R——阅读一个像素的时间。

通常视频信号是以电流的形式从负载电阻取出,而后送到前置放大器放大。

5.3.2 视像管的结构

视像管的结构由光学系统、靶、电子枪、聚焦、扫描系统等组成,如图 5-10 所示。

电子枪的作用是产生和形成扫描电子束。电子枪由灯丝、阴极 K、调制电极 G、第一阳极(做加速极)G_1、第二阳极 G_2(做减速和聚焦)组成。

1. 电子发射

灯丝对阴极加热,发射电子,阴极通常处于零电位,调制电极相对于阴极处于负电位,以保证在阴极区附近形成一个空间电荷区。阴极 K、调制电极 G 与第一阳极(G_1)组成浸没物镜。如图 5-11 所示,从浸没物镜发射出的电流 i_k 与调制电极 G 与阴极 K 之间电压差电压 V_{gk} 的关系是

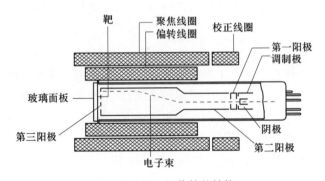

图 5-10 PbO 视像管的结构

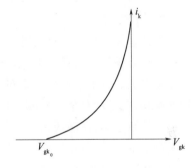

图 5-11 电流 i_k 与调制电极电压 V_{gk} 的关系

$$i_k = k(V_{gk} - V_{gk_0})^{5/2} \tag{5-21}$$

式中 k——常数;

V_{gk}——调制电极 G 与阴极 K 之间所加电压;

V_{gk_0}——调制电极 G 与阴极 K 之间使输出电流为 0 时的截止电压,一般为 $-100 \sim -50V$。

调制电极的作用是控制阴极发射电流的大小,调制电极上的电压相对阴极为负值,当电压更负时,阴极发射电流减小,调节调制电极与阴极之间的电压,可以调整输出的电流。

2. 预聚焦并加速

第一阳极 G_1 加有 300V 的电压,调制电极和第一阳极共同作用构成第一透镜,它能使从调制电极小孔发射出来的电子束预聚焦并加速,使电子束在加速电极的入口处会聚,形成电流密度很高的交叉点。该点作为第二透镜的物。

为了获得近轴的电子束,在加速极的出口处有 20~50μm 的限制膜孔,穿过限制膜孔的电子束与轴的夹角约为 20′。

3. 减速并会聚

减速会聚电极 G_2 加有 -300V 的电压,通常所说的聚焦系统是指第二透镜即主聚焦系统。在静电聚焦电子枪中,由第一阳极和第二阳极构成第二透镜,做减速会聚用,第二透镜的物不是阴极的像,而是第一透镜的最小交叉点或阳极小孔的像。电子经第二透镜后,即成为很细的一束。为了防止杂散电子入射在扫描面上,并限制电子束直径,往往在阳极中安有小孔光阑,直径为 40~50μm。因此可以减小电子径向分束和轴向电子速度散布以改善聚焦质量。靶的右面加装有网电极,一般与聚焦电极 G_2 相连,它使靶前形成均匀电场,使电子束在整个靶面上垂直上靶,使电子接近靶时能量减小至接近 0。

管内聚焦电极与加速极构成静电透镜,可使电子束正好聚焦在靶上。而后在偏转系统作用下,入射在扫描面上。

4. 电磁聚焦

电磁聚焦线圈的作用是使到达靶面中心的电子束聚成一锐点。磁聚焦的质量要比静电的好,但是功耗大,比较笨重。实用中,主聚焦透镜常采用磁透镜,这样的电子枪称为磁聚焦电子枪。

另一种聚焦方式为纯静电聚焦,这种结构使图像中心分辨率下降,但由于畸变减小,使信号输出均匀度提高,尤其是体积和质量明显减小,因而得到广泛应用。

无论电磁聚焦还是静电聚焦电子枪,其第一透镜都是静电透镜,区别仅在于第二透镜。

5. 偏转系统

有静电偏转和磁偏转两种。

在没有偏转系统情况下,电子枪发射系统发出的电子束经聚焦系统后,将入射在靶面上的固定位置上。为了实现电子束对靶面的扫描,必须采用电子束偏转系统,使电子束的着靶点沿靶面移动,以实现对整个靶面的扫描。

磁偏转结构:在慢速扫描摄像管中,磁透镜则由长螺旋线圈所构成。

静电偏转结构:在现代摄像管中,所用的扫描电子束几乎都是慢电子束型,由热阴极发出的电子在阳极电压下首先被加速到几百电子伏的能量(如300eV),然后逐渐变慢,在接近靶面时,电子速度几乎为 0,并且要求电子垂直上靶。如果电子以一个小倾斜角度上靶,电子横向速度不为 0,这不仅使着靶斑点增大,还有可能电子没有能力上靶,将使输出信号严重失真。对慢电子束电子枪来说,电子束垂直上靶特别重要。为此设加速极,其上接地电位,作加速用,并将其做成网状,作为电子入射垂直校正措施。

5.3.3 视像管的工作原理

靶结构读出部分简化电路如图 5-12 所示,N-I-P 光电二极管的像素点电路如图 5-13 所示,像素在光存储期间的电位和读出电流的示意图如图 5-14 所示。

如图 5-14 所示,某一个像素在光存储期间,靶右边电位为

$$V_i = I_i \cdot R_i (1 - e^{-t/R_i C_i}) \tag{5-22}$$

式中 I_i——光生电子空穴对形成的电流,与入射光强度成正比。

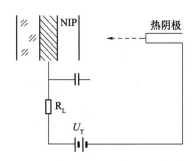
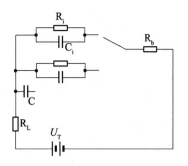

图 5-12　PbO 靶的简化的读出电路　　　　图 5-13　PIN 靶像素点的等效电路

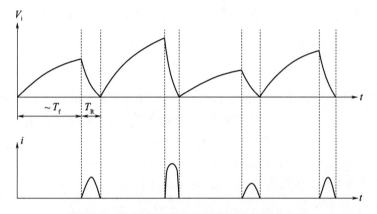

图 5-14　光照积累的电位以及读出的耦合电流

像元的充电时间近似等于帧周期 $T_f = 40\mathrm{ms}(40\mathrm{ms}-0.062\mu s)$，因此在电子束对它扫描之前，$C_i$ 右边电位最大值是

$$V_{im} = I_i \cdot R_i (1 - e^{-\frac{T_f}{R_i C_i}}) \tag{5-23}$$

当电子束扫描像元(接通)时，接通时间为 $0.0625\mu s$，电流通过束电阻 R_b，电容 C_i、负载电阻 R_L、靶电源 U_T 和地构成通路，电容器 C_i 放电，电容右侧电位被放至 V_b，接近 0。C_i 电容器右边电位变化为

$$V_b = V_{im} \cdot e^{-\frac{t}{(R_L + R_b) C_i}} \tag{5-24}$$

R_b 为束电阻，通常为 10MΩ，而 $R_L \ll 1$MΩ，在电子束读出时刻，有

$$V_b = V_{im} \cdot e^{-\frac{T_R}{R_b \cdot C_i}} \tag{5-25}$$

在读出时间内，电荷的变化量为

$$q = C_i \Delta u = C_i (V_{im} - V_b) \tag{5-26}$$

经电容 C 耦合出的电流为

$$i = \frac{q}{T_R} = \frac{C_i (V_{im} - V_b)}{T_R} \tag{5-27}$$

电压通过负载电阻引起电路电流变化，信号从 C 耦合取出。由于 V_b 接近 0，输出电流 i 与光生电流成正比

靶具有很高的纵向电阻率($10^{11} \sim 10^{13} \Omega \cdot cm$),工作起来靶面可看成由 n 个像素组成,像素大小由扫描电子束截面决定。要完成光学图像的光电转换和积累存储信息电荷的作用,要求靶上每个像素的弛豫时间远大于储存时间(即帧时间)。由于像素的电容 C_i 较小,因而要求其像素的电阻 R_i 足够大,达到光电转换和积累存储信息电荷的能力,纵向电阻率 $\rho \geqslant 10^{12} \Omega \cdot cm$,一般为 $10^{11} \sim 10^{13} \Omega \cdot cm$。

同时还要求材料的横向电阻亦足够高,可以防止各个像素之间因表面漏电而使电位起伏拉平,通常要求其方块电阻大,为 $2 \times 10^{13} \sim 10^{14} \Omega$。

C_i 足够小,与 R_b、R_L 等组成回路的放电时间足够短,以小于放电时间($0.062 \mu s$),在这么短的时间内可以中和到 0。

视像管存在光电转换惰性、积累存储电荷惰性、电子束放电惰性。

5.3.4 氧化铅视像管特性

1. 暗电流小

暗电流来源于少数载流子漂移电流及 I 层中热生载流子扩散电流。由于 PIN 结加有几十伏的反偏电压使靶处于反偏状态,少子浓度低,漂移电流小。I 层基本上电离,I 层电阻很大,热电流较小,所以漏电很少。为了使暗电流充分地小,研究指出,在室温下,要求半导体的禁带宽度大于 $0.9 \sim 1eV$,而 PbO 靶具有 $1.9eV$ 的禁带宽度,因此暗电流小。如图 5-15 所示,在饱和情况下,信号电流为暗电流的几百倍甚至上千倍。

2. 灵敏度高

因本征层电阻率高,能承受强电场,所以所加的反向电压较高,几乎全降落在本征层上。本征层较厚,产生的电子—空穴多,光生载流子在强电场中漂移速度很大,渡越时间短,复合率小,故光生载流子几乎全部都能构成信号电流,灵敏度高。

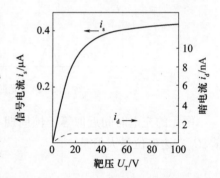

图 5-15 PbO 视像管的特性曲线

在 PbO 中掺入硫可使红光灵敏度提高。实验指出,这样可使截止波长从 $0.65 \mu m$ 延长到 $0.85 \mu m$,这对于光探测和彩色成像是十分必要的。由于掺硫,吸收系数增大,故靶可以做薄些,对分辨率有利。但薄靶电容大,惰性大。

3. 光电特性好

从图 5-15 伏安特性曲线可知,当靶压达到 $40 \sim 50V$ 时,达到饱和区,表明产生的光生载流子全部都能到达两极,收集效率高,γ 值几乎等于 1。一般靶压工作于比饱和电压稍大处。因光生电流正比于靶面照度,而靶面光生载流子全部能转化为信号电流,所以,信号电流与光照度成正比,光电转换的 γ 值等于 1,这使得光照与信号电流成很好的线性关系。在实用照度范围内,灵敏度几乎不变,光电转换特性好,这点对彩色电视特别有利,可使摄像机中的 γ 校正电路大为简化,满足各通道间颜色平衡,不因各色光平差异而失调。

4. 惰性小

惰性有光电惰性和电荷转换惰性、放电惰性。光电转换时间很短,惰性很小,可忽略不计。靶层中尽管两极距离增大,但电场极强,光生载流子渡越时间极短,光生载流子被 PbO 中陷阱能级俘获的机会少,因而电荷到达扫描面上的时间很短,电荷转换惰性小。放电惰性由像素点电容决定的，PbO 靶是 PIN 结构，PbO 层厚度约为 15～20μm，比 Sb_2O_3 普通视像管靶厚得多，ϕ32mm 管靶面的静电容只有 900pF，ϕ26mm 管靶面的静电容只有 600pF，电容很小，在束电阻为 R_b = 15MΩ 时，其放电惰性也是很小的。所以能满足广播电视的要求。

Sb_2O_3 视像管在光撤去 50ms 后，信号为原来的 15%；PbO 靶视像管在光撤去 50ms 后，信号为原来的 3%，如图 5-16 所示。

5. 分辨率较好

氧化铅靶比较厚，而且是多孔的针状结构，具有 50% 的空隙，吸光率低，光在 PbO 中散射较大，因而使分辨率下降，尽管如此，PbO 管仍具有很高的分辨率。400 行的调制深度为 40%～50%，空间分辨率达 600TVL/H。

但 PbO 靶面在空气中很不稳定，可以说是一种极为灵敏的气敏元件，遇到空气中的 CO_2 和水蒸气，会使一部分 PbO 转变成 $PbCO_3 \cdot H_2O$ 和 $Pb_3(CO_3)_2(OH)_2$ 等碳酸化合物，从而使光电导性能变坏，因此从蒸靶开始

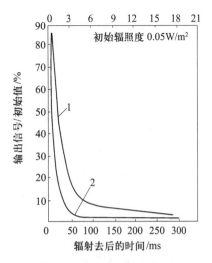

图 5-16　PbO(2) 与 Sb_2O_3(1) 视像管的惰性比较

的一切制管过程中，靶面都不能与空气接触，这就使制管工艺大为复杂，成品率低，不宜于大批量生产，价格昂贵。在硒砷碲管投入市场以前，PbO 管几乎独占了广播电视用的摄像管位置，但目前它正逐渐被硒砷碲(SeAsTe)等异质结视像管取代。

为了解决匀质型光电导靶存在的灵敏度和惰性、灵敏度和存储时间之间的矛盾，采用异质结靶。异质结视像管有多种，目前用得较多的是 Saticon（以 SeAsTe 异质结为靶），其次是 Newvicon（以 ZnCdTe 异质结为靶）和 Chalnicon（以 CdSe 异质结为靶）。为了提高摄像管探测微弱光的能力，还开发了电子轰击的硅靶摄像管。通过加上滤光片可以做成彩色真空摄像管。真空摄像管的种类形式较多，但是其基本原理以 PbO 靶的基本原理为基础，有需要的读者可查看文献。

练 习 题

5.1　为什么摄像管要进行光电积累？光电积累的时间是多少？

5.2　说明电视系统光电转换、电光转换的特性。

5.3　某摄像管的垂直分辨率为 450 行/帧高，靶面直径为 16mm，则靶面上的垂直分辨率为多少线对/毫米？

5.4　画出 PbO 靶视像管的像素点等效回路图，由此说明 PbO 靶视像管的工作原理。为什么 PbO 视像管的光电特性好？

第6章 CCD 和 CMOS 成像器件

电荷耦合器件(CCD)的成像器件属于固体成像器件,其作用原理和寻址方式与电子束扫描的摄像管完全不同。CCD 已成为当前固体成像器件中较普遍采用的类型,但不能代表所有的固体成像器件。

CCD 的应用主要有两大类:一类是在电子计算机或其他数字系统中用作信息存储和信息处理,如用作延时器等;另一类是用于摄像器件。这种装置与真空摄像管的主要区别在于它把光电转换、信号存储及读取三个部分都集中在一个支承片上,成为一个全固体摄像器件。

与真空摄像器件相比,CCD 成像器件具有体积小、质量轻、结构简单、功耗小、成本低、与集成电路工艺兼容等优点,正得到深入发展和广泛应用,如黑白、彩色、微光、红外摄像器件,用于军事探测、气象观察、大气观察、医学观察、天文观察、火灾报警、闭路监控等。随着集成电路水平的提高,CMOS 型成像器件水平提高得很快,也得到了广泛的应用,已经成为 CCD 成像器件的有利竞争者。

6.1 电荷耦合器件的基本原理

6.1.1 MOS 结构特征

从结构上讲,CCD 由许多小 MOS 电容组成。MOS 电容即金属(Metal)—氧化物(Oxidation)—半导体(Semiconductor)构成的电容器,常称为 MOS 电容或 MOS 结构,如图 6-1(a)所示。

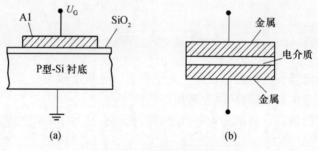

图 6-1 电容的结构图
(a) MOS 电容;(b) 一般电容。

由于 MOS 结构实际上就是一个电容,因此当在金属和半导体之间加电压 U_G 后,在金属与半导体相对的两个面上就要充放电。两者所带电荷符号相反,电荷数相等,但电荷分布却不同。如图 6-1(b)所示,在一般电容器中,金属自由电子密度很高,电荷基本上分布在一个原子层的厚度范围内。而在半导体中由于自由载流子密度要低得多,电荷必须分布在一定厚度的表面层内,这个带电的表面层称为空间电荷区。

1. $U_G<0$,多数载流子堆积状态

能带向上弯,随着向表面接近,价带顶将逐渐接近甚至超过费米能级,同时表面价带中空穴浓度随之增加,这样表面层内就出现空穴堆积而带正电荷。越接近表面,空穴浓度越高,这表明空穴堆积分布在靠近表面的薄层内,如图 6-2(a)所示。

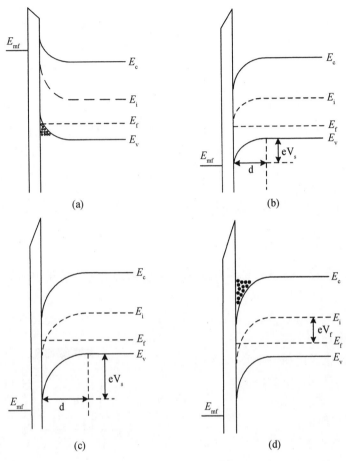

图 6-2 MOS 结构能带图

2. $U_G>0$,多数载流子耗尽

表面处能带向下弯曲,这时越接近表面,费米能级离价带顶越远,表面价带中空穴浓度随之降低,表面处空穴浓度将较体内空穴浓度低得多,表面层的负电荷基本上等于电离受主杂质浓度,表面层的这种状态称为耗尽,这个表面层称为耗尽层,这就是空间电荷区。

空间电荷区两端的电势差为表面势,以 V_s 表示,规定表面电势比内部高时,V_s 取正值。由于表面能带向下弯,存在表面势,具有对电子的收集能力,在表面处形成电子势阱。随 U_G ↑(增大),V_s ↑,耗尽层宽度 d ↑,收集电子能力 ↑,势阱变深,如图 6-2(b)所示。

3. $U_G>0$,U_G 继续增大

表面处能带进一步向下弯曲,表面处费米能级位置可能高于禁带中央能级 E_i,这意味着表面处的电子浓度将超过空穴浓度,即形成与原来半导体衬底导电类型相反的一层,称为反型层,如图 6-2(c)所示。如果没有外来电子进来,耗尽层的宽度将继续增加,V_s 继续增大,空间电荷区可达几微米。

4. $U_G>0$，有自由电荷进入势阱

当 $U_G>0$ 时，有自由电子进入势阱，耗尽层宽度和表面势 V_s 均随着电荷的增加而减小，势阱变浅。在这种情况下，半导体空间电荷层内的负电荷由两部分组成，一部分是耗尽层中已电离的受主杂质负电荷，另一部分是反型层中的电子，后者主要堆积在近表面内。

5. 强反型层

当电子充满势阱时，达到稳定状态，界面电子浓度等于衬底受主密度，该时就达到强反型层，如图 6-2(d) 所示。在强反型层时，$V_s=2V_f=2(E_i-E_f)/e$（e 为电子电量），如果外界不注入少子（电子）或不引入各种激发，则反型层中的电子的来源只能是耗尽层中热激发产生的电子，即热生载流子，这种热激发是很慢的，为一弛豫过程，为 $10^{-3} \sim 10^{-1}$ s 量级。

在稳定状态下，不能再向势阱注入电荷。这种情况对于探测光信号是没用的。对于光电探测，所关心的是非稳态情况。在通常情况下，反型层中的自由载流子由热生载流子所提供。热生过程比较缓慢，需 $10^{-3} \sim 10^{-1}$ s，所以不会立即达到稳定态。因此可利用反型前的非稳定条件即在深耗尽时人为地注入信号电荷，如电注入或光注入，就可以达到存储和转移电荷的目的。这就是 CCD 的工作条件。

综上所述，CCD 就是在非稳定条件下工作的 MOS 电容器的集成。

6.1.2 CCD 的势阱深度和存储电荷能力

因为势阱的深度和存储能力都由表面势所决定，所以首先应分析表面势的大小，建立表面势公式，如图 6-3 所示。

$$Q_G+Q_I+Q_D=0 \tag{6-1}$$

式中 Q_G——栅电荷(+)；
Q_I——自由电子电荷(-)；
Q_D——耗尽层固定电荷(-)。

$$Q_D=N_A e d \tag{6-2}$$

式中 d——耗尽层厚度；
N_A——受主杂质浓度。

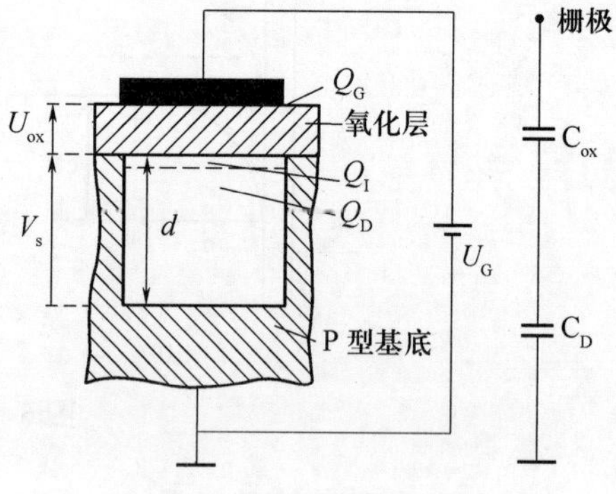

根据半导体公式可知

$$d=(2\varepsilon V_s/N_A e)^{\frac{1}{2}} \tag{6-3}$$

式中 ε——基底材料的介电常数。

图 6-3 CCD 等效电路

$$Q_D=[2\varepsilon N_A e V_s]^{\frac{1}{2}} \tag{6-4}$$

CCD 的电压关系为

$$U_G-U_{FB}=V_s+U_{ox} \tag{6-5}$$

式中 U_{ox}——氧化层的电压降；
U_{FB}——平带电压。

$$U_{FB}=\frac{W_m-W_s}{e} \tag{6-6}$$

式中 W_m, W_s——金属、半导体的逸出功，单位为 eV。

$$U_{ox}=\frac{1}{C_{ox}}(Q_I+Q_D) \tag{6-7}$$

式中 C_{ox}——氧化层的电容。

将式(6-7)和式(6-4)代入式(6-5),并考虑到自由电荷量 Q_I 为 ne,n 为自由电荷的密度,得

$$U_G - U_{FB} = V_s + \frac{1}{C_{ox}}(2\varepsilon N_A e V_S)^{\frac{1}{2}} + \frac{ne}{C_{ox}} \tag{6-8}$$

并设

$$u_0 = \frac{N_A e \varepsilon}{C_{ox}^2} \tag{6-9}$$

$$V_s = U_G - U_{FB} - \frac{ne}{C_{ox}} + u_0 - \left[2\left(U_G - U_{FB} - \frac{ne}{C_{ox}}\right)u_0 + u_0^2\right]^{\frac{1}{2}} \tag{6-10}$$

由此可见,表面势与栅压、氧化层电容、受主杂质浓度以及势阱中的自由电子浓度有关。如图 6-4 所示。其中氧化层的电容 $C_{ox} = \frac{\varepsilon_{ox} A}{d_{ox}}$,$A$ 为栅面积,d_{ox} 为氧化层的厚度,ε_{ox} 为氧化层的电介质常数。

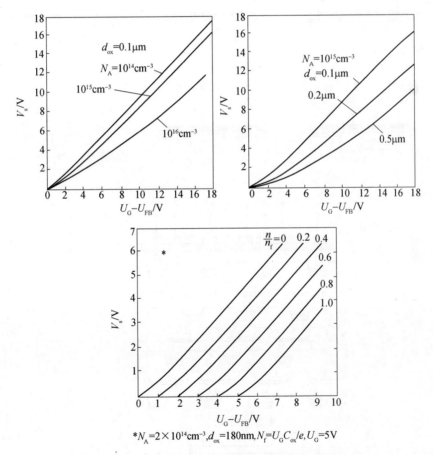

*$N_A = 2 \times 10^{14} \text{cm}^{-3}$, $d_{ox} = 180\text{nm}$, $N_f = U_G C_{ox}/e$, $U_G = 5\text{V}$

图 6-4 表面势 V_s 与栅压 U_G、受主杂质浓度 N_A、氧化层厚度 d_{ox} 以及自由电子浓度 n 的关系曲线

用↑表示增大,用↓表示减小。表面势与各参量的关系,可简单写成以下形式,即

$U_G \uparrow, V_s \uparrow$; $N_A \uparrow, V_s \downarrow$; $d_{ox} \uparrow, V_s \downarrow$; $n \uparrow, V_s \downarrow$

$U_G \downarrow, V_s \downarrow$; $N_A \downarrow, V_s \uparrow$; $d_{ox} \downarrow, V_s \uparrow$; $n \downarrow, V_s \uparrow$

这些关系是 CCD 的基础理论。

6.1.3 电荷耦合原理

CCD 工作在深耗尽区,可以用电注入或光注入的方法向势阱注入电荷,以获得自由电子或自由空穴,此势阱中所包含的自由电荷通常称为电荷包。在提取信号时,需要将电荷包有规则地传送出去,这一过程称为 CCD 的电荷转移,它是靠各个 MOS 的栅极在时钟电压作用下,以电荷耦合方式实现的,如图 6-5 所示。电荷转移的机理由三种机制解释:自激漂移、热扩散和边缘场漂移。

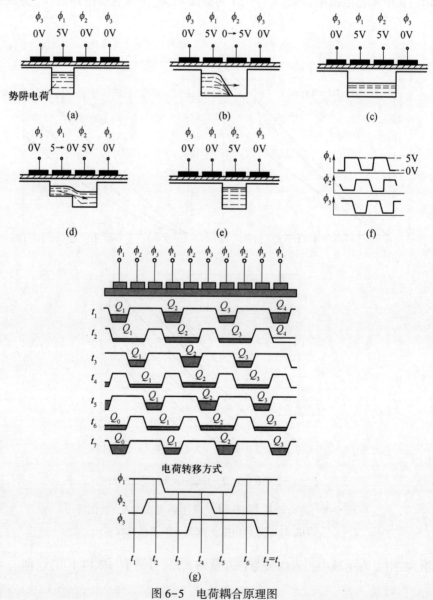

图 6-5 电荷耦合原理图

6.1.4 电荷耦合的机理

引起 CCD 中电荷转移的原因有两个,即电场作用下的漂移运动以及由于浓度梯度而产生的扩散运动。

为简单计,假设考虑的是 P 型沟道的 CCD,其电荷沿 x 方向传输,则总的电流密度 J_x 可写为

$$J_x = e\left(p\mu_h E - D_h \frac{\partial p}{\partial x}\right) \tag{6-11}$$

式中 μ_h, D_h——空穴的迁移率和空穴的扩散系数。

E 由信号电荷本身所产生的自感应电场 E_s 和邻近电极电压所形成的边缘电场 E_f 两部分组成,$E = E_s + E_f$。

通道中的电荷密度沿转移方向的分布是不均匀的,由此产生的电场称为自感应电场。自感应电场引起电荷的自感漂移,是一种相互排斥的作用。在一个电极与下一个电极之间由于电压的不同而形成的电场,就是边缘场。边缘场与电荷传输方向平行,这个场起加快电荷传输速度的作用,也是确定电荷移动方向的主要因素,于是式(6-11)可写成

$$\begin{aligned} J_x &= e\left[p\mu_h(E_s + E_f) - D_h \frac{\partial p}{\partial x}\right] \\ &= ep\mu_h E_s + ep\mu_h E_f - eD_h \frac{\partial p}{\partial x} \\ &= J_s + J_f + J_D \end{aligned} \tag{6-12}$$

空穴的连续性方程

$$\frac{\partial p}{\partial t} = -\frac{1}{e} \cdot \frac{\partial J_x}{\partial x} \tag{6-13}$$

因而

$$\frac{\partial p}{\partial t} = -\frac{\partial}{\partial x}[p\mu_h(E_s + E_f)] + D_h \frac{\partial^2 p}{\partial x^2} \tag{6-14}$$

求解上式是困难的,下面分别讨论上述三种因素。

1. 热扩散作用

若漂移两项均可略去,只考虑热扩散项对转移的作用,则式(6-14)简化为

$$\frac{\partial p}{\partial t} = D_h \frac{\partial^2 p}{\partial x^2} \tag{6-15}$$

空穴浓度 p 为 x 和 t 的函数,利用分离变量,并设势阱有效长度为 L,势阱两端 $x=0$ 及 $x=L$ 处分别有边界条件:

$$J_p(0,t) = 0 \tag{6-16}$$
$$p(L,t) = 0 \tag{6-17}$$

则可求得

$$p(x,t) = A\cos\frac{\pi x}{2L}\exp\left(-\frac{t}{\tau_d}\right) \tag{6-18}$$

式中 A——常数;$A=\dfrac{4p_0}{\pi}$,p_0 为初始电荷量。

τ_d——衰减常数,而

$$\tau_d = \dfrac{4L^2}{\pi^2 \cdot D_h} \approx \dfrac{L^2}{2.5 D_h} \tag{6-19}$$

式(6-18)及式(6-19)表明,通过自感漂移传输之后,留在势阱中的小部分电荷要靠热扩散传输,经时间 t 之后,残留在前一个单元势阱中的电荷将按指数形式衰减,衰减时间常数为 τ_d,L 越小,τ_d 越小,电荷转移越快。

对于三相电极每周期要传输 99.99% 的电荷,所需要的时钟脉冲频率可由式(6-19)得出

$$f = \dfrac{5.6 \times 10^7}{L^2} \tag{6-20}$$

这里取 $D_h = 6.75 \mu m/s$,L 的单位为 μm。

2. 自感生电场 E_s 的漂移作用

若以 E_s 的作用为主,则式(6-14)可写为

$$\dfrac{\partial p}{\partial t} = -\dfrac{\partial}{\partial x}(p\mu_h E_s) = \dfrac{\partial}{\partial x}\left(\dfrac{pe\mu_h}{C_0} \dfrac{\partial p}{\partial x}\right) \tag{6-21}$$

式中 C_0——栅电容,求出上式的解,并由

$$N(t) = \int_0^L p(x,t)\,dx \tag{6-22}$$

可求得

$$N(t) = N(0)\dfrac{t_0}{t_0 + t} \tag{6-23}$$

式中 $N(t)$——单元电极势阱内的待转移的载流子总数,而

$$t_0 = \dfrac{\pi}{2}\dfrac{L^2 C_0}{\mu_h Q_0} = \dfrac{L^2 C_0}{2\mu_h Q_0} \tag{6-24}$$

为一常数,t_0 与电极长度 L 及初始电荷 Q_0 有关,式(6-24)表明,自感应电场的漂移作用所引起的电荷转移规律与热扩散不同,$N(t)$ 随时间的变化是双曲型的,开始衰减快,其后衰减慢,t_0 越小,衰减越快。

3. 边缘场的漂移作用

当边缘场的漂移作用为主时,方程(6-14)可写为

$$\dfrac{\partial p}{\partial t} = -\dfrac{\partial}{\partial x}(p\mu_h E_f) \tag{6-25}$$

由于边缘场通常是空间变量较复杂的函数,随着沿电极的距离而变化,在电极之间的边界上有极大值,在转移电极的中心处达到最小。随着氧化层厚度和电极电压的增加而增加、随着电极长度和掺杂浓度的增加而减小。所以,要分析边缘场对电荷转移的影响是困难的。用计算机进行模拟计算表明,在边缘场的作用下,残留于转移电极下的电荷量也是按指数规律衰减的,某衰减时间常数为

$$\tau_f = \dfrac{L^3}{13\mu_h x_0 U}\left[\dfrac{5x_d/L + 1}{5x_d/L}\right]^4 \tag{6-26}$$

式中 U——时钟脉冲电压;

x_0——转移电极中心耗尽层厚度；

x_d——耗尽层的厚度。

缩短电极距离 L，提高栅压，增大耗尽层厚度，可以减少衰减常数，加快转移。计算表明，热扩散时间常数是边缘场时间常数的十几倍。一般来说，边缘场的作用引起电荷转移速度能够满足 100MHz 时钟频率的需要，在这个频率范围内，它对转移损失的影响保持为很小的常数。影响电荷转移速度的主要原因是热扩散，它在剩余电荷较少时起主要作用，因为此时自感应电场的作用变得很弱。如果加大边缘场，就能够提高转移速度，降低转移损失率。从原理上说，热扩散不可能把电荷完全转移出去，而边缘场则可能。

从公式的数值计算，考虑其边界条件，计算电子转移表面势的变化和转移电荷量的变化，给出部分实例的效果，如图 6-6～图 6-9 所示。这种计算效果对于 CCD 设计有重要意义。

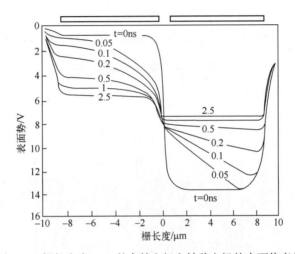

图 6-6 栅长度为 8μm 的存储电极和转移电极的表面势变化

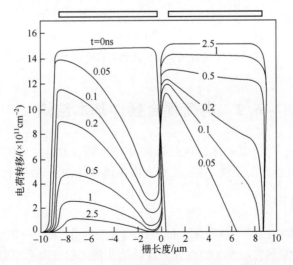

图 6-7 栅长度为 8μm 的存储电极和转移电极的电荷转移变化

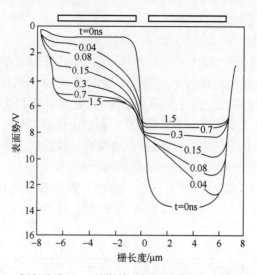

图6-8 栅长度为6μm的存储电极和转移电极表面势的变化

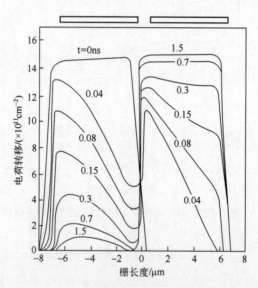

图6-9 栅长度为6μm的存储电极和转移电极的电荷转移变化

6.2 电荷耦合器件基本结构

在实际的供电系统中,根据外接时钟脉冲的相数不同,CCD的结构有二相、三相、四相之分。根据电荷转移时所经过的道路不同,又有表面沟道和体内沟道之分。

6.2.1 转移电极结构

转移电极结构通常按照每个单元采用的电极相数来划分,如每个单元包含三个电极,分别由三相时钟脉冲供电,则称为三相CCD,对于普通结构的CCD,为了使电荷包单向转移,至少需要三相。对于某些特殊结构的CCD,可采用二相供电,称为二相CCD。每个单元包含有四个电极,称为四相CCD。由于四相CCD对称性好,电荷存贮量大,在彩色摄像器件中获得了广泛的应用。

1. 三相电极结构

三相 CCD 的正视、俯视和重叠结构如图 6-10 所示。

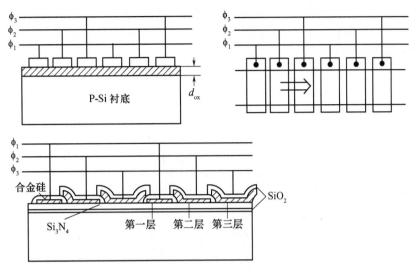

图 6-10　三相 CCD 的正视、俯视和重叠结构图

2. 二相电极结构

如果直接在三相 CCD 中简单地去掉一相,不能保证电荷包单向流动,因此要设计位垒,以防电荷向后倒流,如图 6-11 所示。由表面势方程可知,V_s 同 C_{ox} 和 N_A 有关,只要改变氧化层厚度或掺杂浓度,就能改变 V_s 的大小。用这些方法可以建立位垒,以防电荷倒流。

由于 $N_A'>N_A$,所以左边 V_s<右边 V_s,如图 6-11(a)所示。

因为左边 d_{ox}>右边 d_{ox},所以左边 V_s<右边 V_s,如图 6-11(b)所示。

双金属层的结构如图 6-11(c)所示,其原理类似图 6-11(b)所示。

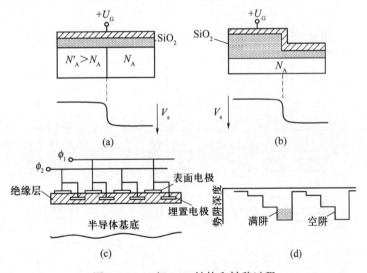

图 6-11　二相 CCD 结构和转移过程

设计了位垒,能防电荷向后倒流,如图 6-11(d)所示。二相电路同三相相比,简化了供电线路,接线方式可以使电荷由左向右转移,也可从右往左转移。二相电极结构虽然供电系统简单,但是电荷存储能力和处理能力比三相的低。

3. 四相 CCD 电极结构

四相 CCD 存储电荷在两个电极结构的势阱中,而在转移时,需要三个电极为高电平,这种结构针对彩色 CCD 的结构非常必要,有利于彩色信号的电荷混合和编码,有利于隔行扫描的实现,具有对称性好、电荷存储容量大的优点,在彩色成像器件中获得了广泛的应用。四相 CCD 的驱动脉冲电压和电荷转移过程如图 6-12 所示。

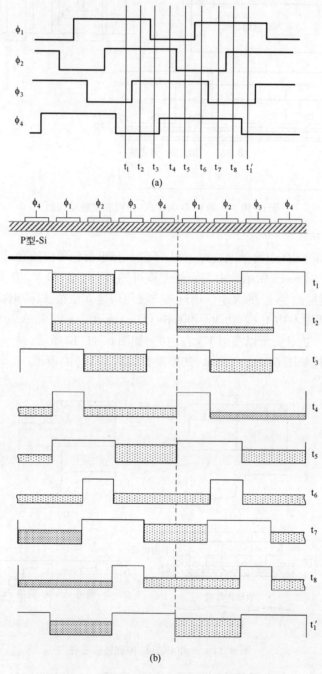

图 6-12 四相 CCD 的驱动脉冲与电荷的转移
(a) 四相 CCD 的驱动脉冲时序;(b) 四相 CCD 转移的电荷包。

6.2.2 转移信道结构

CCD 的电荷转移信道有两种形式,即表面转移信道和体内(或埋沟)转移信道。采用表面信道的 CCD 称为表面 CCD,简称 SCCD;采用埋沟信道的 CCD 称为埋沟 CCD,简称 BCCD。

1. SCCD 的一些问题

SCCD 转移和存储信号电荷的位阱都是在 Si-SiO$_2$ 界面处。SCCD 存在一些问题,如电荷转移速度和转移效率低,其主要原因是受表面态和迁移率的影响。

在 Si 和 SiO$_2$ 界面处存在 Na$^+$、K$^+$ 等杂质离子,形成表面态,表面态密度成马鞍形,能量位于禁带,其表面态密度中央小,靠近价带和导带的密度大,在 10^{13}cm^{-3} 左右。这些表面态能够接收电荷包中的电子,也能向外发送电子。当电荷包转移时,空的界面态从沟道中获得电子,如果它能很快地发射出来,跟随原电荷包一起前进,将不影响转移效率;实际上,表面态发射电子速度较慢,电子跟不上信号电荷的转移速度,从而进入后续的电荷包,造成信息损失,使转移效率下降,转移速度不能提高。这就是表面 CCD 存在的一个问题。为了避免表面态的作用,将电荷转移信道埋在体内,从而形成埋沟 CCD。

2. BCCD 结构

基底为 P 型,在硅的表面注入杂质,如元素磷(P),使之形成 N 型薄层,该层厚度为 d_N。在 N 型两端做上 N$^+$ 层,起源极和漏极的作用,如图 6-13 所示。设开始时,栅压 $U_G=0$,N$^+$ 区加以足够的正偏压 U_B,并取基底为零电位,能带图如图 6-14(a)所示。

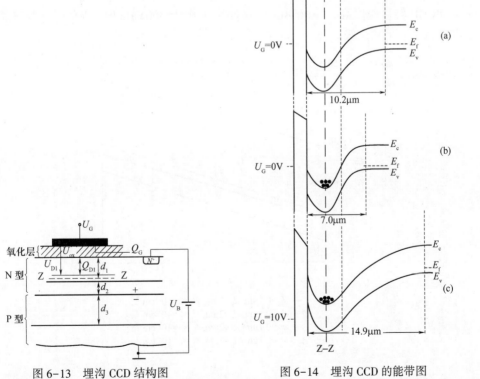

图 6-13 埋沟 CCD 结构图

图 6-14 埋沟 CCD 的能带图

如图 6-13 所示,从金属电极、SiO_2 层和 N 型层来看,相当于栅极加负电压,于是在 N 区形成场感应耗尽层(电子耗尽层),其厚度为 d_1;同时,由于 N 和 P 之间施以反偏压,故形成体内的耗尽层,其厚度为 d_2+d_3,d_2、d_3 分别为扩展到 N 区及 P 区的部分的耗尽层,d_2、d_3 随偏压的升高而增大,当增加到某一值时,d_2 与 d_1 在 Z-Z 处相接触时,N 区全部电离,d_2 不能再增加。一旦贯通后,V_Z 值与 U_B 无关,不管 U_B 如何进一步增加,V_Z 始终保持着贯通时的 U_B 值。

如图 6-14(b)所示,Z-Z 处的电位是电极下半导体中最高电位,即该处电子位能最低,形成位阱,不论以何种方式在器件中产生的电子都将聚焦到这个位阱中,耗尽层宽度减小,所以 BCCD 能如 SCCD 一样转移电荷。如果施以正栅压,则势能曲线下降,且 P 区耗尽层加宽,如图 6-14(c)所示。

通过计算可得,埋沟电位 $V_Z \sim U_G$ 近似呈线性,如图 6-15(a)所示,通道电荷越多,V_Z 越小,如图 6-15(b)所示。

V_Z 是栅压 U_G、氧化层厚度 d_{ox}、N 层厚度 d_N、N 层中的施主浓度 N_D、P 基底的受主杂质浓度 N_A 以及信号电荷 Q_s 的函数。

$$U_G \uparrow \to V_Z \uparrow; d_{ox} \uparrow \to V_Z \uparrow; d_N \uparrow, V_Z \uparrow; N_D \uparrow \to V_Z \uparrow; Q_s \uparrow \to V_Z \downarrow$$

当有信号电荷落入 Z-Z 处,其电位 V_Z 当然会发生变化。V_Z 随 Q_s 的增加而减小,并且氧化层越厚,N 层越厚,V_Z 减小得越快。埋沟 CCD 的电荷存储与转移发生在半导体内,而 SCCD 的电荷存储与转移发生在 Si-SiO_2 界面处,因而两者存在着区别。

3. BCCD 和 SCCD 之间的区别

(1) BCCD 中传递信息的电子是 N 层中的多子,而后者是 P 层中的少子。

(2) SCCD 中的信息电荷集中在界面处很薄的反型层中,而 BCCD 的信息电荷集中在体内 Z-Z 平面附近,BCCD 处理电荷的能力比 SCCD 约小一个数量级。

(3) BCCD 转移损失比 SCCD 小 1~2 个数量级,具有高的转移效率。

(4) BCCD 转移速度高。三相 BCCD 器件可工作于 300MHz 时钟频率下,与 SCCD 相比较,上限提高了一个数量级。

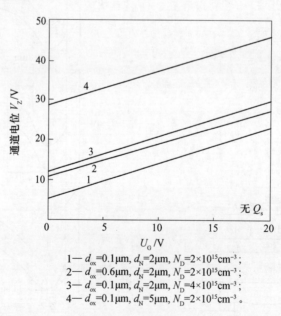

1—d_{ox}=0.1μm, d_N=2μm, N_D=2×10^{15}cm^{-3};
2—d_{ox}=0.6μm, d_N=2μm, N_D=2×10^{15}cm^{-3};
3—d_{ox}=0.1μm, d_N=2μm, N_D=4×10^{15}cm^{-3};
4—d_{ox}=0.1μm, d_N=5μm, N_D=2×10^{15}cm^{-3}。

(a)

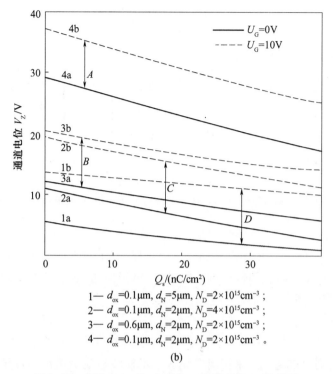

1 — $d_{ox}=0.1\mu m, d_N=5\mu m, N_D=2\times10^{15}cm^{-3}$；
2 — $d_{ox}=0.1\mu m, d_N=2\mu m, N_D=4\times10^{15}cm^{-3}$；
3 — $d_{ox}=0.6\mu m, d_N=2\mu m, N_D=2\times10^{15}cm^{-3}$；
4 — $d_{ox}=0.1\mu m, d_N=2\mu m, N_D=2\times10^{15}cm^{-3}$。

(b)

图 6-15 埋沟 CCD 的 V_Z 与 U_G、通道电荷 Q_s 的关系

(a) 埋沟 CCD 的 V_Z 与 U_G 的关系；(b) 通道电荷对 V_Z 的影响。

（5）BCCD 最大优点是低噪声,这主要是由于消除了信号电子与表面态间的相互作用。低噪声加上高的转换效率使得 BCCD 成为低照度下的理想摄像器件。

典型的 BCCD 的结构如图 6-16 所示,它的输入和输出部分与 SCCD 相似。

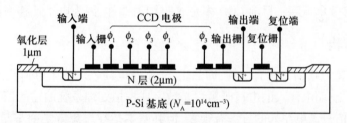

图 6-16 BCCD 器件的结构

6.2.3 通道的横向限制

如果电极间距离较大,势阱形状将发生弯曲变化,会使信号电荷漏出,外面电荷也会漏进来。为了使这些信号电荷不漏出以及外面的电荷不漏进来,就应限制横向方向上势阱的范围。隔离方法是形成一个高势能的位垒,将沟道与沟道之间隔开。目前常用的横向限制工艺有沟阻扩散(或注入)法和氧化物台阶法。

1. 加屏蔽电场

如图 6-17(a) 所示,在屏蔽极上施以与栅极极性相反的电压,从而形成感应电场,以吸收

多子,造成多子在耗尽层内横向边界上的堆积,以限制耗尽层区的横向扩展,但这种方法工艺上太难,而且各屏蔽电极互相连接,布线困难,故未获得实际应用。

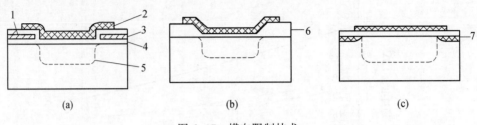

图 6-17 横向限制技术

1—位垒场屏蔽极;2—转移电极;3—屏蔽极;4—SiO_2;5—耗尽层;6—厚氧化层;7—沟阻扩散层。

2. 氧化层台阶法

如图 6-17(b)所示,使耗尽区以外的氧化层加厚,保证它下面的半导体不会深耗尽,以起限制作用。由前述可知,氧化层越厚,则位能越浅,电极两边氧化层的厚度比电极中间的氧化层厚,自动限制了势垒高度。

3. 沟阻扩散法

如图 6-17(c)所示,设衬底为 P-Si。利用在同一栅电压下,局部掺杂浓度不同,表面势不同,掺杂浓度越高,则位阱越浅。采用离子注入技术使转移电极边沿衬底浓度高于别处,形成 P^+ 层,则该处的位阱就浅,一般沟阻扩散浓度达 $10^{17} \sim 10^{18}/cm^3$,而且要求浓度变化很陡峭,从而能够有力地钳住表面势,精确地限定沟道宽度(不过浓度不宜过高,否则在结到表面的地方可能出现击穿)。这种工艺方法与 CCD 制造工艺相容性好,获得了广泛应用。

一般联合采用厚氧化物和重掺杂的沟阻扩散。在 CCD 中一般常采用界面陷阱密度较低的 P 型(100)硅为基底,其氧化物中正电荷将促使表面耗尽或者反型。在高阻材料中,如果采用厚氧化层,其厚氧化层下方表面有可能不耗尽,从而沟道宽度将随栅压和势阱内电荷内电荷量变化,导致转移效率下降。目前 CCD 多是 N 型沟道器件,因为电子迁移率比空穴迁移率高。

6.2.4 输入结构

CCD 势阱获得电荷的方法有三种,即热生、光生及电注入。热生电荷构成暗电流,光生电荷构成光信号电流,而电注入的电荷既可以是数字或模拟处理系统的输入信号,也可以是其他光电器件的光电信号。电注入的方法有很多,但其基本指导思想都是要尽量保证注入的电荷量同实际信号呈线性关系,具体分为两种:一是保证电荷包大小与输入电压成正比;二是保证表面势的大小与输入电压成正比。

输入方法有动态电流积分法、二极管截止法、电位平衡法等,但是在实际中,电位平衡法应用最广泛。该方法的基本出发点是,不使注入电荷受到 G_1 脉冲栅压开关的影响,如图 6-18 所示。

如图 6-18(a)所示,输入信号电压 U_{SIG} 加在 G_2 上,输入栅压 G_1 保持恒定电压 U_{con},开始时输入二极管加低电位脉冲,作为采样窄脉冲,此时由于 $U_{G_2}>U_D$,故电荷注满 G_2 势阱,如图 6-18(b)所示。然后立即升高二极管电位,使之处于强反偏状态,这样 G_2 存储阱中的多余电荷则向二极管区倒流,如图 6-18(c)所示,直到 G_2 下面的表面势同 G_1 下面的表面势相等为止,即

$$V_{sG_1} = V_{sG_2} = V_s \qquad (6-27)$$

G_2 下的势阱电荷为

$$Q_s = C_{ox}[U_{G_2} - V_{sG_2} - (2u_0 V_{sG_2})^{1/2}] \qquad (6-28)$$

因为 G_1 下已经没有电荷,则

$$V_{sG_1} = U_{G_1} - (2u_0 V_{sG_1})^{1/2} \qquad (6-29)$$

转移的电荷为

$$Q_s = C_{ox}(U_{G_2} - U_{G_1}) \qquad (6-30)$$

注入电荷同 G_2 和 G_1 上的电位差成正比,因为 U_{G_1} 是固定的,所以 Q_s 同信号电压 U_{G_2} 成正比。信号电压 U_{SIG} 加在 G_2 上,则获得的信号电荷 Q_s 同信号电压 U_{SIG} 成正比。随后,如图 6-18(d)所示,在 ϕ_2 变为高电平,信号电荷转移到 ϕ_2 势阱中。

电位平衡法不仅线性特性好,有高信噪比,而且信号电荷在转移过程中,不会因为界面态及电荷转移不完全而使信号失真。此外,电位平衡法消除了栅注入法所带来的随机噪声。它是目前表面 CCD 作为模拟信号处理较理想的输入方法。

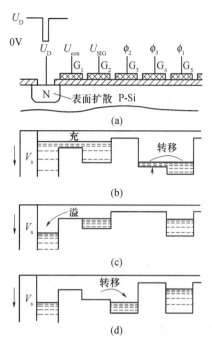

图 6-18 电位平衡输入法

6.2.5 输出结构

从输入端输入的电荷包,在时钟脉冲的作用下,很快转移到输出端的最后一个时钟电极下面,还需要把电荷包无破坏地以电流或是以电压的方式输送出去,这就是输出结构的任务。输出结构有反偏二极管输出结构、浮置扩散层(FD)输出结构、浮置栅结构、分布式浮置栅结构等,用得最多的还是浮置扩散层输出结构。

结构如图 6-19(a)所示,输出栅极为一固定的中等电平,在 ϕ_r(即图中 ϕ_{reset})为低电平,当 ϕ_3 下降时,电荷包转移到反偏二极管的位阱中,D 点电压变化,电压变化被 MOSFET T_2 管放大,检出,如图 6-19(b)所示。

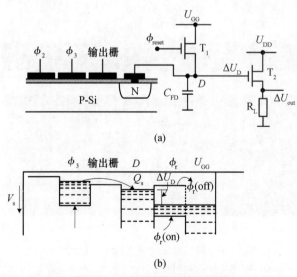

图 6-19 浮置扩散层输出结构

节点 D 电位变化 ΔU_D 与信号电荷 Q_s 的关系为

$$\Delta U_D = \frac{Q_s}{C_{FD}} \tag{6-31}$$

C_{FD} 浮置扩散点上的总电容包括输出二极管电容和放大管的栅电容。

T_2 放大管放大后的电压增益为

$$G_V = \frac{g_m \cdot R_L}{1 + g_m \cdot R_L} \tag{6-32}$$

式中　g_m——跨导；

R_L——输出端负载电阻。

所以输出信号电压 ΔU_{out} 为

$$\Delta U_{out} = \frac{Q_s}{C_{FD}} \cdot \frac{g_m \cdot R_L}{1 + g_m R_L} \tag{6-33}$$

这种检出法，二极管的耗尽层电容随其上电位而变化，C_{FD} 并非定值，构成了非线性因素。这可以通过采用小的耗尽层电容来减小非线性，如用较小尺寸的二极管，或连接一个比二极管大的固定负载电容。大的负载电容可以由大的 MOS 管的通道宽度来实现。不过，由于衬底都是高阻材料，这种非线性一般不严重，因为高阻材料为衬底的二极管电容随电压的变化不是很大。

当 $\phi_r(\phi_{reset})$ 加正的窄脉冲时，即 MOSFET T_1 管的栅极加有复位电位，T_1 管导通，U_{GG} 电压直接加在 D 点上。此时，扩散层处于强反型状态，当前一个电荷输出完毕，下一个电荷包尚未输入之前，把前一个电荷包电荷抽走，使输出端 T_2 栅极复位，以准备接收下一电荷包的到来，之后 T_1 截止，准备接收电荷。在输出电压波形包含一个正向上升脉冲，它与复位脉冲频率一致，是由复位脉冲通过寄生电容对输出端耦合串扰而引起的。

这种结构实际上是把 MOSFET 和 CCD 做在同一个基底上，甚至负载 R_L 也在同一个片子上，R_L 往往就是附加的 MOSFET。

浮置扩散层 ΔV_{out} 的波形如图 6-20 所示，特别注意输出电荷量少与输出电荷量多两种情

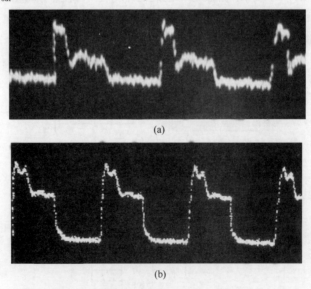

(a)

(b)

图 6-20　输出电压随输入的电荷包的变化

(a) 输入的电荷量少的情况；(b) 输入的电荷量多的情况。

况下的波形的差异,在 CCD 的成像器件中,这分别对应光弱和光强的情况。这种 CCD 输出结构信号的采集与处理有相关双采样(CDS)、专用的 AD 转换集成电路、箝位电路三种方法。

6.3 CCD 的主要特性

1. 电荷转移效率和转移损失率

电荷包从一个势阱向另一个势阱中转移,不是立即的和全部的,而是具有一个过程。为了描述电荷包转移的不完全性,引入转移效率或损耗率,在一定时钟脉冲驱动下,设电荷包的原电量为 Q_0,转移到下一个势阱时电荷包的电量为 Q_1,则转移效率 η 为

$$\eta = \frac{Q_1}{Q_0} \tag{6-34}$$

与 η 对应还定义损耗率 ε 为

$$\varepsilon = \frac{Q_0 - Q_1}{Q_0} \tag{6-35}$$

电荷转移效率 $\eta = 1 - \varepsilon$, $Q_0 - Q_1$ 为势阱中还剩余的电荷。

设 CCD 共有 n 次转移,则总的转移效率为

$$\eta_{总} = \frac{Q(n)}{Q} = \eta^n = (1-\varepsilon)^n \approx 1 - n\varepsilon \tag{6-36}$$

一个单位为 1 的脉冲信号,经过 n 次转移损失之后,若 $\varepsilon = 0$ 即无损,其转移效率为 1。对二相 CCD,若移动 m 位,则 $n = 2m$,如 $\eta = 0.999$, $m = 512$,最后输出的电荷量将为初始电荷量的 36%,可见信号衰减比较严重。当 $\eta = 0.9999$ 时, $Q_n/Q_0 \approx 0.9$,所以若要保证总效率在 90%以上,要求转移效率必须达到 0.9999 以上,一个 CCD 器件如果总转移效率太低,就失去实用价值,也就是,如果 η 一定,那么器件的位数就受到限制。

经过多次转移损失,主脉冲逐渐低于后继脉冲,主峰减小,并产生延时现象。引起电荷包不完全转移的原因有表面态对电子的俘获、体内缺陷对电荷包的作用、自感应电场、热扩散、边缘电场等,主要原因还是表面态对电子电荷的俘获、时钟频率过高。所以 SCCD 在使用时,为了减小损失,提高转移效率,常采用偏置电荷技术,即在接收信息之前,就先给每个势阱都输入一定量的背景电荷,使表面态填满,这样,即使是零信息,势阱中也有一定量的电荷。因此也称这种技术为"肥零"或"胖零"技术,另外,BCCD 采取体内沟道的传输形式,对于避免表面态俘获,在提高转移效率和速度方面,也是很有效的。

当电荷包是代表数字信号时,即表示信号"1"或"0",电荷在转移过程中的损失使"1"的信号有损失,损失信号的电荷可能加入后面的"0"信号中去,使"0"信号变大,显然,如果输入信号是 101010…,则由于界面态的俘获,使输出信号有较大的失真,为此采用胖"零"工作模式,即是指用一定数量的填底电荷将界面态填满,这样,再注入信号时,界面态俘获的概率变小,也有可能界面态释放的部分电荷跟随信号电荷一起传输下去,但同时它又能从信号电荷俘获同样多数量的电荷,所以,损失较小。由此可见,由于采用一定填底电荷的工作模式,可以提高传输效率,在这种工作模式中"0"信号也有电荷输出,因此,常称"胖零"工作模式。

2. 工作频率

CCD 利用极板下半导体表面势阱的变化来储存和转移信号电荷。它必须工作于非热平衡态。时钟频率过低,深耗尽状态向平衡状态过渡,热生载流子就会混入到信息电荷包中去,

会使信息电荷量发生变化而引起失真。时钟频率过高,电荷包来不及完全转移,势阱形状就变了,这样,残留于原势阱中的电荷就必然多,损耗率就必然大,减小了输出信号幅值,降低了信噪比。因此,使用时,时钟频率的上、下限要有一定范围。

1) 时钟频率的下限 $f_下$

$f_下$ 取决于非平衡热生载流子的平均寿命 τ,一般为毫秒量级,此处非平衡载流子一般是由热激发所产生的少数载流子。为了避免其对信号电荷的影响,电荷包在相邻两电极之间的转移时间 t 应小于 τ,即 $t<\tau$。

对于三相CCD,电荷包从前一个势阱转移到后一个势阱所需时间为 $T/3$,则

$$\tau > \frac{T}{3} = \frac{1}{3f} \tag{6-37}$$

$$f_下 > \frac{1}{3\tau} \tag{6-38}$$

对于二相CCD,有

$$f_下 > \frac{1}{2\tau} \tag{6-39}$$

由于热产生的附加电荷是积累的,经多次转移就可观了。如果要求热产生的少子注入小于信号处理能力的1%,对于表面CCD和三相CCD,运行频率要求高于10kHz,这就是CCD工作的频率下限。

2) 时钟频率的上限 $f_上$

信息电荷的转移,不外乎是通过漂移运动和扩散运动。尽管绝大部分的信息电荷是靠漂移运动传输的,但决定弛豫时间的是扩散运动。我们知道,扩散运动是载流子无规则热运动的结果。由于无规则的热运动,载流子经过时间 t 后的平均位移 l 为

$$l = \sqrt{Dt} \tag{6-40}$$

式中 D——扩散系数。

如果电极长度为 L,则电极间转移所需的时间 τ_D 是

$$\tau_D = \frac{L^2}{D} \tag{6-41}$$

假如只考虑扩散运动,原先在电极下的信息电荷量 Q_0 随时间呈指数衰减,即

$$Q(t) = Q_0 \exp\left(-\frac{t}{\tau_D}\right) \tag{6-42}$$

设 $L=10\mu m, D=10 cm^2/s$,则 $\tau_D = 10^{-9} s$。如果要求损失率 $\varepsilon < 10^{-4}$,就是要求时钟周期 T 满足

$$\exp\left(-\frac{t}{\tau_D}\right) = \exp\left(-\frac{T}{\tau_D}\right) \leq 10^{-4} \tag{6-43}$$

从而有

$$T \geq 10\tau_D = 10^{-8} s \tag{6-44}$$

对于三相CCD,时钟频率为

$$f = \frac{1}{3T} = 3.3 \times 10^7 Hz \tag{6-45}$$

也就是时钟频率不高于30MHz。

如日本东芝产 TCD102C，$f_上 = 10\text{MHz}$。

电子迁移率比空穴迁移率高得多，高迁移率可以降低转移时间，因而需要更高的工作频率。但对于 100MHz 的转移频率，SCCD 是不能胜任的。

3. 电荷储存容量

CCD 电荷储存容量表示在电极下的势阱中能容纳的电荷量，由于 CCD 是电荷存储与转移的器件，因此电荷存储容量 Q 等于时钟脉冲变化幅值电压 ΔV 与氧化层电容 C_{ox}（忽略耗尽层电容 C_d，因为 $C_{ox} \approx 10 C_d$）的乘积，即

$$Q = C_{ox} \cdot \Delta V \tag{6-46}$$

式中　ΔV——时钟脉冲变化幅值；

　　　C_{ox}——SiO_2 层的电容，如 SiO_2 氧化层的厚度为 d，A 为栅电极面积，则每一个电极下的势阱中，最大电荷储存容量为

$$N_{max} = \frac{C_{ox} \cdot \Delta V}{e} = \Delta V \cdot \frac{\varepsilon_0 \varepsilon_s}{ed} \cdot A \tag{6-47}$$

如 $d = 150\text{nm}$，$\Delta V = 10\text{V}$，SiO_2 的相对电介质常数 $\varepsilon_s = 3.9$，$\varepsilon_0 = 8.85 \times 10^{-2} \text{pF/cm}$，$e = 1.6 \times 10^{-19}\text{C}$，$A = 1\mu\text{m}^2$，则

$$N_{max} = \frac{10\text{V} \times 3.9 \times 8.85 \times 10^{-2} \times 10^{-8} \times 1}{1.6 \times 10^{-19}\text{C} \times 1.5 \times 10^{-5}\text{cm}} = 1.43 \times 10^8$$

足以容纳 1000lx 的光照射 4ns 所产生的载流子，存储能力越大，处理电荷能力越强，动态范围越好。

提高时钟脉冲的幅值或减小 d 值，均可以增大电荷储存量，但这两个条件都受到 SiO_2 击穿电场强度的限制，通常电场强度 $E_{max} = (5 \sim 10) \times 10^8 \text{V} \cdot \text{cm}^{-1}$。

对体内沟道 CCD 在相同电极尺寸和相同的时钟脉冲变化幅值下，当 N 沟道厚度为 $1\mu\text{m}$ 时，其最大电荷储存容量为表面沟道 CCD 的 50%。

4. CCD 中的噪声

与所有其他探测器一样，噪声也是 CCD 器件的一个重要性能指标。通常认为 CCD 中有以下五个噪声源。

1) 电荷转移损失噪声

设代表信号电荷的载流子数为 N_s，填底电荷的载流子数为 N_{s0}，传输损失为 $\varepsilon(t)$，转移时间 t_s，$t_s > \tau_c$。τ_c 为少数载流子被俘获前的寿命，在上述条件下参加传输的总载流子数为 $N_s + N_{s0}$，平均每次转移残留下来的载流子数为 $\varepsilon(t)(N_s + N_{s0})$，这些残留的电荷或者跟随信号电荷一起传输，或者跟随后一个信号电荷一起传输，这样，前一个信号电荷的增加或减少，与后一个信号电荷的减少或增加的电荷量是相同的，这部分电荷的起伏所引起的噪声称为转移噪声或传输噪声，在经历了 N 次转移后总的转移噪声为

$$N_{n,s} = 2[\varepsilon(t) N (N_s + N_{s0})]^{1/2} \tag{6-48}$$

2) 背景电荷的引入噪声（填底电荷的引入噪声）

若填底电荷是由于光或热激发而产生的，填底电荷的平均载流子数为 N_{s0}，则背景电荷所产生的噪声为

$$N_{n,b} = \sqrt{N_{s0}} \tag{6-49}$$

若填底电荷是电注入时,则可根据尼奎斯特定理给出其等效电路,并由此得出背景电荷的引入噪声为

$$N_{n,b} = \frac{1}{e}(kTC)^{1/2} \tag{6-50}$$

式中 C——势阱电容。

3) 界面态俘获噪声

当沿着 CCD 定向传输电荷时,Si 与 SiO_2 界面的界面态被周期地充满和抽空,平均来说,它们每一周期均被充满或抽空到相同的水平(信号电荷保持不变时)。这样,就存在着均方根涨落,这种均方根涨落可用下式来表达

$$N_{n,interf} = (1.4kTN_{ss}A_gN_g)^{1/2} \tag{6-51}$$

式中 N_{ss}——界面态的面密度;
N_g——电极数目;
A_g——一个栅极的面积。

4) 输出放大器噪声

放大器的带宽是由输出的 RC 时间常数决定的,与以上讨论的背景电荷引入噪声中的电注入填底电荷的热噪声完全相同,所以均方根截流子的起伏为

$$N_{n,ample} = \frac{1}{e}(kTC_{Pf})^{1/2} \tag{6-52}$$

式中 C_{Pf}——CCD 输出端与放大器的耦合电容,也称 CCD 的输出电容。

5) 光电子散粒噪声

光电子散粒噪声是输入 CCD 的光子流所产生的噪声。因为入射的光子流是随机变化的,所以在 CCD 系统中的一个势阱中,在 Δt 时间内收集的光生截流子数也是有起伏的,所引起的噪声称为光电子散粒噪声。

假设电荷包中的光生载流子总数为 N_s,由于 N_s 的随机变化,则在单位像素中的光电子散粒噪声为

$$N_{n,photo} = \sqrt{N_s} = (H_i t\eta A_{eff})^{1/2} \tag{6-53}$$

式中 H_i——图像的辐照度(光子数/$cm^2 \cdot s$);
t——帧时间或称电荷积分时间;
η——量子效率;
A_{eff}——像敏面的有效面积。

6.4 电荷耦合成像器件

6.4.1 线阵电荷耦合成像器件

1. 结构

某型两相线阵 CCD 器件的结构如图 6-21 所示,电极上所加脉冲电压如图 6-22 所示。CCD 成像器件中的光电转换有 MOS 结构和 PN 结结构两种形式。两相线阵 CCD 器件结构包括光敏区、存储电极、电荷转移电极、CCD 移位寄存器、输出机构和补偿机构。

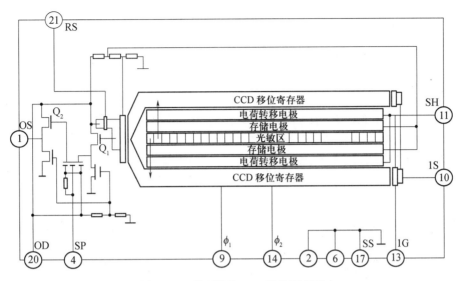

图 6-21 某型线阵 CCD 结构原理图

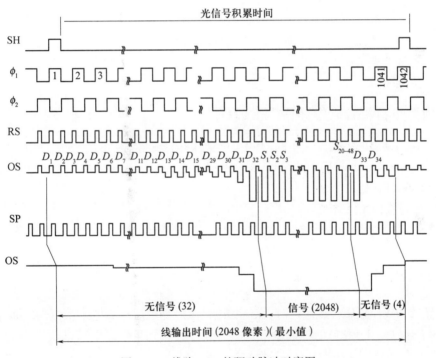

图 6-22 线阵 CCD 的驱动脉冲时序图

2. 原理

光成像在光敏区。光敏区是浅结低浓度的光电二极管阵列,具有 2048 个光敏元和 36 个非光敏元,每个光敏元尺寸为 14μm×14μm。存储电极上加固定电压,由 OD 端外接直流电源获得。

光透过正面透明电极及电极间隙入射在基底上,产生光生电荷存储在 PN 结和存储电极下势阱中。由存储电极和转移电极 SH 组成两相 MOS 电容,它们起光电转换和向 CCD 移位寄存器转移电荷包的作用。当 SH 为高电平时,光生电荷包被转移到对应的 CCD 移位寄存器中。

当 SH 为低电平期间进行摄像,PN 结存储光电荷,进行光积累。

CCD 移位寄存器由一系列 MOS 电容组成,它们对光不敏感(光屏蔽了),只是接收摄像区转移过来的电荷包,把它们逐个从右向左移位到输出机构中去,最后送到器件外面。

在电荷包转移期间,按奇偶序号分开,分别转移到两侧的移位寄存器中去,即 CCD 移位寄存器 1 接收奇数序号的电荷包;而 CCD 移位寄存器 2 接收偶数序号的电荷包。在结构安排上已保证两寄存器中的电荷以奇、偶序号交替的方式把电荷包送到输出机构,以恢复摄像时的次序,可见用两个移位寄存器提高了转移速度。

左端是器件的输出机构。Q_1、Q_2 为场效应管,它们构成源极跟随器,下接两个管子做跟随器负载电阻,通过它们把携带图像信息的电荷包以电压的形式送到器件以外。OS 端就是 CCD 信号输出电极。RS 电极为复位控制栅极,需要外加适当的复位脉冲,每当前一个电荷包输出完毕,下一电荷包尚未输出之前,RS 电极上应出现复位脉冲,它把前一电荷包电荷抽走,使输出管 Q_1 的栅极电位复原,以准备接收下一电荷包到来。

右端 1S、1G 电极组成补偿机构,当外加适当脉冲电压时,可实现肥零补偿,通常可以不用。SS 电极是 MOS 电容的衬底,通常接地。

线型 CCD 摄像器件在文件扫描和传真领域获得广泛应用,工业上可用作一维监测,如检测金属丝直径、工作形状和尺寸等,如要求获得二维图像,可用旋转镜或使被摄物体在器件前面移动,例如,当阅读图片资料时,通常把被摄页面贴在转筒上,转筒旋转时页面上的图像投射到线型摄像器件的光敏面上成像。由于线阵 CCD 已达 10000 个单元,具有较好的分辨率,可以获得高质量的图像。

6.4.2 面阵电荷耦合成像器件(ACCID)

根据转移和读出的结构方式不同,有不同类型的面型摄像器件。不过,常用类型有三种:帧/场转移(Frame Transfer,FT)、行间转移(Interline Transfer,IT 或 ILT)、帧行间转移(Frame Interline Transfer,FIT)。

1. 帧/场转移(FT)结构

该结构包括三部分,即光敏区、暂存区和读出寄存器,其结构和驱动电路如图 6-23 所示。

工作原理如下。

1) 光积分

当外界景物成像投影到成像区时,在一相电极上脉冲电压呈高电平(如图中 $I\phi_1$)情况下,另两相 $I\phi_2$、$I\phi_3$($I\phi_3$ 未画出)处于低电平,在一场时间内,光生信号电荷被收集在这些电极下的势阱中,在整个光敏区便形成了与光像对应的电荷图形。

2) 帧转移

光敏区经过一场的积分时间后,光敏区和暂存区均处于帧转移脉冲作用下,在相当于垂直消隐期间内,光敏区的信号电荷平移到暂存区。在帧转移脉冲过后,光敏区驱动脉冲又处于第二场光积分(图 6-23 中 $I\phi_2$ 呈高电平),又处于光积分期间。

3) 行转移

当光敏区处于第二场光积分期间,暂存区的驱动脉冲为行转移脉冲,在相当于水平消隐期间,暂存区将原来从光敏区平移来的信号按一行一行地转移到水平读出寄存器,直至暂存区最上面一行中的信号电荷进入读出寄存器中。

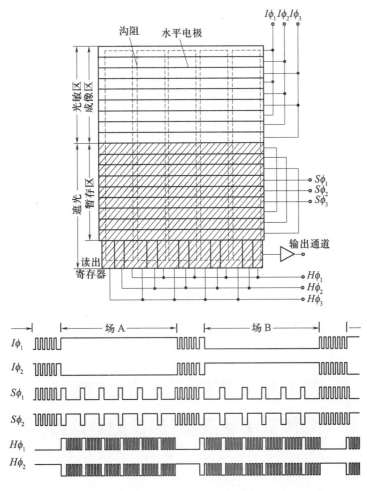

图 6-23 帧/场转移面阵 CCD 的结构与驱动脉冲

4) 位转移

已进入读出寄存器的信号电荷,在相当于行正程期间,由水平时钟驱动下快速地一行接一行将一行内的电荷包一个个读出,在输出极上得到视频信号。

这种工作模式与通常的电视显示制式相匹配,属于隔行扫描制式。

现在世界各国一些实验室与电子公司已经研制和生产出了不同类型、不同规格的面型摄像器件,因没统一标准化,尚不可直接互相替换,先后研制出 1024×1024 单元和 2048×2048 单元的大型面阵摄像器件,更多单元的固体摄像器件也能研制出来。

2. 行间转移(IT)结构

如图 6-24 所示,光敏元呈二维排列,每列光敏单元的右边是一个垂直移位寄存器,光敏元与转移单元之间一一对应,二者之间由转移栅控制,底部仍然是一个水平读出寄存器,其单元数等于垂直寄存器个数。

(1) 光敏元在积分期内积累的信号电荷包,在积分期末了时,在转移栅控制下水平地转移一步进入垂直寄存器。

(2) 在相当于水平消隐期间,在 ϕ_{b1}、ϕ_{b2} 作用下,暂存区将原来从光敏区平移来的信号一行一行地转移到水平读出寄存器,直至暂存区最上面一行中的信号电荷进入读出寄存器中。

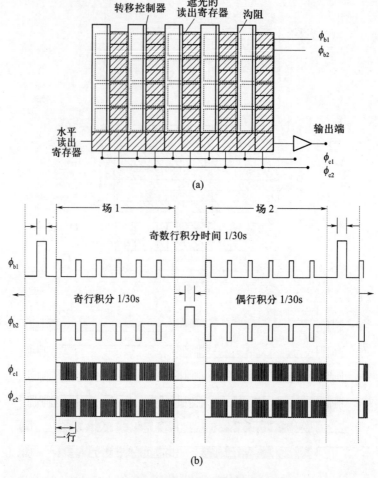

图 6-24 行间转移面阵 CCD 的结构与驱动脉冲
(a) 行间转移结构;(b) 驱动脉冲。

(3) 已进入读出寄存器的信号电荷,在相当于行正程期间,由水平时钟驱动 ϕ_{c1}、ϕ_{c2} 下快速地一行接一行将一行内的电荷包一个个读出,在输出极上得到视频信号。

由于行间结构多采用二相或四相电极结构,因此隔行扫描容易实现,只需让 ϕ_{b1} 和 ϕ_{b2} 相分别担任奇偶场积分就可以了。

3. 帧行间转移(FIT)结构

如图 6-25 所示,帧行间转移的 CCD 采用四相 CCD 的结构。

(1) 光积分。当外界景物成像投影到成像区时,光生信号电荷被收集在 PN 结的势阱里,在整个光敏 PN 结区便形成了与光像对应的电荷图形。

(2) 光敏元在积分期内积累的信号电荷包,在积分期末了时,在转移栅高电平控制下水平地转移一步进入垂直寄存器。转移完成后,转移栅为低电平,光敏区驱动脉冲又处于光积分期间。

(3) 在相当于垂直消隐期间内,光敏区的信号电荷在四相 CCD 的电极 $V\phi_1,V\phi_2,V\phi_3,V\phi_4$ 驱动下,把转移过来的电荷包快速地平移到暂存区。

(4) 在相当于水平消隐期间,在 $V\phi_1,V\phi_2,V\phi_3,V\phi_4$ 和 $H\phi_1$、$H\phi_2$ 作用下,暂存区将原来从

光敏区平移来的信号一行一行地转移到水平读出寄存器,直至暂存区最上面一行中的信号电荷进入读出寄存器中。

(5)已进入读出寄存器的信号电荷,在相当于行正程期间,由水平时钟驱动 $H\phi_1$、$H\phi_2$ 下快速地一行接一行将一行内的电荷包一个个读出,在输出极上得到视频信号。

FIT 结构结合了 FT 和 IT 结构的特点,有效地消除了漏光和拖尾现象,在高端 CCD 成像系统中获得了应用。

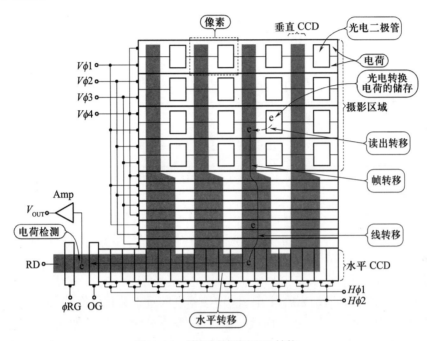

图 6-25 帧行间转移(FIT)结构

6.4.3 两种面型结构成像器件的比较

两种(FT 和 IT)结构都是实用的摄像器件,都能获得高性能的图像又各自有其特点。下面作一些简单的比较。

1. 分辨率

对于像敏单元中心距相同的 CCD 来说,行间转移(IT)比帧转移具有更高的水平分辨率和 MTF,由离散式像敏单元的结构引起的 MTF 为

$$M(f)=\frac{1}{\pi f_0 d}\sin\frac{\pi f_0 d}{l} \tag{6-54}$$

式中 $f_0=f/f'$;

f——像空间频率;

f'——CCD 空间频率;

l——像敏元中心距;

d——像敏元直径。

因为 IT 的像敏区在水平方向上缩小了,因此在 l 相同的情况下,d 越小,MTF 越大,IT 结构的像敏尺寸比帧转移的尺寸小 1/2。

从水平分辨率来看,由于行间转移器件的光敏单元被垂直移位寄存器隔开,在水平方向上光敏区尺寸大约只有周期单元中心间距的1/2,因而损失了一部分信息。而帧转移器件中,光敏元在水平方向上的尺寸大致与周期单元中心间距相等。在奈奎斯特极限以外的调制传递函数(MTF)以行间转移结构为大,所以纹波效应比较严重。对垂直分辨率而言,虽然二者都能实现隔行扫描,但帧转移结构在两个积分场都从整个光敏面积收集光生载流子,只是信号电荷重心有偏移,结果使得MTF在奈奎斯特频率极限处为零;而行间转移结构,两场从相互分开的面积上收集光生载流子,在奈奎斯特极限处MTF仍有64%。

在奈奎斯特频率极限处,MTF仍有60%。对于隔行扫描,在奈奎斯特频率极限情况下,FT的MTF为0。表6-1给出了在奈奎斯特极限下的MTF。

表6-1 FT及IT的MTF(在奈奎斯特频率极限频率下)

	水 平	垂 直
FT	60%	0
IT	80%	65%

2. 响应率

帧转移结构与行间转移结构两者的光敏面积占芯片面积的比例大致相等。在帧转移器件中,光敏元在一场的周期内积分。不过,前者的积分在整个单元面积上进行,而后者每一场只在单元面积的一半进行积分,因此总的响应率对于二者基本上是一致的。

3. 拖影问题

行间转移结构在积分期结束后只需一次转移就进入垂直移位寄存器进行读出。可见,总的转移次数较少,拖影效应不严重。而帧转移结构,需要多次转移,才使光信号电荷全部进入暂存区,这个过程拖影较严重。虽然可以缩短转移时间,加快驱动过程,但对大型器件,由于总的电极电容大,驱动电流大,难以使用很高的驱动频率。

4. 噪声问题

两种结构的热噪声基本上是相同的,但固定图案噪声,行间转移器件要小些,因为它的单元结构要复杂,有效受光面要小一些,产生的固定图案噪声更小。

5. 在彩色电视摄像机中的应用

在单片式彩色电视摄像机中,多采用行间转移器件。因为在一定的图像质量下,它需要的光敏元较少,它可以与棋盘图案的滤色片配用,而帧转移结构只能与条状滤色片配用。因此,这就可以使用芯片尺寸较小的行间转移器件,这也是当前技术发展的趋势。

6. 光照方式

两种都可以正面光照摄像,但帧转移结构衬底可以减薄,还能从背面光照摄像,在低照度摄像上获得广泛应用,特别是可以构成EB-CCD(电子轰击CCD)器件,在微光下工作。行间转移器件则不宜背照工作方式。

6.4.4 扫描方式与读出转移动作

电视系统传输图像是按照一定的扫描方式进行的。扫描方式主要有两种:现行电视机所使用的跳跃扫描;计算机或下一代电视机所使用的顺序扫描。跳跃扫描也称为隔行扫描,是将奇数行与偶数行分为不同的场进行扫描,再将两场合成一帧的扫描方式,如图6-26(a)所示。

顺序扫描也称为逐行扫描,一次将一帧的所有行扫描出来,如图6-26(b)所示。由于CCD图像传感器,要求与图像信号同步输出信号,因此需要配合以上扫描方式设计动作。在此,以行间转移结构为例,说明扫描的动作读出方式。

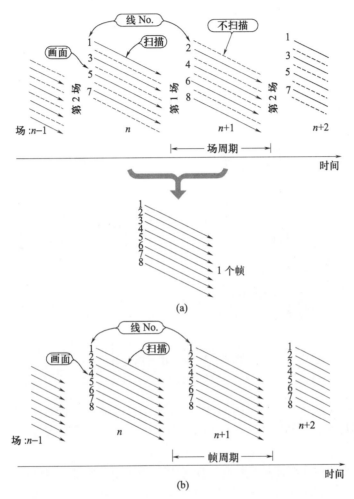

图 6-26　隔行扫描与顺序扫描方式
(a)跳跃扫描；(b)顺序扫描。

1. 帧读出

如图6-27(a)所示为四相CCD的成像器件,帧读出是配合图像信号的各帧,可以区别从奇数行读出的像素,或从偶数行读出的像素,也就是说,如第1帧(确切地说是场)由奇数行的像素组成,第2帧(确切地说是场)由偶数行的像素组成。

2. 场读出

场读出方式是不管哪一场,均从所有像素读出信号电荷,但在垂直CCD中读出的是奇数行与偶数行中的混合信号电荷,此混合组合方式在各场切换,适合隔行扫描的行,如图6-27(b)所示。

若为NTSC制式,则帧读出各像素的储存时间为(1/30)s(依据各国制式而不同),且每相邻的两场的储存时间有(1/60)s的重叠。另外,在场读出方式中,所有像素均由每个场读出,

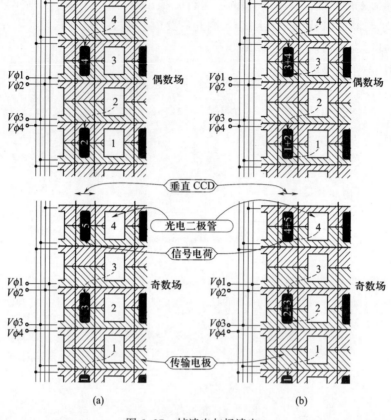

图 6-27 帧读出与场读出
(a) 帧读出;(b) 场读出。

储存时间为(1/60)s。由于储存时间的差异大,帧读出的储存时间较长,因此容易发生动态分辨率下降。相反地,场读出由于垂直 CCD 中上下相连的像素信号电荷,导致垂直分辨率下降。

以上读出方式的共同特征是,垂直 CCD(以图例为四相 CCD)反复间距(pitch)为一个单元(cell)横跨两个像素,每两个像素只配置一个垂直 CCD(四相)反复单元。该结构有利于像素大小的小型化。

3. 全像素读出

针对支持逐行扫描的典型方式,介绍全像素读出方式,如图 6-28 所示,这一读出方式是将所有的像素同时读出,由于转移与读出时信号不混合,与帧读出同样具有相当高的垂直分辨率,而且拥有动态分辨率不易下降的优点,而且支持隔行扫描的读出方式。但是,与帧读出和场读出方式不同,全像素读出方式的每个像素需要垂直 CCD 的一个单元,垂直 CCD 使用三相 CCD。因此,垂直 CCD 的单元尺寸变小,可转移的信号电荷减小,存在着代表图像传感器最大信号输出的饱和信号变小的倾向。虽然全像素读出方式主要支持逐行扫描,不过,利用图像传感器的输出信号处理,也可支持隔行扫描。这种读出方式,虽然具有防止垂直分辨率下降的效果,但感光度也减半。针对 NTSC 制式(各国的制式也有区别),帧读出、场读出与全像素读出三者的储存时间、垂直分辨率、饱和信号量与感光度的比较,如表 6-2 所列。

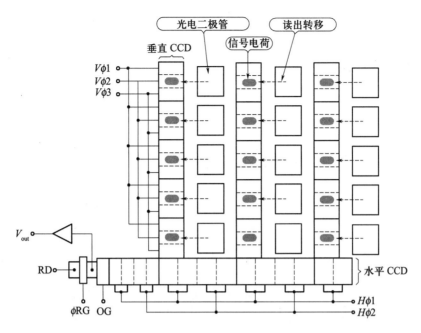

图 6-28 全像素读出方式

表 6-2 帧读出、场读出与全像素读出的特征

	帧读出	场读出	全像素读出
光电二极管的储存时间/s	1/30	1/60	1/60
垂直分辨率	○	△	○
动态分辨率	△	○	○
饱和信息量	○	○	△
感光度	1	1	1/2

注：○表示好，△表示稍差

6.5 彩色 CCD 成像器件

颜色是人的视觉系统对光谱中可见区域的感知效果，它仅存在于人的眼睛和大脑中。为了准确地描述颜色，必须引入色彩空间的概念。正如几何上用坐标空间来描述坐标集合，色彩空间用数学方式来描述颜色集合。常见的几个基本色彩模型是 RGB、YUV、YCbCr、CMY。RGB 是三原色；YUV 主要考虑电视系统，与黑白电视系统兼容；YCbCr 考虑的是压缩时可以充分取出冗余量。下面简述补色彩色 CCD 的基本结构和工作原理。

彩色摄像器件采用行间转移型彩色面阵 CCD，常使用的补色滤光片结构，如图 6-29 所示。

行间转移型 CCD 图像传感器的光敏元呈二维排列，每列光敏元的左侧是一个垂直移位寄存器，光敏元与移位寄存器各单元之间一一对应，二者之间的电荷转移由转移控制栅控制。它们的下部是一个水平读出移位寄存器，它的位数与垂直移位寄存器的个数相等。该器件由 5 个部分组成：① $n×m$ 个光敏单元呈面阵排列；② m 列四相垂直移位寄存器；③一个 $2m$ 位的二相水平输出移位寄

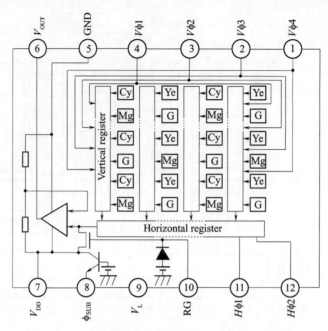

图 6-29　行间转移型彩色面阵 CCD 结构示意图

存器与 m 列垂直移位寄存器的输出端相接;④输出部分;⑤复位电路及补偿放大器。

它的工作过程如下:采用四相 CCD,在光积分期,光栅脉冲处于高电平,光敏元中的势阱收集光生电荷,积分期结束(光栅脉冲处于低电平),这时转移控制栅打开,所有单元势阱中的光生电荷一次转移至相对应的垂直移位寄存器中。接着在四相垂直时钟的驱动下,信号电荷包以场读出方式转移至水平输出移位寄存器。在水平移位脉冲的驱动下将水平移位寄存器中的电荷信号输出。

CCD 输出的模拟信号经过一段距离的传输后会变弱,在 A/D 转换时就需要放大信号并钳位,使信号满足采样的要求。根据奈奎斯特采样定理,A/D 采样芯片要具有 2 倍 CCD 行频以上的采样频率,使采样后的数字信号可以不失真地还原。而对图像信号的处理则是为了改变采集到的图像,按照特定的目标,用一系列特定的操作来"改善"图像。经过处理的图像经由 D/A 转换后送到显示器,显示器提供的可视信号能被观察者观察,整个系统便与人联系起来。

实际使用的彩色行间转移面阵 CCD 采用四色:彩色滤色片直接做在每个像敏单元表面的保护玻璃面上,可以减少它的弥散。青色(Cyan,Cy)滤色片单元只能接收入射的 B 光和 G 光,而不能接收入射的 R 光。品红色(Magenta,Mg)滤色片单元允许 B 光和 R 光通过,而阻止 G 光通过。黄色(Yellow,Ye)只能接收 G 光和 R 光通过,而阻止 B 光通过。Cy、Mg、Ye 和绿色(Green,G)组成色彩滤波空间。CCD 的各个不同单元的补色滤色片的光谱特性曲线如图 6-30 所示,简写为

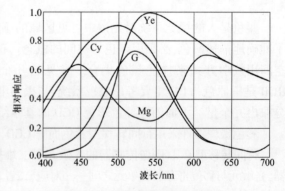

图 6-30　补色滤光片的光谱特性

$$Cy = G+B, \quad Mg = R+B, \quad Ye = R+G \tag{6-55}$$

在图 6-30 中，Cy、Mg、Ye、G 分别表示青、品红、黄和绿。除去绿后，这个色彩模型与 CMY 色彩空间很相似。加了滤色片后，CCD 的感光单元对红、绿、蓝的补色——青（Cy）、品红（Mg）、黄（Ye）有高的响应率。这三种色彩相互混合也可以方便地产生我们所需的亮度与色度分量。CCD 的感光单元在感光面上排列如图 6-31 所示（见封底）。图 6-32 为补色信号的读出方式与信号输出的原理图。

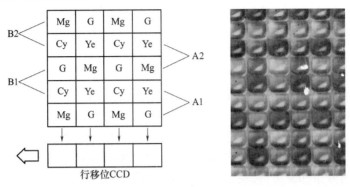

图 6-31　感光单元在感光面上的排列

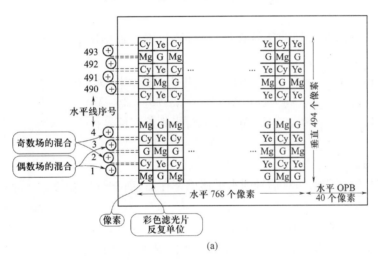

(a)

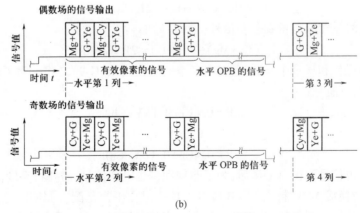

(b)

图 6-32　补色信号的读出方式与信号输出
(a) 排列；(b) 信号。

195

CCD 的感光单元在感光面上排列如图 6-31 所示。每一帧图像由两场组成,分别为 A 场和 B 场,一场的图像逐行读出。A 场由多个 A1、A2 所组成的行对组成,B 场也类似。

1) 以 A1 行对为例(偶数场,以 0 开始):

前一行与后一行的对应列的信号相加,从行移位寄存器(Hreg)输出的电荷信号序列为 (Mg+Cy),(G+Ye),(Mg+Cy),(G+Ye)。

将邻近两个信号量 (Mg+Cy),(G+Ye) 相加可得到亮度信号 Y。

$$(Mg+Cy)+(G+Ye) = 2R+3G+2B = Y \tag{6-56}$$

将邻近两个信号量相减可得到色差信号(前面-后面):

$$(Mg+Cy)-(G+Ye) = 2B-G = Cb \tag{6-57}$$

2) 以 A2 行对为例:

垂直移位信号每次移动一对信号到水平移位寄存器,前一行信号与后一行对应列的信号相加。从行移位寄存器(Hreg)输出的电荷信号序列为(G+Cy),(Mg+Ye),(G+Cy),(Mg+Ye)。

将邻近两个信号量(G+Cy),(Mg+Ye) 相加可得到亮度信号 Y:

$$(G+Cy)+(Mg+Ye) = 2R+3G+2B = Y \tag{6-58}$$

将邻近两个信号量相减可得到色差信号(前面-后面):

$$(G+Cy)-(Mg+Ye) = -(2R-G) = -Cr \tag{6-59}$$

3) 以 B1 行为例(奇数场)

前一行与后一行的对应列的信号相加,从行移位寄存器(Hreg)输出的电荷信号序列为 (Cy+G),(Ye+Mg),(Cy+G),(Ye+Mg)。

将邻近两个信号量(Cy+G),(Ye+Mg) 相加可得到亮度信号 Y:

$$(Cy+G)+(Ye+Mg) = 2R+3G+2B = Y \tag{6-60}$$

将邻近两个信号量(Cy+G),(Ye+Mg)相减可得到色差信号:

$$(Cy+G)-(Ye+Mg) = -(2R-G) = -Cr \tag{6-61}$$

4) 以 B2 行为例

垂直移位信号每次移动一对信号到水平移位寄存器,前一行信号与后一行对应列的信号相加。

从行移位寄存器(Hreg)输出的电荷信号序列为(Cy+Mg),(Ye+G),(Cy+Mg),(Ye+G)。将邻近两个信号量 (Cy+Mg),(Ye+G) 相加可得到亮度信号 Y:

$$(Cy+Mg)+(Ye+G) = 2R+3G+2B \approx Y \tag{6-62}$$

将邻近两个信号量相减可得到色差信号(前面-后面):

$$(Cy+Mg)-(Ye+G) = 2B-G \approx Cb \tag{6-63}$$

在白平衡操作和显示中,则需要将色彩空间转换为 R、G、B 格式。为了得到原色的 R、G、B 信号,进行以下演算:

$$R = 0.4Cr+0.1(Y-Cb) \tag{6-64}$$

$$G = 0.2(Y-Cr-Cb) \tag{6-65}$$

$$B = 0.4Cb+0.1(Y-Cr) \tag{6-66}$$

完成的原色信号取得白平衡后,为了制作和传送电视信号,需要将亮度信号与色差信号重新合成,需要转换成 YUV 制式,U = B-Y,V = R-Y。白平衡是配合照明的色温变化,对于拍摄对象的白色部分进行调整处理,亮度信号 Y 与色度信号 R、G、B,再合成为 Y、U、V 信号。采用下列方法可合成亮度信号和色差信号。

亮度信号：

低频域 $Y_L = 0.59G + 0.3R + 0.11B$ （6-67）

高频域 $Y_H = Cy + Mg + Ye + G$ （6-68）

色差信号：

$U = B - Y = 0.89(B-G) - 0.3(R-G)$ （6-69）

$V = R - Y = 0.7(R-G) - 0.11(B-G)$ （6-70）

在此，由于低频域亮度信号 Y_L 重视低频域的再现性，故由原色信号合成，但是高频域亮度信号 Y_H 由噪声较少的 CCD 图像传感器的信号输出直接合成。电视信号在发射时转换成 YUV 形式可以与黑白电视兼容。这种亮度及色差采样方式与 YUV422 制式是一致的，如图 6-33 所示。整个系统在图像的采样和存储过程中都采用这种制式。在电视机接收时将 YUV 格式再还原成 RGB 三基色信号，由显像管显示。

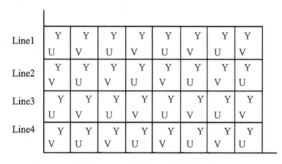

图 6-33 YUV422 取样格式

6.6 CMOS 型成像器件的结构与原理

CMOS（Complementary Metal Oxide Semiconductor）型固体摄像器件是早期开发的一类器件，利用了 CMOS 集成电路的工艺来制作，与大规模集成电路工艺兼容，获得了极大发展。制造工艺技术的进展，特别是固定图像噪声消除电路的采用以及结构的改进，使得它在当前的单片式彩色摄像机中得到了广泛应用。各种规格的 CMOS 型摄像器件及摄像机商品已问世，实际上它已成为 CCD 摄像器件的一个有力的竞争者。

根据像素上电路复杂程度不同，CMOS 成像器件结构型式有两类：无源像素（Passive Pixel Sensor, PPS）及有源像素（Active Pixel Sensor, APS）。按照感光元来区分，又有光电二极管感光元和 MOS 感光元。目前，实用化的图像器件是有源像素结构，下面主要阐述这种结构的 CMOS 成像器件。

APS 器件的像素结构有以下几种：PN 结光电二极管方式、MOS 光电门方式、掩埋型光电二极管方式。

6.6.1 PN 结光电二极管方式

在 PN 结光电二极管上连接放大用 MOS 晶体管栅极的方式，单元结构如图 6-34 所示。该图是为了便于比较将使用截面构造与电路符号进行改写的。经基板与 MOS 晶体管源极—漏极扩散所形成的光电二极管，事先利用复位晶体管复位电源电压后，才开始储存光电转换的信号电荷。由于光电二极管在复位后出现逆向偏压的状态，发挥等价晶体管的作用，随着光生电荷的积累,光电二极管的电压改变。放大晶体管将该电压放大输出到列信号线。此像素构造,单位像素的元件数较少,具有可直接利用 CMOS LSI 制造工艺制造图像传感器的优点。这类方式的成像器件如图 6-35 所示。

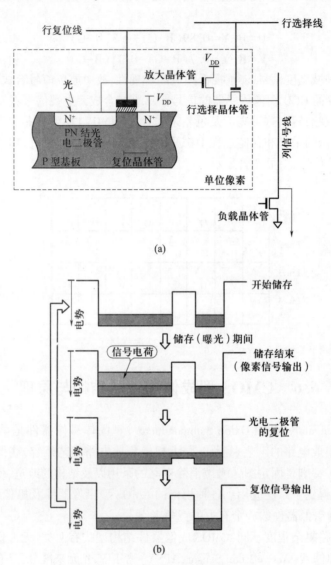

图 6-34 PN 结光电二极管方式的构造与电势图
(a) 构造与电路开始储存;(b) 动作的电势分布图。

这种结构器件的工作过程如下:
(1) 开始储存,PN 结无电荷,此时行复位线为低电平。
(2) PN 结进行光电信号的积累,其电压被放大晶体管放大;行选择线为高电平,把电压加到列信号线上,在水平移位缓存器作用下,依次移出。
(3) 行复位线为高电平,把电荷抽走。
(4) 行复位线又为低电平,回到(1)。

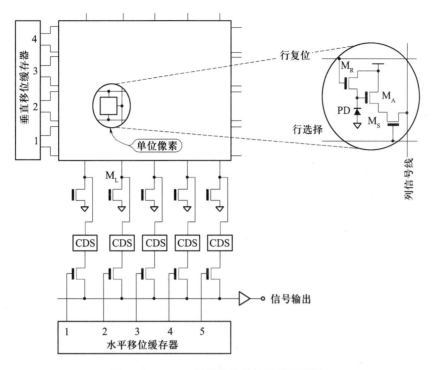

图 6-35　CMOS 图像器件的结构及原理图

6.6.2　MOS 光电门方式

在光电二极管上使用光电门的 MOS 二极管的方式如图 6-36 所示。此方式是将在光电门进行光电转换的信号电荷,传送到中间夹读出栅极 T_x 形成的浮置扩散层(FD),并把 FD 的电压变化用放大晶体管放大后输出的方式。

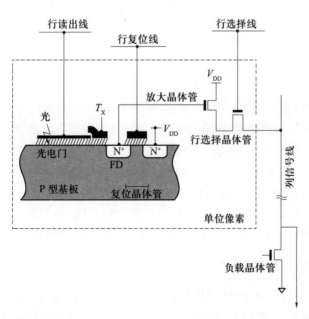

(a)

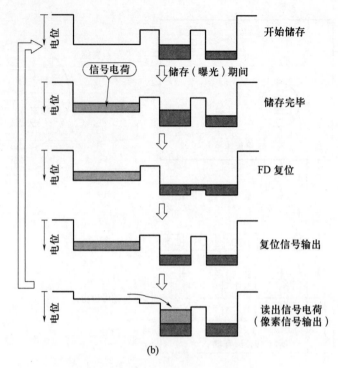

图 6-36　MOS 光电门方式的结构图
(a) 构造与电路开始储存；(b) 动作的电位分布图。

这种结构器件的工作过程如下：

(1) T_x 为固定电平,行复位线为低电平,行读出线为高电平,光照射到 MOS 二极管上,光电荷积累在 MOS 的势阱中,进行光电信号积累。

(2) 在光电信号积累的同时,进行上一帧积累信号的读出。行选择线为高电平,该行的信号电压通过放大晶体管放大,加在该行的负载晶体管上,然后水平移位缓存器依次开启,把该行的信号电压输出。

(3) 该行信号输出完毕后,待该行的储存时间到了,行复位线为高脉冲电平,把上一帧积累在 FD 处的信号电荷抽走到电源 VDD 中。

(4) 把行复位线置为低电平,准备接受新的电荷包。

(5) 行读出线由高电平变为低电平,把积累在 MOS 二极管的信号电荷包转移到 FD 中。转移完成后,行读出线变为高电平,准备进行新一帧的信号积累,回到(1)的状态。

关于信号输出的动作顺序,预先复位 FD,当输出复位信号后,立刻从储存完毕的光电门通过 T_x 读出信号电荷输出像素信号。本方式的优点在于,FD 的噪声可通过像素信号与复位信号的相关双取样(CDS)动作去除,如图 6-37 所示。然而,由于在光电门上覆盖控制电势的电极,虽然仅形成薄薄一层,但因电极材料影响吸收光的感光度,特别造成波长较短的蓝光感光度下降,以及标准 CMOS LSI 制造工艺必须追加光电门薄电极的制作步骤等问题。

6.6.3　掩埋型光电二极管方式

掩埋型光电二极管方式在 CCD 图像传感器中常常被利用,如图 6-38 所示。与 CCD 图像传感器一样,掩埋型光电二极管可以实现低暗电流,并且没有利用如光电门一样的电极材料吸

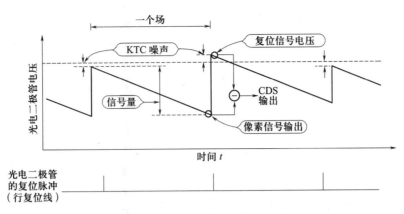

图 6-37 CDS 动作后残留的 KTC 噪声

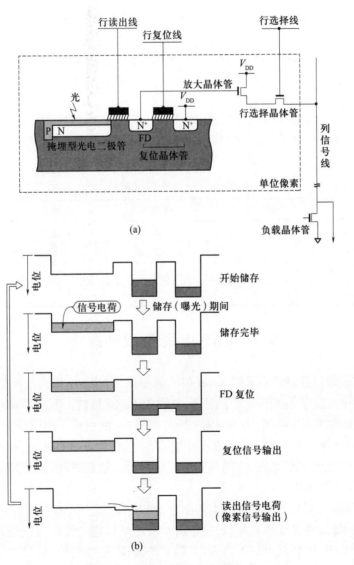

图 6-38 掩埋型光电二极管方式
(a) 构造与电路开始储存；(b) 动作的电势分布图。

收光的现象。当然,不产生复位时的 kTC 噪声,也与使用光电门方式相同,不过光电二极管单位面积的饱和信号电荷量,与其他方式相比也偏低。此外,一般认为在读出动作时,光电二极管具有易残留信号电荷出现残像的缺点。

这种结构器件的工作过程如下:

(1) 行读出线为低电平,行复位线为低电平,光照射到 PN 二极管上,光电荷积累在 PN 的势阱中,进行光电信号积累。

(2) 在光电信号积累的同时,进行上一帧积累信号的读出。行选择线为高电平,该行的信号电压通过放大晶体管放大,加在该行的负载晶体管上,然后水平移位缓存器依次开启,把该行的信号电压输出。

(3) 该行信号输出完毕后,待该行的储存时间到之前,行选择线为低电平,行复位线为高脉冲电平,把上一帧积累在 FD 处的信号电荷抽走到电源 VDD 中。

(4) 把行复位线变为低电平,准备接受新的电荷包。

(5) 行读出线为高电平,把积累在 PN 结二极管的光生电荷包转移到 FD 中。转移完成后,行读出线变为低电平,准备进行新一帧的信号积累,回到(1)的状态。

然而,一般认为以上缺点从构造方面下功夫改善,可以达到充分的饱和输出信号与无残像的目标。此外,对于 PN 结光电二极管方式,一旦增加元件数,制造工艺也必须追加形成掩埋型光电二极管的工艺。

针对以上方式,包括最重要的暗电流、饱和信号量、光谱响应特性及噪声,可进行主观的定性评价,如表 6-3 所列。从以上结果可知,对于一般的照相机而言,比较与感光度和信噪比关系最密切的暗电流特性,其中以掩埋型光电二极管方式最为优。

表 6-3 各像素构造的特征

	暗电流	储存电容	蓝光感光度	kTC 噪声
PN 结光电二极管	×	○	○	×
MOS 光电门方式	△	○	△	○
掩埋型光电二极管方式	○	△	○	○

注:○表示优;△表示中等;×表示差

6.7 CMOS 彩色成像器件

CMOS 彩色成像器件象素常采用 Bayer 格式的滤光片。Bayer 格式图片是柯达公司科学家 Bryce Bayer 发明的,被广泛运用于数字图像,也称为 Bayer 排列。不同于补色滤光片的排列,Bayer 方式采用原色滤光片排列,即 RGBG 排列,如图 6-39 所示。由于该方式使用的是原色滤光片,比起补色滤光片色彩的再现性更佳。由于一行不具备所有 R、G、B 三色,因此必须从周围另一行输出的信号进行处理,才能得到三原色信号。这里采用行信号延迟方式。这种滤光片格式也可运用于 CCD。

对于彩色图像,需要采集多种最基本的颜色,如 R、G、B 三种颜色,最简单的方法就是用滤镜的方法,红色的滤镜透过红色光波长,绿色的滤镜透过绿色光波长,蓝色的滤镜透过蓝色光波长。如果要采集 R、G、B 三个基本色,则需要三块滤镜,这样价格高,且不好制造,因为三块滤镜必须保证每一个像素点都对齐。用 Bayer 格式很好地解决了这个问题。Bayer 格式图片在一块滤镜上设置的不同的颜色,通过分析人眼对颜色的感知发现,人眼对绿色比较敏感,所

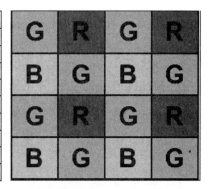

图 6-39 Bayer 滤波器的基本排列

以一般 Bayer 格式的图片绿色格式的像素数是 R 和 G 像素数之和。另外,Bayer 格式是相机内部的原始图片,一般后缀名为 .raw。很多软件都可以查看,比如 Potoshop。存储在相机存储卡中的 .jpeg 或其他格式的图片,都是从 .raw 格式转化过来的。

图像传感器的结构如图 6-40 所示,每一个感光像素之间都有金属隔离层,光线通过显微镜头,在色彩滤波器过滤之后,投射到相应的 PN 结型硅的感光元件上。Bayer 色彩滤波阵列由 1/2 的 G,1/4 的 R,1/4 的 B 组成。

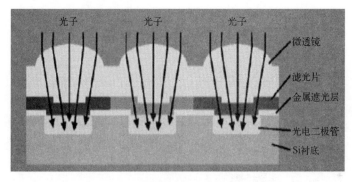

图 6-40 光敏感元的微透镜和滤光片

当图像传感器往外逐行输出数据时,像素的序列为 GRGRGR.../BGBGBG...(顺序 RGB)。这样阵列的传感器设计,使得 RGB 传感器减少到了全色传感器的 1/3,每一个像素仅仅包括光谱的一部分,必须通过插值来实现每个像素的 RGB 值。为了从 Bayer 格式得到每个像素的 RGB 格式,需要通过插值填补缺失的 2 个色彩。插值的方法有很多(包括领域、线性、3×3 等),速度与质量权衡,最好的方法是线性插值补偿算法。R 和 B 通过线性邻域插值,有四种不同的分布,如图 6-41 所示。

在图 6-41(a)与(b)中,在 G 位置(中间)的 R 和 B 的值分别取邻域 R 和 B 的平均值。

在图 6-41(c)中,在 R 位置(中间)处,取邻域的 4 个 B 的均值和邻域 4 个 G 的均值作为中间位置的 B 和 G 值

在图 6-41(d)中,在 B 位置(中间)处,取邻域的 4 个 R 的均值和 4 个 G 的均值作为中间像素的 R 和 B 值。

由于人眼对绿光反应最敏感,对紫光和红光则反应较弱,因此为了达到更好的画质,需要对 G 特殊照顾。在图 6-41(c)与(d)中,扩展开来就是图 6-41(e)与(f)中间像素 G 的取值,二者也有一定的算法要求,不同的算法效果上会有差异。经过相关的研究,在图 6-41(e)中间

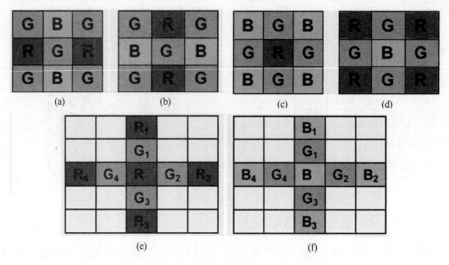

图 6-41 线性邻域插值的六种组合分布图

位置像素 G 值的算法为

$$G(R) = \begin{cases} \dfrac{G_1+G_3}{2}, & |R_1-R_3| < |R_2-R_4| \\ \dfrac{G_3+G_4}{2}, & |R_1-R_3| > |R_2-R_4| \\ \dfrac{G_1+G_2+G_3+G_4}{4}, & |R_1-R_3| = |R_2-R_4| \end{cases} \quad (6\text{-}71)$$

在图 6-41(f)中间位置像素 G 值的算法为

$$G(B) = \begin{cases} \dfrac{G_1+G_3}{2}, & |B_1-B_3| < |B_2-B_4| \\ \dfrac{G_3+G_4}{2}, & |B_1-B_3| > |B_2-B_4| \\ \dfrac{G_1+G_2+G_3+G_4}{4}, & |B_1-B_3| = |B_2-B_4| \end{cases} \quad (6\text{-}72)$$

CMOS 摄像机的这部分转换是在内部用 ADC 或者 ISP 完成的,如果处理器的速度足够好,就能够胜任这种像素的操作。不过,这些算法将成倍提高算法的复杂度,在速度上将会有所限制。因此为了提高速度,可以直接通过来 4 领域 G 取均值来计算中间像素的 G 值,算法如下:

$$G(R) = \dfrac{G_1+G_2+G_3+G_4}{4} \quad (6\text{-}73)$$

$$G(B) = \dfrac{G_1+G_2+G_3+G_4}{4} \quad (6\text{-}74)$$

如果通过损失图像的质量可达到更快的速度,还可以取 G_1、G_2 的均值来实现,但这样的做法会导致边沿以及跳变部分的失真。

Ron Kimmel 算法的核心思想是假设在物体内部比值 R/G 和 B/G 恒定,而在边缘则产生变化。在绿色像素,计算该点在各个方向的梯度,然后用梯度值作为权重进行加权平均。而对红色和蓝色像素,则利用它们对绿色的比值进行加权平均。该算法显著改善了物体边缘的颜色混叠。

6.8 CMOS 与 CCD 图像器件的比较

从感光产生信号的基本动作来看，CMOS 图像传感器与 CCD 图像传感器相同，但是从摄影面配置的像素取出信号的方式与构造来看，两者却有很大的差异。加上 CCD 使用与 LSI 相差甚远的制造工艺，CMOS 图像传感器的制造则是基于 CMOS LSI 制造工艺。若考虑相同的用途，感光度或噪声等影响画质的因素成为大家最感兴趣的内容。本节将比较 CMOS 与 CCD 图像传感器，同时介绍 CMOS 图像传感器的特征。

1. 构造与动作方式的差异

如图 6-42 所示的 CCD 图像传感器，入射光产生的信号电荷不经过放大，直接利用 CCD 具有的转移功能运送到输出电路，在输出电路放大信号电压输出。CMOS 图像传感器是通过使各像素具有放大功能的电路将光电转换的信号电荷放大，然后各像素再利用 XY 寻址方式进行选择，取出信号电压或电流。

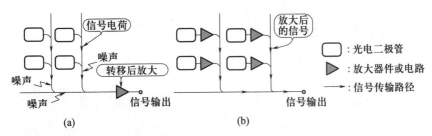

图 6-42 CCD 与 CMOS 图像器件的基本构造与动作方式比较
(a) CCD 图像传感器；(b) CMOS 图像传感器。

CCD 图像传感器直接传送信号电荷，容易受到漏光噪声的影响，CMOS 图像传感器则在像素内放大信号电荷，所以不易在信号传达路径中受到噪声的影响。

CMOS 图像传感器的各像素的信号利用选择的方式取出，取出的顺序易改变，具有较高的扫描自由度。从图 6-43 所示的构成图可清楚地了解，相对于 CCD 图像传感器只能将信号依照像素的排列顺序输出，CMOS 图像传感器则与开关和像素排列无关，容易控制。

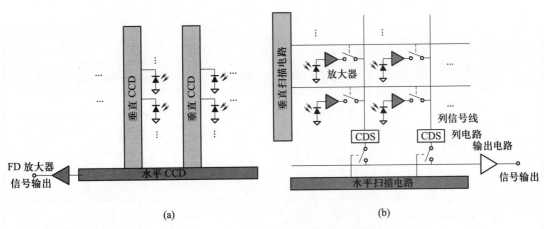

图 6-43 CCD 与 CMOS 图像器件的构成图
(a) CCD 图像传感器；(b) CMOS 图像传感器。

由于两种图像传感器的构成概念本身差异很大,因此像素的构造也必然有所差异,如图 6-44 所示。从功能来看,CCD 图像传感器的像素构造是由进行光电转换、储存信号电荷的光电二极管、将信号电荷送至垂直 CCD 的读出栅极,以及转移信号电荷的垂直 CCD 所构成,彼此间不分离地电性连续形成。而 CMOS 图像传感器是由光电二极管与接收放大、选择与复位的 MOS 晶体管等个别的元件所构成,各自拥有功能的元件,由于在像素内绝缘分离而利用配线进行连接,故可使用与 CMOS LSI 相同的电路符号表示像素的构造。

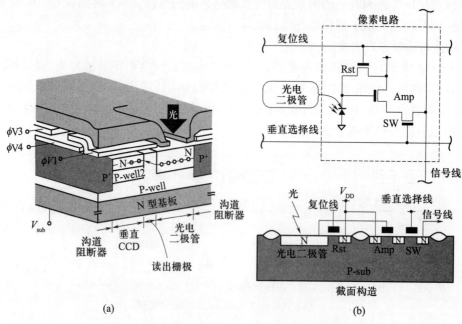

图 6-44　CCD 与 CMOS 图像器件像素构成图
(a) CCD 图像传感器;(b) CMOS 图像传感器。

2. CCD 与 CMOS 图像器件的特性比较

就图像传感器的应用而言,特性是最重要的项目。CMOS 图像器件与 CCD 图像器件的特性的比较结果列于表 6-4。表中 SN 比为信噪比。

表 6-4　特征的比较

	CCD 图像传感器	CMOS 图像传感器
感光度	◎ (优,量子效率、转换效率高)	○ (良好,量子效率、放大率较高)
SN 比	◎ (优,FD 放大器性能好)	△ (一般,取决于各晶体管的性能)
暗电流	◎ (暗电流小)	○ (暗电流稍大)
漏光	○ (就原理而言会产生)	◎ (可忽视)
动态范围	◎ (良好)	○ (良好,由像素大小决定)
混色	◎ (极少)	○ (存在,随构造不同而发生)

一提到感光度,CMOS 图像传感器就远不及历经多年开发、技术已臻成熟的 CCD 图像传感器。除了感光度和信噪比密切相关外,另一项原因在于,对 CMOS 图像传感器而言,像素本身或取出信号的电路等发生的噪声仍然很大,此外,暗电流也是噪声的一种,由于 CMOS 图像传感器是以 CMOS LSI 制造工艺为基础,因此难以达到光电二极管的最优化,这也是与 CCD 图像传感器拉开差距的原因之一。

然而,CCD 图像传感器在转移信号电荷时,容易发生漏光之类的噪声,相对地,对于各像素信号先放大的 CMOS 图像传感器,在这一点较为有利。动态范围虽由像素可储存的信号量和噪声之比决定,但是 CCD 的像素中光电二极管的占有率较高,因此可以说较为有利。由于 CMOS 图像传感器使用 P 型 Si 基板的场合较多,因此容易发生混色问题,特别是单板式彩色图像传感器严重受到混色的影响。

3. 制造过程与片上系统

虽然两者的制造工艺都是基于 MOS 的构造,不过从细节来看,可以发现很大的差异。表 6-5 虽然不完全符合任何图像传感器,但以最常用的隔行转移方式 CCD 图像传感器及使用 0.35~0.5μm 设计法则的 CMOS 图像传感器为例进行了比较,将焦点集中在重大的差异上。CCD 图像传感器的制造工艺是以光电二极管与 CCD 的构造为中心,为了垂直溢出与电子快门,大部分使用 N 型基板。此外,为了驱动 CCD 必须使用相当高的电压,除了形成较厚的栅极绝缘膜外,同时 CCD 的转移电极也是多层重叠的构造。在铝(Al)遮光膜下,垂直 CCD 为了达到充分遮光、抑制漏光,不进行平坦化。

表 6-5 制造工艺与特征

	CCD 图像传感器	CMOS 图像传感器
制造工艺	实现光电二极管、CCD 特有的构造	基于 CMOS LSI 的标准制造工艺
基板、阱	N 型基板、P-well	P 型基板、N-well
元件分离	LOCOS(局部场氧化)或注入杂质	LOCOS
栅极绝缘膜	较厚(50~100nm)	较薄(约 10nm 或以下)
栅极电极	2~3 层 Poly-Si(重叠构造)	1~2 层 Poly-Si、硅化物
层间膜	重视遮光性、光谱特性的构造、材料	重视平坦性
遮光膜	Al、W	Al
配线	1 层(与遮光膜共用)	2 层~3 层

有的 CMOS 图像传感器也使用 N 型基板,但大多数依照标准的 CMOS 制造工艺使用 P 型基板。此外,由于使用以低电压动作的 MOS 晶体管,因此形成的栅极绝缘膜较薄。栅极电极使用硅化物类的材料,为了达到多层配线的目标,层间膜需要进行平坦化。

如同上述,由于 CMOS 图像传感器的制造工艺是基于 CMOS LSI 制造工艺,因此不需要改变制造工艺,易于在同一芯片上装入图像传感器外的其他功能。用于图像传感器的片上系统(system on chip),可装入照相机信号处理或是图像处理的功能。由于 CCD 图像传感器采用不同于 CMOS LSI 制造工艺形成,难以装入 CMOS 电路,一般认为 CMOS 图像传感器具有可拓宽应用范围的优势。

4. 电源

电源的比较如表 6-6 所列。在这里同样采用连续扫描方式，CCD 图像传感器取 1/4 型 33 万像素，CMOS 图像传感器则取 1/3 型 33 万像素。

表 6-6　电源的比较

	CCD 图像传感器 1/4 型 33 万像素	CMOS 图像传感器 1/3 型 33 万像素
电源数	3 个	1 个
电压	15V, 3.3V, -5.5V	3.3V
消耗电力	135mW*	31mW

注：* 表示不包括驱动 IC 的无功效功率

比较一下电源数，相对于 CCD 图像传感器需要三个电源，CMOS 图像传感器只需一个即可。而且，电源电压方面也有很大的差异。可见 CMOS 图像传感器在此方面的优势不言而喻。

由于 CCD 图像传感器对垂直 CCD 和水平 CCD 的电容群，以较大的电压振幅驱动，而且在 FD 放大器上必须施加较高的电源电压，因此消耗电力大，但是 CMOS 图像传感器在这一点有它的优势。

如果只关注电源方面，CMOS 图像传感器必然比 CCD 图像传感器便于使用。

5. 储存的同时性

储存的同时性是很难察觉的项目，但仍是一大问题。CCD 图像传感器将同一时期内入射光电二极管的光，转换成信号电荷进行储存之后，并将所有的像素信号电荷同时读出至垂直 CCD。利用以上的方式，结合电子快门，即使是高速移动的物体，仍可在瞬间进行拍摄。在此表现出的储存同时性，对于多数的 CMOS 图像传感器而言，这可以说是一个大问题。

根据 CMOS 图像传感器的基本动作方式，确定输出信号的像素从哪一刻开始起储存再次光电转换的信号，因此随着摄影面的扫描时序，储存时期发生偏差。正如图 6-45 所示，在 CCD 图像传感器，不管是属于哪一条扫描线的像素，储存时间都相同。但是，CMOS 图像传感器的每一条扫描线只有扫描时间分量的储存时期偏差，因此快速动作的拍摄对象会拍出扭曲

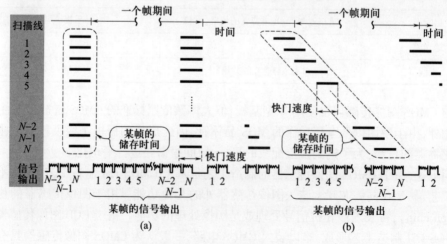

图 6-45　储存时间的差异
(a) CCD 图像传感器；(b) CMOS 图像传感器。

的图像。前者称为全面曝光(global exposure(shutter)),后者称为逐行曝光(line exposure(shutter)),或称 rolling shutter、焦平面(focal plane)储存。

上述储存的差异,会带来什么样的具体影响呢?对于快速旋转的物体,会出现特别明显的影响,若分别用全面曝光与逐行曝光进行拍摄,结果如图 6-46 所示。该图是在假设三扇片逆时针每分钟旋转 250 次,30 帧/s 的帧速度和高速电子快门的摄影条件下制作的。

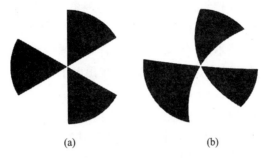

图 6-46 全面曝光与逐行曝光的差异
(a) 全面曝光(CCD 图像传感器);(b) 逐行曝光(CMOS 图像传感器)。

从图 6-46 可知,逐行曝光时横向移动的部分会上下弯曲,纵向移动的部分会往下延伸,往上收缩。虽然储存的同时性,只限于一定的状况下才会发生问题,但随着应用范围不同,仍是一大问题,因此,对于是否与机械快门并用或对 CMOS 图像传感器追加全面曝光的功能仍在讨论中。

6. 混色

对 CCD 图像传感器而言,从构造与动作方式来看,几乎可完全忽视所谓混色(crosstalk)的问题。这是因为将 N 型基板作为溢出漏极的光电二极管的电气特性,可充分抑制相邻光电二极管送出信号电荷的渗入,再加上遮光 Al 薄膜可确实分离进入各像素的光,以及 CCD 的信号电荷转移动作也不会导致电路相耦合。相对于此,由于像素构造与电路耦合的关系,CMOS 图像传感器确实容易发生混色的问题。

混色的发生过程可以利用图 6-47 来说明。若在 CMOS LSI 较常用的 P 型基板上形成像

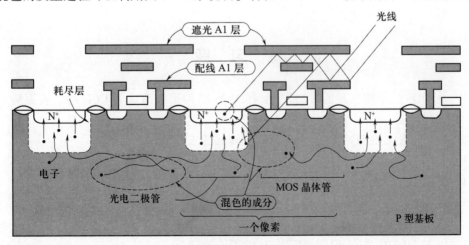

图 6-47 混色发生的机理

素,则耗尽层内进行光电转换的电子因电势梯度产生漂移,集中在光电二极管的 N 区域,但在耗尽层外,电子因扩散而移动,若基板的杂质浓度均匀,则无法确定电子的移动方向。如此一来,在相邻光电二极管较深位置进行光电转换的电子,在一定概率下发生混乱的状态,成为混色的成分。

而且,当多层配线的第三层作为遮光 Al 层时,由于从 Si 表面到遮光 Al 层的高度增高,因此斜向入射光的乱射成分漏入相邻的像素,发生混色现象。这些混色的成分并不是小到可以忽视,对于黑白图像传感器,会导致分辨率和 MTF 下降;对于单板式彩色图像传感器,由于相邻像素之间彩色滤光片的色彩不同,会因为色彩混合对光谱特性造成影响。此外,一旦混色的成分进入光学黑体像素,光学黑体就无法正确表现出黑电平信号,引起照相机信号处理的黑基准偏差的严重问题。

为了防止混色的发生,对改善光电二极管的构造进行了研究。如图 6-48 所示是将 Si 表面底下深层形成的 P-well,和第一层 Al 配线作为遮光层导入光电二极管的示意图。深层 P-well 延伸深入光电二极管的耗尽层,可有效搜集基板深处发生的电子,降低因电子扩散漏入相邻的像素。此外,对于相邻像素乱射进入的光,第一层的遮光膜可有效进行遮光。更进一步,混色可随着 P-well 的形成深度变化,也有人提出了最适深度的研究报告。

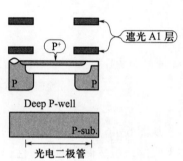

图 6-48 防止混色的像素构造

对于因电子扩散引发的混色、避免在基板深部光电转换的成分扩散,提出了采用 N 型基板或者控制 P-well 或基板的杂质浓度、缩短电子扩散距离等方法。混色问题原因复杂,但是必须解决或改善。

以上是将 CMOS 图像传感器的特征与 CCD 图像传感器进行比较进行阐述。从半导体制造工艺的观点来看,CMOS 图像传感器容易达到片上系统的目的,而且电源电压较低,便于使用。然而,从决定画质的基本特性来看,历经多年开发的 CCD 图像器件目前犹居胜场。逐行曝光与储存同时性的不利影响,以及混色易发生的问题,都是应用 CMOS 图像传感器时不可遗忘的研究项目。

练 习 题

6.1 从 MOS 的结构程和能带出发,解释 MOS 结构是如何成为 CCD 的。表面势与结构参量的关系怎样?

6.2 试用三相 CCD 的结构说明电荷耦合转移的工作原理。

6.3 说明二相 CCD 的结构和通道横向限制的方法。

6.4 说明 BCCD 的结构、工作原理和特性。

6.5 说明电位平衡法输入结构、工作原理和特性。

6.6 画出浮置扩散层输出的结构图,并说明其工作原理。

6.7 以 TCD102C 为例,说明线阵 CCD 的工作原理。

6.8 说明帧/场转移面阵 CCD 的工作原理。

6.9 说明帧行间转移结构 CCD 的工作原理。

6.10 说明行间转移结构 CCD 的工作原理。

6.11 简述 PN 结光电二极管 CMOS 图像器件的结构和基本原理。

6.12 以 MOS 光电门方式的 CMOS 成像器件为例，说明 CMOS 固体成像器件的结构与工作原理。

6.13 试述掩埋型光电二极管方式的 CMOS 固体成像器件的结构与工作原理。

6.14 比较 CMOS 成像器件与 CCD 成像器件的特性。

第7章 致冷型红外成像器件

红外辐射是由英国天文学家威廉·赫谢尔(Herschel)爵士发现的,他在重复牛顿的棱镜实验时,探测到紧邻可见光谱低频端的区域中存在的热量。后来,普朗克推导出了普朗克辐射定律,并定量地预计出黑体辐射能量与温度和波长的函数关系。红外线存在于自然界的任何角落,一切温度高于0K的有生命体和无生命体时时刻刻都在不停地辐射红外线。太阳是红外线的巨大辐射源,整个星空都是红外辐射源。地球上,无论高山,还是森林湖泊、冰天雪地,都在日夜不停地辐射红外线,特别是活动在地面、水中和空中的军事装置,如坦克、车辆、军舰、飞机等,由于有高温部位,往往形成强的红外辐射源。红外辐射的探测在军事上和民生上有广泛的应用需求。在第二次世界大战前后,现代红外成像技术进入了初期阶段,在20世纪50年代和60年代,使用单元致冷铅盐探测器制作的红外传感器首次用于防空导弹寻的,从此开始了红外在军事上的应用。目前,红外技术已经从军事应用走向民用,在国民经济各领域发挥着巨大的作用。

红外探测器件有两种主要形式:①需要致冷型的光(量)子型红外探测器件,这类器件通过光致激发将光子直接转换成半导体中的自由载流子;②非致冷型的量热型红外探测器件,在这类器件中,入射辐射被晶格吸收,由此而增加了晶格的温度并改变了探测器的电特性。量热型探测器的灵敏度比光(量)子型探测器要低得多,但它具有可在室温下工作的优点。本章主要研究光子型红外成像器件。

7.1 SPRITE 红外探测器

7.1.1 碲镉汞的性质

许多常温下物体的辐射光谱峰值都在 $10\mu m$ 左右,军事目标辐射的峰值在 $8\sim14\mu m$ 波段范围,这个波段是军事探测、红外遥感的主要工作波段,也是大功率 CO_2 激光器的工作波段,而且这个波段的红外线在大气中透过率高,常称为大气第三个透过窗口。人们希望有工作于常温或不很低的低温而且探测率又高的本征型光电器件。根据本征光电效应工作原理,适合于 $8\sim14\mu m$ 的波段的半导体材料,其禁带宽度应为 $0.09\sim0.15eV$,但是已知所有单晶和化合物半导体材料中都不具备这么小的禁带宽度。人们用多元化合物达到了这一目的。碲镉汞 ($Hg_{1-x}Cd_xTe$,HgCdTe),简写为 MCT 或 CMT,是最常用的长波红外(LWIR, $8\sim14\mu m$)和中波红外(MWIR, $3\sim5\mu m$)的探测器材料。

$Hg_{1-x}Cd_xTe$ 是由二元 CdTe 和 HgTe 构成的固溶体。CdTe 的禁带宽度较宽,为 1.6eV,HgTe 是半金属,禁带宽度为-0.3eV。通过不同的配比 x(按摩尔数比),以及在不同的工作温度 T,可以得到不同的带隙的 MCT。

研究指出,$Hg_{1-x}Cd_xTe$ 的禁带宽度 E_g 可用经验公式表示,即

$$E_g(eV) = -0.25+1.59x+5.233\times10^{-4}T(1-2.08x)+0.327x^3 \tag{7-1}$$

在 0.17<x<0.33，T>77K 时，计算结果同实验值相当一致。在 x 较小时，E_g 同 x 可视为呈直线关系，E_g 变为

$$E_g(\text{eV}) = 5.233 \times 10^{-4}(1-2.08x)T \tag{7-2}$$

所以 E_g 对 T 的变化率为

$$\frac{dE_g}{dT} = 5.233 \times 10^{-4}(1-2.08x) \tag{7-3}$$

从式(7-3)可以看出，在 x<0.48 时，随 T 升高，E_g 线性增大，如图 7-1 所示。当 x=0.48 时，E_g 不随 T 而变化，且有 $E_g \approx 0$。

通过控制配比 x 和工作温度 T，可以得到所需的禁带宽度。但是，到目前为止，几乎所有的本征碲镉汞，其 x 值均为 0.18～0.4。这相当于截止波长为 3～30μm。而重点研究 x=0.2 的合金，即 $Hg_{0.8}Cd_{0.2}Te$。这种材料正好迎合于 8～14μm 的大气窗口。对于高值 x，也正在研究之中。

用不同方法生长出来的碲镉汞单晶，只要不掺杂，在低温下总呈现 N 型，而且热平衡载流子浓度较低，$n_0 \approx 10^{15} \text{cm}^{-3}$。这完全符合对光电器件的要求。但往往会出现导电类型的变异。如由 N 型变为 P 型。不过，经过对 P 型的处

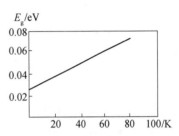

图 7-1 MCT 禁带宽度与温度的关系，x=0.17

理，又可转变为 N 型。N 型中的施主杂质，可能是来自原材料或生长过程，如 In、Al 等。

$Hg_{1-x}Cd_xTe$ 的电子迁移率随 x 和 T 而变。在低温下具有电子浓度为 10^{15}cm^{-3} 的 N 型材料，电子迁移率 μ_n 与 T 无关。但是随 x 而改变，如 x=0.18～0.4，μ_n 从大约 $3\times10^5\text{cm/V}\cdot\text{s}$ 变化到 $1\times10^4\text{cm}^2/\text{V}\cdot\text{s}$，可见碲镉汞具有高的电子迁移率。由实验得到，当 x=0.2，T=77K 时，N 型材料的电子迁移率 $\mu_n \approx 2\times10^5\text{cm}^2/\text{V}\cdot\text{s}$，而这种材料的空穴迁移率 $\mu_p \approx 700\text{cm}^2/\text{V}\cdot\text{s}$，所以 $b=\frac{\mu_n}{\mu_p}\approx 300$。

一般的弱 P 型碲镉汞，如 $p=10^{10}$～10^{16}cm^{-3}，可以用作光伏器件，而强 P 型材料，如 $p\approx 10^{17}\text{cm}^{-3}$，由于其空穴浓度太高，不适合于做光电导材料。

碲镉汞既可以用作光电导器件，又可用作光伏器件。用作光电导器件时，如在 77K 下工作的 N 型材料，尺寸为 $20\times50\mu m^2$，峰值探测率可达 $D_\lambda^*(10\mu m, 800, 1) \approx 9\times 10^{10}\text{cmHz}^{1/2}\text{W}^{-1}$，已接近背景光子限。碲镉汞的相对介电系数为 20，还具有较大的吸收系数（$\alpha \approx 5\times 10^3 \text{cm}^{-1}$）。

7.1.2 SPRITE 探测器的工作原理与结构

SPRITE(Signal Processing In the Element)探测器是英国皇家信号与雷达研究所的埃略特(Elliott)等于 1974 年首先研制成功的一种新型红外探测器，它实现了在器件内部进行信号处理。这种器件利用红外图像扫描速度等于光生载流子双极漂移速度这一原理，实现了在探测器内进行信号延迟、叠加，从而简化了信息处理电路。它可用于串扫或串并扫热成像系统，但与热成像系统中使用的阵列器件不同。阵列器件是互相分立的单元，每个探测器要与前置放大器和延迟器相连，它接收目标辐射产生的输出信号经放大、延迟和积分处理后再送到主放大器，最后在显示器中显示出供人眼观察的可见图像。目前国内外研制的 SPRITE 探测器，其

材料是 N 型 MCT 材料。有工作温度为 77K、工作波段为 8~14μm 和工作温度为 200K 左右、工作波段为 3~5μm 两种。将它用于热成像系统中,既完成探测辐射信号的功能,又完成信号的延迟、积分功能,大大简化了信息处理电路,有利于探测器的密集封装和整机体积的缩小。

目前具有代表性的 SPRITE 探测器是由多条细长条 $Hg_{1-x}Cd_xTe$ 组成,如图 7-2 所示。每条长 700μm、宽 62.5μm、厚 10μm,长条间彼此间隔 12.5μm。

将 N 型 $Hg_{1-x}Cd_xTe$ 材料按要求进行切、磨、抛后粘贴于衬底上,经精细加工、镀制电极,刻蚀成小条,再经适当处理就成了 SPRITE 探测器的芯片。每一长条相当于 N 个分立的单元探测器。N 的数目由长条的长度和扫描光斑的大小决定。对于上述结构,每条相当于 11~14 个单

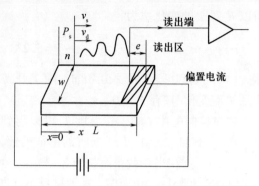

图 7-2 SPRITE 探测器原理

元件,所以 8 条 SPRITE 相当于 100 个单元探测器。每一长条有三个电极,其中两个用于加电场,另一个为信号读出电极。读出电极非常靠近负端电极,读出区的长度约为 50μm,宽度约为 35μm。

如图 7-2 所示,有一稳定的非常窄的小的光信号照射在样品上,在 $x=0$ 处样品中产生的非平衡载流子在样品两端所加电压作用下,光生载流子要经过产生、复合、扩散、漂移等过程,其浓度变化遵循连续性方程

$$\frac{\partial \Delta n}{\partial t}=D_n\frac{\partial^2 \Delta n}{\partial x^2}+\mu_n E\frac{\partial \Delta n}{\partial x}+\mu_n \Delta n\frac{\partial E}{\partial x}-\frac{\Delta n}{\tau_n}+g \tag{7-4}$$

$$\frac{\partial \Delta p}{\partial t}=D_p\frac{\partial^2 \Delta p}{\partial x^2}-\mu_p E\frac{\partial \Delta p}{\partial x}-\mu_p \Delta p\frac{\partial E}{\partial x}-\frac{\Delta p}{\tau}+g \tag{7-5}$$

单位时间内空穴的增量等于产生率 g 减去复合率及流出的量 $\frac{1}{e}\Delta j$ 及外来扩散的量。在场强为均匀场时,有

$$\frac{\partial E}{\partial x}=0$$

$$\frac{\partial \Delta n}{\partial t}=\frac{D_n}{\partial x^2}\frac{\partial^2 \Delta n}{}+\mu_n E\frac{\partial \Delta n}{\partial x}-\frac{\Delta n}{\tau_n}+g \tag{7-6}$$

$$\frac{\partial \Delta p}{\partial t}=\frac{D_p}{\partial x^2}\frac{\partial^2 \Delta p}{}-\mu_p E\frac{\partial \Delta p}{\partial x}-\frac{\Delta p}{\tau_p}+g \tag{7-7}$$

式(7-3)$\times\sigma_p$+式(7-4)$\times\sigma_n$,并且 $\Delta p=\Delta n, \tau_n=\tau_p=\tau$,有

$$\frac{\partial \Delta p}{\partial t}=D\frac{\partial^2 \Delta p}{\partial x^2}-\mu E\frac{\partial \Delta p}{\partial x}-\frac{\Delta p}{\tau}+g \tag{7-8}$$

式中

$$D=\frac{\sigma_n D_p+\sigma_p D_n}{\sigma_n+\sigma_p}=\frac{n+p}{n/D_p+p/D_n} \tag{7-9}$$

$$\mu=\frac{\sigma_n \mu_p-\sigma_p \mu_n}{\sigma_n+\sigma_p}=\frac{n-p}{n/\mu_p+p/\mu_n} \tag{7-10}$$

D 和 μ 分别称为双极扩散系数及双极迁移率，D、μ 已不是原来的量，仅表示非平衡载流子浓度分布的扩散和漂移运动。

在外加电场比较强的情况下，可以忽略扩散项，得

$$\frac{\partial \Delta p}{\partial t} = g - \mu E \frac{\partial \Delta p}{\partial x} - \frac{\Delta p}{\tau} \tag{7-11}$$

产生的空穴以 μE 的漂移速度运动，Δp 的漂移速度 $v_d = \mu E$。

产生空穴在寿命期间漂移的长度，Δp 的漂移长度 $L_d = \mu E \tau$。

如漂移长度大于样品长度 L，即 $L_d > L$，则在 τ 时间内 Δp 完全移出体外；

如漂移长度小于样品长度 L，即 $L_d < L$，则在 τ 时间内部分 Δp 移出体外；

如果 $L_d = L$，则样品中的 Δp 在 τ 时间内正好完全移出体外。

全部扫出的条件之一为

$$\mu E \tau = L \tag{7-12}$$

此时，所需的电场强度为

$$E = \frac{L}{\mu \tau} \tag{7-13}$$

临界样品电压为

$$U = L^2 / \mu \tau \tag{7-14}$$

即扫出电压满足

$$U \geqslant L^2 / \mu \tau \tag{7-15}$$

如图 7-2 所示，对于 N 型半导体，$n \gg p$，由式（7-10）可得出 $\mu = \mu_p$，这表示光生少数载流子空穴在电场的作用下做漂移运动。

如图 7-3 所示，当红外图像扫描速度 v_s 与双极漂移速度 v_d 相等时，从 I 区产生的非平衡少数载流子空穴在电场的作用下漂移运动到 II 区，此时红外图像也刚好扫描到 II 区，在 II 区又产生空穴（同时也产生电子）。红外图像在 I 区产生的空穴与在 II 区产生的空穴正好叠加。如果红外图像不断地从左向右扫描，所产生的非平衡载流子空穴在电场的作用下不断地进行漂移运动，并依次叠加，最后在读出区取出，从而实现了目标信号在探测器内的延迟与叠加。这就是 SPRITE 探测器的工作原理。

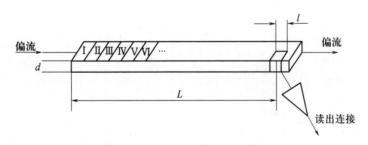

图 7-3 SPRITE 探测器工作原理图

实现 SPRITE 探测器信号延迟和叠加的必要条件是红外图像扫描速度 v_s 等于非平衡少数载流子空穴的双极漂移速度 v_d。这可以认为是全部扫出的条件之二，即

$$v_s = v_d \tag{7-16}$$

双极漂移速度 v_d 与 N 型 $Hg_{1-x}Cd_xTe$ 材料少数载流子的迁移率 μ_p 和加于长条的电场强度 E_x 有关。对于一定的材料，μ_p 是一定的，唯有外加电场强度可以调节。如果在器件允许的条件

下所加电场强度足够高,非平衡少数载流子被电场全部或大部分扫出,这样就能实现信号的延迟和叠加;如果少数载流子寿命 τ_p 不够长,少数载流子在其寿命 τ_p 时间内漂移的长度小于 SPRITE 探测器每一细长条的长度,这样,少数载流子必然在体内复合,信号到达不到读出区,即使像扫描速度等于非平衡少数载流子的漂移速度也不能在读出电极上取出信号。

如图 7-4(a)所示,典型的扫积型探测器由 8 块 N 型 MCT 的细长条组成。每条长×宽×高 = 700μm×62.5μm×10μm。条间距 12.5μm,读出区长为 50μm,宽为 35μm。8 块细条黏结在蓝宝石上,每个细条有三个电极。一个电极为信号探针或读出端,另两端是欧姆接触的电源电极。水平摆动平面镜和垂直摆动平面镜扫描,如图 7-4(b)所示;采用串/并扫描的方式获得二维图像,如图 7-4(c)所示。读出电极结构有音叉、羊角、楔形-羊角形,如图 7-5 所示。SPRITE 成像器件稳定性差,不适合高帧速图像的获取。

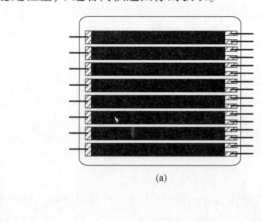

(a)

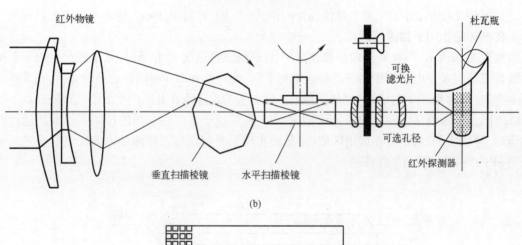

(b)

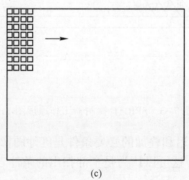

(c)

图 7-4 SPRITE 探测器的结构、仪器和扫描方式

(a) SPRITE 探测器结构;(b) SPRITE 探测器的光机扫描的结构;(c) SPRITE 探测器的串并扫描来构成整幅图像。

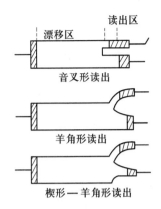

图 7-5 SPRITE 探测器读出电极结构

7.1.3 SPRITE 探测器的响应率

设一稳定的辐射入射到 SPRITE 探测器上并沿长度方向从左向右扫描,如图 7-2 所示。目标辐射所产生的非平衡少数载流子空穴在电场 E_x 的作用下(略去扩散作用)运动,由式(7-11)可知,稳态时的方程为

$$\frac{\mathrm{d}\Delta p}{\mathrm{d}x}+\frac{\Delta p}{\mu_p E_x \tau_p}-\frac{g}{\mu_p E_x}=0 \tag{7-17}$$

上式变为

$$\frac{\mathrm{d}\Delta p}{\mathrm{d}x}=-\frac{\Delta p}{\mu_p E_x \tau_p}+\frac{g}{\mu_p E_x} \tag{7-18}$$

上式为一阶线性微分方程。求出通解,代入边值条件,当 $x=0, \Delta p=0$ 时,得

$$\Delta p=g\tau_p(1-\mathrm{e}^{-x/\mu_p E_x \tau_p}) \tag{7-19}$$

式中 e——自然对数的底数,e=2.71828。

当 $x=L$ 时,即图像扫描至读出区,式(7-19)变为

$$\Delta p=g\tau_p(1-\mathrm{e}^{-L/\mu_p E_x \tau_p}) \tag{7-20}$$

空穴电流密度 J_p 为

$$J_p=q(\mu_p+\mu_n)\Delta p E_x=q\mu_p(1+b)E_x g\tau_p(1-\mathrm{e}^{-L/\mu_p E_x \tau_p}) \tag{7-21}$$

式中 q——电子电量;

$$b=\frac{\mu_n}{\mu_p}$$

根据图 7-2,光生少数载流子空穴的电流为

$$I_p=J_p wd=q\mu_p(1+b)wd E_x g\tau_p(1-\mathrm{e}^{-L/\mu_p E_x \tau_p}) \tag{7-22}$$

式中 w——长条的宽度;
d——长条的厚度;
L——长条的长度。

若 R 为 SPRITE 探测器长条的电阻,ρ 为电阻率,则电压变化量为

$$\Delta V_s=I_p R=q\mu_p(1+b)E_x \rho L g\tau_p(1-\mathrm{e}^{-L/\mu_p E_x \tau_p}) \tag{7-23}$$

设单色入射的辐射照度为 E_λ,光谱电压响应率为

$$R_{v,\lambda} = \frac{\Delta V_s}{P} = \frac{\Delta V_s}{E_\lambda wL} = \frac{q\mu_p(1+b)E_x\rho g\tau_p}{E_\lambda w}(1-e^{-L/\mu_p E_x \tau_p}) \tag{7-24}$$

设器件表面的反射率为 r，量子效率为 η，载流子的激发率可取平均体激发率 $\bar{g}$，即

$$\bar{g} = \frac{\eta(1-r)E_\lambda}{h\nu d}(1-e^{-ad}) \tag{7-25}$$

暗电阻率为

$$\rho = \frac{1}{q\mu_p(1+b)p} \tag{7-26}$$

式中　p——空穴浓度。

光谱电压响应率为

$$R_{v,\lambda} = \frac{\eta(1-r)\tau_p E_x(1-e^{-ad})}{pwdh\nu}(1-e^{-L/\mu_p E_x \tau_p}) \tag{7-27}$$

若背景激发产生的空穴浓度为 p_b、热激发产生空穴浓度为 p_t，则

$$p = p_t + p_b \tag{7-28}$$

式(7-27)变为

$$R_{v,\lambda} = \frac{\eta(1-r)E_x\tau_p(1-e^{-ad})}{(p_t+p_b)h\nu wd}(1-e^{-L/\mu_p E_x \tau_p}) =$$

$$\frac{\eta(1-r)E_x\tau_p(1-e^{-ad})}{(p_t+p_b)h\nu wd}(1-e^{-t/\tau_p}) \tag{7-29}$$

式中　t——渡越时间，$t = L/\mu_p E_x$，即非平衡少数载流子空穴渡越 SPRITE 探测器每一长条 L 所需要的时间。

下面就响应率与 E_x、τ_p 和 d 的关系作简要讨论。

1) 响应率与电场强度 E_x 的关系

如图 7-6 所示，当 E_x 过小时，载流子的渡越时间 $t \gg \tau_p$，载流子在漂移运动过程中大量被复合，在这种情况下增大 E_x 会提高响应率。当电场强度很大时，$t \ll \tau_p$，此时指数项用级数展开后可略去二次方及其以上的项，$R_{v,\lambda}$ 与 E_x 无关。在这种情况下，由于 $t \ll \tau_p$，非平衡载流子已全部进入读出区，再增大电场不会增加响应率。场强过大会产生焦耳热，使器件性能变坏，甚至不能工作。

当场强 E_x 取值使得 $t = \tau_p$ 时，$R_{v,\lambda} \propto E_x\left(1 - \frac{1}{e}\right)$，此时响应率仍有一定的降低，所以实际应用中使用的电场应略高一些，使 $t < \tau_p$，这样才能使光生载流子全部被收集。v_d 与 E_x 成正比且与 v_s 相等，这就要求在设计红外系统和探测器时必须对扫描速度 v_s、探测器的长 L、少数载流子寿命 τ_p 和电场强度 E_x 进行统一考虑。

2) 响应率与载流子寿命 τ_p 的关系

$R_{v,\lambda}$ 与 τ_p 的关系和 $R_{v,\lambda}$ 与 E_x 的关系相同。但 τ_p 是材料的一个重要参数，难以像电场强度 E_x 那样比较容易调节。总的说来 τ_p 长一些好。目前常用的 N 型 HgCdTe 材料，工作于 77K、响应波段为 8~14μm 的材料，τ_p 为 1~3μs；工作在 3~5μm 波段、工作温度为 190K 的材料，τ_p 为 5~15μs。

3) 响应率与器件厚度 d 的关系

从响应率的表达式中可以看出，$R_{v,\lambda} \propto (1-e^{-ad})/d$。当 $ad \gg 1$ 时，$R_{v,\lambda} \propto 1/d$；当 $ad = 1$ 时，

$R_{v,\lambda} \propto E_x\left(1-\dfrac{1}{e}\right)/d$；当 $ad\ll 1$ 时，指数用级数展开后可略去二次方及其以上的项，结果得到 $R_{v,\lambda}$ 与 d 无关。

在 $ad\ll 1$ 的情况下，器件材料实际上已不能全部吸收红外辐射，响应率不是与材料厚度 d 无关，而是 d 越小透过的红外辐射越大，吸收的能量越小，响应率越低。上述结论的出现是由于讨论问题一开始就假定入射辐射被全部吸收，未考虑透过问题。SPRITE 探测器仍然是本征吸收，吸收系数 a 较大，一般情况下都满足 $ad\gg 1$，在这种情况下，响应率与厚度 d 成反比，在制作工艺允许的条件下减薄材料厚度是有益的。器件的噪声电压、探测率 D^*、电压响应率 R_v 与温度的关系曲线如图 7-7 所示。某种 SPRITE 探测器的性能参数列在表 7-1 中。

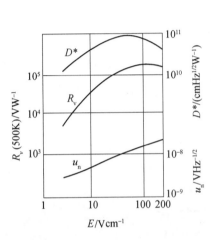

图 7-6　R、u_n、D^* 与 E 的关系

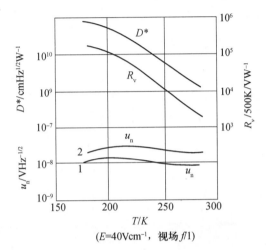

图 7-7　u_n、D^* 与 T 之间的关系
1—20kHz；2—800Hz。

表 7-1　SPRITE 探测器性能

材　　料	HgCdTe	HgCdTe
单元数	8	8
样品长度/μm	700	700
光敏面积/μm²	62.5×62.5	62.5×62.5
工作波段/μm	8~14	3~5
工作温度/K	77	190
制冷方法	J-T 制冷机或热制冷机	热电制冷
偏置场强/(V·cm⁻¹)	30	30
双极迁移率/cm²V⁻¹S⁻¹	390	140
像素速率/(像素数·S⁻¹)	1.8×10⁶	7×10⁵
典型元件电阻/Ω	500	4.5×10³
总功耗(每单元/全部)/mW	9/80	1/10
平均 D^* (@500K,20kHz,1Hz,62.5×62.5μm²)/cmHz^{1/2}W⁻¹	>11×10¹⁰	(4~7)×10¹⁰
响应率 R_v(@500K,62.5×62.5μm)/VW⁻¹	6×10⁴	6×10⁴

7.2 红外焦平面阵列的结构和工作原理

与 SPRITE 探测器相比，阵列型红外成像器件由阵列元组成，并处于红外成像系统的焦平面上，常称为红外焦平面阵列（Infrared Focus Plane Array，IRFPA）。红外焦平面阵列要求将高达 10^6 甚至更多的探测器单元紧凑地封装在焦平面上。其方法是将二维探测阵列器件集成在带有多路传输读出电路的焦平面上。为了实现这种设计，则必须使用极小的探测器（尺寸小于 $25\mu m$），并使用高产量、低成本的方法来制造。探测器阵列的性能参数包括分立器件的所有性能参数，如量子效率、光谱响应和噪声，同时还包括阵列所特有的性能参数，如探测器间的均匀性、整体功率耗散、失效像素数、占空因数和稳定性。

7.2.1 红外探测的原理

无论是直接的还是间接的，红外探测器都是把入射辐射转换成电信号。如前所述，光子探测器是通过光致激发将光子直接转换成半导体中的自由载流子。目前有四种主要类型的光子探测器，即光电导、光伏、MIS（金属—绝缘体—半导体）型和肖特基势垒（SB）型，如图 7-8 所示。

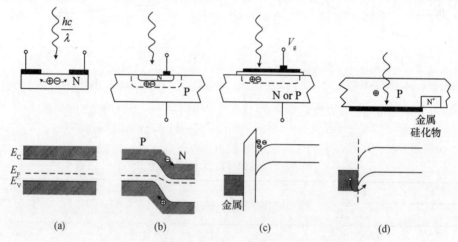

图 7-8 四种常用的红外探测器结构和能带图
（a）光电导；（b）光伏；（c）金属—绝缘体—半导体；（d）肖特基势垒。

7.2.2 红外焦平面阵列特点

1. IRFPA 和可见光 CCD 成像器件的差别

红外焦平面阵列（IRFPA）和可见光 CCD 成像器件之间有几个主要的差别：

（1）可见光 CCD 的探测器和多路传输器都是用硅材料制作的，而工作于 $3\sim 5\mu m$ 和 $8\sim 14\mu m$ 大气窗口的高灵敏度 IRFPA，则要求探测器的禁带宽度为 $0.1\sim 0.25eV$。因此，IRFPA 一般是用窄禁带半导体做探测器，硅做多路传输器和处理器来制作，由此将产生很复杂的互连问题和材料问题。

（2）一般的大地红外景物的红外图像对比度很低，背景很强，这使其主要受限于光子噪声。由于使用了窄禁带半导体材料，需要得到最低的电子噪声，使之尽可能达到光子噪声限,必须对 IRFPA 进行低温冷却。因此,这种 IRFPA 器件都必须涉及一些与低温高性能模拟电路的电子设计有关的附加问题,如机械封装以及与低温致冷器接口的杜瓦瓶的电气连接问题。

(3) 由于入射在 MWIR(中波红外)和 LWIR(长波红外)成像系统焦平面上的红外辐射的主要特点在于具有很大的、占主要份量的环境背景辐射,因此大多数的红外图像的特点是高背景本底和低对比度。这与背景辐射很小且对比度很高的近红外和可见光 CCD 图像正好相反。因此,理想条件下的红外成像就受限于背景光子到达速率的涨落(光子噪声)。光子噪声通常被用作比较探测器噪声的参考点。

2. IRFPA 的优点

第一代红外热成像探测器是由 SPRITE 组成的结构,它不能被称为红外焦平面。这种结构由分离式红外探测器组成,通过机械扫描方法获取所需的信号。

与 SPRITE 红外探测器件相比,IRFPA 有几个明显的优点:

(1) 探测器整体结构高密度封装,使用方便、体积小、质量轻、简单、可靠和成本低。

(2) IRFPA 信号处理过程在焦平面器件上进行。

(3) 允许优化设计系统参数,如较小的光学孔径、较小的光谱带宽和较高的帧速等。

(4) 可以去掉现有系统中的一些处理电路(主要是附属于分立探测器的前置放大器和多路传输器)和减少穿过杜瓦瓶信号线的数目。当多路传输功能在杜瓦瓶内完成时,整体系统较之用分立探测器及其辅助元件来设计,就要简单多了。高密度的探测器结构可得到较高的图像分辨率和较高的系统灵敏度。

在 IR FPA 出现之前,如用 SPRITE,制做大面阵的唯一方法是将每个探测器连接到一根引线上(也许是一个前置放大器上),而这些引线都必须封装在同一个小杜瓦瓶内,在探测器引线数很大时,很明显这将产生一个无法处理的导线和电子元件的迷宫,要求一个大得无法接受的致冷器。IRFPA 的出现已经为红外系统在增加灵敏度和空间分辨率方面带来了许多新的可能性。

焦平面阵列技术的目的是采用集成电路技术来满足制作非常大的探测器阵列。目前,有三种主要的结构形式:混合式 IRFPA、全单片式 IRFPA、准单片式 IRFPA。

7.2.3 红外焦平面阵列的材料

当前,用于 IRFPA 的材料有硅化铂(PtSi)、锑化铟(InSb)、碲镉汞(HgCdTe)、GaAs/AlGaAs 多量子阱等。

Si 肖特基势垒器件以工作于 $3\sim5\mu m$ 波段的 PtSi IRFPA 发展最快,已制成 100 万像素(1024×1024)器件,被认为是目前制作高密度 IRFPA 最先进的方法。这种优势的形成,关键在于 PtSi IRFPA 具有良好的红外响应均匀性和与硅大规模集成电路工艺兼容的突出优点。PtSi IRFPA 的主要缺点是量子效率低。为了提高量子效率,目前国内外在探测器结构上采用了薄 PtSi 膜($2\sim10nm$)、光学共振腔和 P 型硅衬底背面加抗反射层(器件采用背面进光模式)。实践证明,上述改进措施使量子效率得到了大幅度提高。

量子型 InSb IRFPA 对于 $3\sim5\mu m$ 波段的红外辐射非常敏感。InSb 是一种直接带隙半导体,其带隙 E_g 很小。如图 7-9 所示,在室温 300K 时,E_g 为 0.17eV,长波限和峰值响应波长分别为 $7\mu m$ 和 $6\mu m$,D_p^* 为 $2\times10^9 cm\cdot Hz^{1/2}/W$。当用液氮冷却至 77K 时,带隙增加到 0.23eV,长波限为 $5.4\mu m$,峰值响应波长为 $5\mu m$,D_p^* 为 $6.5\times10^{10} cm\cdot Hz^{1/2}/W$。常温下,InSb 的电子迁

移率为 60000cm²/V·s,77K 时 InSb 的电子迁移率为 300000cm²/V·s。InSb 是通过改变器件工作温度来改变其光谱响应特性的。作为 InSb 材料,因为能廉价地制作大面积、缺陷少的单晶,故容易解决一些制作技术上的难点,制成电学性能好的二极管。因为 InSb 和单晶硅不一样,还得不到良好的 MOS 特性,因此采用折中方法,即探测器采用 InSb 光电二极管阵列,信号处理器采用 Si-CCD 构成,再用铟(In)丘将两者进行机械、电学结合,形成混合型 IR-FPA。因 InSb 材料较成熟,在 3~5μm 波段前景看好。

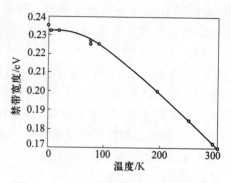

图 7-9 InSb 的禁带宽度和温度的关系

窄禁带半导体混晶碲镉汞(HgCdTe)是目前最重要的红外光电子材料,通过调节混晶组分,可以获得适用于不同波段的高性能 IRFPA。由于 Hg-Te 键的脆弱及其与 Cd-Te 键之间的巨大差别,导致这种材料较高的本征缺陷密度和较高温度下和辐射作用下的不稳定性。这些问题长期困扰着碲镉汞的研究者们。近年来的大量研究已经对最终认识这种本征缺陷态成分和结构以及电子态等提供了大量的信息,并对降低这类缺陷密度的途径提供了各种可能性和尝试机会。

半导体超晶格和量子阱结构的红外光电探测研究,是近年来红外物理和量子阱物理研究的一个共同热点。这些研究正促使半导体超晶格和量子阱结构成为新一类重要的红外光电子材料。人们在实验中证实量子阱子带间电子跃迁可以和红外辐射有强的耦合,因而可以用于红外辐射探测。调节超晶格、量子阱结构的周期和势垒高度等能带工程手段,起着碲镉汞混晶中调节组份相似的作用,能实现不同波段红外辐射的探测。据介绍,美国洛克威尔公司已制成截止波长为 7.7μm 的 128×128 元 GaAs/GaAlAs 超晶格多量子阱探测器混合式焦平面阵列。

7.2.4 混合式 IRFPA 之倒装式结构

每种 FPA 的设计必须考虑几种主要的功能,即光子探测、电荷存储和多路传输读出。单片式器件在同一个芯片上完成所有这些功能,这就允许使用类似加工硅晶片的工艺来制作,而且最终得到造价很低的器件。混合式器件一般是在窄禁带半导体材料(探测器阵列)上完成光子探测过程,然后将信号转移到硅多路传输器上(每个探测器有一个接触点)。混合式器件具有在常规模拟硅器件上存储电荷和完成多路传输功能的特殊优点。

图 7-10 所示为目前最流行的两种混合式结构。图 7-10(a)所示为倒装式结构。该结构是在探测器阵列和硅多路传输器上分别预先做上铟柱,然后通过两边的铟柱将探测器阵列正面的每个探测器与多路传输器一对一地对准配接起来。图 7-11(a)说明了这种互连技术。采用这种结构时,探测器阵列既可用前照式(光子穿过透明的硅多路传输器),也可用背照式(光子穿过透明的探测器阵列衬底)。一般来讲,背照式更为优越,因为多路传输器一般都有一定的金属化区域和其他不透明的区域,这将缩小有效透光面积。此外,从多路传输器这一面照明还意味着光子必须三次通过半导体表面,而这三个面中只有两个面可以镀以适当的增透膜。从探测器阵列的背面照明时,仅有一个表面需要镀增透膜,而且这个表面不含有任何微电子器件,不需要任何特殊处理。实际上,探测器阵列的背面能减薄到几微米以改善瞬时抗辐射能力。

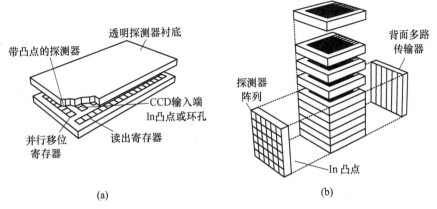

图 7-10 混合式结构
(a) 倒装式结构;(b) Z 平面结构。

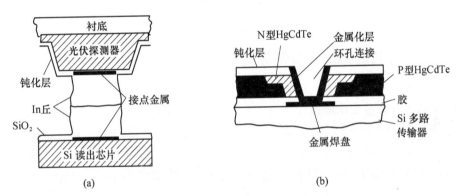

图 7-11 混合式 IRFPA 的探测器阵列与硅多路传输器之间的互连技术
(a) 铟对接技术;(b) 环孔技术。

7.2.5 混合式 IRFPA 之 Z 平面结构

混合式结构还可用同样类型的背照式探测器阵列制成如图 7-10(b) 所示的 Z 平面结构。其工艺过程是将许多集成电路芯片一个一个地层叠起来以形成一个三维的"电子楼房",因此将其命名为 Z 平面结构。探测器阵列被置于层叠集成电路芯片的侧缘,每个探测器具有一个通道。由于附加了许多集成电路芯片,所以在焦平面上可以完成许多信号处理功能,如前置放大、带通滤波、增益和偏移修正、模数转换以及某些图像处理功能。然而,为了把探测器做得很小,就必须把硅集成电路芯片减得很薄,而减薄技术限制了 IRFPA 最终的分辨率。值得注意的是,尽管其他的电子技术(如高密度 RAM)也正在用三维封装技术来制作,但是红外 Z 平面技术在当今微电子领域中已是先声夺人。从这一点来看,发展 Z 平面技术虽然肯定比发展其他的 IRFPA 技术要困难得多,但它却给许多需要花费长期的努力来实现的高层次应用带来了更大的希望。

如图 7-10 所示,无论是倒装式结构还是 Z 平面结构,常规的探测器与多路传输器的互连采用的都是会带来许多问题的铟凸点技术。在混合工艺过程中,如图 7-11(a) 所示,由于冷焊铟柱时需要一定的压力,在探测器上可能造成机械损坏。在混合完成后,硅多路传输器与探测器阵列材料(如 InSb 或 HgCdTe)之间热膨胀系数的失配将在探测器阵列被冷却到低温时引起铟对接处的剪切机械变形。对铟柱采用专门的设计和严格控制的工艺，同时选择与多路传输器能很好地进行热膨胀特性匹配的探测器衬底材料将会大大减小这些问题的影响。现在看来，如果探测器衬底与读出电路(Si 材料)两者的热膨胀系数很接近，则铟对接技术可以用来制做 1/2 英寸的阵列，并可承受几百次的热循环变化。尽管如此，单元尺寸很难缩小到 25μm 以下，而且混合式的工艺用于实际生产时成本较高。

可以替代铟凸点技术的是图 7-11(b) 所示的环孔(或穿导孔)技术。其工艺是，首先，将探测器芯片和硅读出芯片的表面抛光到具有很高的平直度和平行度(容差小于 1μm)，然后将它们黏结在一起形成一个可像硅片一样来处理的单个芯片乃至晶片。接着，用离子注入或扩散的方法在探测器阵列上形成光伏二极管(与硅读出芯片的多路传输单元相对准)。然后，再用离子研磨或激光的方法在每个探测器的中心钻出环孔，然后在每个洞壁暴露的探测器材料上进行掺杂并用金属回填，这样就将探测器和多路传输器连接在一起了。最后一步是将处理过的探测器表面进行钝化。用此技术制成的器件在机械性能和热性能稳定方面的情况已有较大的改进，其单元尺寸可以小到 40μm，所存在的问题是穿导孔减小了占空因数。环孔技术被认为是混合式结构，却保留了类似硅工艺的某些优点。

7.2.6 单片式阵列之 PtSi 肖特基势垒 IRFPA

全单片式的 IRFPA 主要有三种：PtSi 肖特基势垒型、异质结型、MIS 像元型。

1. PtSi 肖特基势垒工作原理

利用 PtSi 肖特基势垒来制造全单片式的 IRFPA，其设计与可见光 CCD 是兼容的。很明显，由于这些类型的探测器实质上是采用了硅基底，因此可将探测器阵列和硅多路传输器及衬底做在一起，其探测元的结构如图 7-12(a) 所示，其能带图如图 7-12(b) 所示。

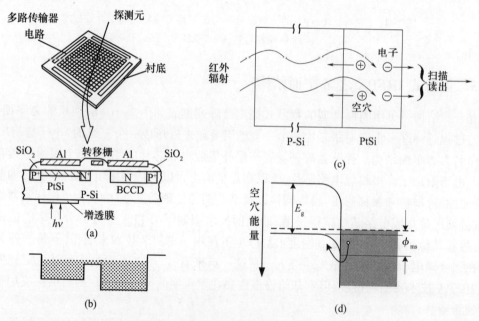

图 7-12　肖特基势垒型探测器的结构与原理图

对于肖特基势垒(SB)红外 FPA，注入到信号处理部分中的电荷包是代表由红外探测器收集的红外辐射信号。SBD(肖特基势垒器件)的金属硅化物(PtSi)和半导体 Si 相接触，如

图 7-12(c)所示,因功函数不同,故接触时要发生电荷的流动,形成势垒,最后使费米能级在各处都达到同一水平,如图 7-12(d)所示。

该器件采用背面光照工作模式。入射的红外辐射先照到硅衬底,光子能量小于硅能带间隙($E_g=1.1\text{eV}$)的红外辐射透过硅衬底,到达很薄的 PtSi 层。在 PtSi 中的感光是通过所谓内光电发射过程来完成的。此过程分为两步:①红外辐射在 PtSi 中被吸收或部分吸收,激发产生电子—空穴对,电子在费米能级以上,留下空穴;②到达 PtSi 硅界面的空穴越过肖特基势垒,进入硅衬底。因此,净的负电荷(电子)将存储在 PtSi 中。通过电子转移从 PtSi 中进入 BCCD,如图 7-12(b)所示,完成红外辐射信号的探测。在第二步中硅中增加的空穴效应,称为"热空穴发射"。所谓热空穴是指其能量高于势垒高度 ϕ_{ms},冷空穴是指其能量低于 ϕ_{ms}。显然,只有热空穴才能越过势垒,即要使入射的红外辐射产生内光电发射,SB 探测器的光谱能量窗口必须满足

$$\phi_{ms} \leq h\nu < E_g \tag{7-30}$$

式中 ϕ_{ms}——金属—半导体肖特基势垒高度;

$h\nu$——光子能量;

E_g——硅带隙能量。

SB 探测器的截止波长取决于 SB 高度 ϕ_{ms},长波阈值 λ_{th} 为

$$\lambda_{th}=\frac{1.24}{\phi_{ms}} \tag{7-31}$$

ϕ_{ms} 由半导体材料和金属硅化物的性质决定。由于 PtSi/P-Si 系统使接触界面深入到硅材料内部,避免了表面沾污和中间层的影响,保证了 ϕ_{ms} 的均匀性和工艺的重复性,尤其是极好的光响应均匀性,保证了热成像的质量。

2. SB 探测元的优化结构

最早的肖特基势垒 FPA 采用厚的 Pd_2Si 和 PtSi 探测器制成,淀积了大约 60nm 的钯和铂。这些器件的光响应很弱。Archer 和 Cohto 提出了薄膜 SBD 的概念,由 P 型硅上的 Au 形成,光响应要大得多。美国戴维·萨尔诺夫研究中心(DSRG)采用薄 PtSi-SBD 制成了 50×50 元红外 FPA,使光响应有重大改进。该 FPA 的 PtSi-SBD 有一光腔,由薄的(<10nm)PtSi 层形成,且通过淀积 SiO_2 层与铝反射镜隔开。此后,在 DSRG 等的共同努力下,PtSi-SBD 的结构已逐步最佳化。

下面具体分析 SBD 的最佳化结构。

为了提高 PtSi—SBD FPA 的量子效率,SBD 结构采用了薄 PtSi 膜、光腔结构 Al-介质-PtSi 和硅衬底背面加抗反射层 SiO,如图 7-13(a)所示。

SBD 由抗反射层(SiO)、硅衬底、硅化铂层、介质层(SiO_2、SiO、Si_3N_4、或 $Si_xO_yN_z$)以及铝反射镜共五部分组成,其中硅化铂、介质和铝镜构成光腔。这种器件结构设计的优点是:

(1)减少了 PtSi 层的厚度,使之远远小于空穴在 PtSi 中的平均自由程(约为 43nm),使产生的热载流子可全部到达界面。

(2)增加了绝缘层,提供了一个反射面,使得

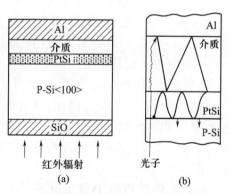

图 7-13 带光腔结构的薄 PtSi SBD 的结构和热空穴运动示意图

(a)薄 PtSi SBD 的结构;(b)热空穴运动。

热载流子在 PtSi 层的两界面之间多重反射,增加了反射的概率。

红外辐射经由 P 型硅(P-Si),SiO 透射而损失掉,余下大部分进入 PtSi 层。当辐射入射到 PtSi 层上时,小部分被 PtSi 层反射,由于 PtSi 层的红外吸收系数很小,因此大部分红外辐射未被吸收,而是穿过 PtSi 层,经由介质层到达铝镜,被铝镜反射回来,再次进入 PtSi 层被吸收。光子多次穿越 PtSi 层,激发产生热空穴的概率大大增加,从而使得量子效率得到有效的提升。

铝镜/介质/PtSi 结构能使红外辐射产生驻波干涉,适当选择介质的折射率和介质层厚度,可以使得一些波段的红外辐射被 PtSi 层最大限度地吸收,从而极大地提高量子效率。

(3) 引入抗反射层 SiO。FPA 输出信号的强弱与其量子效率和投射到探测器表面的红外辐射量成正比。空气/SiO/Si 之间也形成增透膜层,使得硅对红外辐射的反射率由 29% 下降到 1%,从而使得光腔结构探测器的光学吸收比达到最佳化。

(4) PtSi 系统使得接触面深入到硅衬底的内部,避免了表面沾污和中间层影响,保证了 ϕ_{ms} 的均匀性和和工艺的重复性。尤其是极好的光响应均匀性,决定了热成像的质量。

PtSi-SBD 内光电发射的电流响应率 $R_{i\lambda}$ 通常由 Fowler 方程给出,相关公式为

$$R_{i\lambda} = c_1 \left(1 - \frac{\lambda \phi_{ms}}{1.24}\right)^2 \tag{7-32}$$

$$c_1 = \frac{AG}{8\phi_{ms}} = \frac{A}{8\phi_{ms}} \frac{sL}{t} \tag{7-33}$$

$$G = sL/t \tag{7-34}$$

$$s = \frac{1}{2} \frac{\ln(h\nu/\phi_{ms})}{1 - \sqrt{\phi_{ms}/h\nu}} - 1 \tag{7-35}$$

式中　λ——入射辐射光波的波长;

c_1——量子效率系数;

A——探测器光谱窗口的光学吸收比,定义为在 PtSi 中被吸收的红外辐射能量与入射红外辐射能量之比(研究表明,一般厚 PtSi-SBD 的光学吸收比 A 低至 10%,薄 PtSi-SBD 的 A 达到 20%~60%);

G——量子效率增益系数;

s——每个光子的常数;

L——PtSi/P-Si 界面方向上的热空穴的平均自由程或衰减长度;

t——PtSi 层的厚度。

从理论上讲,PtSi 膜越薄,内光电发射概率越高。但实验发现,当 PtSi 膜厚度小于 1.4nm 时,PtSi 膜不连续。因此,目前在该器件制作中,选取的最佳 PtSi 膜厚为 2.0nm。据介绍,薄层 PtSi-SBD 的量子效率比厚 PtSi-SBD 高出 32 倍多,其中 3.46 倍归因于光学吸收比的提高,9.25 倍是因为增益系数 G,即是说,这种提高是由于热空穴在 PtSi 介质界面反射的结果。

3. PtSi 阵列 ITCCD 读出电路

行间转移 CCD(ITCCD)是迄今 PtSi FPA 用得最多的读出结构,因 ITCCD 的结构设计和工艺制作趋于成熟,且具有结构简单、读出噪声低、信号处理能力强的优点。采用 ITCCD 结构的 PtSi FPA 要获得最佳性能,必须考虑垂直 CCD 移位寄存器的电荷处理容量与 SBD 的电荷存

储容量之间的平衡。使这两个参数最大化的ITCCD采用2:1垂直隔行扫描,即两个SBD光敏元对应一个垂直CCD单元。图7-14示出了采用隔行扫描ITCCD结构制成的128×128元PtSi FPA的结构,这样,在同样的填充系数下,比采用逐行扫描结构设计的器件的电荷处理容量增大了一倍。但逐行扫描ITCCD FPA具有闪烁更少和更适于机器观测与示踪的优点,逐行扫描ITCCD的每个SBD光敏元对应一个垂直CCD单元。

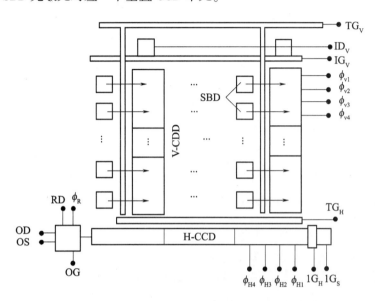

图7-14　PtSi SBD IRFPA 的 IT CCD 读出电路

目前,采用隔行扫描ITCCD和逐行扫描ITCCD结构都做出了高水平的PtSi FPA。

美国Sarnoff公司是世界上研究PtSi FPA的权威机构,该公司报道的一些研究数据为:SBD在$\rho = 30 \sim 50 \Omega \cdot cm$的P型硅衬底上形成,埋沟CCD移位寄存器的形成是通过注入剂量为$1.3 \times 10^{12} cm^{-2}$的磷,埋沟CCD的最大电荷处理量(取决于工作条件)为3500~6000个电子/μm^2。对于隔行扫描ITCCD,要使垂直CCD的电荷处理容量与SBD的电荷存储容量相匹配,垂直埋沟CCD寄存器单元面积的1/2必须等于或大于包括保护环在内的整个探测器面积的1/5。

因为要考虑垂直CCD的电荷处理容量与SBD的电荷存储容量之间的平衡,故采用ITCCD结构,但很难设计出填充系数高、而像元尺寸又小的列阵。在有限的像元尺寸(为了提高空间分辨率,像元尺寸设计得很小)确定后,为了追求高填充系数,在器件结构设计上必须另辟蹊径。

4. PtSi 阵列 MOS 读出电路

具有MOS读出多路传输器的PtSi FPA可以设计成列(column)读出工作方式或行(row)读出工作方式,如图7-15和图7-16所示。最早的PtSi SBD IRFPA的MOS读出电路由三菱公司采用列读出工作方式制成。但采用行读出的MOS FPA比采用列读出的MOS FPA有更低的读出噪声。MOS读出电路的FPA的优点:高填充系数,大电荷处理量(受限于SBD电压和电容),适于制作高分辨率摄像器件。MOS FPA的另一独特优点是可以在比埋沟CCD寄存器SBD FPA低得多的温度(低至40K)下工作。MOS FPA的主要缺点是其读出噪声比埋沟CCD寄存器SBD FPA高。

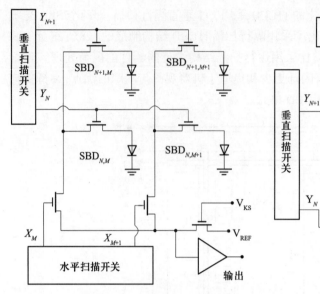

图 7-15 列读出 MOS 多路传输器 FPA

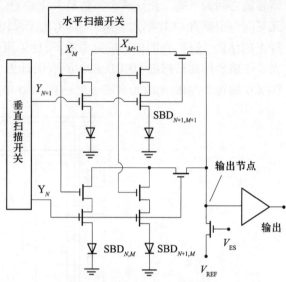

图 7-16 行读出 MOS 多路传输器 FPA

采用 MOS 读出结构的典型器件是 Sarnoff 公司研制成的 640×480 元 PtSi FPA。该 FPA 采用了低噪声 MOS X-Y 可寻址读出多路传输器和片上相关双取样放大器,允许对 FPA 的任何一个子帧随机存取,既可以隔行扫描也可以非隔行扫描方式工作。积分时间范围宽(60~30ms),动态范围大(80dB)。像元尺寸为 24μm×24μm,采用 1.5μm、双层金属 CMOS 工艺,获得了 38% 的填充系数,芯片总尺寸为 13.4mm×17.2mm。

7.2.7 单片式阵列之异质结探测元 IRFPA

异质结探测元的单片式 IRFPA 如图 7-17 所示,它是将窄禁带探测器材料用异质外延的方法生长在含有多路传输器的硅衬底上。这种方法是将硅集成电路技术和高量子效率的窄禁带半导体的优点结合在一起的一种全单片式设计。虽然能使这种设计实现的异质外延技术目前还不太成熟,但该技术正在取得很快的进展。另外的可能性就是采用 GaAs 代替 Si 来做衬底和高速多路传输器。

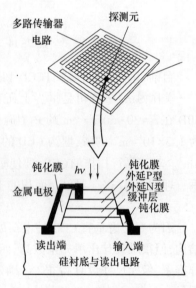

图 7-17 异质结探测元

7.2.8 单片式阵列之 MIS 像元 IRFPA

如通常 CCD 成像器件一样,可以用 HgCdTe 或 InSb 这类窄禁带半导体材料来制做 CCD 结构形式的全单片式阵列。如图 7-18 所示,光子是一组金属—绝缘体—半导体(MIS)结构所探测和转移的。当把 MIS 栅用作电荷转移器件(像 CCD 一样)时,它也存在几个基本的限制。对于大多数红外成像应用来讲,趋向于要求在单位像元上有较高的电荷处理能力,而用窄禁带半导体材料制做的 MIS 栅由于其击穿电压较低因而限制了其电荷容量。此外,更严重的问题是当电荷沿窄禁带 CCD 转移以完成读出功能时,会产生噪声和电荷俘获。

对于红外半导体材料,MIS 特性常常受存在于薄绝缘层内或半导体与绝缘层界面的表面态所限制。能带间的隧穿电流通常要小得多,但是对所有窄禁带器件来讲,它却代表了性能的理论极限。固定绝缘层电荷可能使平带电压远远地偏离零栅偏压。快的和慢的表面态会同时存在,慢表面态在接近表面处的俘获会引起 C-V 曲线的滞后效应,而快表面态会产生大的暗电流,主要是通过肖克莱—里德中心的产生—复合过程引起的。暗电流也会因体内的少数载流子产生并扩散到耗尽区而形成。此外,耗尽区内产生的少数载流子或直接隧穿过禁带的少数载流子也会形成暗电流。暗电流限制了存储时间,特别是对 LWIR 器件。尽管 MIS 探测器基本上是一个电容器,但是也可用 R_0A 的乘积做参考量将它们的暗电流与光伏探测器的暗电流进行比较。最近,使用 HgCdTe-CdTe 材料制做 MIS 探测器结构,能满足红外焦平面器件钝化需求。

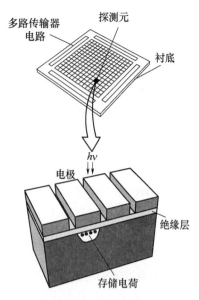

图 7-18 MIS 结构的探测元

通常,MIS 探测器与光伏探测器相比,其材料要求更为苛刻。CdTe 由于其化学组分、晶格常数、晶体结构等均与 HgCdTe 很接近,完全耗尽的 CdTe 具有好的绝缘性,在 HgCdTe/CdTe 界面上,具有和成熟的自身氧化物膜/HgCdTe 界面一样低的界面态密度、界面陷阱密度,其光学常数适当而被认为是 HgCdTe FPA 器件芯片的表面钝化材料。而 ZnS 由于其光学常数适当,被用作器件的表面抗反射层材料。

7.2.9 准单片式阵列结构

在混合式 IRFPA 阵列中,$M \times N$ 的凝视阵列将需要 $M \times N$ 个接触点,将每一个像元的数据转移到 Si 读出电路中。在准单片式阵列结构中,阵列的一行或一列数据在探测器材料中传输,输出的数据再与 Si 行扫描或列扫描电路连接,如图 7-19 所示。为避免使用 CCD 所固有的多位数的寄存器,有两种读出电路(电荷注入器件 CID 和电荷成像矩阵 CIM)可以达到窄禁带半导体所要求的电荷转移效果。在这两种读出电路中,两维阵列只需对每一行与每一列的接触点进行寻址,因此,$M \times N$ 的凝视阵列将需要 $(M+N)$ 个接触点。在大多数这些被称为 X-Y 寻址的结构中,电荷存储全部在窄禁带半导体材料上进行(类似全单片式结构),而部分多路传输功能和全部前置放大功能在辅助的硅芯片中

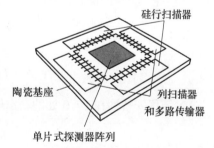

图 7-19 准单片式结构

完成(类似混合式结构),辅助的硅芯片与探测器阵列相邻地安装在一个陶瓷基片上,所以称这种结构为准单片式结构。

7.3 IRFPA 的性能参数

在 IRFPA 的设计和研制中,性能参数的了解以及工作需求是一个重要的工作。这涉及要

对预定图像的红外辐射的量级作出分析、对预定的光学系统(孔径和焦距)及冷屏蔽要求作出定性的描述、获得器件系统的各项具体的参数。以下列出了一些参数。这其中的许多性能参数在以前的相关内容中学习过,有些需要参考更专业的资料,有些参数测量与红外成像系统相关,反映了成像系统的性能。鉴于本课程的内容,这些特性不一一讲授。

探测器:量子效率、光谱响应、噪声谱、均匀性、占空因数。

输入电路:电荷存储、均匀性、线性度、噪声谱、注入效率。

读出电路:电荷处理能力、转移效率、数据率、串扰。

IRFPA 工作性能:功能利用率、非均匀性校正能力、失效像素数、动态范围、噪声、饱和量、空间分辨特性、探测率、探测距离、噪声等效温差(NETD)、最小可分辨温差(MRTD)、最小可探测温差(MDTD)、可靠性、稳定性、难易程度等。

实用性能:可生产性、价格、规模、可维护等。

7.3.1 光伏型红外探测器的电压响应率

1. 一般的 PN 结的电压电流公式

当 PN 结加上正向电压 U 时,在通过结区时所产生的扩散电流密度与漂移电流方向相反,流过 PN 结的电流为结电流密度 J 和结电流 I 分别为

$$J = J_s \left[\exp\left(\frac{eU}{kT}\right) - 1 \right] = e\left(\frac{D_e}{L_e}n_{p0} + \frac{D_h}{L_h}p_{n0}\right)\left[\exp\left(\frac{eU}{kT}\right) - 1\right] \tag{7-36}$$

$$I = I_s \left[\exp\left(\frac{eU}{kT}\right) - 1 \right] = eA\left(\frac{D_e}{L_e}n_{p0} + \frac{D_h}{L_h}p_{n0}\right)\left[\exp\left(\frac{eU}{kT}\right) - 1\right] \tag{7-37}$$

式中 e ——电子电量;

  J_s, I_s ——过 PN 结的反向饱和电流密度和反向饱和电流;

  n_{p0} ——P 区的电子浓度,为 P 区的少数载流子;

  p_{n0} ——N 区的空穴浓度,为 N 区的少数载流子;

  D_h, D_e ——空穴和电子的扩散系数;

  A ——PN 结的面积;

  L_h, L_e ——空穴和电子的扩散长度。

PN 结的反向饱和电流为

$$I_s = eA\left(\frac{D_e}{L_e}n_{p0} + \frac{D_h}{L_h}p_{n0}\right) \tag{7-38}$$

PN 结伏安特性在 $U=0$ 处的动态电阻为

$$R_0 = \left(\frac{dU}{dI}\right)_{U=0} = \frac{kT}{e}\frac{1}{I_s}$$

$$= \frac{kT}{e^2}A^{-1}\left(\frac{D_e}{L_e}n_{p0} + \frac{D_h}{L_h}p_{n0}\right)^{-1} \tag{7-39}$$

$$R_0 A = \frac{kT}{e^2}\left(\frac{D_e}{L_e}n_{p0} + \frac{D_h}{L_h}p_{n0}\right)^{-1} \tag{7-40}$$

$R_0 A$ 是与结面积无关的量,是器件的一个重要参数,$R_0 A$ 越大越好。

2. 光照的一般情况

根据第 2 章的光生伏特效应的原理,光生电动势 U、回路电流 I、光电流 I_p 之间的关系可

由 PN 结的基本特性求得。

$$I = I_s\left[\exp\left(\frac{eU}{kT}\right) - 1\right] - I_p \tag{7-41}$$

在光辐射照射时,可得光生电动势 U_s(开路电压)为

$$U_s = \frac{kT}{e}\ln\left(1 + \frac{J_p}{J_s}\right) = \frac{kT}{e}\ln\left(1 + \frac{I_p}{I_s}\right) \tag{7-42}$$

在弱光照下,对于红外探测器,$I_p \ll I_s$,则式(7-42)可简化为

$$U_s = \frac{kT}{e}\frac{I_p}{I_s} \tag{7-43}$$

设有效量子效率为 β,光生电流与入射单色辐射的功率 P_r 可简单写为如下的关系,即

$$I_p = e\beta\frac{P_r}{h\nu} \tag{7-44}$$

将式(7-39)和式(7-44)代入式(7-43),得

$$U_s = e\beta R_0\frac{P_r}{h\nu} \tag{7-45}$$

因此,光伏探测器的光谱电压响应率为

$$R_{u\lambda} = e\beta\frac{R_0}{h\nu} = e\beta\lambda\frac{R_0}{hc} \tag{7-46}$$

由式(7-46)可知,光伏探测器的电流响应率等于电子电荷量、量子效率和外加电压 $U=0$ 时的动态电阻 R_0 三者之积与一个入射光子能量之比。

3. 光照平行于 PN 结的定态情况

如第 2 章图 2-10 所示,为了对应,将 P 区的电子浓度写为 n_0,$n_0 \equiv n_{p0}$,为 P 区的少数载流子。N 区的空穴浓度 p_0,$p_0 \equiv p_{n0}$,为 N 区的少数载流子。光照平行于 PN 结的定态情况,光生电动势为

$$U = \frac{kT}{e}\cdot\frac{J_p}{J_s} = \frac{kT}{e}\cdot\frac{Q(L_e + L_h)}{\left(\frac{D_e}{L_e}n_0 + \frac{D_h}{L_h}p_0\right)} \tag{7-47}$$

器件的响应率为

$$R_{u\lambda} = \frac{U}{P_r} = \frac{kT\eta(1-r)(L_e + L_h)}{2h\nu ewdL\left(\frac{D_e}{L_e}n_0 + \frac{D_h}{L_h}p_0\right)} \tag{7-48}$$

式中 P_r——入射光到样品上的光功率。

在光照平行于结平面的情况下,对照式(7-46)其有效量子效率 β 及动态电阻 R_0 分别为

$$\beta = \eta(1-r)\frac{L_e + L_h}{2L} \tag{7-49}$$

$$R_0 = \frac{kT}{e^2}\left[\left(\frac{D_e}{L_e}n_0 + \frac{D_h}{L_h}p_0\right)wd\right]^{-1} \tag{7-50}$$

由以上所得公式,对光照平行于结平面的光伏探测器,为获得较高的响应度,可以从以下几方面努力。

(1) 提高有效量子产额,应减小反射损失,在满足 $L \gg L_e$、$L \gg L_h$ 的条件下,尽量缩短器件长度。

(2) 减小反向饱和电流。因为在温度 T 不太低时,n_{0T} 满足 $n_{0T} N_a = n_i^2$,其中 n_{0T} 为温度为 T 时 P 区热激发少数载流子浓度,N_a 为 P 区受主浓度,n_i 为本征载流子浓度;同样对 N 区有 $p_{0T} N_d = n_i^2$,N_d 为 N 区施主浓度,考虑到 n_0 及 p_0 中均有热激发和背景激发二部分 n_{0b},p_{0b},所以 J_s 可改写为

$$J_s = e\left[\frac{D_e}{L_e}(n_{0T}+n_{0b}) + \frac{D_h}{L_h}(p_{0T}+p_{0b})\right]$$

$$= en_i^2\left(\frac{D_e}{L_e N_a} + \frac{D_h}{L_h N_d}\right) + e\left[n_{0b}\frac{D_e}{L_e} + p_{0b}\frac{D_h}{L_h}\right] \tag{7-51}$$

由式(7-51)可见,当器件的工作温度不太低,以热激发少数载流子浓度为主时,应降低工作温度,使 n_i 降低,从而使 J_s 下降,或采用重掺杂的方法,通过增加 N_a 和 N_d 来降低 J_s。但掺杂程度有一定限制,掺杂过重,载流子寿命下降,而将使 J_s 增加。

(3) 减小结面积 wd,也可提高响应度。

4. 光照垂直于 PN 结平面

光照垂直于 PN 结平面的光伏探测器,如图 2-11,其开路电压等于光生电动势 U,由第 2 章相关公式,得

$$U = \frac{kT}{e} \cdot \frac{J_p}{J_s} = \frac{kT\eta(1-r)P\operatorname{sech}\left(\frac{d}{L_e}\right)}{eh\nu\left[s \cdot n_0 + \frac{D_e}{L_e}n_0\operatorname{th}\left(\frac{d}{L_e}\right) + \frac{D_h}{L_h}p_0\operatorname{cth}\left(\frac{L}{L_h}\right)\right]} \tag{7-52}$$

最后得到光照垂直于结平面时的响应率为

$$R_{u\lambda} = \frac{U}{P_r} = \frac{kT\eta(1-r)\operatorname{sech}\left(\frac{d}{L_e}\right)}{eh\nu wl\left[s \cdot n_0 + \frac{D_e}{L_e}n_0\operatorname{th}\left(\frac{d}{L_e}\right) + \frac{D_h}{L_h}p_0\operatorname{cth}\left(\frac{L}{L_h}\right)\right]} \tag{7-53}$$

而有效量子产额 β 及在 $U=0$ 处动态电阻 R_0 分别为

$$\beta = \eta(1-r)\operatorname{sech}\left(\frac{d}{L_e}\right) \tag{7-54}$$

$$R_0 = \frac{kT}{e^2} \cdot \frac{1}{\left[s \cdot n_0 + \frac{D_e}{L_e}n_0\operatorname{th}\left(\frac{d}{L_e}\right) + \frac{D_h}{L_h}p_0\operatorname{cth}\left(\frac{L}{L_h}\right)\right]} \tag{7-55}$$

由此可见,对于光照垂直于结平面的光伏探测器,为提高响应度,应遵循下列几种途径:

(1) 提高光电流。应减小反射损失,并且根据函数 $\operatorname{sech}\left(\frac{d}{L_e}\right)$ 的特性,应减小光照一侧材料厚度 d,d 越小,器件的响应度越高。这是由于假定了"表面"吸收的原因。若材料不是真正的表面吸收,则应在同时满足 $ad \gg 1$(α 为材料的吸收系数)和 $d \ll L_e$ 两个条件下,尽量减小厚度 d,而对于实际探测器这两个条件并不一定都能满足。

(2) 减小反向饱和电流。首先应减少表面复合和增加背照面一侧材料的厚度 L,其次应降低无光照时的载流子浓度 n_0 和 p_0。因它们产生于热激发和背景激发,所以当热激发为主

时,应降低器件的工作温度。再次应减小器件的几何尺寸(宽度 w 和厚度 L)。

当表面复合速度减小到可以略去,且光照面一侧厚度 $d \ll L_e$,背照面一侧厚度 $L \gg L_h$ 时响应率公式可简化为

$$R_{u\lambda} = \frac{kT\eta(1-r)}{eh\nu w L \frac{D_h}{L_h} p_0} \tag{7-56}$$

5. 光照垂直于 NP 结平面

光照垂直于 NP 结平面的光伏探测器,如图 2-12 所示,其开路电压等于光生电动势 U,由第 2 章相关公式得

$$U = \frac{kT}{e} \cdot \frac{J_p}{J_s} = \frac{kT\eta(1-r) P \text{sech}\left(\frac{d}{L_h}\right)}{eh\nu \left[s \cdot p_0 + \frac{D_h}{L_h} p_0 \text{th}\left(\frac{d}{L_h}\right) + \frac{D_e}{L_e} n_0 \text{cth}\left(\frac{L}{L_e}\right) \right]} \tag{7-57}$$

最后得到光照垂直于结平面时的响应率为

$$R_{u\lambda} = \frac{U}{P_r} = \frac{kT\eta(1-r) \text{sech}\left(\frac{d}{L_e}\right)}{eh\nu w l \left[s \cdot p_0 + \frac{D_h}{L_h} p_0 \text{th}\left(\frac{d}{L_h}\right) + \frac{D_e}{L_e} n_0 \text{cth}\left(\frac{L}{L_e}\right) \right]} \tag{7-58}$$

而有效量子产额 β 及在 $U=0$ 处动态电阻 R_0 分别为

$$\beta = \eta(1-r) \text{sech}\left(\frac{d}{L_h}\right) \tag{7-59}$$

$$R_0 = \frac{kT}{e^2} \cdot \frac{1}{\left[s \cdot p_0 + \frac{D_h}{L_h} p_0 \text{th}\left(\frac{d}{L_h}\right) + \frac{D_e}{L_e} n_0 \text{cth}\left(\frac{L}{L_e}\right) \right]} \tag{7-60}$$

由此可见,对于光照垂直于 NP 结平面的光伏探测器,为提高响应度,应遵循的途径与上述的情况是一样的。

当表面复合速度减小到可以略去,且光照面一侧厚度 $d \ll L_h$,背照面一侧厚度 $L \gg L_e$ 时,响应率公式可简化为

$$R_{u\lambda} = \frac{kT\eta(1-r) L_e}{eh\nu w L D_e n_0} \tag{7-61}$$

7.3.2 光伏型红外探测器的噪声和探测率

探测器的定量比较通常采用噪声等效功率(NEP)或归一化探测率(D^*)。如前所述,NEP 是当光子信号与电噪声相等时探测器上所需要入射的辐射量(在指定的光谱带宽内,单位为 W),由于 NEP 一般是一个很小的数,且与电噪声成正比,所以建议使用随噪声减小而增大的第二个品质因数——D 或 D^*。探测率 D 是 NEP 的倒数。对探测器面积和电学带宽归一化的 D 被称为 D^*(习惯上称为 D 星,比探测率)。

为了测量单元探测器的灵敏度,可将探测器对准一均匀黑体并在其间加入一小型斩波器,这样,在探测器上可得到方波电信号输出 I_s。由此可得 NEP 为

$$\text{NEP} = \frac{P}{I_s/I_n} \tag{7-62}$$

式中　P——探测器表面的信号辐射功率(W);

　　　I_n——探测器的均方根噪声。

探测率 D 和 D^* 则为

$$D = \frac{1}{\text{NEP}} \tag{7-63}$$

$$D^* = \frac{(A \cdot \Delta f)^{1/2}}{\text{NEP}} = \frac{R_I}{I_n}(A \cdot \Delta f) \tag{7-64}$$

式中　A——探测器光敏面面积(cm^2);

　　　Δf——电路带宽(Hz)。

对于采样保持电路,带宽近似为$(2\tau)^{-1}$,其中,τ是积分时间。值得注意的是:P 与背景温度、光谱带宽以及光学孔径(综合考虑 F 数和冷屏蔽效率)有关,因此 D^* 总是与这些工作条件密切相关的。

在光伏型探测器中,所加电压为 U,主要噪声是散粒噪声,噪声电流均方值的表达式是

$$\overline{I_n^2} = 2e\left[e\eta\Phi_b A + I_{sr}\left[\exp\left(\frac{eU}{kT}\right)+1\right]\right]\Delta f \tag{7-65}$$

式中　Φ_b——照在器件单位面积上的光子数。

　　　η——有效量子效率。

如果用二极管零偏压的动态内阻 R_0 代入,则得

$$\overline{I_n^2} = 2e\left[e\eta\Phi_b A + \frac{kT}{eR_0}\exp\left(\frac{eU}{kT}\right) + \frac{kT}{eR_0}\right]\Delta f \tag{7-66}$$

因此,探测率 D_λ^* 为

$$D_\lambda^* = \frac{\eta\lambda}{hc\sqrt{2\left[\eta\Phi_b + \frac{kT}{e^2R_0 A}\exp\left(\frac{eU}{kT}\right) + \frac{kT}{e^2R_0 A}\right]}} \tag{7-67}$$

要达到背景限制的极限探测率,要求

$$\eta R_0 A \gg \frac{kT}{e^2\Phi_b}\exp\left(\frac{eU}{kT}\right) \tag{7-68}$$

$$\eta R_0 A \gg \frac{kT}{e^2\Phi_b} \tag{7-69}$$

当 U 是一个较大的反向电压时,这是光伏探测器的一种实际工作方式,U 为负值,式(7-40)的右边实际接近零,左边任何值都能满足不等式。当探测器不加偏压时,$U=0$,这是光伏探测器最常用的实际工作方式,式(7-68)右边就等于式(7-69)右边。因此,由于 k、T、e 均为常数,要使光伏探测器达到受背景辐射限制,要求 $R_0 A$ 的乘积有足够高的值。

光伏探测器的质量通常是在背景辐射可忽略和零偏压条件下用测量 D_λ^* 来评价的。在这样的条件下,有

$$D_\lambda^* = \frac{e\eta\lambda\,(R_0 A)^{1/2}}{2hc\,(kT)^{1/2}} \tag{7-70}$$

因此,低温工作和有高的 $R_0 A$ 乘积是光伏探测器有高的质量的基本条件。

7.3.3 光子探测器的背景辐射限制

光子探测器的极限探测率受到背景辐射的限制。要探测的目标受背景包围,照射到探测器上的辐射是由目标的辐射和背景的辐射组成。如果背景辐射没有起伏,那么就可以从背景和目标的总和中除去由背景辐射产生的信号。然而由于光子辐射的无规则性,背景辐射强度在平均值上下起伏,这样就必须把信号辐射和背景辐射的起伏进行比较。

最常见的背景辐射,是处于环境温度下的物体的辐射。大气、建筑物、周围的测试设备,甚至探测器外壳的内表面都会产生背景辐射。环境温度(295K)下物体的热辐射在 $10\mu m$ 附近有峰值,而且绝大部分的辐射能量在红外波段。因此,在大多数工作条件下,背景辐射的起伏限制了光子探测器的极限探测能力。

光子探测器受背景限制的极限探测率取决于目标的光谱分布、探测器的光谱响应特性、背景的光谱分布、探测器接收背景辐射的视场等因素。下面先分析目标是单色辐射、背景为环境温度的黑体和探测器视场为 2π 立体角的情况。

为了求出光子探测器受背景限制的比探测率 D_λ^*,必须令可探测到的背景入射光子在通频带内产生的噪声,与信号光子入射所产生的信号相等。

功率为 P_s 的单色入射辐射投射在探测器上所产生的载流子产生率 N_s 是

$$N_s = \frac{\eta(\nu_s) P_s}{h\nu_s} \tag{7-71}$$

式中 $\eta(\nu_s)$ ——光频为 ν_s(波长为 λ)的量子效率。

在光敏面积为 A 的探测器上,频率为 ν 的黑体背景的平均入射率 $\overline{N}_B$,则有

$$\overline{N}_B A = \frac{M(\nu, T_B)}{h\nu} A d\nu \tag{7-72}$$

式中 $M(\nu, T_B)$ ——用频率表示的普朗克辐射定律的黑体光谱辐射出射度。

$$M(\nu, T_B) = \frac{2\pi h\nu^3}{c^2} \frac{1}{\exp\left(\dfrac{h\nu}{kT_B}\right) - 1} \tag{7-73}$$

即黑体单位面积向半球空间发射的辐射功率。式中 T_B 是环境温度。

因为光子发射的起伏满足泊松分布,所以 N_B 起伏的方差 $\overline{\Delta N_B^2}$ 应是

$$\overline{\Delta N_B^2} = N_B \tag{7-74}$$

考虑到光子满足玻色—爱因斯坦分布,则上式修正为

$$\overline{\Delta N_B^2} = N_B \frac{\exp\left(\dfrac{h\nu}{kT_B}\right)}{\exp\left(\dfrac{h\nu}{kT_B}\right) - 1} \tag{7-75}$$

因此,背景入射光子所引起的载流子产生率的均方起伏为

$$G_N = A \int_{\nu_0}^{\infty} \eta(\nu) \overline{\Delta N_B^2} d\nu = A \int_{\nu_0}^{\infty} \eta(\nu) \frac{M(\nu, T_B) \exp\left(\dfrac{h\nu}{kT_B}\right)}{\exp\left(\dfrac{h\nu}{kT_B}\right) - 1} d\nu \tag{7-76}$$

式中 ν_0 ——对应于探测器极限波长的光频;

$\eta(\nu)$——频率为 ν 的光子的量子效率。

在 Δf 带宽内背景辐射产生的载流子的均方根起伏是 $(2G_N\Delta f)^{\frac{1}{2}}$，因此当信号和噪声相等时，有

$$N_s = (2G_N\Delta f)^{\frac{1}{2}} \tag{7-77}$$

把式(7-66)和式(7-71)代入式(7-57)，经过整理得到，要使信号和噪声相等所需的单色辐射功率，即噪声等效功率 NEP 为

$$\text{NEP} = \frac{h\nu_s}{\eta(\nu_s)}\left[2A\Delta f\int_{\nu_0}^{\infty}\frac{\eta(\nu)2\pi\nu^2\exp\left(\frac{h\nu}{kT_B}\right)\mathrm{d}\nu}{c^2\left(\exp\left(\frac{h\nu}{kT_B}\right)-1\right)^2}\right]^{\frac{1}{2}} \tag{7-78}$$

根据比探测率的定义，得

$$D_\lambda^* = \frac{c\eta(\nu_s)}{2h\nu_s\pi^{\frac{1}{2}}\left[\int_{\nu_0}^{\infty}\eta(\nu)\nu^2\exp\left(\frac{h\nu}{kT_B}\right)\mathrm{d}\nu\bigg/\left(\exp\left(\frac{h\nu}{kT_B}\right)-1\right)^2\right]^{\frac{1}{2}}} \tag{7-79}$$

假定 $\eta(\nu)=1$，根据式(7-79)计算所得的 $D_\lambda^*=f(\lambda_0)$ 的曲线绘于图 7-20 中，图中以 T_B 为参变量。

如果 $h\nu/kT_B \gg 1$，并假定 η 与频率无关，则式(7-78)和式(7-79)可分别简化为

$$\text{NEP} = \frac{h\nu_s(2A\Delta f\overline{N}_B)^{\frac{1}{2}}}{\eta^{\frac{1}{2}}} \tag{7-80}$$

和

$$D_\lambda^* = \frac{\eta^{\frac{1}{2}}}{h\nu_s(2\overline{N}_B)^{\frac{1}{2}}} \tag{7-81}$$

如果探测的目标不是单色辐射而是温度为 T_s 的黑体，则目标辐射所激发的载流子产生率是

$$N_s' = \int_{\nu_0}^{\infty}\eta(\nu)\frac{M(\nu,T_s)}{h\nu}\mathrm{d}\nu \tag{7-82}$$

和单色辐射相比，两者可用下式相联系，即

$$N_s' = GN_s\frac{\sigma T_s^4 A}{P_s} \tag{7-83}$$

式中

$$G = \frac{\nu_s}{\sigma T_s^4\eta(\nu_s)}\int_{\nu_0}^{\infty}\frac{\eta(\nu)M(\nu,T_s)}{\nu}\mathrm{d}\nu \tag{7-84}$$

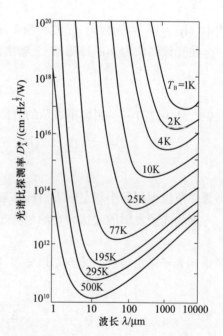

图 7-20　D_λ^* 与 T_B 和 λ 的关系曲线

仿照以前的步骤，可求得目标为黑体时的噪声等效功率 NEP_B 为

$$\text{NEP}_B = \frac{\text{NEP}_\lambda}{G} \tag{7-85}$$

其中 NEP_λ 是单色辐射时的噪声等效功率。D_B^* 值是

$$D_B^* = GD_\lambda^* \tag{7-86}$$

在假定 $\eta(v)$ 不依赖于波长和 $\nu_s = \nu_0$ 的条件下,根据式(7-84)计算得出的 $G = f(\lambda_0)$ 曲线绘于图 7-21 中,图中假定目标的温度 $T_s = 290K$、400K 和 500K。

由图 7-19 可见,G 的数值对所有波长都小于 1。因此,对黑体辐射的比探测率总是小于对单色辐射的比探测率。

下面我们分析光子探测器的工作模式、工作温度和视场对背景限制下的极限比探测率的影响。

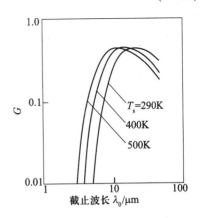

图 7-21 $G = f(\lambda_0)$ 与截止波长 λ_0 的关系曲线

1) 工作模式的影响

在光伏探测器中,只有背景辐射起伏产生的噪声,上面的分析完全适用。但是,在光电导探测器中,不仅载流子的产生率受背景辐射起伏的影响而产生噪声,而且载流子复合率的起伏同样也引起噪声。因此产生复合噪声是单独光子噪声的 2 倍。由于比探测率与噪声功率的平方根成反比,所以光电导探测器的极限比探测率只是上面分析的 $\sqrt{2}/2$。这就是说,用式(7-68)、式(7-70)或式(7-75)计算 D_λ^* 和 D_B^* 时,对光电导探测器还需除以 $\sqrt{2}$。

2) 工作温度的影响

在以上的推导中,只考虑前半球范围来的背景辐射。对于光伏探测器来说,确定只有从前半球来的影响辐射对噪声有作用。因为光伏探测器的背面离 PN 结很远,由背面背景辐射激发产生的载流子在扩散到 PN 结以前就已复合掉了。然而对光电导探测器而言,从任何方向来的被吸收的光子都会产生影响光电导的自由载流子。这样,对于一个不制冷的光电导体,总的光子噪声又要加倍。因此,把前面分析的结果应用于不制冷的光电导探测器,需再除以 $\sqrt{2}$。对于制冷的光电导探测器,后半球因低温的辐射弱,就不再需要除 $\sqrt{2}$ 了。

3) 视场的影响

为了消除因视场不同而引起混淆,引入一个新的参数 D^{**},设光敏元的中点到孔所形成锥形的半角 θ,光敏元对视场张开的孔径角为 2θ,$D^*(\theta)$ 为视场半角为 θ 的探测器的比探测率,Ω 是探测器视场有效加权立体角。探测器视角小,探测率高;视角大,探测率低。故提出用 D^{**} 来表示红外探测器的探测率。

D^{**} 定义为

$$D^{**} = \left(\frac{\Omega}{\pi}\right)^{\frac{1}{2}} D^*(\theta) \tag{7-87}$$

由于

$$\Omega = \pi \sin^2\theta \tag{7-88}$$

因此

$$D^{**} = D^*(\theta) \sin\theta \tag{7-89}$$

为了减少从背景来的辐射,探测器所能看到的影响面积应尽可能地少。如果探测器是制冷的,可将光敏元装在一个制冷的外壳中,探测器通过外壳上的小孔观察目标。一般光敏元都是朗伯辐射体,接收到的辐射强度正比于辐射和光敏元法线的夹角的余弦。因到达一个朗伯型探测器的辐射能量，和从光敏元的中点到孔所形成锥形的半角 θ 的正弦平方成正比，所以，到达探测器的背景辐射所形成的光子噪声就同这个角的正弦成正比。

在探测半空间时，$\theta=\pi/2$，则

$$D^{**}=D^*(\theta=\pi/2) \tag{7-90}$$

在探测半空间时，有效加权立体角相当于 π，真正的半空间立体角是 2π。习惯上将半空间的 $D^*(\theta=\pi/2)$ 写成 $D^*(2\pi)$，此时，有

$$D^{**}=D^*(2\pi) \tag{7-91}$$

可以写为

$$D^*(\theta)=\frac{D^*(2\pi)}{\sin\theta}=\frac{D^{**}}{\sin\theta} \tag{7-92}$$

D^{**} 消除了视场角的影响。$D^*(\theta)$ 的相对增加作为 θ 的函数关系如图 7-22 所示。

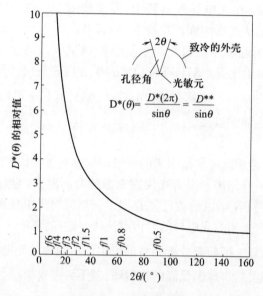

图 7-22　$D^*(\theta)$ 曲线

在指定辐射通量条件下，理想探测器的极限特性被称为背景限红外特性（BLIP）。在这种情况下，占支配地位的噪声源是光子噪声，所有其他的噪声源与之相比都可忽略。光子噪声可以通过光子到达的统计规律来计算（假定是不相关的）。在给定的背景和冷屏蔽条件下，根据

$$D_\lambda^*=\frac{\eta\lambda}{hc\sqrt{2\left[\eta\varPhi_B+\frac{kT}{e^2R_0A}\exp\left(\frac{eU}{kT}\right)+\frac{kT}{e^2R_0A}\right]}} \tag{7-93}$$

理想探测器的 D_{DLIP}^* 的理论表达式为

$$D_{\text{BLIP}}^*=\frac{\lambda_p}{\sqrt{2}hc}\left(\frac{\eta_p}{Q_B}\right)^{\frac{1}{2}} \tag{7-94}$$

式中　λ_p——在 D_λ^* 为峰值时对应的波长，即峰值波长；
　　　Q_B——在峰值波长处，在给定谱带下，入射到探测器的背景光子数；
　　　η_p——峰值波长处的量子效率；
　　　h——普朗克常数；

c——光速。

注意：式(7-94)是仅产生散粒噪声的情况(即光伏探测器的情况)，而工作于平衡模式的探测器(即光电导探测器的情况)既有产生散粒噪声，又有复合噪声，因此 D^*_{DLIP} 还要除以一个 $\sqrt{2}$ 的因子。照理说，式(7-94)中的 Q_B 是处于 2π 球面度视场内的光子通量，然而，人们一般习惯于用 Q_B 代表在设定的冷屏蔽(小于 2π 球面度视场)、背景温度和光谱带宽条件下，预期入射到探测器上的光子通量。

对于非 BLIP 探测器，具有不可忽略的电学噪声，探测率则为

$$D^*_{\text{BLIP}} = \frac{\lambda_p}{\sqrt{2}hc}\left(\frac{\eta_p}{Q_B+Q_e}\right)^{\frac{1}{2}} \tag{7-95}$$

式中 Q_e——背景光子流以外的噪声源所产生的电学噪声的等效光子通量。

在环境温度背景和常用的 F 数及冷屏蔽效率条件下，对相应于 $3\sim 5\mu m$ 和 $8\sim 12\mu m$ 光谱带内的光子通量来讲，其典型的 D^* 测量值分别在 $10^{11}\text{cmHz}^{1/2}\text{W}^{-1}$ 和 $10^{10}\text{cmHz}^{1/2}\text{W}^{-1}$ 的数量级。

7.3.4 IRFPA 的其它特性简述

1. 选择合适的光谱带

选择合适的光谱带很重要，它可以使感兴趣的目标和背景干扰之间有较好的对比度，光谱带则是由感兴趣的目标的热发射或预定的大气传输窗口所限定的。为了更好地分辨目标，开发了多光谱带的探测器，称为双色红外或多色红外阵列。

2. 需要足够的动态范围

背景辐射量一般都会有变化，这一变化用给定的场景内辐射的标准偏差(景内变化)来表征，而在变化的场景下，如摄像机处于运动或变焦拍摄时，平均背景辐射会有显著的变化(景物交替变化)。无论背景如何变化，IRFPA 都必须有足够高的动态范围以提供连续的图像而不出现饱和或局部亮斑的情况。总之，许多应用情况要求探测点目标或轮廓图像，而其他的许多应用则对目标细节和景物对比度有一定的要求，这将对红外系统提出专门的分辨率和灵敏度要求，也就是对探测器的尺寸和噪声电平有专门的要求。

3. 分辨率和灵敏度要求

成像系统的分辨率和灵敏度还取决于光学参数——通常是孔径。而孔径受尺寸和质量的限制，或受限于价格，因为用特殊的光学材料制做大口径红外透镜的成本是很高的。光学分辨率由点发散函数所决定，对于衍射极限情况，通常，实际的模糊圆比衍射极限预计的要大。很显然，探测像元的尺寸必须至少与模糊圆一样大，否则整个系统的分辨率就要降低很多。如果探测像元的尺寸做得比模糊圆小，可以采用过采样等信号处理使性能得以改善，当然，这就决定了探测器应该做得较小即集成度较高。可以清楚地看出：对于 IRFPA 的工作要求(如探测器尺寸和光通量处理能力)在很大程度上取决于整个成像系统的设计和专门的应用要求。

4. 饱和特性

通常，对用于高灵敏度系统的 IRFPA，为了收集到最大数量的光子，都尽量采用最大的光学孔径和尽可能长的积分时间。当观察强背景时，大孔径光学系统和长积分时间将使 IRFPA 的电荷存储势阱产生饱和。在 IRFPA 中，信号载流子被存储在焦平面上，这样电荷存储能力就成为关键的问题。而在普通的红外系统中，由于所收集的电荷被存储在焦平面之外，存储空

间不受限制,因此饱和并不是严重的问题。

IRFPA 的饱和问题通常是通过建立各种形式的直流抑制的方法或是子帧积分的方法来解决。使用直流抑制方法,要对 IRFPA 增加附加电路以去除环境背景辐射产生的直流量,这样,可以增大动态范围,但却增加了 IRFPA 设计的复杂性。子帧积分的方法是通过用比所要求的帧速快几倍的速度来读出阵列并在焦平面外将各子帧求和,同样,这样也可以增大动态范围,其所带来的麻烦是要提高时钟速率,同时,由于附加了焦平面外的求和电子线路,从而增加了系统的复杂性。某些 IRFPA 的设计采用使积分时间短于帧时间的方法(缩小占空比)来避免饱和,但这会降低灵敏度。

5. IRFPA 的非均匀性

由于所有的探测器和大部分的多路传输电子线路都一起做在单片衬底上,因此,无法对各个像素分别进行后处理调整。然而,整个阵列各部分的响应却需要有其固有的均匀性。对于普通的分立探测器技术来讲,均匀性并不是什么大问题,因为探测器可以单独挑选,并且可以通过调节与每个通道相连接的电子线路来进行均匀性的进一步匹配。但是,当试图用 HgCdTe 制成大面积阵列时,均匀性就成为令人困扰的问题了。对于非均匀性较大的阵列,必须进行非均匀性校正。

6. 电荷转移效率、噪声和串扰

电荷转移效率描述了 IRFPA 读出电路将信号载流子(由探测器产生的)转移出焦平面的整体效率。而引入到输出电路中的噪声量则是设计高效率的读出电路所要重点考虑的问题。在设计不良的 IRFPA 中,由探测器读出的信号常常会干扰(交叉串扰)相邻的或附近的读出电路。常称这种现象为串音问题。

7. 噪声等效温差(NETD)

当目标与背景的温差使系统输出的峰值信号电压与噪声均方根电压相等时,测试图案上目标与背景的温差就是噪声等效温差,如图 7-23 所示。测试图案上目标和背景都是温度均匀的黑体,目标为正方形,尺寸是系统瞬间视场的几倍。NETD 没有涉及到系统的频率传输特性和观察者眼睛的工作特性,因而不能完全地反映系统质量,但是 NETD 的概念清晰并且易于测量。

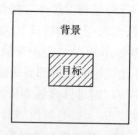

图 7-23 NETD 和 MDTD 测试用的图案

8. 最小可探测温差(MDTD)

用系统观察目标和背景,目标和背景都是温度均匀的黑体,目标为正方形,当观察者刚刚能从显示器上分辨出目标存在时,目标与背景之间的温差如图 7-23 所示。该概念与 NETD 相似,不过 MDTD 更加适用野外和实地测量。

9. 最小可分辨温差(MRTD)

这是用得最普遍的综合性参数,它考虑了系统各个环节及眼睛的工作性能,能较全面地反映系统的质量。用热成像系统观察图 7-24 中的标准四杆测试图案,当观察者能从显示器上有把握分辨出图案条纹时,杆形目标和背景之间的温差就是该图案空间频率下的最小可分辨温差。测试图案由四根垂直条纹组成,每四根为一组,条纹间隔与条纹等宽,条纹的长宽比为 7:1。条纹与背景都为黑体。MRTD 是空间频率的函数。

10. 可生产性

所有 IRFPA 研制的基本目标之一就是用类似硅集成电路的技术来生产低成本的探测器模块。但是直到最近,已生产的 IRFPA 批量仍很少。同时,像 PtSi 这样的基于成熟的 Si 材料

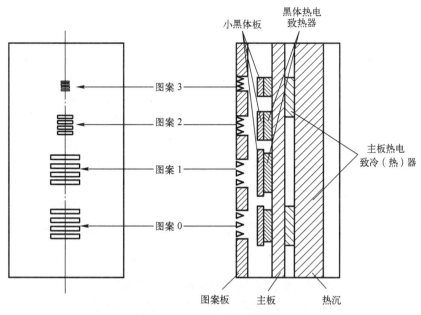

图 7-24 四条纹及温度控制板

工艺的 IRFPA 比用 InSb 和 HgCdTe 制做的 IRFPA 要有更好的可生产性。此外，短波红外（SWIR）和中波红外（MWIR）HgCdTe 阵列比长波红外（LWIR）HgCdTe 阵列更易于生产。随着 IRFPA 技术的成熟，努力的方向已放在了发展低成本、大批量应用的 IRFPA 的生产制造技术上。目前的目标是将 IRFPA 的成本降低到与系统的其他部件（如光学系统、低温致冷器和杜瓦瓶）相适应的程度。

7.4 红外成像器件与材料的制备

7.4.1 材料制备技术

由于在探测器材料研究方面的进展，在很宽的红外光谱范围内，都有可供选用的优质探测器。对于 MWIR 区域，InSb 以前一直是应用最广和最灵敏的材料，可是最近，在 HgCdTe（随组分不同其禁带宽度可变）方面的进展使它不仅在 MWIR 区域实际上取代了 InSb，而且在较高的工作温度和 LWIR 光伏应用方面也具有很大的潜力。如双色红外探测器，通过改变组分，达到在 MWIR 和 LWIR 波段的探测，有利于提高探测和识别能力。

1. 生长碲镉汞体晶的方法

生长碲镉汞体晶的方法很多，最常用的有固态再结晶、Bridgman 和 Te 溶剂三种技术。从组分的均匀性、电学参数、位错密度等指标看，三种方法制作的碲镉汞体晶都达到了相当高的水平，而且这三种碲镉汞体晶已投入了第一代探测器的生产。但这三种方法各有特点，如固态再结晶方法中，碲镉汞溶体的结晶速度很快，而在 Bridgman 和 Te 溶剂技术中，碲镉汞的结晶速度则很慢，处于准平衡态。通过对这三种方法制作的体晶进行了测量，给出的实验数据表明，探测率 $D^* \geqslant 1\times 10^{10}\ \mathrm{cm\,Hz^{1/2}\,W^{-1}}$ 的高性能的探测元固态再结晶占 60.99%，Bridgman 占 68.77%，Te 溶剂占 71.87%。由此 Bridgman 和 Te 溶剂方法的高性能探测元的百分比大致相当，再结晶的要低 8%~9%。当探测元达到高性能后，基本上认为在性能上的差别来自材料。

用响应率的平均值反映材料的总体性能,响应率的偏差反映材料的均匀性,响应率的最大值反映材料所达到的最高水平。从给出的数据看,在总体上,以 Te 溶剂和 Brigdman 方法生长的碲镉汞体晶为好,如考虑材料的成品率和晶片的研制成本,则以 Te 溶剂方法最佳。

2. 外延碲镉汞薄膜的方法

在材料研究领域内,液相外延(LPE)、金属有机物化学气相淀积(MOCVD)和分子束外延(MBE)等外延薄膜生长技术正在被用来制做探测器,以使其性能超过以前用固态再结晶等体材料研究方法制作的探测器。用 LPE 法在 $20\times20mm^2$(111)B 面的 CdZnTe(CZT)材料上生长了 $Hg_{1-x}Cd_xTe$(MCT)材料,生长的薄膜表面光亮,黑点少,位错密度较低,组分均匀性及材料参数可重复性良好。用 MOCVD 法在 CdZnTe 材料上生长 MCT 薄膜,选用的源是金属有机物 $(CH)_3Cd$、$(C_2H_5)_2Te$ 和高纯元素 Hg。生长温度约为 360℃,衬底是 CZT(211)、GaAs(211)。要在 MCT 晶体—气相外延界面实现生长,Hg、Te_2、Cd_2 的分压必须满足下列基本条件,即

$$P_{Hg}>P_{Hg}(e);\quad P_{Te}>P_{Te}(e);\quad P_{Cd}>P_{Cd}(e) \tag{7-96}$$

式中 P_{Hg}、P_{Te}、P_{Cd}——生长时外延区上气体中的各元素的分压;

$P_{Hg}(e)$、$P_{Te}(e)$、$P_{Cd}(e)$——外延层中各元素在此温度下的平衡分压。

式(7-80)中各项均是外延层组分和生长温度的函数,由此可见选择生长温度、有机源温度、有机源的流量和载气(H_2)的流量,可以优化生长条件,生长出高质量的 MCT 薄膜。

这些技术提供了较高纯度的材料、表面控制很好的薄膜、改进及新型的器件结构和适合低成本生产的较大面积晶片。用液相外延(LPE)生长的大面积的外延层和匹配层。外延就是在衬底上生长半导体薄膜,生长层的结晶性和方向由衬底所决定。当使用与衬底不同的半导体生长薄膜时,称为异质外延。对红外探测器来讲,这些先进的晶体生长技术的发展已经大幅度地提高了探测器材料的质量和增大了探测器材料的尺寸,同时,有可能做出许多新的、激动人心的单片式异质结构。另外,还有一些技术可以为界线分明的表面分布和杂质分布提供现场控制,这为制做先进的异质结二极管和超晶格结构提供了手段。

液相外延(LPE)是通过将加热的液体溶液(含有要生长的薄膜的组分)与衬底相接触来完成的。实际生长时,要将衬底在溶液中翻转、滑动或浸泡。浓度和温度可按所生长的外延薄膜的组分要求来调节。LPE 所需要的设备和工艺是比较简单的,因而是一种廉价的生长技术。但是温度梯度的限制使其无法提供高均匀层和精确的组分,所以它不适用于生长超晶格材料和其他的特殊结构。这种技术的另一个问题是需要有很高的生长温度,而且会出现疏松的、含杂质的和粗糙的表面形态。

气相外延(VPE)方法在制做大面积和高均匀性薄膜方面很有潜力,最终会提供很高的生产能力。由于 VPE 的生长温度比 LPE 要低得多,而且只有很少的杂质会被激活,因此可以制做质量较高的薄膜。已被广泛应用于制做红外材料的另一种方法是金属有机化学气相淀积(MOCVD)。在这种方法中,气态的元素或化合物的气流以复杂的多元金属有机物分子化合物的形式载入生长反应器,化合物在热反应器中分解,使所要求的探测器元素凝结在衬底上。

MOCVD 法生长的 MCT 薄膜质量适合于高质量的光伏型探测器的制造。为了确保探测器性能的一致性,首先要保证组分的均匀性。用于 IRFPAs 制造的 MCT 薄膜在 $1cm^2$ 上组分均匀性要求优于 0.5%,更好的则为 $\pm0.001mol$ CdTe(对 $8\sim14\mu m$)。实验表明,用 MOCVD 法生长的 MCT 薄膜,只要优选衬底,优化生长条件,薄膜的表面质量、组分均匀性、厚度均匀性可得到

很大的改善。

分子束外延(MBE)是一种用准直原子束与晶状的衬底表面在合适的温度和超高真空下发生反应的方法。射束由若干专用的组分汽化腔中发出并由快门来控制其各自的强度。清洁的环境、缓慢的生长速率以及每个射束源的单独控制使其可以精确地形成异质结构层和掺杂分布。由于可以控制层厚和生长界面的突变,因而可以制做超晶格结构。

红外探测器阵列的极限性能取决于能否达到与分立单元探测器相同的材料参数要求。探测器材料的电特性取决于载流子浓度、迁移率和寿命。此外,器件性能取决于对掺杂剂、杂质、缺陷及表面特性的控制。然而,与单元探测器相比,制作阵列还需要一些附加的极为苛刻的材料要求。很显然,用于外延探测器层的大面积晶片必须有非常严格的均匀性要求和易于加工的良好表面形态。此外,IRFPA 要求读出电路与探测器的接口电路必须是小型的且耗散功率很低,通常要求探测器有较高的质量以补偿低效率的前置放大器。对阵列的其他材料参数要求包括结晶特性(晶界、孪晶等)、机械特性(如在混合倒装焊的情况,对强度和脆性均有要求)、界面特性(做异质外延 IRFPA 时)、可生产性、价格和表面钝化处理等。表面钝化处理这项要求不仅仅是简单地用来做机械防护,而更重要的是防止表面出现化学和电学方面的变化,以致出现有害的表面态而降低使用性能。在某些器件结构中,钝化剂还起着增透膜的作用。

7.4.2 衬底的选择与制备

衬底是外延的基础,其作用类似于体晶生长的籽晶,因此,衬底的好坏直接决定外延层的质量。作为衬底,必须具备以下要求:①和外延层的晶格常数匹配;②在外延温度下物理和化学性质稳定;③红外透过率较高;④电阻率较高;⑤衬底易于生长,成本低。对于一种材料,要同时满足这些条件是很困难的,此前,Si、Ge、InSb 等材料都曾用作 HgCdTe 的外延衬底材料,但它们不仅存在晶格常数的匹配问题,而且还会引起异质掺杂,影响外延层的电学性质,因此严格上来讲,它们都不是好的衬底材料。

据国外报道,用 GaAs 作衬底已经做出了质量较好的焦平面列阵的探测器。当用 GaAs 时,先高温加热去除氧化物,接着生长 2~3μm 厚的 CdTe 过渡层,然后再生长 MCT。一般是在富 As 的 B 面上生长,在高温热净化时有 As 的升华,导致表面 As 缺乏,Ga 富集,以致无法得到良好的衬底表面。GaAs 衬底在不同温度下烘烤的和生长的 CdTe 的表面状况如表 7-2 所列。

表 7-2 GaAs 衬底在不同温度下烘烤和生长的 CdTe 的表面状况

衬底	方向	烘烤温度/℃	烘烤后衬底表面状况	生长的 CdTe 层的表面
GaAs	<211>B	未烘烤	光亮,没有麻点	
GaAs	<211>B	600	光亮,有少量麻点	均匀,表面平整
GaAs	<211>B	700	光亮,麻点明显	均匀,表面粗糙
GaAs	<211>B	800	光亮,麻点较多	均匀,表面极其粗糙

对 $Hg_{0.8}Cd_{0.2}Te$ 薄膜,含 Zn 为 4.4% 的 CdZnTe(CZT)可与之晶格有良好的匹配关系,CZT 是生长 MCT 薄膜最理想的衬底材料。衬底生长前需经高温脱氧,同时要防止表面变毛糙,这是相互牵制的两个方面。

CdZnTe 晶体的生长方法很多,常采用改进的布里奇曼(Bridgman)法进行生长,它是一种常用的熔体生长方法，其生长过程实际上是由 Cd、Te、Zn 三元组成的化合物熔体,在具有一定温度梯度的温场中缓慢下降,因局部过冷而不断结晶的过程。单晶面积是衡量衬底质量的最重要的参数,只有在单晶面积满足面阵要求情况下,谈论其他参数才有意义。然而,现有的衬底小而贵,又易碎,其膨胀系数大于用作读出电路的硅衬底的膨胀系数。这种膨胀的失配,在低温下会引起探测器和读出线路的侧向位移,在焦平面的边缘处最大,其大小正比于阵列的尺寸,当阵列很大时,在连接两个衬底的铟柱上引起的应力就会使阵列失败。使用碲镉或碲锌镉探测器衬底能做的最大混合焦平面是 128×128 元。为生产更大的低成倍的混合式焦平面,发展了 PACE-1 技术,即使用不宜碎的蓝宝石做衬底。它与硅的热膨胀失配大约是碲镉与硅的40%。由于蓝宝石的红外吸收使 PACE-1 焦平面只能限制在小于 5.5μm 时使用。对于 8~12μm 的长波,发展了用 GaAs 做衬底的 PACE-2 工艺,这时,碲镉缓冲层和碲镉汞探测器层都用 MOCVD(有机金属气体化学气相沉积)法生长,已制备出高性能的 64×64 元长波红外焦平面阵列。由于 GaAs 与碲镉的热膨胀相近,若不用 GaAs 做读出电路,则 PACE-2 FPA 如同碲镉一样,限制在同样大小的尺寸内。在实验室开始研制的 PACE-3 工艺,是在 Si 衬底上制备碲镉汞,以获得与 Si 读出电路相同的热膨胀系数。Rock Well 公司的 PACE-3 工艺就是使用直径为 7.6μm 的 GaAs/Si 衬底,这种衬底上的 GaAs 缓冲层克服了直接生长在 Si 上时引起的成核和反相域问题。

目前国外的 PACE-1、PACE-3 工艺已比较成熟,在 80K 下用 PACE-1,PACE-3 制备的中波红外 256×256 元阵列,平均量子效率分别为 60.9% 和 24.6%,截止波分别为 4.9μm 和 4.6μm。例如 RockWell 公司采用 PACE-1 工艺制备的中短波 256×256 元光伏型碲镉汞焦平面,是气相外延把碲镉生长在蓝宝石上,然后把碲镉汞层经液相外延生长在碲镉上,通过对生成物的厚度和成分($Hg_{1-x}Cd_xTe$)进行优化,可得到不同截止波长和工作温度。通过 B 离子注入成结,得到的探测器特性:工作波段在 0.8~5.5μm,量子效率平均为 62%,R_0A(零偏电压阻抗和 PN 结面积的乘积)值为 $10^6\Omega\cdot cm^2$,最小击穿电压大于 100mV,典型噪声值小于 $0.3\times10^{-5}A\cdot Hz^{1/2}$,NETD<0.01K。

7.4.3 PN 结的制作

光伏型红外探测器,以其响应速度快、器件功耗低、器件结构有利于排成两维阵列等特点而得到重视应用和发展。面阵探测器要求有高的量子效率、高的探测率、好的频率特性。光伏型探测器的基本部分是一个 PN 结。制作 PN 结的传统的方法是在 P 型碲镉汞材料上注入 B 离子形成 P^+ 反型层,而获得 P^+N 结。还有一种用 As^+ 注入 N-HgCdTe 并采用辐射快速退火工艺在短时间内完成对碲镉汞注入表面的缺陷退火和杂质激活过程,形成 P^+N 结。辐射快速退火工艺不同于常规的将碲镉汞封装在有一定汞蒸的容器中进行长时间的退火,它要求的退火时间极短,在 15s 之内。这种工艺制作的 P^+N 结与 N^+P 结相比较,由于 P-HgCdTe 比 N-HgCdT 的载流子浓度低,P^+N 结的空穴迁移率也相对低,按照扩散理论模型关于 R_0A 的推论可知,P^+N 结比 N^+P 结可以适当提高器件的优值 R_0A,并可以有更长的工作波段。此外 P^+N 结在工艺上具有良好的可控性和可重复性。

无论用哪一种方法成结,随着碲隔汞焦平面二极管阵列向着高密度、高集成化方向发展,像元之间的距离变小,正在接近少数载流子的扩散长度,因此就容易产生串光,使空间分辨率降低,为了减小串光,日本两家公司提出了两种方法来解决这个问题。一种方法是在 $Hg_{1-x}Cd_xTe$ 构成的阵列中,光电二极管各像元之间设置有 $Hg_{1-y}Cd_yTe(y<x)$,构成像元隔

离带。由于隔离带中 Cd 变少,能带中禁带宽度变窄,发生载流子复合。因此,生成的载流子难以进入临近像元,降低了串光,提高了空间分辨率。另一种方法是在半导体衬底上形成 CdTe 层和 HgTe 层的多重层。这种多重层能形成所需要的间隔,形成有多重层表面到半绝缘衬底的 P-HgCdTe 层和在 P-HgCdTe 内形成的 N-HgCdTe 层。背面入射到 CdTe、HgTe 多重层的红外光线被多重层内吸收,剩余的红外线在 HgCdTe 层内被吸收,产生载流子,载流子到达 PN 结的部分变成光电流而被探测,由于 HgCdTe 层被 CdTe 层多重层包围,HgCdTe 产生的载流子达不到邻近像元中,因而不会发生串光。

练 习 题

7.1 说明 SPRITE 探测器的工作原理及完全读出的条件。

7.2 设 SPRITE 探测器的双极迁移率为 $390 cm^2 \cdot V^{-1} \cdot s^{-1}$,样品长度为 $700 \mu m$,载流子寿命为 $3 \mu s$,则样品两端所加的电压为多少才合适?光扫描速度为多少?

7.3 与 CCD、SPRITE 相比,IRFPA 有何特点?

7.4 致冷型红外焦平面阵列的结构形式有哪几种?

7.5 致冷型红外焦平面阵列的混合式结构有哪两种?画出铟对接连接的结构图,在图中标示出光背照射方式。这种照射方式有何优点?

7.6 画出 PtSi 肖特基势垒的能带,红外探测器的基本结构。该结构有何特点?

第8章 微测辐射热计红外成像器件

热探测器探测辐射包括两个过程:一是外来辐射照到物体上,物体吸收外来辐射,晶格振动加剧,粒子运动动能增加,辐射能转换为热能使物体温度升高;二是温度升高导致某些物理量发生变化。这种因吸收辐射能使物体温度升高,从而改变物体性能的现象称为热效应。利用热效应探测和观察外来辐射原理而制成的器件称为热探测器。

热探测器与光子探测器的区别:

(1) 因为任何可见光和红外线辐射都会引起热效应,热效应引起的信号取决于辐射功率,而与光谱成分无关。因此热探测器不存在长波限,或者说光谱响应范围很宽。

(2) 目前光敏器件的探测率已达到背景限,但热敏器件探测率还只有背景限的1/10,还具有广泛的应用发展前景。

(3) 热探测器的响应时间比光子探测器长,而且取决于热探测器窗口的大小和散热的快慢等多种因素。

(4) 与长波段的光子探测器比较,它可以在室温下工作,不需要低温致冷。

热探测器根据其原理分为两大类:一类直接利用辐射能所产生的热效应,当探测器吸收辐射之后,将其转换成热,以温度来度量热,根据温度的变化来探测辐射,这类探测器包括各种温度计,如水银温度计、金属温度计,这是早期的热探测;另一类利用辐射产生热,热产生电或磁的效应,通过对电或磁量的度量来探测辐射的大小,利用这种原理制成的器件有热电阻、热电偶、热释电、热释磁探测器等。

人体、坦克、飞机、军舰等都是辐射热源,利用热探测器来探测人体、坦克、飞机、军舰等各部分辐射温度的分布,来分辨和识别这些物体。热探测器可广泛应用于探测人体、火源、热源、各种军事目标,在工农业以及国防上有重要的应用和发展。

8.1 热探测器的基本原理

8.1.1 热探测器的基本原理

如图8-1所示,探测器吸收外来辐射,辐射功率为$P(t)$,探测器吸收比为α,则探测器吸收的辐射功率为$\alpha P(t)$。吸收热能导致温度升高,热容量增加,温度升高要与周围环境发生热交换,将热量导走,即散热过程。

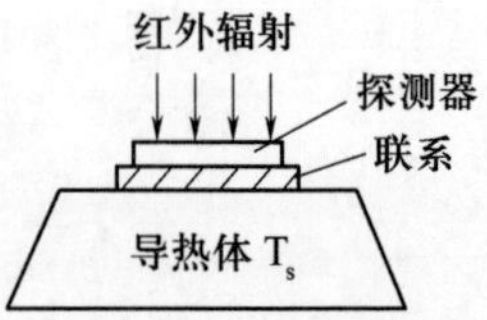

当接收的能量与热容增加和导走的热量相等时,即达到热平衡,此时有热传导方程

$$\frac{\mathrm{d}\Delta Q}{\mathrm{d}t}+H\Delta T=\alpha P(t) \tag{8-1}$$

$$C\frac{\mathrm{d}\Delta T}{\mathrm{d}t}+H\Delta T=\alpha P(t) \tag{8-2}$$

图8-1 热探测器与导热体的结构示意图

式中 C——热容(J/K),探测器每升高1℃的温度所要吸收的热能;
ΔQ——热容量(J);
H——热传导系数(W/K),单位时间内探测器和导热体之间的交换的热量,反映了探测器与外界交换能量的大小;
h——单位面积的热传导系数,$h=H/A$,A 为探测器的表面积。

设入射辐射功率为 $P(t)=P_0 e^{j\omega t}$,f 为热辐射的调制或变化的频率,$\omega=2\pi f$。考虑到 $t=0$ 时,$\Delta T=0$,解方程可得

$$\Delta T(t)=\frac{\alpha P_0 \exp(j\omega t)}{H+j\omega C} \tag{8-3}$$

$$\Delta T(t)=\frac{\alpha P_0}{C}\cdot\frac{\tau_T}{(1+j\omega \tau_T)}e^{j\omega t} \tag{8-4}$$

式中 τ_T——热时间常数,$\tau_T=C/H$。

$t\to\infty$ 时达到热平衡状态,温升为

$$\Delta T=\frac{\alpha P_0}{H(1+\omega^2\tau_T^2)^{1/2}}=\frac{\alpha P_0}{(H^2+\omega^2 C^2)^{1/2}} \tag{8-5}$$

温升 ΔT 随入射辐射功率的幅值 P_0 和元件的吸收比的增加而增加,随传热系数 H、调制频率 ω、热容的增大而减小。这就要求热探测器最好是同外界热隔离,以降低 H 值,这种探测器的使用条件同普通的温度计截然不同。但是 H 小,将使热时间常数增大,响应时间特性变差,在探测连续可变的辐射信号时,要求器件能及时地将原有信号导走,以便接收新的入射。因此 H 不可能太低。

当然还要求低的入射辐射频率以及小的元件热容。

典型的热探测器的热时间常数在几毫秒的范围内,比光子探测器的响应时间要长得多,增大 H 可减少 τ_T,但 H 增大会使温升降低,两者互相矛盾,因此减小热时间常数主要在降低热容 C 上,因此很多探测器的光敏面做得小,以便降低 C 值。

吸收比 α 代表辐射吸收的效率,在理想情况下,α 对所有波长辐射都应等于1,即"绝对黑体",但在实际中任何物体吸收比均小于1,如铸铁在某个温度时的吸收比为0.8,银的吸收比为0.08~0.13,铝的吸收比为0.11~0.19。为了提高 α 值,要在探测器光敏元的表面镀一层黑化材料,对表面进行黑化,如图8-2所示。

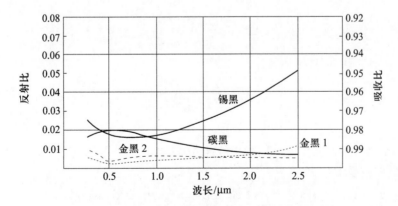

图 8-2 一些表面黑化材料吸收率 α 与波长的关系

根据 $\Delta T(t)$ 可计算温度响应率 R_T，即单位入射辐射功率所引起的探测器元件的温升，得

$$R_T = \frac{|\Delta T|}{P_0} = \frac{\alpha}{H(1+\omega^2 \tau_T^2)^{\frac{1}{2}}} \tag{8-6}$$

有三个方式能传递热，即热传导、热对流和热辐射。热传导可以在阵列中以三种方式进行：①热量敏感区沿支撑物向衬底；②如果像素之间相邻，热量从一个像素直接流向邻近的另外一个像素，这被称为横向热流通，必须加以避免，因为它会影响景物像的分辨率；③如果阵列没有固定在一个抽空的封装盒里，热量会流向周围的大气。

热对流需要周围有大气存在。通常来说，在阵列中它不是一种很重要的热传递方式。如果热成像阵列包装并未抽空，则从热敏感元件流经大气的热损失往往是热传导而不是热对流。

热辐射即敏感元件向周围辐射热量，周围环境也向其辐射热量。对热成像阵列来说，这是理想状况。如果主要热损失是辐射性的，则阵列受背景限制，这种限制对于工作性能影响非常大。

为了得到高性能，阵列应置于抽空的能透过红外传播窗口的封装之中。敏感元件不应该与相邻的像素挨着以避免图像分辨率的损失。假想这个阵列不受背景限制，则主要的热损失方式是由支撑结构向衬底传递的传导热。

8.1.2 热探测器的温度噪声限制

热探测器的噪声主要是温度噪声，还有介质损耗噪声、热噪声、放大器噪声等。因吸热后导致材料内部粒子运动动能增加，而导致温度升高。温度为 T 的物体，体系具有确定能量，温度是微观粒子热运动剧烈程度的体现。热探测器温度为 T，与周围环境进行热流交换，周围环境的热流入射到探测器，同时探测器要向周围辐射热量，通过散热体将热流导走。在一定时间内，体系维持平衡时，探测器处于温度 T。但每一时刻热交换具有随机性、起伏性，从而引起温度的起伏。这种由于与周围环境热交换而引起材料温度起伏，称为温度噪声。

设没有入射辐射，仅有热流扰动 $\phi(t)$，所以其热平衡方程为

$$C\frac{d\Delta T}{dt} + H\Delta T = \phi(t) \tag{8-7}$$

对此做傅里叶变换得温度噪声功率谱密度为

$$\overline{\Delta T^2(f)} = \frac{S_\phi(f)}{(H^2 + \omega^2 C^2)} \tag{8-8}$$

式中 $S_\phi(f)$——热流噪声功率谱密度。

$$\overline{\Delta T^2(f)} = \frac{S_\phi(f)}{\alpha^2} R_T^2 \tag{8-9}$$

由于

$$S_\phi(f) = 4HkT^2 \tag{8-10}$$

式中 k——玻尔兹曼常数。

热流噪声功率谱密度为白噪声，在频带宽度 Δf 内，热流噪声均方值为

$$\overline{\phi_n^2} = S_\phi(f) \cdot \Delta f = 4HkT^2 \Delta f \tag{8-11}$$

把 $S_\phi(f)$ 代入 $\overline{\Delta T^2(f)}$，得

$$\overline{\Delta T^2(f)} = \frac{4HkT^2}{(H^2+\omega^2C^2)} = \frac{4HkT^2}{\alpha^2}R_T^2 \tag{8-12}$$

则在频带 Δf 内,温度噪声均方值为

$$\overline{\Delta T_n^2} = \frac{4HkT^2\Delta f}{\alpha^2} \cdot R_T^2 = \frac{4HkT^2}{(H^2+\omega^2C^2)}\Delta f \tag{8-13}$$

则温度噪声等效功率,即最小可探测功率为

$$NEP_T = \sqrt{\overline{\Delta T_n^2}}/R_T = (4HkT^2\Delta f)^{\frac{1}{2}}/\alpha \tag{8-14}$$

那么温度探测率

$$D_T^* = \frac{R_T(A\Delta f)^{\frac{1}{2}}}{\sqrt{\overline{\Delta T_n^2}}} = \alpha(4hkT^2)^{-\frac{1}{2}} \tag{8-15}$$

表明 α 值越大,衬底温度越低,传热系数越低,D_T^* 越大,所以致冷降温可提高探测率。

如果热探测器的其他噪声与温度噪声相比可以忽略,那么温度噪声将是限制热探测器的极限探测率的原因。探测器和环境的热交换包括辐射、对流和传导,当探测器光敏元被悬挂在支架上并真空封装时,总的热导将取决于辐射热导。

通常,热探测器光敏元为薄片状,光敏元的侧面积远小于光敏面的面积,吸收比 α 接近 1,近似为黑体,这时的热导根据黑体辐射为

$$H = \frac{dP}{dT} = \frac{d(A\sigma T^4)}{dT} = 4A\sigma T^3 \tag{8-16}$$

式中 P——温度为 T 时的绝对黑体辐射功率或吸收功率 $P = A\sigma T^4$;

σ——为斯蒂芬—玻耳兹曼常数,$\sigma = 5.67\times10^{-8}\text{W}\cdot\text{m}^{-2}\cdot\text{K}^{-4}$。

于是,热探测器的温度噪声电压均方根为

$$V_n = \sqrt{\overline{V_n^2}} = \sqrt{\overline{\phi_n^2}} \times R_v = (4kT^2H\Delta f)^{\frac{1}{2}} \cdot R_v = 4(k\sigma T^5 A\Delta f)^{\frac{1}{2}} R_v \tag{8-17}$$

式中 R_v——热探测器的电压响应率,单位为 V/W。

电压探测率为

$$D_v^* = \frac{R_v(A\Delta f)^{\frac{1}{2}}}{\sqrt{\overline{V_n^2}}} = \frac{1}{4(k\sigma T^5)^{\frac{1}{2}}} \tag{8-18}$$

可见,温度是限制热探测率的主要因素,$T\downarrow$,$D^*\uparrow$,所以器件最好处于低温封闭环境状态。

在室温下,把 $T=300K$ 和 k、σ 值代入,可得理想热探测器的极限探测率 D^*,$D^* = 1.8\times10^{10}\text{cm}\cdot\text{Hz}^{1/2}/\text{W}$。

实际上目前热探测器尚未达到这极限。

8.2 微测辐射热计的工作原理

8.2.1 微测辐射热计的工作模式

微测辐射热计阵列是目前广泛应用的一类非致冷红外成像器件,由许多单元器件构成。每个测辐射热计由一个厚度为 T 的热敏电阻薄层构成,整个单元面积为 A_c,前表面面积为 A,填充因子 F_f,$F_f = A/A_c$,如图 8-3 所示。每个辐射计的整个表面积为 $2A$,前表面接受光辐射。

假定微测辐射热计表面的发射率为 ε，热容为 c，热导为 g，在绝对温度 T 下，每个测辐射热计是悬置于由两个脚支撑的温度为 T_s 的热存储器之上。

如图 8-4 所示，微测辐射热计安装在盒内，带有黑体壁，其温度为 T_s。从远处温度为 T_t 目标辐射的红外光成像在微测辐射热计的透镜上。这个装置包括一个很透明的环型的光学窗口，具有一个固定的立体角 Ω 与微测辐射热计的半锥角 θ 相对应，如图 8-5 所示。因此，在图 8-4 给出的立体角 Ω 上，微测辐射热计的前表面接受来自盒外的辐射。

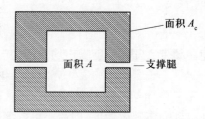

图 8-3　微测辐射热计的单元结构示意图

A_c—整个单元面积；A—前表面面积。

$$\Omega = \int_{\theta=0}^{\theta} \int_{\phi=0}^{2\pi} \sin\theta \mathrm{d}\theta \mathrm{d}\phi = 2\pi(1-\cos\theta) \tag{8-19}$$

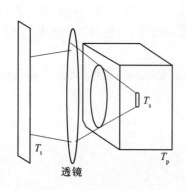

图 8-4　选择的光学系统

T_t—目标温度；T_p—封装盒温度；
T_s—与传感器相连的衬底温度。

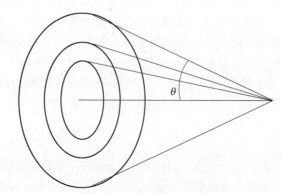

图 8-5　光线几何锥角形状

θ—视场半锥角。

图 8-4 中的光学装置的 F 数可以由下列方式定义，即

$$F_{no} = 1/2\sin\theta \tag{8-20}$$

式中　$\sin\theta$——数值孔径。

参考图 8-4 和图 8-5，设目标的辐射亮度为 L，辐射以一半锥角 θ 入射到传感器的前表面 A 上，则红外探测器接收的红外辐射能量 P_t 是

$$P_t = \pi L A \sin^2\theta \tag{8-21}$$

可用以下另一种有用的公式来表达，即

$$P_t = LA\pi\left[\frac{\Omega}{\pi} - \left(\frac{\Omega}{2\pi}\right)^2\right] = \frac{LA\pi}{4F_{no}^2} \tag{8-22}$$

探测器的发射率 ε，在微测辐射热计前表面 A 吸收的红外能量 P_t 变为

$$P_t = \frac{A\varepsilon\pi}{4F_{no}^2}L \tag{8-23}$$

在式(8-23)中，目标的辐射亮度 L 由普朗克定律给出，即

$$L = 2hc^2\varepsilon_t \int_{\lambda_1}^{\lambda_2} \frac{\mathrm{d}\lambda}{\lambda^5[\exp(hc/kT_t\lambda)-1]} \tag{8-24}$$

式中传播的红外波长在 λ_1 和 λ_2 之间,T_t 为目标温度,ε_t 为目标发射率。

在图 8-4 中,可以计算出由目标温度 T_t 变化而引起的微测辐射热计温度 T 的变化,即

$$\frac{\delta T}{\delta T_t} = \frac{\delta T}{\delta P_t}\frac{\delta P_t}{\delta T_t} = \frac{1}{g}\frac{A\varepsilon\pi}{4F_{no}^2}\frac{dL}{dT_t} \tag{8-25}$$

在成像计算中,dT/dT_t 的数值是很有用的,现举一个数字计算的例子,获得一个基本的量级的概念。$\frac{dL}{dT_t}$ 列于表 8-1 中,设在下列条件下:

$$g = 10^{-7}\text{W/K}$$
$$A = 50\times50\mu m^2$$
$$\varepsilon = 0.8$$
$$F_{no} = 1$$
$$\lambda_1 = 8\mu m$$
$$\lambda_2 = 12\mu m$$
$$T_t = 300K$$

对于 $dT_t = 1°C$ 时,通过式(8-25)获得,微测辐射热计的温度变化是 $dT = 10mK$。

表 8-1 对于目标温度为 290K、300K 以及 310K 时的 dL/dT_t 的值($W \cdot cm^{-2} \cdot sr^{-1} \cdot K^{-1}$)

波长间隔 $\lambda_1\sim\lambda_2$ /μm	290K	300K	310K
3-4	8.9×10^{-7}	1.3×10^{-7}	1.9×10^{-6}
4-5	4.0×10^{-6}	5.5×10^{-6}	7.2×10^{-6}
8-10	3.1×10^{-5}	3.5×10^{-5}	3.9×10^{-5}
10-12	2.6×10^{-5}	2.8×10^{-5}	3.1×10^{-5}
12-14	1.9×10^{-5}	2.1×10^{-5}	2.2×10^{-5}

8.2.2 微测辐射热计的工作原理

微测辐射热计敏感单元是一个热敏电阻传感器。为了测量吸收红外热辐射以后的热效应,传感器采用随温度 T 而电阻 $R(T)$ 变化的材料。用来度量电阻 $R(T)$ 随温度 T 变化的参数是电阻温度系数(TCR)。电阻温度系数通常用 α 表示,定义为

$$\alpha = \frac{dR}{RdT} \tag{8-26}$$

如果 α 与温度无关,将式(8-26)积分,得

$$R(T) = R(T_s)[1+\alpha(T-T_s)] \tag{8-27}$$

T_s 为热衬底的温度。在金属中,自由载流子浓度随温度变化很小,但自由载流子迁移率随温度增加而减小,产生一个正的 α,一般为 $+0.002K^{-1}$,薄金属膜通常有一个小于体值的 TCR。金属薄片的 TCR 通常随温度变化很小,因此式(8-27)很好地描述了金属的 $R(T)$。

半导体材料其迁移载流子浓度随温度增加而增加,同样载流子的运动也随着温度而变化,产生一个很高的负的与温度有关的 α。一个典型的 $R(T)$,自由载流子浓度由一个带宽内的热激励控制,则

$$R(T) = R_0 \exp\left(\frac{\Delta E}{kT}\right) \tag{8-28}$$

式中 k——玻尔兹曼常数；

　　ΔE——激励能量，等于 $E_g/2$；

　　R_0——常数。

由式(8-26)和式(8-28)可得半导体的 TCR，即

$$\alpha = \frac{dR}{RdT} = -\frac{\Delta E}{kT^2} \tag{8-29}$$

如 $E_g = 0.6\text{eV}$，$T = 300\text{K}$，则 $\alpha = -0.04\text{K}^{-1}$。

因为自由载流子的数目随着 ΔE 的增加而减少，一般的趋势为一个高电阻的材料则具有较高的 α，但是，高电阻的材料总是有太大的多余噪声（$1/f$ 噪声）。

很多半导体材料可以选为微测辐射热计的 TCR 材料，如使用非晶 Si、Ge 和 Pt 等薄膜可作为 TCR 材料。薄膜由溅射和 PECVD（等离子增强化学气相沉积）方法生成。PECVD 生成的非晶硅膜，TCR 值是溅射生成硅膜的 2 倍。非晶硅膜热敏材料已经获得了广泛的应用。

高温超导材料在一般导体到超导体的温度过渡间隔内，其电阻值变化很快，显示出很高的 TCR 值，但到目前为止，这些材料的转变温度要比室温低。

混合的 VO_x 薄膜是常用的微型辐射计的热敏材料。因为该薄膜沉积技术已经相当完备，在微测辐射热计的集成电路制作工艺的温度范围内，溅射多晶氧化钒（VO_2，V_2O_3 和 V_2O_5）膜片（50~100nm）是容易实现的。该薄膜电阻温度系数 α 在 25℃ 时为 -0.02K^{-1}，比大多数金属的 α 值高 5~10 倍，在 25℃ 时其方块电阻约为 $20\text{k}\Omega/\square$，加以合适的电触点，敏感元的 $1/f$ 噪声足够低。VO_x 薄膜的 TCR、电阻值和 $1/f$ 噪声都表明这种材料的性能要比金属电阻器要好，是一种用于构造微测辐射热计常用材料。Si_3N_4 是这种薄膜的很好基底，且对于氧化钒是钝化剂。

图 8-6 显示了 VO_2 薄膜片电阻随着温度变化的全过程：在 68℃ 时经历了从半导体到金属的转变，其表热为 750cal/mol，这种发生转变的材料可能适合于测辐射热计的使用。50nm 的混合氧化钒薄膜在室温附近没有表现出相的变化，TCR 值高达 -0.03K^{-1}，如图 8-7 和图 8-8 所示。

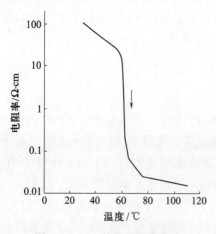

图 8-6　VO_2 的电阻温度曲线

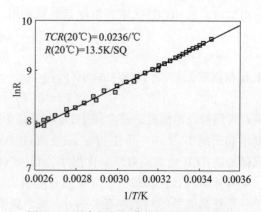

图 8-7　混合氧化钒薄膜的电阻温度曲线

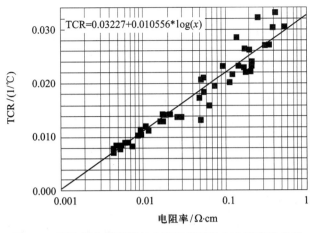

图 8-8　混合氧化钒薄膜的电阻温度系数与电阻率的曲线

热辐射经过凸透镜聚焦,成像在热敏探测器阵列上,热辐射导致探测器温度变化,而温度变化导致热敏元电阻的变化,通过回路把电阻变化信号取出,就可以探测到外界的热辐射。

8.3　微测辐射热计的结构

1. 一层微辐射计结构

制造微辐射计阵列的基本技术称为微型机械技术,是一种以 Si 材料为基础,通过选择刻蚀来构造微观隔热结构的技术。微机械制成的微辐射计可以分成两个大的设计类别,如图 8-9 所示,"一层"微辐射计包括一个与 Si 衬底等高的微电桥,通过一个 Si 底上的刻蚀槽进行隔热。"两层"微辐射计包括一个高于原始 Si 表面的微桥,这样位于下方的 Si 是无损的。目前,微测辐射热计主要由"两层"结构组成。

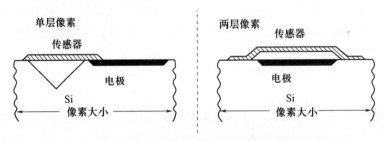

图 8-9　"一层"和"两层"的微辐射计结构

单层微辐射计的主要缺点:因为下面的 Si 被刻蚀掉了,读出电路必须置于每个微电桥的附近,这对于少于 $75\mu m$ 大小的像素来说,就会产生较差的填充系数,如图 8-10 所示。

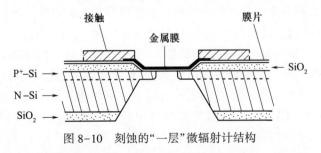

图 8-10　刻蚀的"一层"微辐射计结构

253

2. 两层的微辐射计结构

图 8-11 显示了一个两层结构设计图。与单层结构相比，这种设计是一个很大的改善，因为它允许了更大的填充系数（读出电路可以处在 Si 微桥下面）和更大的红外光吸收率（在腔体下方产生一个共振光学腔），这种结构还可以减少热传导系数，起到微观隔热的效果。

如图 8-11 所示，一个 $35\mu m \times 35\mu m \times 0.8\mu m$ 的微桥置于 Si 衬底之上，Si_3N_4 是桥支撑臂，桥和 Si 之间间距约为 $2.5\mu m$。敏感材料是 50nm 氧化钒层，氧化钒层两个面上镀有 50nm 的 Ni-Cr 导电薄层。氧化钒通过 Si_3N_4 的夹层保护不受刻蚀。这种结构的各像素的热导 g 值如图 8-12 所示。

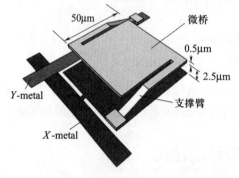

图 8-11 微测辐射热计像元的两层结构示意图　　图 8-12 两层的微辐射计的测得的 g 值

双层结构的微辐射计可以由几种途径产生，即使用不同的微机械方法来生产。图 8-13 说明了典型的制造一个两层微辐射计的步骤。

（1）首先在 Si 上制作需要的读出电路，在 Si 薄片上注入金属化导体，如图 8-13(a) 所示。

（2）在薄片用一种材料平面化，如聚酰亚胺自旋，其使用光学工艺形成一个牺牲圆面，如图 8-13(b) 所示。

（3）沉积氮化硅/氧化钒/氮化硅层，下面一层氮化硅是支撑层，上面的氮化硅是钝化层。还要沉积 Ni-Cr 层，Ni-Cr 层作为电极，与 TCR 材料以及连接金属一起溅射在牺牲台面上，如图 8-13(c) 所示。

（4）用一个选择性的材料刻蚀消除牺牲台阶，例如氧等离子体刻蚀，剩下一个自身支撑的双层结构，如图 8-13(d) 所示。像元的立体结构如图 8-11 所示。微辐射计由许多这样的像元组成，图 8-14 为微测辐射热计器件的局部放大图，其支撑结构和像元界定范围清晰可见。

使用一个近似为 $2.5\mu m$ 的真空间隙与一个衬底上的薄片金属反射层，可以在辐射计和衬底反射层之间产生一个 $\lambda/4$ 的谐振腔，适用于波长约为 $10\mu m$。这种复合层结构的 IR 吸收可以通过电介质复合层干涉滤波器的计算机程序计算得到。图 8-15 是一个计算的吸收与波长的曲线。通过在大面积薄片实验结构中使用折射率接近于 1 的电介质薄膜来模拟一个真空间隙，并且通过辐射计测量多波长的响应率，已经证实了图 8-15 的计算曲线。

图 8-16 显示了完整两维阵列的显微图像，一个直径为 4 英寸的薄片的两层辐射计带有单片读出电路。这些阵列有一个双极性读出电路，外加常压偏置，允许信号电流同时流过 14 个相邻的单元，流到 14 个分立的双极性前置放大器中。早期的阵列使用双极性单片读出电路以及前置放大器而不是 COMS。这是因为双极性电路 $1/f$ 噪声较低。两层微辐射计参数在表 8-2 中有概括。

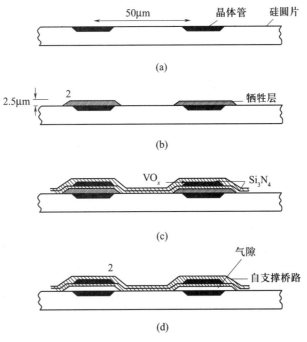

图 8-13 "两层"结构的微辐射计的制作过程
(a) 利用硅圆片制作读出电路(晶体管和接触界面的金属化);(b) 沉积牺牲层;
(c) 沉积氮化硅/氧化钒/氮化硅;(d) 选择刻蚀圆片,留下支撑层。

图 8-14 微辐射计的多像元图

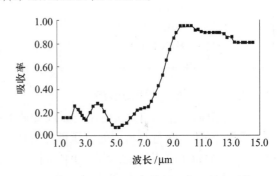

图 8-15 两层的微辐射计的吸收系数的计算

图 8-16 一个两层的微辐射计阵列的封装图

255

表 8-2　360×240 两层的微辐射计的参数概括

参　数	数　值
阵列大小	240×360
像素尺寸	50μm×50μm
设计	两层
桥路	35μm×35μm×0.8μm　Si_3N_4
腿	50μm×2μm×0.8μm　Si_3N_4
填充因子	0.70
封装	真空
热稳定装置	热电稳定器
标准工作温度	25℃
热容	$3×10^{-9}$ J/K
真空中的热导	$2×10^{-7}$ W/K
时间常数	15ms
吸收器	平均 80%，8~14μm
TCR 材料	VO_x　50nm 厚，TCR 为 $-0.023K^{-1}$
读出电路	脉冲常压，每个像素有双极性三极管，14 个像素平行，14 个双极前置放大器
像素的阻抗值	20kΩ
场速	30Hz
帧速	30Hz
补偿偏移量	间歇的光闸
偏置	5μs　250⊗μA 脉冲
测量的摄像仪的 NETD	0.039℃（在 $F_{no}=1$，8~14μm，目标温度 300K）

3. 微辐射热计的驱动电路

二维微辐射计阵列读出电路的原理如图 8-17 所示，行与列的交点处为微辐射计和电子学"像素开关"。每行与每列的电压可控制像素开关的开与闭，以选择将信号加在任意微辐射计上。对 64×64 的阵列，帧速为 30Hz，则每个微辐射计的偏置时间为 8.1μs。电路如图 8-18 所示。被选择的微辐射计，其金属化列上的势能固定在地电位上，前置放大器对每个脉冲间隔流过电容的电流积分。每个 8.1μs 末，电容上的电荷会被瞬间释放，准备下一次积分。其读出过程简述如下：

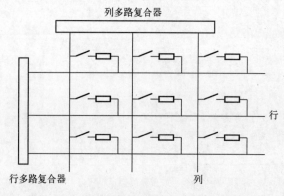

图 8-17　微测辐射热计读出电路的一般形式

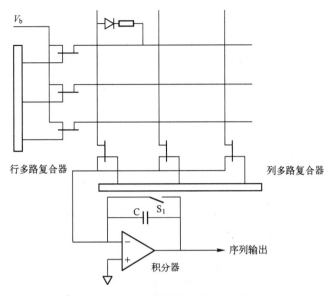

图 8-18 微测辐射热计的列读出电路
V_b—负载电阻的偏置电压；C—电容；S1—MOS 开关。

（1）在阵列的每一行加偏置电压，一行上的微辐射计被选中。
（2）被选中的微辐射计的电流信号经列线传输，并在每列的积分器中进行积分放大。
（3）积分器的输出信号传送到存储寄存器中。
（4）在列移位寄存器的控制下，信号被连续传输到输出端，同时下一行电流信号正在被积分。

实际应用中，由于开关电路导致的噪声，偏置时间中有一部分不能用于信号积分。对较大的阵列，读出序列像素时间减少。

为克服这一问题，可同时读出多个微辐射计。如图 8-19 所示为 240×336 阵列，焦平面同时输出 14 个平行信号。随集成技术的发展，240×336 阵列平行输出提高到整个行像素，帧速也增加到 60Hz，像素时间达到 70μs。每行微辐射计加一偏压，信号流经各列并积分，输出信号进入寄存器，同时下一行信号积分。读出过程简述如下：

（1）在二极管外加适当电压使其导通，以选择微辐射计。
（2）被选中的微辐射计的电流信号经列线传输，流经电容 C。
（3）积分器对经过电容 C 上的电流进行积分。
（4）像素时间末，开关 S_1 闭合，电容 C 上的电荷被释放，等待下一次电流信号的积分。

经计算，由于一个微辐射计噪声比单片电路噪声小得多，因而可忽略，同时 FET（场效应管）开关噪声也可以忽略。因此认为 COMS 多路复合器是无噪声的。利用双极性器件可以得到低噪声 COMS 放大器。

噪声相对幅值与各微辐射计间相对信号的变化之比影响着电路动态范围。微辐射计阻抗存在差异，引起阵列的不均匀性。辐射计间室温电阻变化为 dR，偏压 V_b，阵列瞬时电压为

$$V = \frac{R}{R+R_L} V_b \tag{8-30}$$

电压偏移为

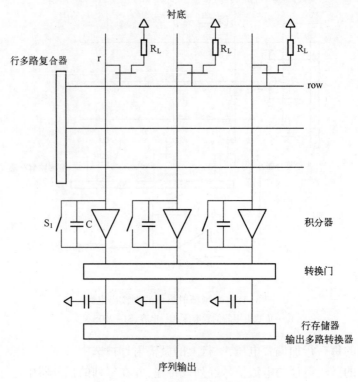

图 8-19 大规模阵列的读出电路

$$dV = \frac{V_b R_L}{(R+R_L)^2} dR \qquad (8-31)$$

电流偏移为

$$dI = -\frac{V_b}{(R+R_L)^2} dR \qquad (8-32)$$

每个偏置脉冲的影响下会有一个温度增量 ΔT，从而微辐射计会有一额外变化量 $R\alpha\Delta T$。

4. 微辐射热计的封装

标准温度和气压下的大气热导为 $2.5\times10^{-4}\mathrm{W\cdot cm^{-1}\cdot K^{-1}}$，因此一个面积为 $50\mu m\times50\mu m$、高于衬底 $2.5\mu m$ 的双层辐射计在标准温度和气压下热导为 $2.5\times10^{-5}\mathrm{W/K}$，比典型的支撑臂的热导要大很多。

因此如果工作在空气中，微辐射计响应率是会大大减少的。当空气压力减少，空气分子的数量也会减少，平均自由程则以同样速率增加，直到平均自由程到达物理带距的 $2.5\mu m$ 的限制为止。这发生在空气压力大约为 26.6Pa，尽管有效的平均自由程被固定在这个压力之下，气体分子数目随着压力而减少，因此空气的热导随着压力近似线性减少。通常在空气压力为 6.7Pa 时，一个典型的微辐射计的热导最终受到支撑臂热导的限制。由空气压力的进一步减少带来的微辐射计 g 值的减少量可以忽略。因为一个微辐射计的响应是正比于 $1/g$ 的，完全的敏感度需要典型的大气压为 6.7Pa 或更少，工作在更低压力下可以改善敏感性。

尽管空气压力通过真空泵可以轻易得到，由于真空中有放气源，所以要在真空状态除气，才能在一很小容积的封装里保持这种压力长达很多年。可以通过使用铜焊和低温焊接的材料封装,来实现长时间密封的真空封装,这些材料在封装前经过仔细的清洗和烘烤。一些封装设计内部使用吸气剂吸附内部材料的放气来提供更长的封装真空期。图 8-20 显示了一个密封的真空封装设计结构的 240×336 阵列器件,有一个 TE(热电)温度稳定器安装在封装里面以来提供热稳定性。为了减少封装费用,也可以使用在封装里充不活泼气体的方法。充气封装的辐射计除了有较高的热导值外,其余与真空封装的器件性能一样。

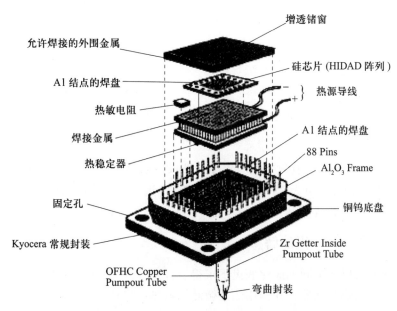

图 8-20 一个 240×336 的微辐射计的真空密封形式

8.4 微测辐射热计的响应率

8.4.1 微测辐射热计热平衡方程

微测辐射热计的敏感元温度 T 与热存储器(温度 T_s)交换热量而发生变化,从目标辐射的红外辐射功率以及热存储器发出的能量分别为 P_t 和 P_s,由偏置电压或电流产生热能量 P。

微测辐射热计两维阵列电子读出电路中,微测辐射热计的电阻变化可以转换成电压或电流信号,可以被红外摄像电路吸收。这通常可以通过外加一个偏置电压 V 或者电流 I,然后测量最终的电压或电流获得。在微测辐射热计上外加的偏置产生温度增量,这是由于焦耳功率损耗 $P=IV$ 造成的,在典型的微辐射计的工作过程中可看到,从偏置得到的焦耳热量比从目标辐射的红外信号得到的焦耳热要大得多。因此热能量 P 须掌握仔细,必须使用有效方法区分热是由目标入射的红外辐射引起的还是由偏置引起的。

$$c\frac{dT}{dt}=IV+\varepsilon P_t+\varepsilon P_s-g(T-T_s)-(2A)\varepsilon\sigma T^4 \tag{8-33}$$

式中 c——热容;

$(2A)\varepsilon\sigma T^4$——Stefans 定律确定的热辐射项。

对于微测辐射热计的温度极小变化 dT,其出射的功率相应增加的 $P_{rad}=(2A)\varepsilon\sigma T^4$,辐射热导 g_{rad} 为

$$g_{rad} = \frac{d[(2A)\varepsilon\sigma T^4]}{dT} = 4(2A)\varepsilon\sigma T^3 \ [W/K] \tag{8-34}$$

微测辐射热计的热导是辐射热导 g_{rad} 和支撑腿的热导 g_{leg} 之和,如图 8-21 所示。看来,式(8-33)的热导 g 值准确地应该写成 g_{leg}。

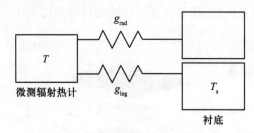

图 8-21 辐射计与环境之间的热导

g_{rad}—辐射热导;g_{leg}—辐射计支撑腿热导;T_s—衬底温度。

一个 $50\mu m$ 长的支撑腿,g_{leg} 值为 $2\times10^{-7} W/K$。假设热敏感面积 $A = 50\times50\mu m^2$,$\varepsilon = 0.8$,$T = 25℃$,则由式(8-34)算出,g_{rad} 值为 $2\times10^{-8} W/K$。由于 g_{rad} 远小于 g_{leg},所以在许多场合,可以忽略衬底辐射热导 g_{rad},以简化等式和计算。

8.4.2 无偏置的热平衡方程的解

热平衡方程的解可以在不同的简化假设下求得。首先,解出无偏置的热平衡方程,以演示微测辐射热计是怎样与热存储器相互作用的。微测辐射热计与其偏置供应的相互作用是很复杂的。

对于热平衡零偏置的解显示出微测辐射热计怎样与热存储器相互作用,即

$$c\frac{dT}{dt} = Q - g(T - T_s) \tag{8-35}$$

其中所有的辐射热作为一个吸收净辐射能 Q,即

$$Q = \varepsilon P_t + \varepsilon P_s - (2A)\varepsilon\sigma T^4 \tag{8-36}$$

如果 $t<0$ 时,$Q=0$,对于 $t\geq0$ 可以解出

$$T(t) = T_s + \frac{Q}{g}(1 - e^{-t/\tau}) \tag{8-37}$$

说明对于红外功率 Q,其温度响应随指数热时间常数 $\tau = c/g$ 变化。过了一段时间后,微测辐射热计温度达到稳定值,即

$$T(t \gg \tau) = T_s + \frac{Q}{g} \tag{8-38}$$

对于吸收辐射热的测辐射热计温度响应率 R_T 为

$$R_T = \frac{\delta T}{\delta Q} = \frac{1}{g} \tag{8-39}$$

如果净吸收辐射能量 Q 减少到零,测辐射热计温度滞后于衬底温度,具有相同的指数时间常数 τ,如图 8-22 所示。如果输出热功率 Q 是一个正弦波 $Q = Q_0 e^{j\omega t}$,则热平衡方程的解为

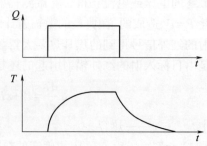

图 8-22 微辐射计的脉冲辐射响应

Q—净吸收的红外辐射功率;T—辐射计的温度。

$$\Delta T(\omega) = \frac{Q(\omega)}{g(\omega)} \tag{8-40}$$

式中

$$g(\omega) = \frac{c}{\tau}(1+j\omega\tau) \tag{8-41}$$

因此合成温度信号幅值与 $1/\sqrt{1+\omega^2\tau^2}$ 成正比，-3dB 截止频率 $f_c = 1/2\pi\tau$。

8.4.3 加偏置的热平衡

加一个偏置，微辐射计总共受热 $W=Q+P$，其中 Q 为净吸收的红外热功率，$P=IV$ 是从偏置电压的来的焦耳能。在所有正常的情况下 $P \gg Q$，因此 W 可以被 P 替代，只要不包括 W 的微分。因为一个偏置使辐射计受热引起其电阻发生变化，所以辐射计的 $V-I$ 曲线不是一条直线。为了计算出此曲线的形状，假定辐射能 $Q=0$，P 缓慢增加。辐射计温度增加，引起电阻或增或减，取决于 TCR 是正是负。正或负的 TCR 的辐射计的 $V-I$ 曲线如图 8-23 所示。

为描述 $V-I$ 曲线的曲率，定义热电参数 β 为电阻相对变化与能量损耗相对变化之比，即

$$\beta = \frac{\delta R}{R} \bigg/ \frac{\delta W}{W} = \frac{W}{R} \frac{\delta R}{\delta W} = \frac{\delta \ln W}{\delta \ln R} \tag{8-42}$$

如果假定 $V-I$ 曲线是用固定小的 Q 来测量，可以将 β 扩展以找到 $V-I$ 曲线的斜率 $Z=\mathrm{d}V/\mathrm{d}I$，则

$$\beta = \frac{P}{R}\frac{\delta R}{\delta P} = \frac{P}{R}\frac{\delta(V/I)}{\delta(IV)} = \frac{I\delta V - V\delta I}{I\delta V + V\delta I} = \frac{IZ-V}{IZ+V} \tag{8-43}$$

可得

$$Z = \frac{\delta V}{\delta I} = R\frac{1+\beta}{1-\beta} \tag{8-44}$$

R、Z 参数变化如图 8-24 所示，β、α 有相同的变化，在 $V-I$ 曲线上任一点上，β 为

$$\beta = \frac{W}{R}\frac{\delta R}{\delta T}\frac{\delta T}{\delta W} = \frac{(IV+Q)\alpha}{g} = \alpha\Delta T \tag{8-45}$$

式中 ΔT——辐射计的温度增加值；

α——电阻温度系数。

$g = \mathrm{d}W/\mathrm{d}T$。

可以看到当偏置数量增加时，$V-I$ 曲线的斜率达到 ∞ 或 0，当 $\beta=1$ 或 -1 时，当辐射计温度增加量 $\Delta T = |1/\alpha|$，辐射计电流或电压达到最大值。

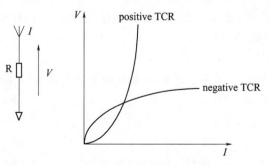

图 8-23 微辐射计的 $V-I$ 曲线

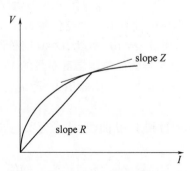

图 8-24 微辐射计的电阻参数 R、Z

以上的公式给出了对 β 和 Z 的零频表达式。辐射计的频率响应可以用一个频率依赖量 g 来表示,即

$$g(\omega) = \frac{c}{\tau}(1+j\omega\tau) \tag{8-46}$$

因此可以写出相应的频率依赖的 β、Z 形式,即

$$\beta(\omega) = \frac{IV\alpha}{g(\omega)} = \frac{\beta(\omega=0)}{1+j\omega\tau} \tag{8-47}$$

$$Z(\omega) = R\frac{1+\beta(\omega)}{1-\beta(\omega)} \tag{8-48}$$

举一个数字化的例子,对于一个类金属 α 为 $+0.002\text{K}^{-1}$,在温度增加为 $1/\alpha = 500\text{℃}$ 时 V—I 曲线斜率变为 ∞。对于一个类半导体有 $\alpha = -0.02\text{K}^{-1}$,$V$—$I$ 曲线斜率在温度增加为 $1/\alpha = 50\text{℃}$ 时变为 0。对于 $g = 10^{-7}$,需要大约 $500 \times 10^{-7}\text{W}$ 和 $50 \times 10^{-7}\text{W}$ 的焦耳功率,即 $R = 10\text{k}\Omega$ 时,微辐射计电流大约需要 $70\mu\text{A}$ 和 $22\mu\text{A}$。

8.4.4　V—I 曲线的计算

热平衡方程式(8-30)在热平衡状态下,有

$$0 = Q + I^2R(T) - g(T-T_s) \tag{8-49}$$

其中 Q 代表了所有入射辐射能量,T 为微辐射计温度,即

$$T - T_s = (IV+Q)/g \tag{8-50}$$

同样,根据欧姆定律,有

$$V = IR(T) \tag{8-51}$$

式中　$R(T)$——微辐射计电阻与温度关系式。

式(8-50)和式(8-51)可以用来在数值上计算微辐射计的 V—I 曲线。下面就金属的 TCR 值和半导体的 TCR 值两种情况分析。

1. 类似于金属的电阻温度系数的 V—I 曲线

对于一个带有金属敏感电阻器的微辐射计来说,α 典型值为 $+0.002\text{K}^{-1}$,与温度无关。因此式(8-50)和式(8-51)变成

$$T - T_s = (IV+Q)/g \tag{8-52}$$

$$V = IR(T_s)(1+\alpha(T-T_s)) \tag{8-53}$$

消去 T 可得 V—I 关系中类金属的 TCR,即

$$V = IR(T_s)\left(1+\alpha\frac{IV+Q}{g}\right) \tag{8-54}$$

通常计算机可计算出一个类金属 V 的 V—I 曲线,如图 8-25 所示,其结果是在 $\alpha = +0.002\text{K}^{-1}$,$R(T_s) = 10\text{k}\Omega$,$g = 10^{-7}\text{W/K}$,$Q = 0$ 的条件下计算的。

2. 类半导体的电阻温度系数的 V—I 曲线

对于一个类半导体的 TCR,微辐射计在温度 T 下其稳态 V—I 曲线由下列等式给出,即

$$T - T_s = (IV+Q)/g \tag{8-55}$$

消除 T 后得到 V—I 曲线,即

$$V = IR(T_s)\exp\left[\frac{\Delta E}{K\left(T_s + \dfrac{IV+Q}{g}\right)}\right] \tag{8-56}$$

式中 K——玻尔兹曼常数。

利用计算机可得到类半导体的 V—I 曲线,如图 8-26 所示。

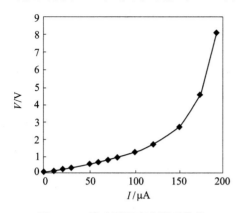

图 8-25 类金属温度电阻系数的
微辐射计的 V—I 计算曲线
($Q=0,\alpha=0.002\text{K}^{-1}$,在 300K 时 $R=10\text{k}\Omega$,
$g=10^{-7}\text{W/K}$)

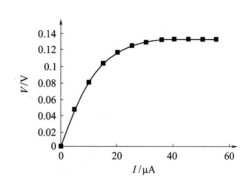

图 8-26 类半导体电阻温度系数的
微辐射计的 V—I 曲线
($Q=0,\alpha=-0.027\text{K}^{-1}$,在 300K 时 $R=10\text{k}\Omega$,
$g=10^{-7}\text{W/K}$)

8.4.5 负载线

一个微辐射计与带偏置的电路相互影响。带偏置这一方式很明显地改变了辐射计的工作状态。可以由下列表述说明:一个辐射吸收能量 dQ,改变了微辐射计的阻抗,改变了偏置电压施加的焦耳功率 $P=IV$。这与无偏置时所期望温度改变值 dQ/g 不同,因为温度的变化量经过了调整,辐射计同样也经历了不同的到达平衡的时间,这被称为热电效应。

为了量化热电效应,使用如图 8-27(a)所示的电路,其热等效平衡电路代表了一个偏置产生器:一个理想偏置电压源 V_b,一个负载电阻 R_L,微辐射计的工作点由负载线 $V_b=V+IR_L$ 与微辐射计 V—I 曲线的交点决定,如图 8-27(b)所示。辐射引起电压的变化如图 8-27(c)所示。

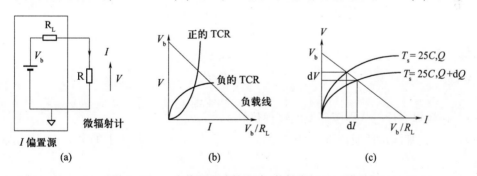

图 8-27 一个偏置电路的电路、负载线与 V—I 曲线

R_L—负载电阻;V_b—偏置电压;T_s—衬底温度;Q—红外辐射功率;
dQ—吸收的红外功率的改变量;dV,dI—分别为微辐射计的电压和电流的改变量;
R—微辐射计的电阻。

当微辐射计与偏置产生器耦合时,由扩展斜率量 β 和 $P\gg Q$,可以算出零频电压响应率 $R_v=dV/dQ$。

$$\beta=\frac{W\delta(V/I)}{R\delta(IV+Q)}=\frac{\left[I^2\left(\frac{\delta V}{I}-\frac{V\delta I}{I^2}\right)\right]}{(I\delta V+V\delta I+\delta Q)}=\frac{1+\frac{V}{I}\frac{1}{R_L}}{1-\frac{V}{I}\frac{1}{R_L}+\frac{1}{I}\frac{1}{R_v}}=\frac{1+\frac{R}{R_L}}{1-\frac{R}{R_L}+\frac{1}{I}\frac{1}{R_v}} \quad (8-57)$$

因此电压响应率 R_v 为

$$R_v=\frac{\delta V}{\delta Q}=\frac{\beta}{I\left[1-\beta+\frac{R}{R_L}(1+\beta)\right]}=V_b\frac{RR_L\alpha}{(R+R_L)^2}\frac{1}{g}\frac{1}{1+\beta\frac{R-R_L}{R+R_L}} \quad (8-58)$$

在零频时,利用靶温度 T_t 的灵敏度的式(8-23),得

$$\frac{\delta V}{\delta T_t}=\frac{\delta V}{\delta Q}\frac{\delta Q}{\delta T_t}=V_b\frac{RR_L\alpha}{(R+R_L)^2}\frac{1}{1+\beta\frac{R-R_L}{R+R_L}}\frac{1}{g}\frac{\varepsilon A\pi}{4F_{no}^2}\frac{\delta L}{\delta T_t} \quad (8-59)$$

可得电流响应率 R_i 为

$$R_i=\frac{\delta I}{\delta Q}=\frac{\delta I}{\delta V}\frac{\delta V}{\delta Q}=-\frac{1}{R_L}R_v \quad (8-60)$$

可以使用一个类似 β 的展开式得低频温度响应率 $R_T=dT/dQ$。

$$\beta=\frac{W\delta(V/I)}{R\delta(VI+Q)}=\frac{I^2\left(\frac{\delta V}{I}-\frac{V\delta I}{I^2}\right)}{I\delta V+V\delta I+\delta Q}=\frac{I\frac{\delta V}{\delta I}\frac{\delta I}{\delta T}-V\frac{\delta I}{\delta T}}{I\frac{\delta V}{\delta I}\frac{\delta I}{\delta T}+V\frac{\delta I}{\delta T}+\frac{\delta Q}{\delta T}} \quad (8-61)$$

可以计算出温度响应率 R_T 为

$$R_T=\frac{\delta T}{\delta Q}=\frac{1}{g}\frac{1}{1+\beta\frac{R-R_L}{R+R_L}} \quad (8-62)$$

R_T 的值也可以通过下列公式求得,这样较为简单:

$$\frac{\delta T}{\delta Q}=\frac{\delta T}{\delta I}\frac{\delta I}{\delta V}\frac{\delta V}{\delta Q} \quad (8-63)$$

在零偏置电压下,温度响应率为 $1/g$,因此根据式(8-59), g_{eff} 值为

$$g_{eff}=g\left[1+\beta\frac{R-R_L}{R+R_L}\right] \quad (8-64)$$

式中 g——微辐射计与其周围环境的物理热导。

假如 $g_{eff}>0$,则满足任何值下,提供的偏置工作点低于 $V-I$ 曲线上的最大点,因此辐射状态稳定。

因为一个微辐射计的热容是不随偏置而变的,因此有效 g 值产生一个有效热时间常数,即

$$\tau_{eff}=\tau\frac{1}{1+\beta\frac{R-R_L}{R+R_L}} \quad (8-65)$$

式中 τ——无偏置时的时间常数,$\tau=c/g$;

c——热容。

以前的响应率公式假定了辐射功率以一种相当于 $1/2\pi\tau_{eff}$ 缓慢的速度变化,随着 IR 功率

信号频率的增加,响应率下降,在 $2\pi\tau_{eff}=1$ 时,减少 3dB。

从以上公式中可以看出,响应率随偏置电压 V_b 增加而增加。偏置电压通常受限于很多实际限制:单片读出电路可能达到一个最大电压(对于 COMS 最大为 8V),温度的升高可能增加信号动态范围到一个无法接受的水平,或者是从焦平面发射的红外辐射光可能变得不适于军事用途。另外,在较高的偏置水平下,微辐射计的噪声开始增加,否定了高偏置的优点。这同样可以从响应率随 $1/g$ 增加看出来。对于一个给定的微辐射计单元面积,热容 c 应该尽可能地小,因此 g 可以减少到 $\tau=c/g$ 这个时间接近于帧时间为止。对于 30Hz 帧速的工作状态,一个典型的 τ 可长达 20ms,因此对于一个 3×10^{-9}J/K 的微辐射计,g 可以小到 1.5×10^{-7}W/K,在任何给定的微辐射计焦耳功率耗损下,对于最好的响应率,偏置负载电阻 R_L 应该很大,或 R_L 很小,即微辐射计应该工作在恒流或是恒压偏置下。

1. 微辐射计的恒流偏置下的金属电阻温度系数示例

对于恒流偏置($R_L \gg R$),一个正的 α,根据式(8-58),零频电压响应率为

$$R_v = \frac{\delta V}{\delta Q} = \frac{\beta}{I(1-\beta)} = \frac{IR\alpha}{(g-I^2R\alpha)} = \frac{IR\alpha}{g_{eff}} \tag{8-66}$$

有效的 g 值为

$$g_{eff} = g - I^2R\alpha \approx g(1-\alpha\Delta T) \tag{8-67}$$

假设 $\alpha\Delta T \ll 1$,$g_{eff} \approx g$ 但在一个临界电流时为 0,则

$$I_c = \sqrt{\frac{g}{R\alpha}} \tag{8-68}$$

有效时间常数

$$\tau_{eff} = \tau\frac{1}{1-\beta} \approx \frac{1}{1-\alpha\Delta T} \tag{8-69}$$

变化的 g 和 τ 的值决定于偏置电流的焦耳热和入射光的相互的热电作用。假定 $\alpha\Delta T \ll 1$ 时,这个效应作用微不足道。

2. 恒压偏置下类半导体的电阻温度系数示例

对于一个恒压偏置源,$(R_L \ll R)$,电流响应率为

$$R_i = -\frac{\beta}{V(1+\beta)} = \frac{I\alpha}{g+IV\alpha} = \frac{I\alpha}{g_{eff}} \tag{8-70}$$

其中

$$g_{eff} = g + IV\alpha \approx g(1+\alpha\Delta T) = g(1+\beta) \tag{8-71}$$

并且

$$\tau_{eff} = c/g_{eff} = \frac{c}{g}\frac{1}{1+\beta} = \tau\frac{1}{1+\alpha\Delta T} \tag{8-72}$$

因为 α 为负值,$\tau_{eff} > \tau$,$g_{eff} < g$。

8.4.6 带偏置的微辐射计的低频噪声

假定一个微辐射计包括一个内部低频($\omega=0$)电压噪声微分 dV_n,如图 8-28 所示。计算辐射计上的电压值以确定出现在辐射计中的全部内部噪声。

有噪声源电压 V_n 的微幅射计的电压为

$$V = \frac{V_b - V_n}{R + R_L}R + V_n \tag{8-73}$$

得

$$\frac{dV}{dV_n} = \frac{R_L}{R + R_L}\left(1 + I\frac{dR}{dV_n}\right) \tag{8-74}$$

其中 dR/dV_n 可以下式中得到,即

$$\frac{dR}{dV_n} = \frac{R\beta}{W}\frac{dW}{dV_n} \tag{8-75}$$

其中

$$W = I^2R + IV_n = \left(\frac{V_b - V_n}{R + R_L}\right)^2 R + \frac{V_b - V_n}{R + R_L}V_n \tag{8-76}$$

结果

$$\frac{dV}{dV_n} = \frac{R_L}{R + R_L}\frac{1}{1 + \beta\frac{R - R_L}{R + R_L}} \tag{8-77}$$

这个有趣的结果表明,热电效应作用下,来自内部噪声源引起辐射计的噪声能到多大程度。这是因为外加偏置电流损耗,IdV_n 改变了微辐射计的温度,因此改变了偏置点,也就改变了净电压干扰。这种效应仅仅发生在截止频率以下的频率范围内。

另一个类似的结果可以用来显示为了产生噪声源,其可以在微辐射计电阻波动时被调制。如果 $1/f$ 噪声正比于外加电流偏置,即它可以被看作由于一个波动内部电阻 dR 引起的。这个电阻的变化引起辐射计中的偏置热功率的变化,处理电路方程为

$$\frac{dV}{dR} = I\frac{R_L}{R + R_L}\frac{1}{1 + \beta\frac{R - R_L}{R + R_L}} \tag{8-78}$$

这可以与期望无反馈的 $IR_L/(R+R_L)$ 相当 ($\beta=0$)。

通过一种类似的方法,或者通过使用如图 8-29 所示的等效电路,根据式(8-44),对于一个带有负载电阻 R_L 的低频噪声(热辐射计的外部噪声)电压 dV_n 产生一个电压噪声,则

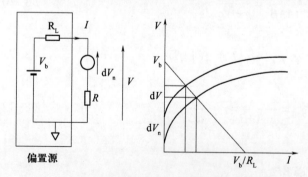

图 8-28 带有内部的低频噪声的微辐射计的负载线
V_b—负载电阻的偏置电压;dV_n—电压噪声干扰;
dV—电压的增量;R—微辐射计的电阻。

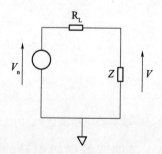

图 8-29 小信号的电流偏置电路
R_L—负载电阻;V_n—电压噪声;
Z—微辐射计的阻抗斜率;
V,I—微辐射计的电压和电流。

$$\frac{dV}{dV_n} = \frac{Z}{Z+R_L} = \frac{R}{R+R_L} \frac{1+\beta}{1+\beta\frac{R-R_L}{R+R_L}} \tag{8-79}$$

8.4.7 微辐射计性能的数值计算

以前的公式推导假定了外加偏置不随时间变化,信号也很小。这些公式对于理解微辐射计参数之间的相互调整,帮助理解微辐射计的物理状态非常有用。但是,二维阵列读出电路是使用大脉冲偏置实现的。每个辐射计的偏置是在外部成像电路积分信号电压或电流的瞬间完成。带有脉冲偏置,微辐射计永远无法达到一个稳态电流,性能参数随着偏置脉冲快速变化。外部成像电路通常积分信号电压或电流,因此性能值在偏置脉冲范围内平均。辐射引起的温度信号同样在一些情况下非常大。例如,在工业高温物体的辐射测量技术中,因此没有严格采用小信号方式。微辐射计在这些非稳态或是大信号状态下的性能可以由数值化计算获得。如果数值化结果与稳态小信号的方程中结果相比较,将会发现稳态小信号方程的结果实用性很好。

图 8-30 显示出一个微辐射计在脉冲偏置信号下的负载工线。对于快速变化的外加偏置,当 $\omega \to \infty$ 时,微辐射计 V—I 曲线斜率为

$$Z(\omega) = R\frac{1+\beta(\omega)}{1-\beta(\omega)} \Rightarrow R \tag{8-80}$$

其中在偏置点上 $R = V/I$。因此在任何瞬间,偏置脉冲信号的瞬间微辐射计 V—I 曲线为一直线。在外加偏置脉冲信号的持续时间内,微辐射计温度由于焦耳热而增加,因此 V—I 曲线的斜率变化很大。对于一个负的 TCR,工作点移动如图 8-27 所示,净吸收辐射功率 Q 变化使整个辐射计工作点移动,导致其电压或电流的变化。

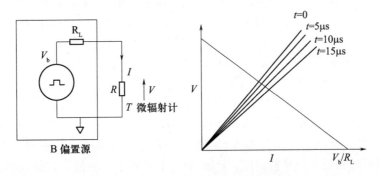

图 8-30 脉冲偏置下的微辐射计的负载线

R_L—负载电阻;V_b—偏置电阻的负载电压;V, I—微辐射计的电压和电流;R—微辐射计的电阻。

在脉冲偏置和净的吸收辐射功率 Q 下,定量的变化可以使用热平衡方程以及温度 T 下的负载线方程计算,即

$$c\frac{\delta T}{\delta t} = IV + Q - g(T-T_s) \tag{8-81}$$

式中

$$V = V_b \frac{R(T)}{R_L + R(T)} \tag{8-82}$$

$$I = \frac{V_b}{R_L + R(T)} \tag{8-83}$$

如果需要，Q 可用斯蒂芬定律表达。

联立式(8-78)和式(8-80)，有

$$\delta T = \frac{1}{c}\left[\frac{V_b}{R_L + R(T)}V_b \frac{R(T)}{R_L + R(T)} + Q - g(T - T_s)\right]\delta t \tag{8-84}$$

其中半导体材料的电阻温度变化为

$$R(T) = R(T_s)\exp\left(\frac{\Delta E}{KT}\right) \tag{8-85}$$

式(8-84)和式(8-85)可以用来计算在外加偏置和辐射能下的辐射计随着时间变化的温度曲线。例如，通过用计算机将小的时间增量 δ_t 中的效应综合起来，这就允许了对偏置脉冲信号以及大辐射信号功率下的辐射计温度的计算。一旦温度计算出来，微辐射计的响应率也就可得了。如果需要的话，辐射热传递也可以包括在前面的等式中。

偏置电流通常用于微辐射计的读出电路中，如果连续偏置，则会产生很高的辐射计温度。在一个正常的读出电路中，微辐射计温度的增加一般比大气温度高几度。近似的微辐射计热量作为外加偏置的函数可以被计算出来。如果使用短的偏置脉冲信号，脉冲时间为 Δt，各自被长的间隔分开，那么，可用大的脉冲偏置电压而不会产生多余的辐射计热量。外加偏置脉冲信号每个损耗焦耳能为 $P\Delta t$，则每个脉冲温度增加为 $P\Delta t/c$。如果以帧速 F（周期数）和热时间常数 τ 来外加偏置信号，则平均功率损耗为 $P\Delta t F$，平均温度增加为 $\overline{\Delta T} = P\Delta t F/g$。

假设 $\beta \ll 1$，将发现使用直流偏置公式以及室内温度参数值将产生一个可以接受的数值化结果，这种依赖于时间的数值化结果非常有用。

利用表 8-3 中概括的参数值进行数字计算，获得微辐射计的计算值结果显示在图 8-31 中。假设微辐射计吸收了一个净辐射功率 1nW，微辐射计起始温度为 $T_s = 300\text{K}$，时间是每相隔 30ms 增加 10μs。图 8-31 中的时间间隔仅为 30ms 中的最后的 200μs，在第二个 100μs 的末端外加偏置脉冲 Δt。微辐射计温度在偏置脉冲期间变化很快，以 $VI/c \approx 50000°\text{C/s}$ 的速度变化，但是，100μs 的偏置脉冲信号的持续时间限制了整个温度增加到大约为 5℃，如图 8-31(c)所示，在脉冲信号之间的间隔中(30ms)，辐射计冷却下来，达到 300.2K，接近衬底温度(300K)。到下一个脉冲开始之前一直是这个温度。$g_{\text{eff}} = Q/\Delta T$，其中 ΔT 是由 Q 的出现引起的温度波动，这个计算结果显示如图 8-31 所示。在图 8-31 中的时间起始部分，g_{eff} 比其设定的物理值 $1\times10^{-7}\text{W/K}$（表 8-3）要大，如图 8-31(d)所示，因为不足的时间(30ms)已经流失掉，已达到辐射计的最后的平衡温度。g_{eff} 的快速下降到小于 g 值是在加入偏置脉冲信号产生热电效应以后，如式(8-64)表示。受时间影响的微辐射计响应率计算显示如图 8-31(a)所示。电流响应率 $R_i = dI/dQ$ 代替了电压响应率，因为在这个例子中，微辐射计是设定在外加偏置脉冲信号期间是工作在常压状态下的（$R_L = 0$，如表 8-3 所列）。

表 8-3 微辐射计的设定参数值

参数	值	参数	值
$R(T_s)$	20kΩ	T_s	300K
R_L	0	α	-0.02K^{-1}@300K
V_b	1V	c	10^{-9}J/K
Δt	100μs	g	10^{-7}W/K
F	30ms		

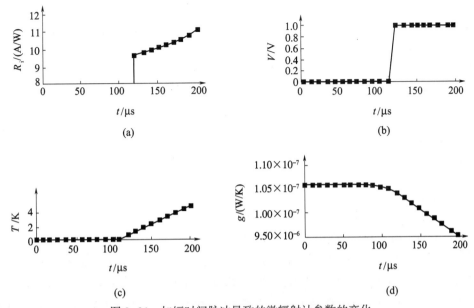

图 8-31 加短时间脉冲导致的微辐射计参数的变化
(a) 电流响应率;(b) 外加偏置;(c) 微辐射计的温度;(d) 有效的热导值。

8.5 微测辐射热计的噪声

影响辐射计的噪声有辐射计电阻的热噪声、辐射计电阻的变化、辐射计温度的变化和入射红外辐射通量的噪声。

本章不讨论读出电路中的电子学噪声,因为根据建立的电子工程原则,已经设计了合适的电子线路。

8.5.1 辐射计的电阻噪声

由于电荷载流子的热激发,电阻内部的自由载流子的数目及运动状态是随机的,由此构成的电压起伏为电阻的热噪声,或 Johnson 噪声。一个温度为 T 的阻抗 R 产生的电压噪声为"白噪声",即每单位电子噪声功率是与频率无关的。一个微辐射计的 Johnson 噪声通常由包括一个无噪声阻抗 R、一个 Johnson 电压噪声源及其无噪声自身容抗 C 的等效电路,如图 8-32 所示。电压波动噪声表示为

$$\sqrt{\overline{(V-\bar{V})^2}} = \sqrt{\overline{\Delta V^2}} = \sqrt{4KTR\Delta f} \tag{8-86}$$

式中 K——玻尔兹曼常数;

$\overline{\Delta V^2}$——从其平均值演化而来,即波动噪声电压的均方值。

标准情况下,室温下的 $1\mathrm{k}\Omega$ 电阻其 Johnson 噪声电压均方值(rms)为 $4\mathrm{nV}/\sqrt{\mathrm{Hz}}$。整个电阻上电压变化为

$$\overline{\Delta V^2} = \int_0^\infty 4KTR \left| \frac{1/\mathrm{j}\omega C}{1/\mathrm{j}\omega C + R} \right|^2 \mathrm{d}\omega = \frac{KT}{C} \tag{8-87}$$

为了简化数值计算,在一个有效噪声带宽 $1/4RC$ 范围内,可以认为电压噪声有一个均方根值 $\sqrt{4KTR}\,\mathrm{V}/\sqrt{\mathrm{Hz}}$。

微辐射计阻抗材料通常显示出阻抗的波动程度,有一个变化值 $\overline{\Delta R^2}$,如果偏置流经电阻器,电阻的波动将产生一个受偏置信号影响的"额外"电压噪声 $I\sqrt{\overline{\Delta R^2}}$。

除了热噪声而外,一般还有两种类型的多余噪声:$1/f$ 噪声和电报噪声。

$1/f$ 噪声的单位带宽的功率近似以 $1/f$ 变化,因此称为 $1/f$ 噪声。这种噪声源代表为一种附加电压源,与 Johnson 噪声源无关,1Hz 带宽里,有

$$\overline{\Delta V^2} = V^2 \frac{k}{f} \quad (在 f 频率下) \tag{8-88}$$

式中　f——频率;
　　　V——电阻材料的体积;
　　　k——$1/f$ 噪声参数。

参数 k 是与电阻材料、沉积技术、形状以及电接触有关的。理论证明:由于量子力学原因,$1/f$ 噪声是无法消除的。电阻材料结构以及电触点的不完善之处也会引起 $1/f$ 噪声。有报告说 $1/f$ 噪声在无定形硅中在三个数量级上变化,取决于生长技术。参数 k 是和 Hooge 参数 α_H 相关的,$k=\alpha_H/nV$,其中 n 是可移动电荷载流子密度,在 VO_x 微辐射计电阻器中在 $\alpha=-0.02K^{-1}$ 时测量的典型 k 值为 10^{-13}。

电报噪声(也称为爆米花噪声,猝发噪声)是指由于材料结构以及接触的缺陷而引起的突然变化的电压降,在此不考虑该噪声。

额外噪声(式 8-88)随着偏置信号的增加而增加,如果无偏置则为零。在零偏置时只有 Johnson 噪声存在,如图 8-32。这是因为此噪声仅仅在电流流过一个电势垒,例如一个 PN 结时才出现。

因此一个微辐射的噪声等效电路是由一个无噪声电阻 R、两个不相关的均方根电压噪声源及电阻的无噪声的自身电容组成的,如图 8-33 所示。

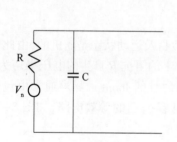
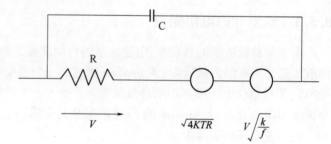

图 8-32　一个电阻的 Johnson 噪声　　　图 8-33　在 1Hz 带宽内的频率 f 下
　　　　的等效电路　　　　　　　　　　　　　的电阻噪声等效电路

V_n—电压噪声;R—电阻;C—电容。

对于一个微辐射计,我们假定 C 足够小,以保证信号在 f 远小于 $1/2\pi RC$ 的范围内,其中单位带宽的噪声电压均方根(rms)为

$$V_{nrms} = \sqrt{4KTR + V^2 \frac{k}{f}} \tag{8-89}$$

在低频时电子噪声的增加是由于 $1/f$ 噪声的增加,在高频时则等于 Johnson 噪声。拐点频率定义为:在 1Hz 间隔里,当 $1/f$ 噪声功率等于 Johnson 噪声功率时的频率,即

$$4KTR = V^2 \frac{k}{f_{knee}} \tag{8-90}$$

式中

$$f_{knee} = \frac{V^2 k}{4KTR}$$

在带限 f_1 至 f_2 中,这两个噪声功率结合产生一个总的噪声功率,即

$$\overline{\Delta V^2} = 4KTR(f_2 - f_1) + kV^2 \int_{f_1}^{f_2} \frac{1}{f} df = 4KTR(f_2 - f_1) + kV^2 \ln\left(\frac{f_2}{f_1}\right) \tag{8-91}$$

微辐射计信号通常在偏置脉冲持续时间 Δt 内积分。上限噪声带限 f_2 为

$$f_2 = \frac{1}{2\Delta t} \tag{8-92}$$

下限 f_1 决定于凝视时间 T_{stare},即

$$f_1 \approx \frac{1}{4T_{stare}} \tag{8-93}$$

在一个数值化的例子中,如图 8-34 所示,一个阻抗为 10kΩ 的微辐射计外加偏值电压 1V, $k=10^{-13}$, $T=300$K,则 $1/f$ 拐点在 600Hz 处,Johnson 为 13nV/$\sqrt{Hz}$。在 0.001~10Hz 的带宽里,整个 Johnson 噪声为 1.3μV(rms)。整个 $1/f$ 噪声为 0.7μV(rms),使用假设的参数,大多数的微辐射计噪声是 Johnson 噪声。从 1~2V 增加 1V 电压,则结果相反。如果外加偏置为 2V, $1/f$ 噪声占噪声主要地位。

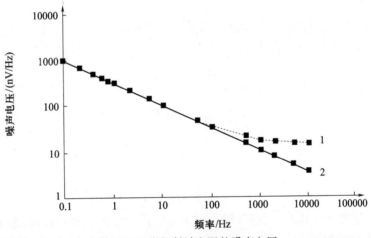

图 8-34 微辐射计电阻的噪声电压
1—整个噪声;2—$1/f$ 噪声。

8.5.2 偏置电阻的噪声

对于图 8-24 中的偏置电路,由于外加电阻 R_L 而增加的整个辐射计的电压噪声为(假设 R_L 的 $1/f$ 噪声可以忽略)

$$\overline{\Delta V^2} = 4KT\frac{RR_L}{R+R_L}(f_2-f_1) + V_b^2 k\ln\left(\frac{f_2}{f_1}\right)\left[\frac{RR_L}{(R+R_L)^2}\right]^2 \left(1+\frac{1}{1+\beta\frac{R-R}{R+R_L}}\right)^2 \tag{8-94}$$

流经辐射计的电流噪声为

$$\overline{\Delta I^2} = 4KT\frac{1}{R+R_L}(f_2-f_1) + V_b^2 k\ln\left(\frac{f_2}{f_1}\right)\left[\frac{R}{(R+R_L)^2}\right]^2\left(1+\frac{1}{1+\beta\dfrac{R-R}{R+R_L}}\right)^2 \quad (8-95)$$

其噪声等效回路如图 8-35 所示。如以前所注意的那样,因为热电作用的缘故,频率低于 $1/2\pi\tau$ 的噪声被调制。因为一个微辐射计电路系统带宽的典型值是远远大于 $1/2\pi\tau$ 的,所以在整个噪声上热电作用产生的效应可以忽略。而热电效应可能在低于 $1/2\pi\tau$ 频率处产生较为显著的效应。

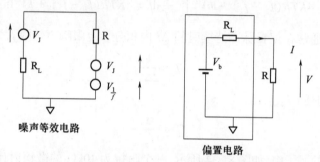

图 8-35 微辐射计的偏置电路和噪声等效电路
R—微辐射计的电阻;R_L—负载电阻;V_b—负载电阻的偏置电压;
V_J—Johnson 噪声源;$V_{\frac{1}{f}}$—$1/f$ 噪声源。

8.5.3 热传导引起的温度噪声

一个温度为 T 的微辐射计与热储存器达到热平衡时,对于一个无偏置的微辐射计,如式(8-10),热流噪声的功率谱密度 $S_\phi(f)$ 为

$$S_\phi(f) = 4gKT^2 \quad (8-96)$$

根据式(8-11)可得温度噪声的均方值为

$$\Delta T^2(f) = \frac{4gKT^2}{(g^2+\omega^2c^2)} \quad (8-97)$$

温度噪声功率谱密度为

$$\Delta T^2(f) = 4KT^2 g\frac{1}{g^2(f)} = \frac{4KT^2}{g}\frac{1}{1+\omega^2\tau^2} \quad (8-98)$$

即零频温度噪声密度为 $\sqrt{4KT^2/g}$,等效噪声带宽 Δf 与电 RC 滤波器的相同,$\Delta f = 1/4\tau$Hz。

在一个数字化的例子中,一个 $c=3\times10^{-9}$J/K,$T=300$K 的微辐射计其热噪声为 20μKrms。

上述结果只有当微辐射计与其热存储器(即衬底)达到热平稳时才正确,如果微辐射计由于外加偏置其温度高于衬底温度 T_s,由于经过微辐射计的支撑腿热梯度发生变化,则以前的热噪声等式需要修改。对于一个典型的微辐射计,这个效应是不太明显的。

8.5.4 辐射噪声

入射光以立体角 Ω 照在面积为 A、温度为 T 的黑体的表面,则光辐射功率 P 的变化量 $\overline{\Delta P^2} = \overline{(P-\bar{P})^2}$ 为

$$\overline{\Delta P^2} = \left(\frac{cA}{4}\right)\left[\left(\frac{\Omega}{\pi}\right)-\left(\frac{\Omega}{2\pi}\right)^2\right]\left(\frac{8\pi}{c^3}\right)\left(\frac{KT}{h}\right)^5 h^2 \int_{x_1}^{x_2} x^4 \frac{e^x}{(e^x-1)^2}dx \quad (8-99)$$

这里 $x=hv/KT$,其中 v 是辐射频率。注意:式(8-99)和式(8-100)中的 c 是光速。在热平衡状态下,在表面积 A 的出射辐射功率下有相同的噪声。一个与周围环境达到热平衡的微辐射计有两个表面,每个面积为 A,整个的辐射影响辐射计的噪声功率为

$$\overline{\Delta P^2} = 2\left(\frac{c(2A)}{4}\right)\left[\left(\frac{\Omega}{\pi}\right) - \left(\frac{\Omega}{2\pi}\right)^2\right]\left(\frac{8\pi}{c^3}\right)\left(\frac{KT}{h}\right)^5 h^2 \int_{x_1}^{x_2} x^4 \frac{e^x}{(e^x-1)^2} dx \quad (8\text{-}100)$$

在所有的波长下积分,令 $\Omega=2\pi$,使用 Stefans 常量 $\sigma=2\pi^5 K^4/15c^2h^3$ 则推出

$$\overline{\Delta P^2} = 8(2A)\varepsilon\sigma KT^5 = 2KT^2 g_{\text{rad}} \quad (8\text{-}101)$$

式中

$$g_{\text{rad}} = 4(2A)\varepsilon\sigma T^3$$

上式给出了整个辐射噪声功率,延伸到很大的频率范围内,高于正常信号的频率。在低频时每单位带宽里辐射噪声功率谱密度为

$$S(f)_{f\to 0} = 2\overline{\Delta P^2} = 4KT^2 g_{\text{rad}} \quad (8\text{-}102)$$

由辐射噪声引起的辐射计温度波动为

$$\overline{\Delta T^2} = \int_0^\infty \frac{S(f)}{g^2} \frac{1}{1+(2\pi f\tau)^2} df = \frac{4(2A)\varepsilon\sigma KT^5}{cg} = \frac{KT^2}{c} \frac{g_{\text{rad}}}{g_{\text{rad}}+g_{\text{leg}}} \quad (8\text{-}103)$$

式中 c——热容(以下同)。

整个热的动态温度噪声 KT^2/c 与由辐射噪声引起的温度噪声之间的差别是由支撑臂热导 g_{leg} 的能量变化引起的热噪声带来的。辐射计温度变化是因为支撑臂热导 g_{leg} 发生变化,因此

$$\overline{\Delta T^2} = \frac{KT^2}{c} - \frac{KT^2}{c}\frac{g_{\text{rad}}}{g_{\text{leg}}+g_{\text{rad}}} = \frac{KT^2}{c}\left(\frac{g_{\text{leg}}}{g_{\text{leg}}+g_{\text{rad}}}\right) \quad (8\text{-}104)$$

由辐射和支撑臂热导引起的整个温度噪声 $\overline{\Delta T^2} = KT^2/c$ 称为热噪声,它可能是辐射计最低的噪声。

如式(8-98)和式(8-102)所示,在任何热导 g 下,由于随机能量流波动,噪声功率密度 $S(f)_{f\to 0}$ 可以认为是 $4KT^2 g$。对于一个微辐射计而言,g 为 g_{leg} 和 g_{rad},等效噪声带宽则为 $1/4\tau$。

当给一个微辐射计加偏置时,电压变化量 $\overline{\Delta V^2}$ 起因于整个热噪声功率 $\overline{\Delta Q^2}=(4KT^2 g)$ $(1/4\tau)=(KT^2/c)g^2$,因此根据式(8-58),得

$$\overline{\Delta V^2} = \left[V_b \frac{RR_L\alpha}{(R+R_L)^2}\right]^2 \left(\frac{1}{1+\beta\frac{R-R_L}{R+R_L}}\right)^2 \left(\frac{KT^2}{c}\right) \quad (8\text{-}105)$$

式(8-105)是假定热电效应在整个热噪声范围内都起作用,这仅仅对 $f\ll 1/2\pi\tau$ 时严格正确,热电因子可以用它的频率平均形式代替。

8.5.5 整个电噪声

现在,将热噪声、Johnson 噪声以及 $1/f$ 噪声总和起来,写出在带宽 f_1 到 f_2 范围内的整个电压噪声为

$$\overline{\Delta V^2} = \left[V_b \frac{RR_L\alpha}{(R+R_L)^2}\right]^2 \left(\frac{1}{1+\beta\frac{R-R_L}{R+R_L}}\right)^2 \left(\frac{KT^2}{c}\right) + 4KT\frac{RR_L}{R+R_L}(f_2-f_1) +$$

$$V_b^2 k\ln\left(\frac{f_2}{f_1}\right)\left[\frac{RR_L}{(R+R_L)^2}\right]^2 \left(\frac{1}{1+\beta\frac{R-R_L}{R+R_L}}\right)^2 \quad (8\text{-}106)$$

类似地,经过辐射计的电流噪声为

$$\overline{\Delta I^2} = \left[V_b \frac{R\alpha}{(R+R_L)^2}\right]^2 \left(\frac{1}{1+\beta\frac{R-R_L}{R+R_L}}\right)^2 \left(\frac{KT^2}{c}\right) + 4KT\frac{1}{R+R_L}(f_2-f_1) +$$

$$V_b^2 k \ln\left(\frac{f_2}{f_1}\right) \left[\frac{R}{(R+R_L)^2}\right]^2 \left(\frac{1}{1+\beta\frac{R-R_L}{R+R_L}}\right)^2 \quad (8-107)$$

为了简化其复杂程度,设定热电效应对热噪声以及 $1/f$ 噪声分量起作用。因为在低频时 Johnson 噪声很强,非常高的频率时 Johnson 噪声可以忽略,对系统的整个带宽使用其受频率影响形式积分(式(8-47)),得到热电条件 $\overline{f(\beta)}$ 为

$$\overline{f(B)} = \left(1+\beta\frac{R-R_L}{R+R_L}\right)^2 \quad (8-108)$$

每单位带宽的平均电压噪声为

$$\sqrt{\overline{V^2}}/\sqrt{f_2-f_1} \quad (8-109)$$

从上面的等式中可以看出,加了脉冲偏置,当 f_2 变大时(即当外加短的偏置脉冲时)每单位带宽的平均电压值达到了 Johnson 噪声值 $\sqrt{4KTR/R_L}$。利用这个结果可以处理探测率 D^*。

从式(8-106)、式(8-107)和表8-4中的数字,可以计算得到 $4V$ 偏置下的下列噪声值:

热电压噪声	0.4μV(rms)
Johnson 电压噪声	1.6μV(rms)
$1/f$ 电压噪声	2.0μV(rms)
整个电压噪声	2.6μV(rms)
整个电流噪声	6.5pA(rms)
每单位带宽平均噪声	22nV/$\sqrt{Hz}$
Johnson 噪声	13nV/$\sqrt{Hz}$
低频时热噪声	13nV/$\sqrt{Hz}$

表8-4 数值化例子的假定的参数值

参 数	值	参 数	值
$R(T_s)$	20kΩ	面积 A	50×50μm²
R_L	20kΩ	F_f	0.75
V_b	<4V	ε	0.8
Δt	35μs	f_2	15kHz[2]
偏置的脉冲周期	33ms[1]	f_1	0.0001Hz[3]
T_s	300K	k	1×10¹³
α	-0.02K⁻¹	F_{no}	1.0
c	3×10⁻⁹J/K	dL/dT_t	8×10⁻⁵Wcm⁻²sr⁻¹K⁻¹[4]
g	1×10⁻⁷W/K		

注:① 30Hz 帧速;
② $1/(2\times 35\mu s)$ 等于 15kHz;
③ $T_{stare} = 1/4f_1 = 40min$;
④ 300K 黑体温度,8~12μm 范围

根据表 8-4 中的参数，可以计算出加偏置的辐射计的阻抗噪声值，如图 8-36 所示。我们可以看到偏置小于 100μA 时，Johnson 噪声是微辐射计的主要噪声。在 100μA 以上的偏置，$1/f$ 噪声是主要噪声。

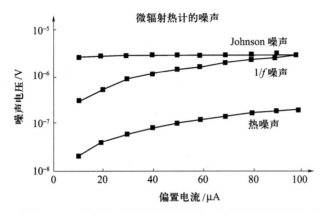

图 8-36 根据表 8-4 计算的微辐射计的噪声电压均方根与偏置电流的曲线值

8.5.6 前置放大器噪声

就像在以前的数字例子中所看到的一样，在带宽大约为几十千赫的情况下，一个微辐射计及负载电阻的噪声水平通常为几微伏(rms)，或者 100pA(rms)。微辐射计 IR 成像仪的有几种工作模式，其带限可以伸展到很低的频率里(无斩波器工作)。在理想情况下，用于放大微辐射计(电流或电压)信号的放大器将远小于微辐射计噪声。在双极性电路中非常容易得到，但在 CMOS 电路中难以得到。因为 $1/f$ 噪声与场效应晶体管栅极绝缘体材料有关。前置放大器噪声分布可以用微辐射计的与频率有关的小信号阻抗计算得到，即

$$Z(\omega) = R \frac{1+\beta(\omega)}{1-\beta(\omega)} \tag{8-110}$$

式中

$$\beta(\omega) = \frac{\beta}{1+j\omega\tau} \tag{8-111}$$

因为微辐射计的噪声水平低，要合理设计前置放大器，使读出电路的噪声足够小。

8.6 微辐射计信噪比

使用以前的信号和噪声的表达式，可以写出几种不同形式的信噪比。

8.6.1 噪声等效功率

噪声等效噪声(NEP)定义为使产生的信号等于整个噪声的吸收光能的变化量，考虑到电压噪声和信号，则

$$NEP = \frac{\sqrt{V^2}}{R_v} \tag{8-112}$$

$$\text{NEP} = \sqrt{g^2\left(\frac{KT^2}{c}\right) + \frac{4KT\dfrac{RR_L}{R+R_L}(f_2-f_1)\overline{f(\beta)}+V_b^2\ln\left(\dfrac{f_2}{f_1}\right)\left[\dfrac{RR_L}{(R+R_L)^2}\right]^2}{\left[V_b\dfrac{RR_L\alpha}{(R+R_L)^2}\dfrac{1}{g}\right]^2}} \quad (8\text{-}113)$$

考虑到电流噪声及电流信号,则

$$\text{NEP} = \frac{\sqrt{\overline{I^2}}}{R_I} = \sqrt{g^2\left(\frac{KT^2}{c}\right)+\frac{4KT\dfrac{1}{R+R_L}(f_2-f_1)\overline{f(\beta)}+V_b^2 k\ln\left(\dfrac{f_2}{f_1}\right)\left[\dfrac{1}{(R+R_L)^2}\right]^2}{\left[V_b\dfrac{R\alpha}{(R+R_L)^2}\dfrac{1}{g}\right]^2}} \quad (8\text{-}114)$$

这两种情况下,最小的 $\text{NEP} = g\sqrt{KT^2/c}$。

8.6.2 噪声等效温差

将噪声等效温差(NETD)定义为使产生的信号等于整个噪声的目标温度改变量。NETD 可以直接从 NEP 的关系式中计算得到,即

$$\text{NEP} = \frac{dQ}{dT_t}\text{NETD} = \frac{A\varepsilon\pi}{4F_{no}^2}\frac{dL}{dT_t}NETD \quad (8\text{-}115)$$

因此

$$NETD = \frac{4F_{no}^2}{A\varepsilon\pi(dL/dT_t)}NEP \quad (8\text{-}116)$$

其中 NEP 由式(8-113)和式(8-114)给出。

8.6.3 探测率

假定已测得电压信号,D^* 可以定义为

$$D^* = \frac{R_v\sqrt{A}\sqrt{f_2-f_1}}{\sqrt{\overline{V^2}}} \quad (8\text{-}117)$$

微辐射计性能随着外加偏置变化而变化,所以 D^* 是有意义的品质因素,应该在相同偏置情况下计算。对于一个两维微辐射计阵列,这通常意味着外加短脉冲以达到高偏置信号。在前面几节,已经推导出 R_v 和 $\sqrt{\overline{V_n^2}}/\sqrt{f_2-f_1}$ 的表达式,这些条件可以加入到 D^* 的表达式中,但是会产生一个不理想的结果。如以前所讲的那样,$\sqrt{\overline{V_n^2}}/\sqrt{f_2-f_1}$ 在外加短的脉冲偏置信号时可接近 Johnson 噪声值。Johnson 噪声可能比热噪声密度要小,因此用脉冲偏置,使用式(8-117)算出来的结果,D^* 可能会比通常引用的室温传感器最大理论值还要大(在 300K 时为 $1.8\times 10^{-10}(\text{Hz})^{\frac{1}{2}}/\text{W}$)。原因在于计算理论最大值 D^* 时,假定了噪声带宽是低于热噪声带宽 $1/2\pi\tau$,即假定了一种近似于直流偏置的状态。

尽管用这种方法计算得到的 D^* 可能超过最大理论值,使用 $\text{NEP}=\sqrt{A}\sqrt{f_2-f_1}/D^*$ 表达式,表明一个微辐射计的 NEP 永远不能比理想值 $g\sqrt{KT^2/c}$ 要低。

探测率 D^* 同样可以从 NETD 中得到

$$D^* = \frac{4F_{\mathrm{no}}^2}{A\varepsilon\pi\mathrm{NETD}(\mathrm{d}L/\mathrm{d}T_\mathrm{t})} \tag{8-118}$$

作为数字例子,假定微辐射计参数如表 8-4 所列,前面的公式可以推导出如图 8-37(a) 和 8-37(c) 所示的曲线。

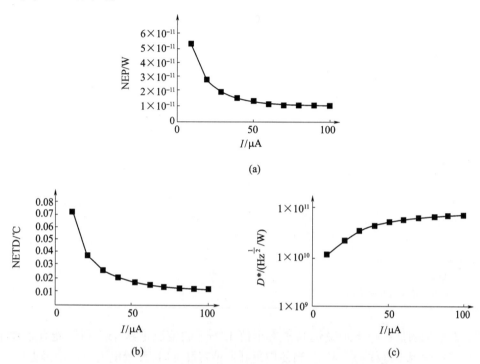

图 8-37　根据表 8-3 计算的 NEP、NETD、D^* 的数值
(a) NEP—偏置电流曲线;(b) NETD—偏置电流曲线;(c) D^*—偏置电流曲线。

8.6.4　与理想辐射计相比较

可以定义品质因数 q 为计算所得 NEP(或 NETD)与理想 NEP(或 NETD)之比。在既没有 Johnson 又没有 $1/f$ 噪声,只有热噪声的情况下,可以得到理想 NEP 值为 $g\sqrt{KT^2/c}$(式(8-113)和式(8-114)),参数 q 表明了微辐射计性能,如何接近由辐射计热噪声设定的热动力学极限。

从式(8-114)中,得

$$q = \sqrt{1 + \frac{4KT\dfrac{1}{R+R_\mathrm{L}}(f_2-f_1)\overline{f(\beta)} + V_\mathrm{b}^2 k\ln\left(\dfrac{f_2}{f_1}\right)\left[\dfrac{R}{(R+R_\mathrm{L})^2}\right]^2}{\left[V_\mathrm{b}\dfrac{R\alpha}{(R+R_\mathrm{L})^2}\right]^2 \dfrac{kT^2}{c}}} \tag{8-119}$$

对于一个常压偏置,这是一种用于很多辐射计阵列方便的读出技术:$R_\mathrm{L}=0$,$V_\mathrm{b}/R=I$,假定对于全部热电效应,有

$$q = \sqrt{1 + \frac{4KTR(f_2-f_1)(1+\beta)^2 + I^2R^2 k\ln\left(\dfrac{f_2}{f_1}\right)}{(IR\alpha)^2 \dfrac{kT^2}{c}}} \tag{8-120}$$

图 8-38 用表 8-5 中的参数标出了计算的 q 的值,代表了一个具有很高 TCR 值的微辐射计,一个具有表 8-5 中参数的阵列,在一个很低的 $35\mu A$ 偏置电流下仍能有效工作($\Delta T \approx 0.3$℃)。在 $q=1$ 时对应理想的 NETD 值为(热动力学极限)

$$NETD_{ideal} = \frac{4F_{no}^2}{AF_f\varepsilon\pi(dL/dT_t)}(g_{leg}+g_{rad})\sqrt{\frac{KT^2}{c}} \tag{8-121}$$

表 8-5 假定的微辐射计的参数

参 数	数 值	参 数	数 值
R	20kΩ	A_c	$50\times50\mu m^2$
R_L	0(常压偏置)	F_f	0.75
V_b	3V	ε	0.8
Δt	$35\mu s$	f_2	15kHz②
偏置的脉冲周期	33msec①	f_1	0.001Hz
T_s	300K	k	1×10^{13}
α	$-0.10K^{-1}$	F_{no}	1.0
c	3×10^{-9} J/K	dL/dT_t	$8\times10^{-5}Wcm^{-2}sr^{-1}K^{-1}$③
g	1.5×10^{-7} W/K		

注:① 30Hz 帧速;
② $1/(2\times35\mu s)$;
③ 300K 黑体温度,$8\sim12\mu m$ 范围。

很让人吃惊的是在噪声带宽远高于最小值 $1/2\pi\tau$ 的情况下这个阵列还能有效地工作。能够有效工作归因于这样一个事实:当使用短脉冲偏置脉冲时,偏置电流可以做得更高。最小可能的 g 值是辐射限制值 $g_{rad}=8\sigma A\varepsilon T^3$,图 8-39 表明了一系列的理想的噪声等效温差下的辐射计的 NETD—g_{leg} 曲线,参数列于表 8-5 中。

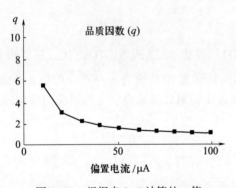

图 8-38 根据表 8-5 计算的 q 值

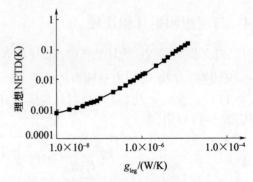

图 8-39 理想的 NETD 与微辐射计的支撑腿热导 g_{leg} 之间的关系

8.6.5 Johnson 噪声近似

对所有可忽略的噪声(除了 Johnson 噪声)进行了近似处理,我们同样假定读出系统带宽是由一个其噪声带宽 $\Delta f=1/2\Delta t$ 的积分器设定的,微辐射计工作在常压下,电流信号可以被测得,式(8-114)和式(8-116)给出

$$\text{NETD} = \frac{4F_{no}^2}{A\varepsilon\pi(dL/dT_t)}\sqrt{2KT}\frac{g_{eff}}{\alpha}\frac{1}{\sqrt{\Delta T}} \qquad (8\text{-}122)$$

在这样的近似中,可以看出 NETD 是反比于$\sqrt{\Delta T}$的,典型的 ΔT 值通常为几 K。

练 习 题

8.1 试述热探测器与光子探测器的区别。

8.2 说明热传导方程的物理意义。如何有效地提高温升和温度响应率?

8.3 简述微测辐射热计焦平面阵列探测红外辐射的工作原理。

8.4 与一层结构相比,微测辐射热计两层结构的微桥结构有何特点? 微桥与下面 Si 片的间隙距离一般为多少? 为什么?

8.5 某热探测元器件的热容是 3×10^{-9} J/K,热导为 2×10^{-7} W/K,则该器件的热时间常数是多少?

8.6 微测辐射热计红外焦平面阵列的微桥结构是如何制作的?

第9章 热释电探测器和成像器件

9.1 热释电探测器的基本原理

热释电探测器是根据热释电效应测辐射的,是很重要的热辐射探测方法。与其他热探测器相比,热释电探测器具有许多优点:

(1) 热释电探测器具有较大的频率带宽,其工作频率已达几十兆赫,远远超过只适于低频工作的其他热探测器,热释电探测器的有效探测时间低达 $10^{-4} \sim 3 \times 10^{-5}$ s。

(2) 热释电探测器的探测率高。

(3) 热释电探测器可以有大面积均匀的光敏面,且不需偏压。

(4) 受环境温度变化的影响较小。

(5) 制作比较容易,强度、可靠性都较好。

虽然目前在探测率和响应速度方面还不及光子探测器,但热释电探测器由于光谱响应范围宽(从可见光至亚毫米波)、在室温下工作无须致冷、使用方便而得到日益广泛的应用。

9.1.1 热释电效应

在晶体中有一种晶体称为热电晶体或极化晶体,这种晶体具有自发极化性质。

所谓自发极化是指在自然条件下,晶体的某些分子正负电荷中心不重合,具有一定固有的偶极矩,在垂直极轴的两个端面上就会形成大小相等,符号相反的面束缚电荷。

热释电效应是指晶体受辐射照射时,由于温度改变使自发极化发生变化,晶体中离子间的距离或链角发生变化,从而使偶极矩发生变化,极化强度改变,面束缚电荷发生变化,结果在垂直于极化方向的晶体两个外表面之间出现电压,这种现象称为热释电效应,利用这个电压而测量光辐射或热辐射的能量,这就是热释电探测器。

某些极性晶体,它的极化方向能随外电场而改变,这些晶体称为铁电体,具有电滞回线现象,如硫酸三甘肽(TGS)、铌酸锶钡(SBN)、钽酸锂($LiTaO_3$)和钛酸钡($BaTiO_3$)等。

极化强度 P 为单位体积的电偶极矩 ΔP 之和。

$$P = \frac{\sum \Delta P}{V} = \frac{\sum \sigma \Delta AL}{V} = \frac{\sigma}{\cos\theta} \tag{9-1}$$

式中 V——样品的体积;

σ——面电荷密度;

ΔA——偶极子的截面积;

L——沿极轴方向,偶极子正负电荷重心的距离;

θ——极轴方向与极化方向的夹角。

如图 9-1 所示,极化方向如在极轴方向上,极化强度等于面电荷密度 $P=\sigma$。一般情况下,取材料的极轴方向作为极化方向。

目前所用的热释电探测器都是由铁电体组成的,这是因为铁电体具有优异的热释电特性。铁电体的极化具有以下性质:

1. 铁电体具有电滞回线的现象

铁电体极化强度 P 随外电场 E 的变化情况如图 9-2 所示。

(1) 从 0 开始,$E\uparrow$,$P\uparrow$,达到一饱和值 P_s,即自发极化强度。

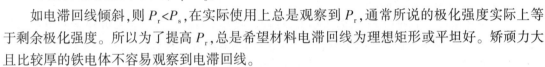

图 9-1 电偶极子的模型

(2) $E\downarrow$,$P\downarrow$,$E=0$,$P=P_r$,P_r 为剩余极化强度。

(3) 当 $E-\downarrow$,$E=-E_c$ 时,$P=0$,E_c 称为矫顽场强。

(4) 电场继续反向增加到 E 时,P 反向,为负值,即反向极化。

当电滞回线完全平坦时,$P_r=P_s$。

如电滞回线倾斜,则 $P_r<P_s$,在实际使用上总是观察到 P_r,通常所说的极化强度实际上等于剩余极化强度。所以为了提高 P_r,总是希望材料电滞回线为理想矩形或平坦好。矫顽力大且比较厚的铁电体不容易观察到电滞回线。

2. 温度恒定时观察不到自发极化现象

温度恒定时因晶体表面吸附有来自于周围空气中的异性自由电荷和体内扩散电荷所中和,而观察不到它的自发极化现象。自由电荷中和面束缚电荷所需时间很长,有数秒钟。当用某辐射入射晶体,温度改变,P 变化,σ 变化,晶体自发极化的弛豫时间很短,约为 10^{-12}s,可以不考虑其影响。要探测辐射必须是变化的辐射,或调制的辐射信号,使辐射的变化速度大于吸附电荷的中和速度,并在中和之前把信号引出来,这时能明显地观察到晶体的极化现象,从而获得电信号,测量热辐射。当温度停止变化时,极化强度 P 逐渐消失。所以测量的辐射必须是变化的,其调制速度要高于极化电荷的中和速度。

3. 极化强度 P 随温度而变化

当温度升高时,体内热运动加剧,阻止电偶极子的正常取向,某材料的 P—T 关系曲线如图 9-3 所示,$T\uparrow$,$P\downarrow$,当 $T\uparrow\to T_c$ 时,$P=0$,T_c 称为居里温度。超过这个温度,铁电体发生退极化,从极化晶体变为非极性晶体(顺铁电体)。材料工作温度不能高于居里温度,居里温度是热电材料的一个重要指标,实际中希望居里温度高点好。

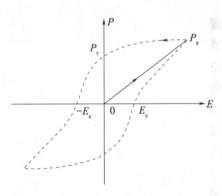

图 9-2 电滞回线

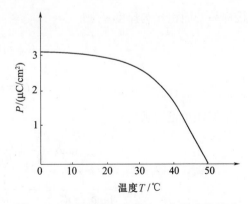

图 9-3 某材料的极化强度 P 与温度的关系

9.1.2 热释电探测器特性分析

1. 热电系数 p

$$p = \frac{dP}{dT} \tag{9-2}$$

式中 p——表示温度变化一度所引起的极化强度的改变量,单位为 $C/cm^2 \cdot K$(库仑/平方厘米·开)。

从图 9-4 可见,温度比居里温度低太多时,p 值太小,这个温度不适宜作器件的工作温度。温度离居里温度不太远时,p 值较大,同时比较恒定,即随温度的波动变化较小,这一段温度区间适宜作为热释电探测器的工作温度。最好这段温区间宽一些,并且在室温附近。温度接近居里温度,p 值起伏太多,容易出现退极化,但由于 p 值大,通过电路措施,也可用来制造工作器件。

2. 复介电常数和漏电阻率

纯粹的介质是不消耗功率的,但实际上,这种情况并不存在。故通常把介质的介电常数分成两部分:一部分为 ε',表示介电常数;另一部分为 ε'',表示介电损耗。

复介电常数 $\qquad \varepsilon = \varepsilon' - j\varepsilon''$

功率损耗角正切 $\qquad \tan\delta = \dfrac{\varepsilon''}{\varepsilon'}$

热电晶体可视为信号恒流源 I_s、电容 C_D 和直流电阻 R_{DC} 和交流电阻 R_{AC} 的并联电路。信号恒流源 I_s,随入射辐射而变化,入射辐射的调制频率为 f,圆频率为 ω,$\omega = 2\pi f$,如图 9-5 所示。

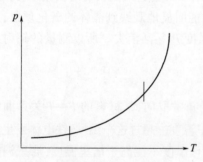

图 9-4 热释电系数 p 与温度的关系

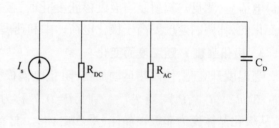

图 9-5 热电晶体的等效电路

设样品的面积 A 与厚度 d,则

$$R_{DC} = \rho_{DC} \frac{d}{A} \tag{9-3}$$

$$C_D = \varepsilon' \frac{A}{d} \tag{9-4}$$

因为功率损耗角正切满足

$$\tan\delta = \frac{x_c}{R_{AC}} = \frac{1}{R_{AC} \cdot \omega C_D} = \frac{\varepsilon''}{\varepsilon'} \tag{9-5}$$

$$R_{AC} = \frac{1}{\tan\delta \cdot \omega C_D} = \frac{1}{\omega \varepsilon' \cdot \dfrac{A}{d} \cdot \dfrac{\varepsilon''}{\varepsilon'}} = \frac{1}{\omega \varepsilon''} \cdot \frac{d}{A} = \rho_{AC} \frac{d}{A} \tag{9-6}$$

$$\rho_{AC} = \frac{1}{\omega \varepsilon''} \tag{9-7}$$

热电材料阻抗为

$$R_D = R_{DC} // R_{AC} = \rho_D \frac{d}{A} = \frac{1}{\sigma_D} \frac{d}{A} \tag{9-8}$$

$$\rho_D = \rho_{DC} // \rho_{AC} = \frac{\rho_{DC}}{1 + \omega \varepsilon'' \rho_{DC}} \tag{9-9}$$

3. 结构形式

热释电探测器基本形式有两种,即边电极结构和面电极结构,如图9-6所示。

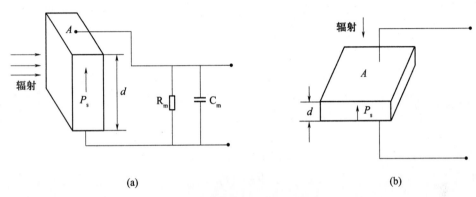

图 9-6 热释电探测器电极结构
(a) 边电极结构;(b) 面电极结构。

4. 响应率

设在时间 t 内,探测元因吸收辐射使温度升高 ΔT,则所产生的极化电荷 ΔQ 为

$$\Delta Q = Ap\Delta T \tag{9-10}$$

极化电流为

$$i_s = \frac{d\Delta Q}{dt} = Ap \frac{d\Delta T}{dt} \tag{9-11}$$

设入射辐射 $P(t) = P_0 e^{j\omega t}$,代入热传导方程,($\omega = 2\pi f, f$ 为调制频率),则温升为

$$\Delta T(t) = \frac{\alpha P_0 e^{j\omega t}}{H(1 + j\omega \tau_T)} \tag{9-12}$$

式中　$\tau_T = C/H$,称为热时间常数;

C——热容,J/℃ 或 J/K;

H——热传导系数,W/K。

将式(9-12)代入式(9-11),得

$$i_s = \frac{A\alpha p P_0 \omega e^{j\omega t}}{H(1 + j\omega \tau_T)} \tag{9-13}$$

信号电流为

$$|i_s| = \frac{A\alpha p P_0 \omega}{H(1 + \omega^2 \tau_T^2)^{\frac{1}{2}}} \tag{9-14}$$

则电流响应率 R_i 为

$$R_i = \frac{|i_s|}{P_0} = \frac{A\alpha p\omega}{H(1+\omega^2\tau_T^2)^{\frac{1}{2}}} \quad (9-15)$$

信号电压为

$$u_s = |i_s| \cdot Z = \frac{A\alpha p\omega P_0}{H(1+\omega^2\tau_T^2)^{\frac{1}{2}}} \cdot \frac{R}{(1+\omega^2\tau_e^2)^{\frac{1}{2}}} \quad (9-16)$$

其中 $R = R_D // R_m$，$C_e = C_D // C_m$，R_m、C_m 分别为负载电阻和负载电容，R_D、C_D 分别为探测源的电阻、电容，$\tau_e = RC_e$ 称为电时间常数，如图 9-7 所示。

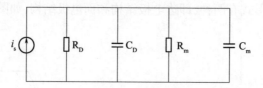

图 9-7　热电晶体及负载的等效回路

电压响应率 R_u 为

$$R_u = \frac{u_s}{P_0} = \frac{A\alpha p\omega}{H(1+\omega^2\tau_T^2)^{\frac{1}{2}}} \cdot \frac{R}{(1+\omega^2\tau_e^2)^{\frac{1}{2}}} \quad (9-17)$$

注意到

$$H = C/\tau_T$$

令

$$M_i = \frac{p}{C_v}, \quad M_u = \frac{p}{C_v \cdot \varepsilon'}$$

其中 c 为热容，$C_v = C/V$ 为体积比热容，单位为 J/cm³·K，$C = C_v \cdot d \cdot A = C_v \cdot V$，$d$ 为样品厚度。

$$R_i = \frac{\alpha}{d} \cdot \frac{\omega\tau_T}{H(1+\omega^2\tau_T^2)^{\frac{1}{2}}} M_i \quad (9-18)$$

$$R_u = \frac{\alpha}{A\omega} \cdot \frac{\omega\tau_T}{(1+\omega^2\tau_T^2)^{\frac{1}{2}}} \cdot \frac{\omega\tau_e}{(1+\omega^2\tau_e^2)^{\frac{1}{2}}} \cdot M_u \quad (9-19)$$

式中　M_i，M_u——分热电晶体的电流响应优值和电压响应优值，又分别称为第二优值与第一优值。归一化响应率 R_u 与频率的关系如图 9-8 所示。

根据式(9-19)，得

$$R_u = \frac{u_s}{P_0} = \frac{A\alpha p\omega}{H(1+\omega^2\tau_T^2)^{\frac{1}{2}}} \cdot \frac{R}{(1+\omega^2\tau_e^2)^{\frac{1}{2}}} \quad (9-20)$$

现对该公式进行分析。

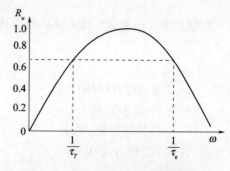

图 9-8　归一化响应率与频率的关系

(1) 当 $\omega = 0$ 时 $R_u = 0$，说明热释电探测器对恒定辐射不响应，所以测辐射必须经过调制。

(2) $\omega = \frac{1}{\tau_T}$ 时的频率称为热分界点，$\omega = \frac{1}{\tau_e}$ 时的频率为 R_{ce} 分界点，称为电分界点。在这两个分界点上，响应率的相对值都为 $1/\sqrt{2}$，所以要使热探测器具有宽频带，应尽可能增大热时间常数，减小电时间常数。

当 $R_m \ll R_D$(如 $R_D = 10^{13}\Omega$)时,$R_u \propto R_m$,随 $R_m \uparrow$,$R_u \uparrow$。但频带宽度变窄,如图 9-9 所示。所以在对带宽无特殊要求情况下,R_m 应尽可能取得大些,如 $10^{10} \sim 10^{11}\Omega$,如要求增加带宽,可改变负载电阻。

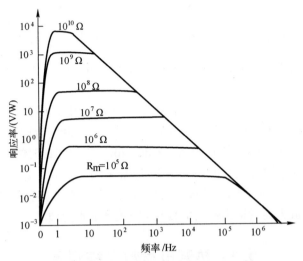

图 9-9　热释电探测器的电压响应率与调制频率 f 和负载电阻的关系

(3) 当 $\omega \ll \dfrac{1}{\tau_T}$,即在低频段(1Hz 以下),有

$$R_u = \frac{A\alpha pR}{H} \cdot \omega \tag{9-21}$$

响应率与 ω 近似成正比,$\omega \uparrow$,$R_u \uparrow$。

(4) 当 $\omega \gg \dfrac{1}{\tau_e}$ 时,即在高频段此时 $\omega \gg \dfrac{1}{\tau_T}$,则

$$R_u = \frac{A\alpha p}{C \cdot C_e \cdot \omega} \tag{9-22}$$

响应率与 ω 近似成反比,$\omega \uparrow$,$R_u \downarrow$。

通常情况下,工作频率在几十赫兹至数千赫兹,而 τ_T 与 τ_e 在 0.1~10s 范围内,$\omega \gg \dfrac{1}{\tau_e}$,$\omega \gg \dfrac{1}{\tau_T}$,则

$$R_u = \frac{A \cdot \alpha \cdot p}{C \cdot C_e \cdot \omega} = \frac{\alpha \cdot p}{C_v \cdot d \cdot C_e \cdot \omega} \tag{9-23}$$

在这种情况下,使响应率增大的方法有以下几种:

(1) 减小电容 C_e。因为 $C_e = C_D + C_m$,而热电材料的电容是一定的,故要尽量减小放大器电容及杂散电容 C_m。

(2) 选择合适的材料和电极结构。如已经保证放大器或负载的电容 C_m 远小于热电材料的电容 C_D,即 $C_m < C_D$,则组合电容以探测器电容为主,则

$$R_u = \frac{\alpha \cdot p}{C_v \cdot d \cdot \omega \cdot C_D} = \frac{\alpha \cdot p}{A \cdot \omega \cdot C_v \cdot \varepsilon'} = \frac{\alpha}{A\omega}M_u \tag{9-24}$$

故要尽量选取 M_u($M_u=p/\varepsilon'C_v$) 大的材料,并减小电极面积,故宜采用小面积的边电极结构。

如 $C_m>C_D$,则组合电容 C_e 以放大器电容为主。

$$R_u=\frac{\alpha p}{C_v \cdot d \cdot \omega \cdot C_m}=M_i \cdot \frac{\alpha}{d \cdot \omega \cdot C_m} \tag{9-25}$$

为了增大响应率,应尽量减小 C_m,增大 $M_i\left(M_i=\frac{p}{C_v}\right)$ 及 α/d 值,α/d 值又称为热释电探测器的结构因子,此时应尽量减小 d 值,故应采用面电极结构。M_i 和 M_u 分别称为材料的电流、电压优值。

(3) R_u 与电压提升。电压响应率与工作频率和负载电阻 R_m 的关系如图 9-9 所示。在高频情况下,热释电探测器的电压响应率 R_u 随频率的增加而下降。以国产 TGS 热释电探测器为例,当工作频率增加到 14kHz 时,其 R_u 已较标称值(20Hz 或 100Hz 时的 R_u 做标称值)下降 2~3 个数量级。为了改善热释电探测器的高频响应,通常采用补偿放大器。把放大器做成高频提升型,通过反馈电路,工作频率越高,其放大倍数越大。使得在低频和较高频率时,电路放大倍数均衡。经过补偿后放大器后输出放大倍数与 f 的关系成恒定值。

9.2 热释电材料和探测器

9.2.1 热释电材料

在产生热释电效应的大量晶体中,热释电系数最大的是铁电晶体材料,即铁电体,与其他热释电材料的区别在于铁电晶体的自发极化能在外加电场作用下反转过来,且当温度达到居里温度时,极化立即消失,晶体发生从极化到非极化的相变。由于铁电晶体的热电系数远大于其他热释电材料,以致铁电体以外的其他热释电材料很少用来进行制作热释电探测器。现在已知的热释电材料在一千种以上,但仅对其中 10% 的热释电特性进行了研究,研究发现真正能满足器件要求的不过十几种,它们都是铁电体,其中最主要的有 TGS(硫酸三甘肽)、SBN(铌酸锶钡($BaSrNbO_3$))、LT(钽酸锂($LiTaO_3$))等。

1. TGS

TGS 热释电探测器是发展最早、工艺最成熟的热释电探测器,在室温下,其热释电系数大,介电常数小,D^* 值高,$D^*(500,10,1)\sim5\times10^9 \text{cmHz}^{\frac{1}{2}}\text{w}^{-1}$ 在较宽的频率范围内,探测器灵敏度高,因此它是至今仍使用得相当广泛的热释电探测器。几种热释电材料的性能参数如表 9-1 所列。

表 9-1 热释电材料性能参数

材料	居里温度/℃	测量温度/℃	热释电系数/(10^{-8}C/cm^2·K)	相对介电常数	介电损耗	体积比热容/(J/cm^3·K)	热传导系数 h/(W·cm^{-2}·K^{-1})
TGS	49	25	3.9	35	0.004	2.5	0.007
LATGS	51	25	4.2	35	0.0013	2.5	0.007
DTGS	61	25	2.7	18	0.002	2.5	0.007
DLATGS	62.3	25	2.55	18	0.003	2.5	0.007

(续)

材料	居里温度/℃	测量温度/℃	热释电系数/(10^{-8}C/cm²·K)	相对介电常数	介电损耗	体积比热容/(J/cm³·K)	热传导系数 h/(W·cm⁻²·K⁻¹)
LiTiO₃	618	25	2.3	54	0.0002	3.5	0.035
LiNbO₃	1210	25	0.8	30	0.0006	2.8	
Sr$_{1-x}$Ba$_x$NbO₃ ($x=0.25$)	30	25	37	5000	0.002	2.1	0.01
Sr$_{1-x}$Ba$_x$NbO₃ ($x=0.33$)	62	25	11	1800	0.003	2.1	0.01
Sr$_{1-x}$Ba$_x$NbO₃ ($x=0.52$)	115	25	6.5	380	0.03	2.1	0.01
PbGe₃O₁₁	178	25	0.95	50	0.0003	2.5	
PbTiO₃	470	25	6.0	200		3.1	
PZT	290	25	4.6	1730	0.018	3.0	
PLZT	218	25	5.6	870	0.069	2.6	
PVF2		25	0.24	11	0.025	2.4	0.001

TGS 属水溶性晶体,物理化学稳定性差,TGS 单晶居里温度较低,为 49℃,不能承受大的辐射功率,容易产生退极化现象,掺杂丙氨酸的 TGS(LATGS)可以提高居里温度。

具有最好热释电优值的 TGS 晶体容易从水溶液中生长出大的优质单晶,纯 TGS 晶体的居里温度是 49℃ 在低于居里温度时,晶体属于单斜晶系的极性点群 2,极化轴方向是单斜晶系的 b 轴,它有垂直于 b 轴的解理面,铁电相变属于二级相变;高于居里温度时,晶体属单斜晶系,中心对称晶类 2/m。

硫酸三甘肽(TGS)分子式为 [CH₂NH₂(OOH)₃·H₂SO₄]。

同类晶体有硒酸三甘肽(TGSe)分子式为 [CH₂NH₂(OOH)₃·H₂SeO₄]。

氟铍酸三甘肽(TGFB)分子式为 [CH₂NH₂COOH]₃·H₂BeF₄。

TGSe 相变温度为 22℃。

TGFB 相变温度为 70℃。

TGS 制备方法有降温法、恒温蒸发法、溶剂变更法。

2. SBN(铌酸锶钡,BaSrNbO₃)

SBN 分子式 Sr$_{1-x}$Ba$_x$NbO₃,它的热电系数及介电常数 ε 值都随 x 增加而减小。T_c 随 x 增加而升高,如 x 从 0.25→0.52 时,T_c 相应地从常温提高到 115℃,这一特性对控制 T_c 的大小是方便的。这种热释电探测器在大气条件下性能稳定,无须窗口材料,电阻率高,热释电系数大,机械强度高,在红外波段(10μm 以上)吸收率很高,故不必涂黑,具有抗声、抗压、抗振等优点。但 SBN 晶体在 $x<0.4$ 时,不够稳定,室温下容易退极化,当 $x>0.6$ 时晶体在生长过程中趋于开裂。

3. LiTaO₃(钽酸锂)

这是一种很吸引人的热释电探测器材料。在室温下,它的热释电系数比 TGS 虽小一点,但在低温及高温下都有较好的性能,居里温度 T_c 高达 620℃,在室温下其响应率几乎不随温度变化,可以工作在很高的环境温度下,能承受较高的辐射能量,且不退极化;它的物理化学性能稳定,不需保护窗口,机械强度高、响应快。

4. 压电陶瓷热释电探测器

钛酸铅($PbTiO_3$)、锆钛酸铅(PZT)、锆镧钛酸铅(PLZT)、钛酸锶铅((Pb,Sr)TiO_3)等压电陶瓷。这类材料的热释电系数大,但其介电常数也较大,其机械强度大,物理化学性能稳定,居里温度高(PLZT,T_c=365℃),不易退极化。这类热探测器易制造、价格便宜、机械强度高、能承受强辐射功率,已得到了广泛的应用,是一种很有发展前途的材料。

9.2.2 热释电探测器的结构形式

根据固定方式,热释电探测器结构可设计为有衬底结构和无衬底结构(悬空结构);根据电极位置,可设计为面电极结构和边电极结构;按有无吸收层,可设计为无吸收层和有吸收层两种结构。

一个热释电探测器的结构如图9-10所示。对大功率器件来说,导热体是必不可少的,但对于弱辐射测量,为了提高灵敏度,最好不要导热体,而使晶体片悬空,并将其真空密封,仅依靠辐射和横向的热导散热。图9-10为悬空式有吸收层面电极结构。当然,许多热释电探测器没有这么复杂,器件加上管壳和窗口等构成。通常热电敏感材料的阻值高达 $10^{13}\Omega$,因此要用场效应管进行阻抗变换,才能实际使用,并用高阻值电阻释放栅极电荷,使场效应管正常工作,常将滤光片、热释电器件与场效应管封装在一起,构成一个器件。传感器内部连接如图9-11所示。为了消除环境温度的影响,在封装结构内部还连接了一个热释电的材料,其接法极性与敏感元的极性相反。

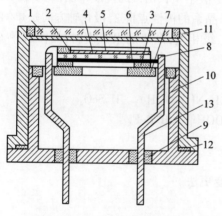

图9-10 热释电探测器的结构
1—窗口;2—热释电薄片;3—陶瓷环;4—上电极;
5—铂黑;6—下电极;7—陶瓷基板;
8—电极引线;9—玻璃绝缘;10—管壳;
11—氧环树脂封口;12—钢封口;13—管脚。

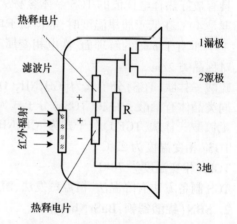

图9-11 热释电探测器的内部连接图

热释电敏感元是一种广谱敏感材料,能探测各种波长的辐射。人体所辐射的红外线波长在 7.5~14μm 内,如果要使传感器对人体最敏感,而对太阳、电灯光等不敏感,传感器可采用 7.5~14μm 波段的红外滤光片,其通透曲线如图9-12所示。加了这样的滤光片以后,可以有效地防止电灯光、太阳光的干扰,而对人体最敏感。

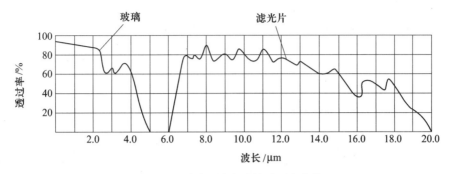

图 9-12　玻璃和滤光片的透过率曲线

热释电红外探测器只能探测变化或调制的热辐射,加调制器是麻烦的事。菲涅耳透镜解决了这一问题。菲涅耳透镜是一个透镜组,每一个透镜只有一个不大的视角。而相邻的两个单元视场既不连续,也不重叠,视场的侧视图和俯视图如图 9-13 所示。人体从一个单元视场进出一次,敏感元的红外辐射也接收一次,温度变化一次,从而输出一个相应的信号。连续的走动,便产生连续的脉动信号。为了实现不同的视场,满足各种需要,应用不同的透镜,目前有应用于天花板平面视场和应用于长距离视场的两种菲涅耳透镜。

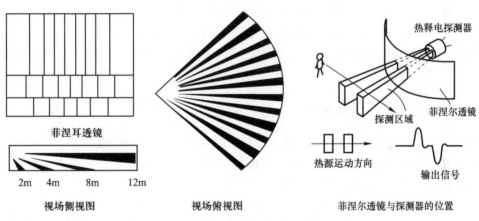

图 9-13　菲涅耳透镜和视场图

9.2.3　热释电探测器的特点

同一般热探测器相比,热释电探测器具有许多特点。它是目前最有希望、性能最好的热探测器,其主要特点如下。

(1) 无须致冷。虽然有些热探测器也不需要致冷,但它们的灵敏度都比较低。那些用于红外光子探测的器件,灵敏度比较高但需致冷,如 MCT。二者不能兼得,而热释电探测器则兼而有之。

(2) 响应波段宽、速度快。例如 TGS 对 $0.2 \sim 1000 \mu m$ 的辐射都有较高的响应。

响应速度快是热释电探测器的一大特点,通过改变电阻负载来改变响应时间,它能精确测出 $1ms \sim 30ps$ 的脉冲能量,而且灵敏度比热电堆高。

(3) 灵敏度大探测率高。在几赫兹至几十赫兹范围内,探测率与高莱管差不多,而在几十赫兹到1000kHz的范围内,探测率比别的热探测器高得多。

(4) 尺寸大而且均匀。目前热释电晶体的工艺性较好,所以可以做成大面积、均匀的晶体薄片,其尺寸从$1mm^2$到几十平方厘米。

(5) 需要交变的入射光,需要高阻抗、低噪声的前置放大器与之匹配。

热释电探测器可以做成热成像系统,不易被干扰,容易隐蔽,并能在有烟和雾的条件下工作,可用于空中与地面侦察、入侵报警、战时观察、火情观测、医学热成像、环境污染监视以及其他领域。

在空间技术上,热释电探测器主要用来测量温度分布和湿度分布或收集地球辐射的有关数据。在科研上,用于各种辐射测量、激光测量、快速光脉冲测量、功率的定标等。

9.3 混合型热释电成像器件的设计

热释电成像器件是非致冷的红外热成像器件。热释电成像器件与单元探测器相比,有很多新的问题,如对于凝视型的成像仪,像元之间灵敏度会产生差别,像元之间产生了非均匀性,会影响系统的性能,而对于一个单元探测器,这种效应相对较少发生。对于一个大阵列的探测器,像素与像素的响应率差异、阻抗率或其他相关参量的变化会使输出信号响应发生变化,使有用信号减少了。解决这个问题的关键是增加系统电子电路的复杂度,这样会带来能量的损耗,甚至对可能取得的灵敏度带来长期或是短期的限制。

热释电成像器件有两种结构形式,即混合式结构和薄膜单片式结构。本节分析混合式结构。

9.3.1 热隔离以提高温度响应

如果一个探测元的热质(热容 C)减少,那么,热导 H 也可以相应地减少。通过增加其隔热装置,减小 H,可以改进热探测器性能,如温度响应率。对于如何实现混合式的热电探测器的阵列与其周围环境的隔热,人们已经提出了各种各样的方法。

早期的工作简单利用大多数铁电材料的低热导,以产生一个材料的自身的热力学梯度,如图9-14(a)所示。铁电材料层相对较厚,通过软金属倒装的方式贴在读出电路上以提供较小的热隔离。电容的底边是固定在与ROIC(读出集成电路)相同的温度上的,顶部则由电容器的厚壁进行隔热。这种结构热隔离很差,像素尺寸通常很大,只有一半的铁电材料能有效地产生信号。

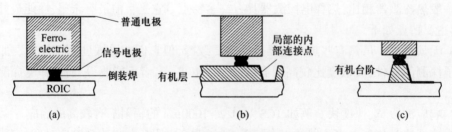

图9-14 混合热隔离结构的进化过程

后来,采用一个低热导有机材料表层,将 ROIC 与连接到铁电电容器的电路分开,如图 9-14(b)所示,将长的薄的金属膜铺在有机层上以提供最小的热损失的电接触。这种方法使热导低至 40μW/K,可获得面积 75μm² 和厚 75μm 的像素。

因为像素间隔缩小可以改善传感器的分辨率,所以在隔热装置上提出了更大的要求。一个简单的有机表层不再适用,因为在表面的热分布增加了越过截面的有效热导。解决方法是通过照相平板印刷方法移去有机层的一部分,留下有机台以连接探测器的像素,如图 9-14(c)所示。这种结构提高热电探测阵列性能。薄的、均匀的、沉积在边缘上方的金属熔条提供了台阶顶部和 ROIC 之间的电接触。这样的结构适用于 50μm²、厚达 10μm 的探测器像素,其热导从 10μW/K 到 2μW/K,这种台阶的性能是由下列能力决定的:一是确定的小的越过截面台阶的高度;二是使电路集成在边缘上方的金属上的能力。

9.3.2 像素间热隔离以改进 MTF

最初生产探测器是从单片的铁电材料开始的,仅由电接触界定像素。这种设计,由一个像素吸收的热能不仅仅从隔热装置流向衬底,同样流向邻近像素,这就降低了 MTF。如果让铁电材料变薄以减少外部的热传导,来改善 MTF。但是,如果厚度减少,热容 C 减小了,则需相应增加隔热装置(减小 H)以保持热时间常数 $\tau = C/H$。

因为 MTF 的下降来源于像素与像素之间的热导与像素到衬底的热导之比,所以这种方法对 MTF 没有改进。

第一个解决 MTF 损耗的方法是网状像素。网状技术得到了广泛的认可。它是离子铣、激光刻和激光帮助的化学蚀刻技术。这些方法的有效性取决于所使用的材料。网状结构使像素与另一个像素只通过普通的电极和红外吸收器来连接,因此 MTF 大大提高。

对 MTF 的进一步提高的方法是减少外部的普通电极和红外吸收器之间的热传导。早期的设计采用一个电导性的吸收器,如金黑体、铂黑体或者是一个钛硫化锌共蒸的混合物。这些吸收性能都很好,但是外部的热传导是多余的。电极和吸收器表面利用一个调制的光学腔,其底层作为一个普通电极。图 9-15 表明了这样的一种结构。底部的金属层足够厚以进行全反射。顶部的金属层较薄,半透明,与自由空间的阻抗相匹配。在想要的光谱带中将绝缘层的厚度调整到吸收比最好。使用这种设计,7.5~13μm 光谱内平均吸收比超过 99%。阵列 Nyquist 频率处的 MTF 高达 40%。

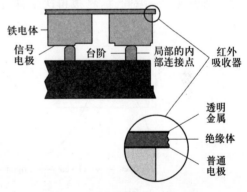

图 9-15 普通的电极放在网状的探测阵列上的谐振红外吸收器

9.3.3 斩波器的结构

因为热释电探测器只能探测变化或调制的热辐射,所以需要使用斩波器来调制入射的辐射。对于热电成像仪而且对于所有的非致冷的成像仪(具有可能的热电偶—热电堆)的使用斩波器的原因还在于电子动态的范围以及传感器的稳定性。几种斩波器的结构如图 9-16 所示。

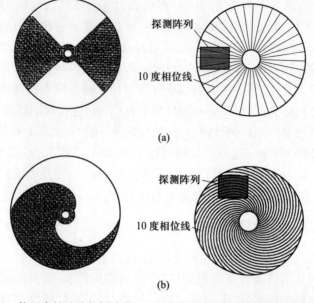

图 9-16 使用直的叶片的斩波器(a)以及使用阿基米德螺旋线的斩波器(b)

直的叶片的斩波器如图 9-16(a)所示,现在使用的斩波器总的来说如图 9-19(b)所示,叶片边缘是阿基米德螺旋线状的,尽管发生了相位的漂移,但是它已经最小,近似与每行的相当。

带有斩波器的探测器工作如下:当斩波器的边缘经过一个像素时,像素被暴露在景物的辐射光下。它的温度开始相应的发生改变,温度持续变化直到使景物重新被遮蔽。在叶片边缘经过的一瞬间,信号被采样。前边缘经过一个像素时,像素温度开始转变为其初始的温度。在景物重新出现的一瞬间,信号被再次采样,因此每次暴露信号被采样两次。顺序如图 9-17所示。

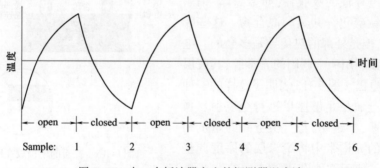

图 9-17 由一个斩波器产生的探测器温度波

9.4 单片热释电成像器件

固态微机械加工技术经过最近十年逐渐发展成熟,作为一种有效的和有价值的技术,对物理微传感器和微执行器具有重要意义。固态微机械加工技术能够在一块普通的半导体衬底上支撑起传感器、信号状态的电子元件和执行器。该技术是众所周知的,被美国和亚洲称为微电子机械系统(Microelectromechanical Systems,MEMS),被欧洲称为微系统(Sensors and Actuators)。

由于热释电材料能够随着温度变化自发产生电荷,且固有的电子噪声低,因此在制作非致冷红外探测器上受到瞩目。热释电薄膜材料能够沉积在单个的热隔离微结构上,在微机械加工集成传感器的制作上用得最广泛的三种热释电薄膜材料:氧化锌(ZnO)、钛酸铅($PbTiO_3$)和钛酸锆铅(PZT)。

在一个半导体技术里能形成精确的热隔离和支撑结构是固态微机械加工的一个直接的结果。利用这项加工技术可将热敏感像素和与之相连的基底之间的热量损耗降到最低。

热释电像素与芯片的电子线路的直接集成很具有吸引力,因为这样可最大程度的降低寄生电荷之间的互连。这种存在于探测器和前置放大器之间的电子互连会产生杂散电容,从而降低所探测到的热释电电压信号。将热释电探测元与电子线路集成在一块芯片上,成为一个带有传感器固体成像器件。

9.4.1 热释电薄膜材料

只有几种热释电材料能成功地与微机械加工热隔离结构集成,这些材料包括 ZnO、PZT 和 $PbTiO_3$。在这几种材料中,由于 ZnO 可以利用大量的沉积技术和电极材料,因此它可能是最容易制备的材料。它的主要缺点是热释电响应率低。铁电体材料如 PZT 和 $PbTiO_3$,热电性能活跃,但需要仔细控制沉积条件,尤其要注意电极交界面的质量和化学稳定性。热释电材料的性能如表 9-1 所列。

铁电体层的加工对这种非致冷红外探测器是很重要的,因为这一层提供所需的介电特性和热电特性。除了获得具有所需性能的一层薄膜外,铁电体层的加工步骤还必须与整个制备流程相匹配。溶胶—凝胶(sol-gel)和其他溶液沉积方法非常适合于热释电 MEMS 应用,因为可以在能接受的加工温度下制备出具有可再生产的成分和特性的涂层。

薄膜材料合成有三个总体目的:当材料沉积在微结构上时能在薄膜上获得好的结晶性;能对性能活跃的薄膜材料的热电性能和介电性能进行可预测控制;能根据具有热释电薄膜电容的热隔离结构的不同材料来进行复合压力的控制。

9.4.2 隔离结构

微机械支撑和热隔离结构由微机械加工获得。微机械加工可在起作用的热探测点的正下方直接产生空隙(通常是气)。MEMS 应用中最常用的三种结构性薄膜材料是多晶硅、氮化硅(Si_3N_4)和铝(Al)。这些薄膜通常厚 $1.0\sim2.0\mu m$,提升后处于硅圆片上方 $0.5\sim1.0\mu m$ 处。通过光刻制版,仅仅在与基底相连的部分有热传导。前面三种材料中,由于多晶硅能广泛应用于大多数的集成电路工艺中,因此是发展最快的 MEMS 机械加工材料。然而对它剩余本征应力的控制却严重限制了它在集成电路的应用。常需要在 $1000\sim1100℃$ 下对其进行 $30min\sim1h$ 的退火来减小材料内部不需要的压力。非化学配比的富硅的 Si_3N_4 自身张力小,热传导极低,是另一种常用的机械加工材料。

9.4.3 微机械加工传感器的制作流程设计

图 9-18 给出了一个具有代表性的横截面制作流程图,它展示了在硅基底上制备红外热释电探测器的固态微机械加工。

如图 9-18(a)所示,首先在硅衬底上沉积一层介电密封层。这层介电层通常是用等离子增强化学气相沉积法(PECVD)制备的高质量的 Si_3N_4。圆片上是否已经制备了晶体管或者分散的微传感器是否要制备,都决定了密封层的厚度。一般来说,为了在一个后端微传感器的制备过程里保护下面的电路,以及防止晶体管作用区域在制备过程中受到不需要的污染,需要厚 $1.0\mu m$ 的 Si_3N_4 保护层。

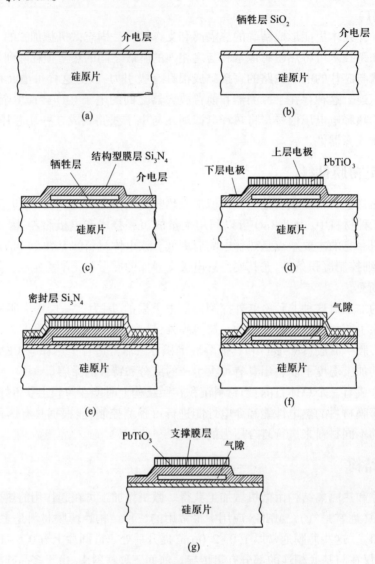

图 9-18　制备铁电体薄膜微桥加工技术的工艺流程

图 9-18(b)给出了热隔离结构所需的气隙在最后形成时所用到的空隙材料的沉积和制版。这一层是化学气相沉积法(CVD)的临时层(通常称为牺牲层)。牺牲层确立了其上进行热隔离的气隙区域。牺牲层的厚度通常为 $0.5\sim1.0\mu m$。通过调整 CVD 过程的条件,如附加的在线引入磷,形成 SiO_2(通常称为磷硅玻璃,或 PSG),具有低的密度,并在 HF 酸中具有高的腐蚀速度。

如图 9-18(c)所示,接下来沉积结构型支持膜层,它需要经受反应离子腐蚀等工艺。机械结构支撑是用来增加叠加其上的热释电薄膜的刚硬性。前面已经讨论了几种结构型支撑材料,包括多晶 Si、Si_3N_4 和 Al。常常要发展一个专门反应的制作流程来得到具有良好控制的内力特征(具有轻微张力)及能与前面沉积的材料良好附着的材料。

图 9-18(d)给出了功能的热释电薄膜像素的制备。对于制备在集成阵列上的红外探测器,利用 PbTiO₃ 溶胶沉积法来得到像素。对所示结构,钛—铂(Ti-Pt)被用作下层电极,而铂用作上层电极。厚度在 300~400nm 的 PbTiO₃ 可以获得响应率高且能兼容圆片的拓扑及其照相排版需求。

如图 9-18(e)所示,在确定了 PbTiO₃ 电容器后,在 350~400℃下用等离子增强化学气相沉积法(PECVD)制得厚度为 1.5~2.0μm 的 Si_3N_4 或者非晶硅(a-Si)。这层密封层在接下来的固态微机械加工中作为 PbTiO₃ 的保护层。不用低压化学气相沉积法(LPCVD)而用等离子化学气相沉积法,是由于热释电薄膜最大的制作温度限制。牺牲层通过反应离子腐蚀暴露出来。暴露的 SiO_2 玻璃就会从机械结构支撑横向突出约 5μm。

如图 9-18(f)所示,接下来利用固态微机械加工。保证 HF 酸在没有侵蚀到其他用于形成接触点的材料下,有选择性地移走低密度的 SiO_2。这种侧向腐蚀的选择性的利用保证了集成微传感器的可靠制备。

如图 9-18(g)所示,最后在选择的区域移走密封层来获得微传感器所需的电连接。

将热释电探测元与电子线路集成在一块芯片上,成为一个带有传感器固体成像器件,如图 9-19 所示。

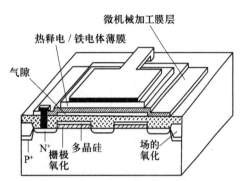

图 9-19 直接做在前置放大器上的热释电微桥的垂直示意图

9.4.4 热释电成像器件的集成电路

基片信号处理的集成电路通常取决于操作的物理传感器的要求。对于热释电探测,电荷自发产生以响应温度的变化。场效应管常用来探测这种电荷就是在于它的高输入阻抗。硅金属氧化物半导体场效应管(MOSFET)前置放大器具有吸引力。而双极性晶体管由于输入阻抗低,电荷易泄露,一般不用于热电或压电放大器应用中。

图 9-20 给出了热释电薄膜与硅 NMOS 电路的一种简单集成方法。这里热释电像素直接与输入的耗尽型 N-MOSFET M1 的栅极相连。耗尽型晶体管用作输入放大管的原因是热释电电容器可直接接在栅极—源极之间,而晶体管的栅极—源极之间无须加电压,放大管就能进行正常的工作,可完成一个三极管放大电路的功能。晶体管 M3 用作一个传输端供行寻址,M2 作为列线负载电阻用,一个复位晶体管 M4 以清除相邻两次信号读出的残余热释电电荷。

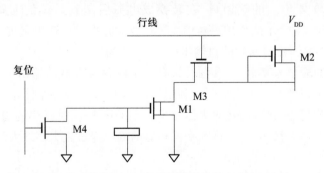

图 9-20 基本的热释电微传感器的信号处理电路图

图 9-21 给出了一个硅基底热电成像阵列的部分线路图以及有关的信号处理电路。该工作中制备了一个 64×64 像素的成像阵列,并在带有芯片电子线路下对其进行了测试。每个探测器像素制备在独立的 Si_3N_4 热隔离微桥上。然后要在每个探测器的正下方制备一个简单的前置放大器,该放大器由两个晶体管组成;其中一个晶体管供位于同一列的其他 63 个前置放大器公用。为了将一个探测器选出,需要两个 6:64 的解码器。图 9-21 中,行解码器位于阵列左边,列解码器位于阵列底部,而信号处理电路位于阵列左边的顶部。硅基底成像阵列工作时,用一个 12 位的数字字符驱动这两个解码器,以选出其中一个热电微传感器。每个传感器探测到一个红外信号并通过热电效应将之转换成电荷。

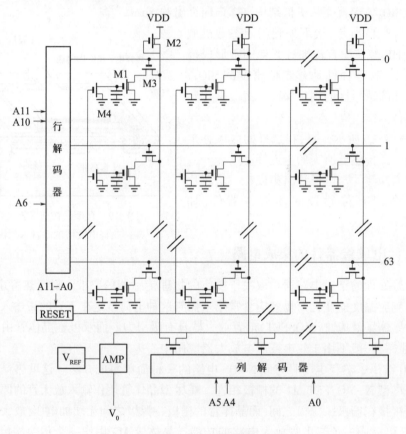

图 9-21 热释电 64×64 像素阵列结构图

该电荷正比于红外输入的热通量,在转换成电压后送到后续的前置放大器放大。如图 9-21 所示,前置放大器 M1 的作用是对信号进行放大并提供低输出阻抗,前置放大器 M1 的输出与 M3 相连,M3 的源极与这列的总输出相连。M3 的栅极与行解码器的输出相连,任何时候只有一个解码器的输出为高电平。因此,只有一个前置放大器的输出信号保存在列中。64 列前置放大器的每一列都有一个列输出。利用一个列解码器,采用同样的方式对列寻址。这种寻址技术允许在阵列输出时,前置放大器处于一个信号状态,选择出的前置放大器信号和参考信号一起输入一个水平移相器,并将水平移相器的输出经过放大器放大后,获得一个单端输出电压。

图 9-22 表示了三级状态下的信号电路图和参考电路图。第一级和第三级提供了电压增益,第二级提供了功率增益;模拟电压经过采样后用一个 8b 的 A/D 转换器转换成数字信号,

这个过程会一直重复直到整个阵列按顺序扫描。前置放大器具有共阴共栅的级连状态。前置放大器电路图由图 9-20 给出。负载晶体管(M2)为处于同一列的另外 63 个前置放大器公用。在恰当的工作条件下，任何时刻的 64 个放大管(M1)只有一个与负载管相连。这个条件可以相应减少芯片上的晶体管数。在这个电路中，晶体管 M1、M2 是前置放大器的主要元件。这个电路的组态和一个耗尽型负载反相器相似，只是 M1 管也是一个耗尽型元件。作为一个耗尽管，M1 保证了在输入小于 1mV 时，也就是传感器信号的范围，也能使放大器工作在线性区。M3 管阻抗低，并在 M2 打开时将 M2 和 M1 相连。同时还应注意到晶体管 M3 作为一个共栅极放大器被连接起来，从而降低了限制前置放大器高频响应的米勒效应。晶体管 M4 管是一个复位管，它在扫描到阵列的最后一个像素时才完全开启，图 9-21 中未画出。

前置放大器的输出与一个水平移相器相连，移相器的作用是将参考信号和前置放大器的信号移相大约 5V，从而使后续的微分放大器的增益最小。因为电路输入阻抗高，因此它也充当一个缓冲器或一个绝缘放大器，其信号大小几乎没有损耗地进行了放大。这个能量移相器具有源跟随器组，因此它不需电压增益就可得到大的电流和一些能量的增益。

第三个信号状态是一个微分放大器，它放大的是参考信号和来自于电平移相器的传感器信号的差值信号，并得到一个最终的输出信号。信号增益大约为 50(34dB)，与工作的放大器无关，仅由图 9-22 中的 R_1/R_2 决定。放大器全部由增强型 NMOS 晶体管组成。这种两组放大器的电路布局消除了放大器的漂移。表 9-2 总结了相关的材料、电路和集成系统的性能参数。

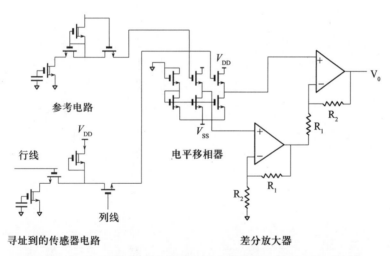

图 9-22　用来去除不想要的热释电效应和环境温度漂移的参考电路

表 9-2　$PbTiO_3$ 硅基底的红外探测器阵列的集成系统性能总结

像素尺寸	$30\mu m^2 \times 30\mu m^2$
阵列尺寸	64×64 像素
芯片大小	$1cm^2 \times 1cm^2$
热释电系数	$(90\pm 10n)\, C/cm^2 K$
30Hz 下的黑体电压响应率	$(1.2\pm 0.2)\times 10^4\, V/W$
297K,30Hz 下的探测率 D^*	$(2.0\pm 0.4)\times 10^8\, cmHz^{1/2}/W$

练 习 题

9.1 解释热释电效应、电滞回线和热释电系数。

9.2 为什么热释电探测器只能测量调制的或变化的热辐射?

9.3 设 TGS 热释电器件的数据如下:灵敏度面积 $A=1\text{mm}^2$,热释电系数为 $2\times10^{-8}\text{C}\cdot\text{cm}^2\cdot\text{K}^{-1}$,吸收系数 $\alpha=1$,辐射调制频率 $f=10\text{Hz}$,热传导系数 $H=6\times10^{-6}\text{W}\cdot\text{K}^{-1}$,热容为 $1.64\times10^{-5}\text{J}\cdot\text{K}^{-1}$,电路负载电阻 $R=7\text{M}\Omega$,热释电器件的等效电容 $C_\text{D}=22\text{PF}$。求电流响应率 R_I 和电压响应率 R_u。

9.4 热释电器件的连接如图 9-11 所示,说明滤波片的作用、两个热释电片的作用、场效应管的作用。加调制器是件麻烦的事,在实际使用时,如何解决这个问题?

9.5 热释电成像器件有哪两种基本结构形式?简单画出其结构图。

9.6 根据图 9-21,叙述这个热释电阵列读出电路的过程。

第 10 章 紫外探测与成像器件

10.1 紫外光的特性

夜天空的辐射是由各种自然辐射源的辐射综合形成的。月光、星光、大气辉光,以及太阳光、月光和星光的散射光是造成夜间天空自然光的主要光源,这些统称为夜天光。夜天光包含有可见光成分、丰富的近红外辐射和紫外光等。太阳是最大紫外光的辐射源,大气结构对地球上的紫外辐射的分布与强度有较大的影响。

10.1.1 紫外光波段的划分

紫外(UV)光是波长为 10~400nm 的电磁波,介于可见光波与伦琴(X)射线之间。美国空军地球物理实验室根据大气物理学、光学和人眼生理学对紫外光谱分区,把紫外光分了四个波段,即极远紫外、远紫外、中紫外和近紫外,如图 10-1 所示。

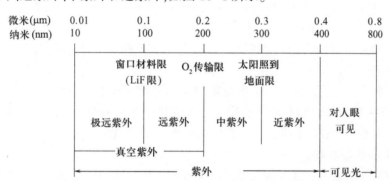

图 10-1 紫外光和可见光波长范围划分图

在自然界中,太阳是最强烈的紫外光辐射源,太阳的紫外光通过大气时呈现以下特性:

(1) 大气中的氧气强烈地吸收波长小于 200nm 的紫外光,所以只有在太空中存在这个波段的紫外光,因而被称为真空紫外。

(2) 大气中的臭氧层也强烈地吸收 200~300nm 波长的紫外光,因而在太阳紫外光中,这个波段也几乎完全被吸收,所以称为"日盲"区。此波段被人们所使用。

(3) 太阳辐射的近紫外波段 300~400nm 能较多地透过地球大气层,因而该波段被称为大气的"紫外窗口"。由于经过大气层的强烈散射,所以在大气层中,近紫外光是均匀散布的。

根据以上几个特性,在紫外光应用中,真空紫外只在天文和空间研究中有用。军事上则利用其中后两种特性。在"日盲"区,由于军事目标(如飞机和火箭的尾焰)的紫外辐射强于太阳的紫外辐射,所以利用该辐射来进行对空目标探测,在近紫外区,地面或近地面的军事目标(如直升机)挡住了大气散射的太阳紫外光,因而在均匀的紫外光背景上形成一个"暗点",就是利用这个"暗点"进行制导或探测。目前在被动紫外光军事应用研究中都是利用这两个特点。

采用紫外波谱工作的好处是,在此波段自然界很少有产生虚假信号的辐射源,因此检测到的大量信号都是人为产生的。这样就减轻了信号处理的负担,减少了必须处理的检测目标数量。虽然导弹羽烟中的紫外含量低于红外几个数量级,但仍有足够的能量供重要的战术告警使用,紫外检测的难点是得到所需的滤波特征传感器,该传感器必须对无用波长强力衰减,衰减因子达15个数量级,并且必须在10nm内完成从通带(passband)到阻带(stopband)的转换。

10.1.2 大气对紫外光的吸收

通常,大气对中紫外辐射产生影响的主要因素有四种:O_3的吸收,O_2的吸收,瑞利散射,溶胶吸收与散射。每种因素影响的大小取决于大气粒子组分的浓度和反应截面,截面又随着不同波长、不同位置的变化而变化。

1. O_3的吸收

O_3是地球大气中有效吸收中紫外辐射的最重要气体,它是由O_2和氧分子分解后的O结合形成的。O_3对电磁波谱有几个吸收带,波长从220~320nm,正是这个带的存在引起近地面的太阳光谱在波长小于290nm处中断。

2. O_2的吸收

在紫外辐射区,氧有几个吸收带的波长为175~202.6nm,另有一个波长为242~260nm的吸收带,在250nm以上,O_2的吸收效应同其他衰减效应相比已不明显。O_2浓度的垂直分布随高度增加而递减,O_2的吸收决定了在低空中用中紫外波段探测目标的能力。

3. 瑞利散射

瑞利散射粒子的半径比指定波长小得多,单个分子和原子的大小为0.1~10nm量级,而中紫外波长为200~300nm。所以,瑞利散射是一较强机制。在低空中分子数密度很高,中紫外的瑞利散射很显著,当高度增加时,分子数密度减小,散射系数减小。

4. 溶胶的吸收与散射

溶胶对中紫外的衰减包含吸收与散射两个过程。在紫外辐射传输中,如辐射波长和粒子大小接近,就发生溶胶散射,溶胶的大小为10nm的烟雾粒子到10μm的大雨滴,粒子大小分布很广。所以,中紫外的溶胶散射是一个值得重视的问题。

紫外辐射通过地球大气传输时,由于大气中分子及粒子的散射和吸收而衰减,大气对中紫外传输的衰减系数随波长不同而不同,无大气"窗口"。短波长时,O_2的吸收同其他因素相比占主导地位;中波长时,O_3的吸收比较大;长波长时,只有溶胶系数变大。当高度增加时,O_2浓度降低,溶胶数密度减小,O_3的吸收成为最主要的衰减因素,尤其是超过10km后,衰减系数显著增加。当高度达20km左右时,O_3浓度最高,衰减系数最大。图10-2显示了大气对中紫外辐射产生影响的四种主要因素,是在综合各种衰减因素的基础上绘出的海平面中紫外衰减系数曲线。

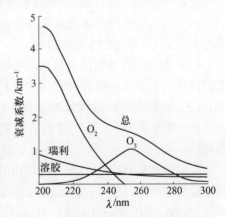

图10-2 海平面中紫外衰减系数曲线图

10.1.3 紫外辐射源

1. 太阳辐射

太阳光通常被看作5900K的黑体,其光谱覆盖了从极远紫外到远红外的整个光谱区。太阳光是最典型的、能量最强的自然光源,它直接或间接地造成大气背景辐射,对近地面的光电探测装备造成了严重的背景干扰,给信号处理与识别带来了负担,对红外波段的探测设备可产生虚警。

当太阳辐射经过地球大气层到达地球表面时,它会衰减造成辐射光谱的改变,其中,波长短于291nm的中紫外辐射被臭氧的吸收到达不了地球近地表面,造成太阳光中紫外辐射在近地表面形成"日盲"区,如表10-1所列。

由于O_3分布在距地面10~25km的高空,浓度从10km的高度起随高度增加而增大,一直到25km左右。在10km以下,O_3含量极少。O_3层在大气中的分布,在短波290nm的紫外辐射阻挡于大气对流层之外,这就为近地表面工作的"日盲区"波段的装备提供了天然的"保护伞",使装备避开了最强大的自然光源,在背景极其简单的条件下工作,这就降低了信号处理的难度,对紫外高速采集提供了方便。

由表10-1可见,太阳紫外辐射在短波200~290nm,到达地球表面的高度很低,且被臭氧吸收,因此到达不了地面,将此光谱区称为"日盲"区。

表10-1 太阳紫外辐射短波在大气中的高度

高度/km	波长/nm	高度/km	波长/nm
2	298	25	290
8	295	34	260
17	293.5	55	225

2. 日辉、夜辉的辐射

天空中辉光辐射的100~390nm的紫外光谱,是中紫外探测的主要背景源,但辐射极低,通常每平方厘米只有几百个光子。大气受太阳照射而产生的辐射叫日辉。日辉是由大气组分吸收了太阳辐射并再辐射产生的。这些光谱是由太阳辐射的共振和荧光散射、化学和离子反应及原子和分子的光电激发产生的,其波长为200~300nm。

夜辉是由大气在白天吸收了太阳紫外辐射而在夜间产生的。经过各种缓慢的反应、氧化,在白天形成的O和O_3,储存了一定能量,这些能量释放出来就形成了夜辉。夜辉的主要波段在紫外波段为200~300nm。

3. 导弹的中紫外辐射

为了解决白天在太阳光照射下,肉眼无法观测目标的困难,迫使研制紫外高速成像系统来完成这一任务。由于各种武器装备都需要用燃料,就必有尾焰排出,紫外光探测就是利用其特点,及时发现目标。无论使用何种燃料,尾焰中都含有近紫外、中紫外辐射,这就成为捕住目标的紫外辐射源。产生紫外辐射的主要贡献是热发射以及化学发光。

导弹羽烟辐射的光谱及强度依赖于组份分子种类及二次燃烧。在低空小于50km的尾气流和大气混合物在连续的流场中碰撞频繁,并且在热平衡下以一定温度保持分子态,它们混合形成湍流产生的化学链反应引起二次燃烧,从而改变羽烟温度和化学组分。而在火箭发动机中都含有大量的燃料,这就使羽烟中有大量可燃物质,这些物质同大气中的氧混合后发生放热反应,形成二次燃烧区,它是低空火箭羽烟的明显特征,能使羽烟温度升至500K,二次燃烧并不总是发生在喷嘴附近,点火的延迟是由混合区的有限最小浓度决定的。当火箭升空高度增加时,由于大气中氧的减少,二次燃烧减少。

如燃料在燃烧时,会生成高浓度的碳、氮、氢、二氧化碳等,并同时释放出紫外光。

$$CO+O \longrightarrow CO_2 + h\nu(287 \sim 316nm)$$

该化学发光的紫外辐射强度与CO和O的浓度成正比,除CO+O的化学发光外,导弹羽烟中还存在以下分子的化学发光:

$$O+O \longrightarrow O_2 + h\nu(244 \sim 437nm)$$

$$N+O \longrightarrow NO + h\nu(250 \sim 370nm)$$

$$H+OH+OH \longrightarrow H_2O + OH(244 \sim 208nm)$$

$$OH^* \longrightarrow OH + h\nu(244 \sim 208nm)$$

方程式中给出了上述化学发光的紫外光谱带。

由于设计的导弹工作参数不同,这对导弹的羽烟紫外辐射也有影响。如推进剂类型、氧化物和燃烧剂的比(O/F)、舵和喷嘴、二次气体源的利用、弹道变化对辐射强度的影响、紫外组分的空间分布及时间稳定性等,环境(如太阳照射角度等)也有很大的影响。

10.2 紫外成像器件概述

紫外成像器件有真空型的像增强器和固体成像器件。用于探测导弹羽烟紫外线的像增强器应有两个特征:高灵敏度、低噪声,有探测微弱信号的能力,应对穿过大气层到达地球表面的太阳光(波长大于290nm)不灵敏。

20世纪80年代以来,紫外成像增强器成为一种新型的高性能光电探测器,为导弹羽烟紫外辐射的探测提供了一种先进的探测器。与传统的像管结构相比,微通道板(MCP)结构的像增强器有响应速度快、优越的抗磁场干扰能力、结构紧凑、体积小、质量轻等优点,图像读出方便,实现了紫外探测成像,获得了高分辨率、高灵敏度。

紫外像增强器的光谱响应主要取决于光电阴极的材料。在Ⅱ-Ⅵ族化合物中,CsTe、RbTe和CsRbTe光电阴极对紫外光(160~300nm)有很高的灵敏度,而对可见光不灵敏。在253.7nm处的量子效率为20%,显示出很好的"日盲"特性。

因此,在中紫外的"日盲"区,利用导弹羽烟的紫外辐射进行探测导弹的运动及落点。同现行的红外探测系统相比,利用中紫外进行导弹发射探测有以下几个优点:

(1) 紫外探测技术是导弹的克星,是低空防御的必备装置,也是快速处理信号的先进技术。

(2) 在紫外区中,空间造成的紫外背景辐射较少,同时也避开了最大的自然光源,信号探测难度下降,虚警率减少,探测概率提高。

(3) 用紫外探测使得系统结构简化,无须制冷、不扫描、质量轻、体积小。

紫外成像增强器是电真空器件,体积、质量都比较大。而随着半导体技术的发展,Ⅲ-Ⅴ族化合物半导体越来越受到重视。GaN(氮化镓)、InN(氮化铟)、AlN(氮化铝)这三种材料的禁带宽度分别为3.4eV、1.9eV、6.2eV,覆盖了从可见光到紫外光波段,从而使紫外探测、成像器件的制作材料的选择有了很大的空间,被视为在蓝色和紫外波段最有前景的光电材料。它具有高可靠性、高效率、快速响应、长寿命、全固体化、体积小等优点,在宇宙飞船、火箭羽烟探测、大气探测、飞机尾焰探测、火灾等领域内发挥了重大作用。

10.3 紫外像增强器

紫外像增强器的结构与微光像增强器相似,主要有两种型号,即近贴型和倒像管。与微光像增强器相比,其差别主要在于光电阴极的不同。本节主要阐述紫外光电阴极。

1. 输入窗口

阴极输入窗口选用石英玻璃满足日盲型紫外像增强器光谱响应及其他方面的要求。像增强器的阴极输入窗口在像增强器中的作用可以概括为以下几点:①作为像增强器的骨架,必须具有一定的硬度和强度,同时与管体一起形成真空密封结构,满足气密性的要求;②在一定波长范围内,具有好的透过率,能够满足工作需要;③作为光电阴极发射层的衬底,有利于光电阴极发射层的生长和附着;④具有一定的形状,加工性能要良好;⑤成本要低,市场容易采购。可供选择的材料其透过率曲线如图10-3如示。

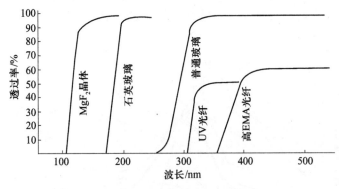

图10-3 各种材料的透过率曲线

从图10-3可见,MgF_2短波极限波长达到了110nm左右,从透过率性能判断能够满足要求,同时也了解到其他氟化物如CaF_2、溴化物如NaBr等都能满足透紫外的要求,但是这些晶体它们大部分都是柔软物而且吸湿性能特别明显,不能满足像增强器的阴极输入窗口的要求。紫外光纤面板和高EMA光纤面板短波透过率极限波长大于300nm,不能满足日盲波段透过的要求。EMA(Extramural-Absorption),就是在光纤玻璃间的缝隙处填充光吸收的玻璃纤维丝,可吸收非相干传输的杂散光,在光纤扭像器中用得较多。普通玻璃短波透过率极限波长在260nm附近,不能满足日盲波段透过的要求。只有石英玻璃,短波透过率极限波长在190nm以下,满足日盲波段透过的要求,同时石英玻璃容易从市场采购到,加工难度较普通玻璃稍难,但成本不会增加太多。

另外石英玻璃硬度、强度、气密性等方面也满足作为"日盲"型紫外像增强器的阴极输入窗口的要求。因此选用石英玻璃作为紫外像增强器的阴极输入窗口。

选用光学石英玻璃作为日盲型紫外像增强器的阴极输入窗口,但是光学石英玻璃也因为熔炼方法、成型工艺等的差异形成了几种不同的牌号和等级,也会具有不同的性质,要根据其他方面,如要求其有良好的紫外透过率的同时还必须对在气泡、杂质、破边、裂纹等其他参数到达一定的技术要求,才能够满足日盲型紫外像增强器光电成像的要求。光学石英玻璃的牌号及透过率性能如表 10-2 所列。

表 10-2 光学石英玻璃的牌号及名称

牌号	应用光谱波段范围/μm
JGS1	0.185~2.5
JGS2	0.220~2.5
JGS3	0.260~3.5

从表 10-2 可见,满足光谱响应波长为 200~320nm、牌号为 JGS1 的石英玻璃能满足要求。因此根据日盲型紫外像增强器的需要,可选用牌号为 JGS1 的石英玻璃,作为阴极输入窗口材料。

2. 紫外阴极

要使紫外像增强器具有良好的日盲特性,在阴极输入窗口选择适当的前提下,要求紫外阴极必须要求合适的光谱响应而且在光谱响应的波长范围内也应该有较高的量子效率,也就是使其光电阴极具有良好的光电发射性能。因此,采用具有良好日盲特性的碲铯(Cs_2Te)作为光电阴极材料。各种光电阴极材料的光谱响应曲线如图 10-4 所示,其中各种光电阴极的种类及组成、暗电流及各条曲线的编号如表 10-3 所列。

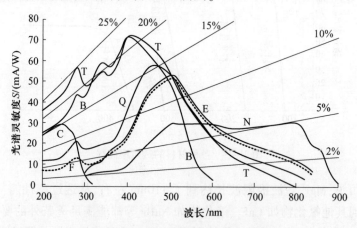

图 10-4 各种光电阴极的光谱响应曲线

表 10-3 各种光电阴极的种类及组成、暗电流及编号

光电阴极/衬底	编号	阴极组成	暗电子流密度(electrons/cm²/sec)
日盲型紫外阴极/石英	C	CsTe	3
多碱阴极/石英	B	K_2SbCs	15
紫外增强的 S20 阴极/石英	T	$(Na_2KSb)Cs$	500
S 20 阴极/石英	Q	$(Na_2KSb)Cs$	1500
S 20 阴极/玻璃	M	$(Na_2KSb)Cs$	1500
S 25 阴极/石英	F	$(Na_2KSb)Cs$	10000
S 25 阴极/玻璃	E	$(Na_2KSb)Cs$	10000
红色增强的 25 阴极/玻璃	N	$(Na_2KSb)Cs$	30000

从图10-4可见,能够满足波长在200~320nm之间有光谱响应的光阴极种类有曲线C、曲线B、曲线T、曲线Q、曲线F,但是从量子效率来看曲线Q和曲线F在该区域的量子效率不足10%,偏低,不作为被选对象;曲线C、曲线B、曲线T在波长为200~320nm之间具有较高的量子效率,可以作为候选对象;然而曲线B、曲线T所代表的光电阴极不但在波长200~320nm之间有较高的量子效率而且它们在波长大于320nm,特别是在400~500nm之间有更高的量子效率,这样由它们构成的像增强器就不具有日盲特性,不能满足光谱响应波段为200~320nm的指标要求,从表10-3可见,曲线B、曲线T所代表的光电阴极的暗电流分别为15和500(electrons/cm²/sec),而曲线C所代表的光电阴极正好满足光谱响应波段为200~320nm的要求,同时其暗电流也是这些阴极中最小为3(electrons/cm²/sec),因此选择曲线C所代表的阴极种类即Advanced solar blind/Quartz,该阴极组成成分为Cs_2Te。

碲化铯(Cs_2Te)阴极是一种正电子亲和势阴极,其禁带宽度为$E_g=3.3eV$,电子亲和势为$E_A=0.2eV$,它的发射原理如图10-5所示。碲化铯阴极是正电子亲和势阴极,发生电子发射的能量为E_g+E_A,可见,要实现光电发射必须使入射能量大于$E_{th}=3.5eV$。利用光电发射定律的公式,可得其阈值波长为350nm。为了防止光电子与价键上的电子发生碰撞电子而产生二次电子—空穴对,一个比较大的禁带宽度是必要的。

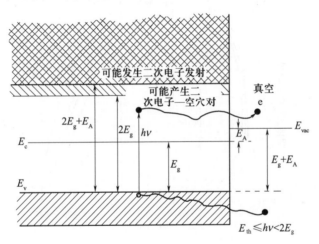

图10-5 Cs_2Te光电发射的原理图

作为一种光电发射材料,碲化铯除了具有所有光电发射材料的共同点之外,还具有以下特点:

(1)Cs_2Te的电阻特别大,在进行阴极制作时,很难检测到光电流。
(2)构成Cs_2Te的材料的饱和蒸气压很高,系统在常规的烘烤过程中会出现挥发现象。
(3)透射式大面积碲化铯阴极的制作工艺的难度较大。

根据光电发射的物理模型,要成为良好的光电发射体必须具备以下特点:

(1)光吸收系数大。
(2)光电子在体内传输过程中能量损失小,逸出深度大。
(3)表面势垒低,使表面逸出概率大。

结合以上三点设计的Cs_2Te阴极结构如图10-6所示。

Cs_2Te阴极由三层构成:第一层为石英玻璃;第二层为导电膜;第三层为Cs原子和Te原子以2:1构成的基本光电发射层。根据良好光电发射体的理论,要求第一层和第二层对紫外光的吸收系数要小，但是对于成型的石英玻璃和金属导电层紫外线吸收系数已经无法改变，然而可以将导电膜制作成性能类似于 Cs_2Te 的材料，使其具有既能提高阴极的电导率又能发生紫外发射的功能。在制作 Cs:Te=2:1 的过程中，尽量保证其比例合适，形成的晶体具有高电子发射效率结构。金属中 W、Au、Cu、Al 具有既能导电又具有紫外光电发射的性能。为了保证 Cs:Te 以 2:1 形成晶体，采用先蒸镀一层 Te 膜，然后在激活温度缓慢铯化最终形成 Cs_2Te，铯化过程中利用光电流监控法监控光电流的变化，当光电流达到最大，停止铯化，整个工艺结束。图 10-7 为三种紫外阴极的光谱响应曲线的比较。

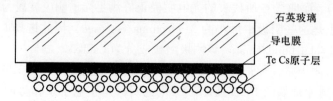

图 10-6 Cs_2Te 阴极的结构模式

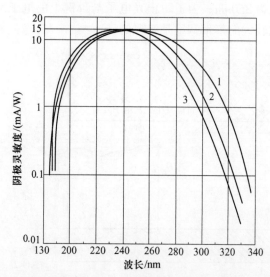

图 10-7 三种紫外光电阴极的光谱特性曲线
1—Cs-Te 阴极；2—Te-Cs-Rb 阴极；3—Te-Rb 阴极。

10.4 GaN 的性质

与成熟的半导体材料 Si 相比，Ⅲ-Ⅴ族化合物半导体材料普遍具有耐高温、低介电常数、耐腐蚀、抗辐射等优良特性，非常适合于制作抗辐射、高频、大功率和高密度集成的器件。在这些材料中，GaN 和 AlGaN 材料的表现尤为突出。$Al_xGa_{1-x}N$ 化合物材料半导体具有 $3.4(x=0)$~$6.2eV(x=1)$ 的直接带隙宽度，因此它们是最适合用来制作紫外光探测器和可见光盲探测器。它的宽直接带隙使它成为许多探测器应用领域的理想选择。而 GaN 是一种宽禁带的直接带隙半导体，由此种材料制成的探测器对能量大于 3.4eV 的光子有很大的响应度，并且使用它作为缓冲层可以在蓝宝石衬底上生长高质量的 $Al_xGa_{1-x}N$ 化合物层，应用前景不可估量。

使用 $Al_xGa_{1-x}N$ 材料可以制作多种类型的探测器,如光电导型、肖特基型光生伏特型、PN 结型和 PIN 型、金属—半导体—金属(MSM)型等。其中,MSM 型结构因为制作工艺和结构简单,不需要进行 P 型沉积,成为制作短波光探测器件极具吸引力的材料。并且,MSM 结构容易做成欧姆接触,噪音低而且更加灵敏,工作也服从光生伏特学。因此,$Al_xGa_{1-x}N$ MSM 型紫外光探测器是一种极具发展潜力的器件。

GaN 的结构有六方纤锌矿结构、立方闪锌矿结构以及立方溶岩矿结构。据文献报道,立方溶岩矿结构 GaN 仅存在于压强为 31GPa 以上的条件,因此尚无相关的性质研究报道。表 10-4 为 GaN 的相关参数。

表 10-4 GaN 的相关参数

结 构	六方纤锌矿	立方闪锌矿
密度/(g/cm^2)	6.09	3.44(300K)
禁带宽度/eV	6.08	3.2~3.3
热导率/$(W/cm \cdot K)$	1.3	
折射率	$n(1eV)=2.33$ $n(3.38eV)=2.67$	
晶格常数/Å	$a=3.198, c=5.158$	4.52
热膨胀系数/$(\times 10^{-6}/K)$	$\Delta a/a=5.59$ $\Delta c/c=3.17$	
分解温度/K	1123	

GaN 是一种十分稳定的化合物,具有高硬度、抗常规湿法腐蚀的特点。室温下,GaN 不溶于水、酸和碱,而在热的碱溶液中以非常缓慢的速度溶解。NaOH(氢氧化钠)、H_2SO_4(硫酸)和 H_3PO_4(磷酸)能够较快地腐蚀质量较差的 GaN,可用于质量不高的 GaN 晶体的缺陷检测。迄今为止,仍没有发现可靠的化学腐蚀方法来刻蚀 GaN,但人们发现反应离子刻蚀(RIE)是一种刻蚀 GaN 的有效方法,并在 GaN 基材料器件装配中发挥了重要作用。GaN 的热稳定性在高温和大功率应用场合显得至为重要。GaN 在 HCl(氯化氢)或 H_2 气氛下在高温时呈现出不稳定特性,而在 N_2 气氛下最为稳定。

GaN 的电学性质是决定器件性能的主要因素。非故意掺杂的 GaN 样品一般都存在较高的 N 型本底载流子浓度,一般认为这是由于氮空位引起的。现在好的 GaN 样品的 N 型本底载流子浓度可以降低到 $10^{16}cm^{-3}$ 左右,室温下的电子迁移率可以达到 $900cm^2/V \cdot s$,采用 AlGaN/GaN 异质结构可以提高电子迁移率,这种提高归因于异质结界面处形成的二维电子气。

由于非掺杂样品的 N 型本底载流子浓度较高,制造 P 型 GaN 样品的技术难题曾一度限制了 GaN 器件的发展。1999 年,Akasaki 等首先通过低能电子束辐照,实现了掺 Mg 的 GaN 样品表面的 P 型化。而随后 Nakamura 小组采用热退火处理技术,更好更方便地实现了掺 Mg 的 GaN 样品的 P 型化。

在通常情况下掺杂在 GaN 基材料中的 Mg(镁)原子是不被激活的。将掺杂在 GaN 基材料中的 Mg 原子激活有两种方法与解释机理。

(1) 电子束辐照激活 GaN 中的 Mg 原子。在生长过程中将 Mg 原子掺入 GaN 中,Mg 原子并没有进入 Ga 的格点位置,而是处于间隙格点位置内,因此 Mg 原子不被激活。当用电子束辐照时,Mg 原子吸收电子束能量而被激活,并开始从间隙格点位置进入 Ga 的格点位置,从而成为替位式杂质而起到受主原子作用,GaN 也显出 P 型的电阻率。电子束辐照激活 GaN 中的 Mg 原子有以下缺点:由于能量在 GaN 内迅速衰减,仅在距表面 $0.2\mu m$ 以内的范围被激活。而 GaN 薄膜内部尚不能 P 型化,同时,由于电子束径很小,需要反复在晶片表面扫描照射,这样不仅费时,而且表面能量密度欠均匀。

(2) 用退火技术激活 Mg 原子。掺 Mg 的 GaN 在生长过程中形成 Mg-H 键,这样 Mg 原子不能被激活,从而使 GaN 呈现高电阻率。当掺 Mg 的 GaN 在 N_2 气氛中退火时,H 原子从 Mg-H 键中分离出来,Mg 原子被激活,从而使 GaN 从高电阻率向低电阻率转化。退火技术的优点是可以在短时间内同时对多枚晶片进行退火,而使整个晶片内温度均匀,易于实现大面积 P 型 GaN 外延膜。

目前已经可以制备载流子浓度为 $10^{11} \sim 10^{20} cm^{-3}$ 的 P 型 GaN 半导体材料。N 型 GaN 半导体材料的获得是通过掺 Si 或 Ge 来实现的。在所有的宽带隙器件中,合适的欧姆触点的获得极为重要。Foresi 和 Moustakas 用 Ag 和 Au 做触点在 N 型 GaN 上分别得到了 $10^{-4}\Omega\cdot cm^{-2}$ 和 $10^{-3}\Omega\cdot cm^{-2}$ 的接触电阻。而且他们发现 GaN 的表面费米能级未被钉扎,而在 SiC 和 ZnSe 器件中由于表面费米能级的钉扎大大制约了合适欧姆触点的获得。近来有的小组在 N 型 GaN 上采用 Ti/Al 合金加热退火的办法获得了低接触电阻。

样片经过在氮气中快速热退火,以获得低电阻的 P 型 GaN:Mg,然后用干法如反应离子刻蚀方法刻蚀至 N-GaN 层,形成一个方形台面。用电子束蒸发或溅射沉积 N 型接触的 Ti/Au 或 Ti/Al/Ni/Au 电极;P 型与 Ni/Au 或 Pd/Au 等多种金属接触,并进行退火获得好的欧姆接触。由于需要有较大功函数的金属,P 型材料上实现欧姆接触相当困难,典型的接触电阻率在 $10^{-4}\Omega\cdot cm$ 数量级。

10.5 GaN 和 GaAlN 材料的生长技术

10.5.1 分子束外延

分子束外延(Molecular Beam Epitaxy,MBE)是制备半导体多层超薄单晶薄膜的外延技术,现已扩展到金属、绝缘介质等多种材料体系,成为现代外延生长技术的重要组成部分,对当今微电子、光电子技术的发展起着重要的推动作用。目前,生长 GaN 类材料的分子束外延技术有两种方法:气源分子束外延(GSMBE)和金属有机分子束外延(MOMBE)。

(1) 气源分子束外延。该法直接以 Ga 或 Al 的分子束作为Ⅲ族源,以 NH_3 作为氮源,在衬底表面反应生成氮化物。采用该方法可以在较低的温度下实现 GaN 生长。但在低温下 NH_3 的裂解率低,与Ⅲ族金属的反应速率较慢,导致生成物分子的可动性差,晶体质量不高。为了提高晶体质量,人们尝试了以 RF(射频)或 ECR(电子回旋共振)等离子体辅助增强技术激发 N_2 作为 N 源,并取得了较为满意的结果。

(2) 金属有机分子束外延。该法以 Ga 或 Al 的金属有机物作为Ⅲ族源,以等离子体或离子源中产生的束流作为氮源,在衬底表面反应生成氮化物。采用该方法可以在较低的温度下实现 GaN 生长,而且解决了 NH_3 在低温时裂解率低的问题,可以得到好的晶体质量。

MBE 这种方法的生长速度较慢,可以精确地控制膜厚,特别适合于量子阱、超晶格等超薄层结构材料的生长。但对于外延层较厚的器件,如发光二极管(LED)、激光二极管(LD)等,生长时间较长,不能满足大规模生产的要求。而且当采用等离子体辅助方式时,要采取措施避免高能离子对于薄膜的损伤。

MBE 的过程是加热的组元的原子束或分子束入射到加热的衬底表面,与衬底表面进行反应的过程如图 10-8 所示,其步骤包括:①组元原子或分子吸附在衬底表面;②吸附的分子在表面迁移和离解为原子;③该原子与近衬底的原子结合,成核并外延成单晶薄膜;④在高温下部分吸附在衬底薄膜上的原子脱附。

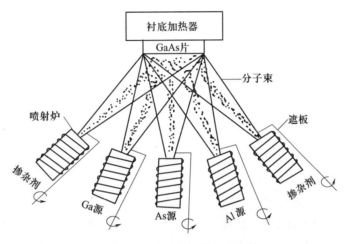

图 10-8　分子束外延设备示意图

分子束外延的生长速率由入射到衬底表面的分子或原子的吸附或脱附决定,亦即由表面寿命和黏附系数决定。目前,最大的生产型 MBE 设备一次可同时生产 7 片 6 英寸的外延片,28 片 4 英寸外延片。移动通信,手机的功率放大器,激光唱片用的激光二极管,Hall(霍耳)元件,中远红外激光器几乎都是采用 MBE 材料生产的。与生长温度在 1000℃ 以上的 MOCVD (有机金属化学气相沉积)相比,MBE 系统用于氮化物生长的一个重要优点就是生长温度低,产生的热应力小,这一点对热膨胀失配较大的 AlGaN 合金极为重要。另外生长薄膜过程是在超真空环境中,能实现束流的原位监测以及使用高能电子衍射仪(RHEED)观察薄膜生长质量,并可实现单原子层生长,P 型掺杂不需要生长后的杂质激活。利用反应分子束外延(RMBE),在 800℃ 下先生长几十纳米厚的 ALN 缓冲层,然后再生长 GaN 薄膜,成功地制备器件级 N 型 GaN 薄膜材料,并圆满地解决了氮空位数与 N 型载流子浓度相当的问题。

10.5.2　有机金属化学气相沉积

有机金属化学气相沉积(简称 MOCVD)是一种利用有机金属化合物的热分解反应进行气相外延生长薄膜的 CVD 技术。这种技术目前主要用于化合物半导体的气相生长。这种方法生长薄膜时的温度低,减小了因温度变化过大造成的应力,并减少了高温在宽禁带材料中产生的无辐射跃迁中心。但这种方法也有其缺点:因为反应温度低,有些金属有机化合物在气相输运中就发生反应,生成的固体微粒再沉积到衬底表面,形成薄膜中的杂质颗粒,破坏薄膜的完整性。要解决这个问题,引入了低压 MOCVD。低压 MOCVD 是 MOCVD 的一种,工作压力一般为 $(1\sim5)\times10^4$ Pa。低压 MOCVD 原理与常压 MOCVD 基本相同,区别在于:由于低压气体下气体的扩散系数增大,使气态反应剂与副产物的质量传输速度加快,形成薄膜的反应速度增加。由气体分子运动论可知,气体分子的密度 n 和扩散系数都与气体压力 P 有关($n=P/kT$),前者与压力成正比,后者与压力成反比。气体分子的平均自由程 $\lambda = (\sqrt{2}\pi\sigma^2 n)^{-1}$($\sigma$ 为分子直径)。当反应器中的压力从常压(约 10^5Pa)降至低压MOCVD所采用的压力(约 10^4Pa)时,压力降低了1/10,分子的平均自由程将增大(较常压)10倍左右,因此系统内的气体的扩散系数比常压增大10倍。扩散系数大意味着质量传输快,气体分子分布的不均匀性能在短时间内消除,使整个系统空间的气体分子均匀分布。质量传输越快,化合物在运输途中发生反应的概率越小,变成杂质颗粒沉积到衬底上的可能性也越小,从而提高了外延层的质量。

紫外探测器常用到 $Al_{0.3}Ga_{0.7}N/GaN$ 异质结。$Al_{0.3}Ga_{0.7}N$ 这种材料与蓝宝石衬底的晶格失配非常大,直接在蓝宝石衬底上生长 $Al_{0.3}Ga_{0.7}N$ 外延层会产生大量的瑕疵。主要表现如下:

(1) 位错缺陷:对生长在蓝宝石(晶格失配率为12%)和SiC(晶格失配率为3.5%)上的六方GaN材料,位错密度的典型值为 $10^7\sim 10^{11}$cm^{-2},因此这是个值得考虑的问题。对位错的研究显示,六方GaN中主要是沿外延方向的刃位错会影响 $Al_{0.3}Ga_{0.7}N/GaN$ 界面的局部面电子密度和迁移率。

(2) 缓冲层缺陷:蓝宝石衬底与GaN材料较大的晶格失配使蓝宝石上直接生长GaN时,两者之间的界面上形成一个具有高密度堆垛层错等缺陷的区域。这不仅给早期研究GaN体材的性质带来了困难,还导致直接生长的 $Al_{0.3}Ga_{0.7}N/GaN$ 异质结质量不佳。因为该区域的各种晶格缺陷俘获大量电子,起了一种耗尽的作用。因此,在蓝宝石上先生长一层AlN或GaN缓冲层(结合所需要的极性),再以MBE或MOCVD等技术生长高质量的AlGaAs/GaN异质结成为现在流行的器件制作方式。

因此便首先引入GaN作为缓冲层,使 $Al_{0.3}Ga_{0.7}N$ 外延层的质量大大改善。之后,在上述缓冲层上又发展出以不同的温度生长第二层GaN的技术。在 $Al_{0.3}Ga_{0.7}N/GaN$ 紫外探测器又引入了AlN中间层,这一层的主要作用在于进一步改善 $Al_{0.3}Ga_{0.7}N$ 外延层的质量,并在GaN与 $Al_{0.3}Ga_{0.7}N$ 外延层之间起到一个改变极性时的过渡作用,如图10-9所示。

采用低压有机金属化学气相沉积的方法在蓝宝石衬底(0001)上生长 $Al_{0.3}Ga_{0.7}N$ 外延层。外延层是在一个水平MOCVD反映容器中生长,先以 4×10^4Pa 的低压生长GaN外延层,再以 2×10^4Pa 的压力生长 AlN 外延层和 $Al_{0.3}Ga_{0.7}N$ 外延层。氨气源、铝源以及镓源分开送入以减少各气相源在输运过程中的不必要的分子反应。反映容器也作了处理以避免沉积前各种气相源发生反应,并且尽量减少对流,使各种源流和气体在衬底前充分混合。为生长 $Al_{0.3}Ga_{0.7}N$,采用 $Al(CH_3)_3$(即TMA)作为气相铝源,采用 $Ga(CH_3)_3$(即TMG)作为气相镓源,NH_3(氨气)作为氮源,使用氢气作为载气。反应方程式如下:

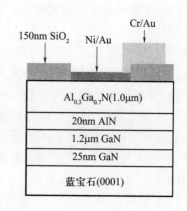

图10-9 AlGaN/GaN异质结的结构

$$Al(CH_3)_3 + Ga(CH_3)_3 + NH_3 \longrightarrow Al_{0.3}Ga_{0.7}N + CH_4 \uparrow$$
$$Ga(CH_3)_3 + NH_3 \longrightarrow GaN + CH_4 \uparrow$$
$$Al(CH_3)_3 + NH_3 \longrightarrow AlN + CH_4 \uparrow$$

低压有机金属化学气相沉积的设备简图如图 10-10 所示(气相镓源在图中以 TMG 表示,气相铝源在图中以 TMA 表示,氨气源在图中以 NH_3 表示)。

先在 540℃ 的温度下生长 25nm 厚的氮化镓原子外延层,这一层用的是非故意掺杂的本征型氮化镓材料。这一层是蓝宝石衬底与下一层 N 型氮化镓外延层之间的缓冲层。然后在 1080℃ 的温度度生长 $1.2\mu m$ 厚的硅掺杂的氮化镓外延层,时间为 40min。下一步,在 $1.2\mu m$ 厚的氮化镓外延层上以 1080℃ 的温度生长 20nm 厚的 AlN 夹层,这个夹层是 GaN 材料与 $Al_{0.3}Ga_{0.7}N$ 外延层之间的缓冲层。在生长完 AlN 薄夹层后,在其上以 1080℃ 的温度,150 托的压力生长 $1.0\mu m$ 厚的 $Al_{0.3}Ga_{0.7}N$ 外延层。在 AlN 夹层上能生长几乎没有位错的 $Al_{0.3}Ga_{0.7}N$ 层。尽管只有 $1.0\mu m$ 厚,但使用电子显微镜在 $Al_{0.3}Ga_{0.7}N$ 外延层表面看不到任何位错和瑕玷,并且表面非常光滑,没有任何表面缺陷,表面也没有任何柱形岛状结构。

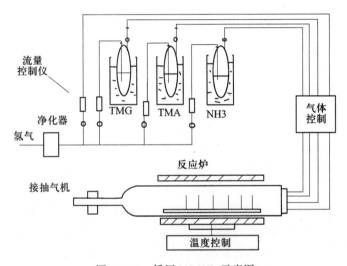

图 10-10 低压 MOCVD 示意图

实践表明:$Al_{0.3}Ga_{0.7}N/GaN$ 异质结之间的 AlN 夹层有助于减少 $Al_{0.3}Ga_{0.7}N$ 和 GaN 外延层之间由热运动和晶格失配造成的瑕玷。

制备出的样品事先必须使用标准清洗程序清理,并在缓冲酸中浸两分钟去除本身具有的氧。然后用化学气相沉积的方法在 280℃ 的温度下沉积一个 150nm 厚的 SiO_2 钝化层,沉积速率大约是 40nm/min,钝化层可以提高量子效率,并起到保护和使器件绝缘的作用。样品薄片的其他部分没有被 SiO_2 覆盖。在没有 SiO_2 层的区域来制作肖特基势垒。SiO_2 层也用来钝化器件表面,以此来降低表面复合速率。之后,用磁控溅射方法在没有 SiO_2 的部分溅射一层镍和一层金作为肖特基结的金属部分。之所以选择金作为肖特基结金属接触部分,是因为金有相对较高的功函数 $\Phi(\Phi=4.82eV)$。在此基础上,再用磁控溅射镀 Cr/Au 层和接触薄层。

10.6 器件的制作

制作欧姆接触和肖特基接触是器件制备的关键工艺和重要组成部分,对器件的应用有着重要的意义。

一般而言,对于宽禁带半导体,制作低接触电阻的欧姆接触有一定的困难。目前在 N-GaN 上采用 Ti/Al 和 Ti/Al/Pt/Au 多层金属已能实现较低的接触电阻。在 AlGaN/GaN 异质结构上的欧姆接触,是 GaN 基电子器件应用的一个重要课题,与 N-GaN 相比,AlGaN 上的欧姆接触相对较差,还有待进一步研究。肖特基接触的势垒高度,金属—半导体界面性质和反向漏电流等都是影响器件性能的重要因素。AlGaN/GaN 异质结上的肖特基接触,也是器件应用的重要课题之一。

1. 欧姆接触的制备

欧姆接触采用 Ni(镍)/Au(金)/Cr(铬)/Au 多层金属结构。用电子束蒸发法沉积,采用剥离工艺形成接触图形。首先进行光刻,在光刻之间,样品依次要在丙酮、无水乙醇、去离子水中超声清洗 3min 并用去离子水漂洗,然后用高纯氮气吹干,立即移入电子束蒸发腔内。金属蒸发之后,将样品浸在丙酮溶液中超声剥离,形成所需要的图形。剥离之后的样品在高纯氮气中于 700℃、800℃、880℃ 温度下退火,之后测量接触电阻。增加 AlGaN/GaN 异质结层的掺杂浓度可以有效地减少欧姆接触电阻。提高合金化时的温度接触电阻也显著降低。与 N-GaN 上的欧姆接触相比,N-AlGaN 的合金化温度更高,得到的接触电阻也大得多。Ni 与 AlGaN 发生反应,并使界面处 AlGaN 由于 N 空位而成为高掺杂 N 型,从而减小势垒层宽度,有效地降低接触电阻。由于 AlGaN 的掺杂相对较困难一些,故要求合金化温度较高,且掺杂浓度高的 Al-GaN 接触电阻相对较小。

2. 肖特基接触的制备

首先用常规方法制备 Ti/Al/Pt/Au 欧姆接触,并将样品在一定温度下退火,形成良好的欧姆接触;之后用低压 CVD 方法沉积约 300nm 的 SiON;在 SiON 介质上光刻出肖特基接触图形,并用反应离子刻蚀去掉未被光刻胶保护的 SiON 型成肖特基接触孔;然后电子束蒸发或用磁控溅射 Pt/Au 或 Ni/Au 层;之后再用反应离子刻蚀去除 SiON。在金属—半导体接触的制备中,样品清洗和表面处理是十分重要的。在光刻之前,样品依次要在丙酮、无水乙醇、去离子水中超声清洗 3min 并用去离子水漂洗,然后用高纯氮气吹干。光刻之后,样品在 30% 盐酸中漂洗 60s,10% 氢氟酸中漂洗 60s 以除去自然氧化层,然后用高纯氮气吹干。

3. 交错肖特基电极的制作

在 $Al_{0.3}Ga_{0.7}N$ 外延层上用交错电极掩膜制作 MSM 型紫外光探测器,如图 10-11 所示。手指型电极的间隔 f 为 4μm,宽 g 为 2μm,长 300μm。光生电子—空穴对由两个收集极收集,并在活性层中复合以形成光电流。所以,器件活性层的厚度是设计中的重要问题。器件活性层要有足够的厚度来收集大量的光线,又要足够薄,以减小因半导体层阻抗太小引起的噪声电流。

4. 铟连接的制作

探测器与读出电路的连接使用铟丘,将探测器的金电极焊接在硅读出电路上,如图 10-12 所示。铟连接技术已在第 7 章讲述了。

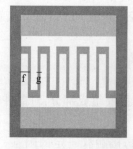

图 10-11 叉指状电极

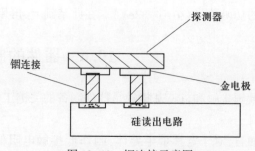

图 10-12 铟连接示意图

10.7 紫外成像器件的基本结构

GaN 基紫外探测器的结构主要有光电导型、光伏型；光伏型中又分 PN 结型、PIN 型、肖特基结型、MSM 型、异质结型等。光伏型紫外探测器的结构大多采用三明治结构，即在衬底材料上生长一层 Si 或化合物材料的外延层，之后在外延层上蒸镀电极并进行钝化保护。但是，如果衬底材料的热膨胀系数以及晶向与所生长的材料的热膨胀系数及晶向相差过大的话，在生长过程或退火过程中就很容易因为热运动产生严重的晶格失配甚至外延层剥落。这时，在衬底与外延层之间再生长一层缓冲层便能较好的解决晶格失配的问题，这也是目前惯用的一种方法。GaN 和 $Al_{0.3}Ga_{0.7}N$ 就存于衬底不匹配的问题，尤其是在蓝宝石衬底上生长 P 型 GaN 或 $Al_{0.3}Ga_{0.7}N$ 的时候，2003 年曾有报道称成功地制作出 GaN 的 MSM 结构紫外探测器：使用蓝宝石(0001 晶向)为衬底，在衬底上事先用低压 MOCVD(有机金属化学气相沉积)生长一层 N 型 GaN 作为缓冲层，之后在缓冲层上进一步生长 P 型 GaN，之后在 P 型 GaN 上依次溅射 Ni 和 Au 作为肖特基势垒电极。

在选择衬底材料方面，长期以来，人们一直受缺乏与 GaN 晶格匹配和热匹配的合适衬底材料的困扰，这成为影响 GaN 晶体生长和器件制作的主要困难之一。目前的衬底有以下几类：

(1) 在六方 GaN 生长中，蓝宝石(0001)是目前使用最广泛的一种衬底材料，其制备工艺成熟，价格较低，衬底表面易于清洗和处理，而且在室温下具有好的稳定性。但蓝宝石衬底本身不导电，不能制作电极，其解理也较为困难。

(2) 碳化硅(6H-SiC)是另一类非常重要的衬底材料，其本身即具有蓝光发射特性，而且为低阻材料，可以制作电极，另外它的晶格常数和材料热膨胀系数与 GaN 更为接近，并且易于解理。但碳化硅材料价格昂贵，除少数几家公司将其用于 GaN 基蓝光 LD 的研究开发以外，其在蓝、绿光的 LED 市场尚待开发。

(3) 氧化物材料(如 $ZnO, MgAl_2O_4$)与 GaN 材料的晶格失配度小，且为低阻导电材料。其中 ZnO 材料容易被酸刻蚀，在其上生长的 GaN 材料易于实现和衬底的分离，是一种很有前途的衬底材料。

(4) 在立方 GaN 生长中，以 Si 和 GaAs 为衬底，其价格便宜，易于解理，容易获得大尺寸的材料，可以制作电极，并有可能实现 GaN 器件与 Si 和 GaAs 的电路混合集成，是一类极其具有发展潜力的衬底材料。在 Si 衬底上外延生长时，往往先进行衬底的碳化，从而形成一层 3C-SiC 缓冲层，在这层缓冲层上再进行外延生长。虽然直接在 3C-SiC 衬底上外延生长出高质量的 GaN 材料已经有了报道，但由于衬底材料价格昂贵，使用不多。

10.7.1 PIN 结构紫外探测器

在宝石基底上制造的表面照射 GaN 和 AlGaN/GaN PIN 紫外探测器展现了良好的特性，一般地，PIN 结构是在 c-平面宝石基底上有机金属化学气相沉积(MOCVD)或反应分子束外延(RMBE)生长制造的，GaN 同质结 PIN 紫外探测元的典型结构如图 10-13 所示。光从 P 型(P-GaN 或 P-AlGaN)侧入射，调整其厚度使光在 P 型层被完全吸收，或者在 P 层和 I 型层两层中被完全吸收。P-AlGaN/I-GaN/N-GaN(AlGaN/GaN)异质结结构同 GaN 同质结相比，除了用 P-AlGaN 代替原来的 P-GaN 外，与 GaN 同质结结构相同，因此，P 型层对 I-GaN 带隙边是光透明的。不同的研究者从获取外延层材料的难易程度和结构对性能影响的不同考虑，PIN层的厚度选择各有所不同，典型的为 0.5~1μm 厚的 N-GaN:Si 层，0.1~0.8μm 厚的 I-GaN 层，以及 200nm 的 P-GaN 或 P-AlGaN 层。样片经过在氮气中快速热退火，以获得低电阻的 P 型 GaN:Mg，然后用干法如反应离子刻蚀方法刻蚀至 N-GaN 层，形成一个方形台面。其典型值为 150μm×150μm、400μm×400μm。用电子束蒸发或溅射沉积 N 型接触的 Au 或 Ti/Al/Ni/Au 电极；P 型接触的 Ni/Au 或 Pd/Au 等多种金属接触，并进行退火获得好的欧姆接触。由于需要有较大功函数的金属，P 型材料上实现欧姆接触相当困难，典型的接触电阻率在 $10^{-4}\Omega\cdot cm^2$ 数量级。

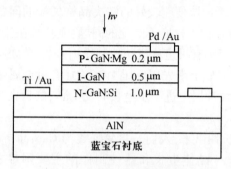

图 10-13 PIN 结紫外探测器

在耗尽区光生电子—空穴对被强电场分离并扫向体区，成为多子复合。在离耗尽区一个扩散长度的体区内，光生少数载流子由于浓度梯度扩散至耗尽区，而后被电场加速扫入另一侧成为多子。通过加入 I 层扩展了耗尽区，增加了漂移电流相对于扩散电流的比例，两种电流机制一起使 I-V 曲线下移。一般地，光电二极管工作于零偏(光电池模式)或反向偏置下(光电二极管模式)，使光生电流和暗电流的差别最大，因而使灵敏度提高。反向偏置时，器件暗电流来自多个方面，其中表面漏电流包括表面态和近表面诱导的隧道电流，可以通过钝化或其他工艺处理，连接界面处的悬挂键，减小界面态密度来减小，这已在许多器件结构中应用。热电流，包括体区扩散电流、耗尽区产生—复合电流、带间和陷阱与带的隧道电流，由本征产生、陷阱辅助产生、直接的带—带隧穿和陷阱辅助遂穿多种机制。在耗尽区或离耗尽区一个少子扩散长度内，热产生的载流子将对漏电流有贡献，但是对宽禁带半导体 GaN，热激发速率很小，所以除了陷阱辅助的扩散电流和产生—复合电流外，其他因素的影响可以忽略。光电流响应包括 N 层空穴扩散的光电流，P 层电子扩散的光电流和耗尽层电子—空穴对引起的光电流，除非很接近带边，由于相对较厚的 P 层和相对较宽的耗尽区，由下面 N 层产生的空穴扩散电流可忽略不计。图 10-14 分别表示典型的 GaN 基 PIN 光电探测器的电流—电压(I-V)曲线和光谱响应曲线，实线为 AlGaN、虚线为 GaN PIN 器件的 I-V 曲线和光谱响应曲线结果。

为使 PIN 器件具有高的时间响应速度，其结构设计应尽量使光在耗尽区吸收，P 层的厚度要较小。在不是太高的偏压下，随反向偏压的增加，不仅响应率提高，而且响应速度也提高，这是因为随偏压增加，耗尽区加宽，降低了结电容，因而有较小的 RC 时间常数，小的可达 12ns。

由于 PIN 结构对(Al)GaN 材料质量的高要求以及与 P-(Al)GaN 欧姆接触的制备困难，肖特基势垒结构的紫外探测器引起人们的极大关注。

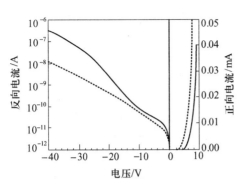 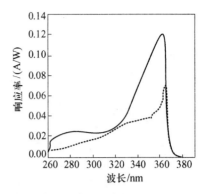

图 10-14 PIN 光电探测器的电流—电压曲线和光谱响应曲线

实线—AlGaN PIN 器件；虚线—GaN PIN 器件的结果。

10.7.2 金属/(Al)GaN 肖特基势垒结构

一般地，N-(Al)GaN 与多种金属如 Au、Pd、Pt、Ni 等接触可形成肖特基势垒(SB)，其典型势垒结构为如图 10-15 所示。N$^+$-GaN(载流子浓度为 3×10^{18} cm^{-3})是为了良好的欧姆接触，N-GaN 层(载流子浓度为 $3\times10^{16}\sim1\times10^{17}$ cm^{-3})是激活层。

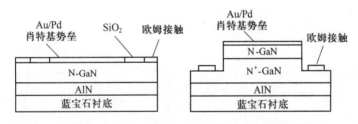

图 10-15 金属/(Al)GaN 肖特基势垒(SB)器件结构

高可靠的金属—半导体接触(起欧姆接触和肖特基势垒作用)是肖特基器件制备中的关键工艺和重要组成部分，对器件性能有重要影响。与 GaN 欧姆接触的金属一般常选用 Ti/Al、Ti/Al/Au 或 Ti/Al/Pt/Au 等，在电子束蒸发后用热退火炉在 N$_2$ 气氛中合金退火，可获得低至 10^{-6} 量级的接触电阻率。而肖特基接触金属一般比较薄(5~80nm)，以形成半透明的光敏面，提高器件响应率。

此外，N-(Al)GaN 的表面性质对器件性能和可靠性影响很大，主要是表面缺陷(Ⅲ族元素或Ⅴ族元素的空位)所引起的非本征表面态，严重的可引起费米能级钉扎效应，这影响了肖特基势垒高度。因此，进一步改善 GaN 基紫外探测器的性能，需要进行表面钝化处理。

10.7.3 ITO/N-GaN 肖特基势垒结构

ITO(锡掺杂氧化铟)是一种重简并宽带隙(3.5~4.3eV)N 型半导体，具有很高的载流子浓度($1\times10^{20}\sim1\times10^{21}$ cm^{-3})和较低的电阻率(10^{-4} Ω·cm)，在可见光范围有很高的光透射比(大于 85%)，有类似金属的导电性质，因此，在发光二极管、太阳能电池、液晶显示等光电器件中得到了广泛应用。金属/GaN 肖特基势垒光探测器中，GaN 层的吸收系数较大，器件效率主要受限于肖特基接触层的透过率，半透明的金属层吸收系数小、反射系数大，并且表面粗糙，这降低了器件的量子效率。可见、红外区工作的 ITO 肖特基结、ITO 与 GaN 的欧姆接触已有文献报道。ITO 薄膜在波长小于 400nm 时吸收较小,使得 ITO 可以在 GaN 层上用作低紫外吸收的肖特基接触材料,如图 10-16 所示。与金属/GaN 肖特基势垒器件相比,ITO/N-GaN 可见光的肖特基势垒器件展现了良好的特性。

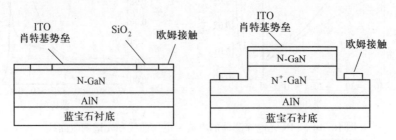

图 10-16 氧化铟锡(ITO)膜/(Al)GaN 肖特基势垒(SB)器件结构

该结构器件的 GaN 外延层是在宝石基底上用 MOCVD 方法生长的,即宝石/非掺杂 GaN/N^+-GaN/N-GaN 结构,然后用反应离子束刻蚀至 N^+ 层,沉积 Ti/Al 欧姆接触,用蒸发或溅射沉积几十纳米的 ITO 肖特基接触材料,最后沉积环状 Ti/Au 电极,形成与图 10-16 相似的台面结构。其光谱量子效率和响应率曲线如图 10-17 所示。在 324nm 有 47% 的峰值量子效率。在 350nm 有 0.13A/W 的峰值响应率,其 UV/可见光对比度超过 3 个数量级。

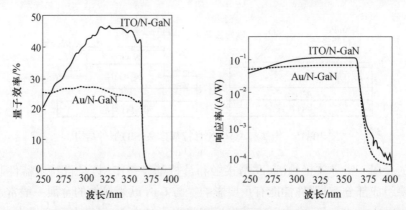

图 10-17 Au/N-GaN 和 ITO/N-GaN 肖特基势垒器件的光谱量子效率和响应率曲线

10.7.4 金属—半导体—金属(MSM)紫外探测器

MSM 紫外探测器以其制造简单和易于单片集成,成为紫外探测应用中吸引人的一种选择。典型的 MSM 器件结构如图 10-18 所示,在蓝宝石衬底上用 MOCVD 生长 AlN 缓冲层、GaN 基半导体光激活层,在激活层上沉积指栅状电极并形成肖特基接触。为钝化表面悬挂键有效减少泄露电流,降低光反射损失以提高量子效率,外延生长 GaN 基激活层需要经过 HF 酸浸洗,用 PECVD(等离子体化学气相沉积)沉积钝化、减反射的 SiO_2 层。

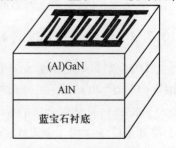

图 10-18 典型的 MSM 器件结构

金属—半导体—金属光电探测器本质上是一个背对背串连的两个金属—半导体接触二极管。当外加偏压时,一个结为正偏置,另一个结为反偏置。

下面用一维模型定性说明其工作原理。图 10-19(a)给出了一维器件结构图,均匀掺杂半导体的两面各形成金属—半导体接触,电极距离为 L。图 10-19(b)给出了外加偏压为零时的平衡能带图,其中 $\Phi_{n1}=\Phi_{n2}$,$V_{D1}=V_{D2}$,耗尽层宽度 $W_1=W_2$。当外加电压时(如右方为高,左方为低),这一对背对背的二极管中,1 结(左边)为反偏置,2 结(右边)为正偏置,其耗尽层宽度 W_1 和 W_2 不等。随着外加电压的增加,反偏置的耗尽层宽度 W_1 增大,而正偏置的耗尽层 W_2 减小,但是其总的耗尽层宽度逐渐增加。

当使两耗尽层相接触时,相应的这一电压称为穿通电压 V_{RT}。这时电场和能带图如图 10-20 所示,$W_1+W_2=L$,在 X_0 点,电场 E 为 0,其左方电场为负方向,右方电场为正方向,这时仅有很小电流。

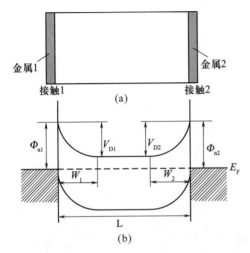

图 10-19 金属—半导体—金属光电探测器器件的结构(a)和能带图(b)

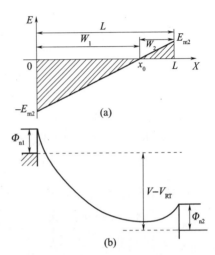

图 10-20 在穿通电压条件下,器件的电场(a)和能带图(b)

当电压继续增加时,使正电极一边 $X=L$ 处的能带为平带,电场为 0。整个器件内全部耗尽,而且电场指向同一个方向,从右向左。相应的电压称为平带电压 V_{FB},其电场分布和能带图如图 10-21 所示。

此时电子电流仍很小,但是由于空穴势垒下降,从正偏置处开始有空穴注入,当电压超过 V_{FB} 时,能带进一步变陡,内部电场增加,直到在反偏的电极处电场最大点发生雪崩击穿,使电流激增。图 10-22 绘出了这一情况的电场分布和能带图。所以通常器件工作在平带电压 V_{FB} 与击穿电压 V_B 之间。

GaN 和 AlGaN 的 MSM 紫外光探测器,已经证实具有很低的暗电流和较高可见光截止,速度快、噪声低,图 10-23 和图 10-24 分别给出了 AlGaN MSM 器件的暗电流和光响应曲线。器件显示出在 10V、40V 偏压条件下,暗电流分别为 72pA 和 0.15μA,在低于 25V 击穿电压下,肖特基热离子发射占主导,更高偏压时,巨大的隧道电流使暗电流迅速上升。光谱响应用氙灯、UV 单色仪,并用熔融石英透镜将 UV 光源准直、聚焦到 MSM 上进行测量。为得到绝对光谱响应,用紫外增强的 Si 探测器和光功率计校准光学系统。

在 100V 偏压下,$Al_{0.15}Ga_{0.85}N$ 的 MSM 光响应和量子效率饱和,器件展现出高的可见光截止,紫外/可见光截止因不同偏压可达 $10^3 \sim 10^4$ 数量级。Carrmo 等报道 GaN 的 MSM,在 10V 反偏时暗电流为 57pA。Monoruy 等报道 GaN 的 MSM,在 40V 反偏时暗电流小于 0.35μA。时间响应受测量系统的 RC 时间常数限制,器件的渡越时间远低于 10ns,在 28V 偏压下,GaN 探测器的 NEP* 低于 $17\text{pW}/\text{Hz}^{\frac{1}{2}}$,$\text{Al}_{0.25}\text{Ga}_{0.75}\text{N}$ 光电二极管 NEP* 达 $24\text{pW}/\text{Hz}^{\frac{1}{2}}$。

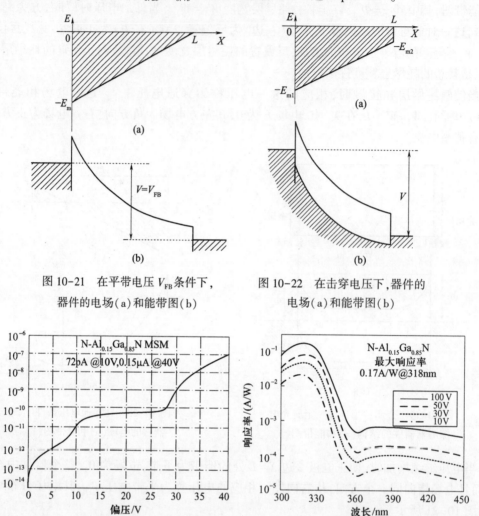

图 10-21 在平带电压 V_{FB} 条件下,器件的电场(a)和能带图(b)

图 10-22 在击穿电压下,器件的电场(a)和能带图(b)

图 10-23 $\text{Al}_{0.3}\text{Ga}_{0.7}\text{N}$ MSM 器件的暗电流

图 10-24 $\text{Al}_{0.15}\text{Ga}_{0.85}\text{N}$ MSM 器件的光响应曲线

美国宇航局哥达德空间飞行中心研制的 MSM 结构的 256×256 元 GaN 类型面成像阵列如图 10-25 所示。该阵列的每个像元的尺寸为 $30\mu\text{m}^2$,它们是借助铟丘焊接(铟封)到一块读出集成电路上的,该阵列的成品率为 90%。

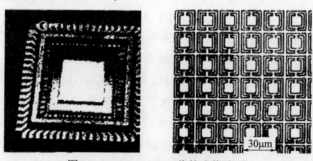

图 10-25 GaN MSM 紫外成像阵列

从上面工作原理和主要特性的分析,表明 PIN、肖特基势垒、MSM 结构可见光盲的紫外光探测器在性能和应用上各具特点。PIN 器件受材料性能质量影响较大,对材料制备要求高,金属/半导体接触的欧姆接触质量对器件性能也有重要影响,特别是对 P 型(Al)GaN,需要沉积高功函数金属,低接触电阻的欧姆接触制备比较困难。肖特基势垒和 MSM 结构制造相对简单,以真空沉积和光刻工艺为基础的肖特基势垒和欧姆接触制备是关键,不同的表面预处理、沉积条件和退火工艺,对肖特基、欧姆特性有极大的影响,可以根据不同的应用场合及工艺实际情况,对器件结构进行合理的选择。

练 习 题

10.1 说明紫外光波长范围划分。太阳的紫外光通过大气时有何特征?
10.2 简述中紫外光的衰减特性。
10.3 与红外探测系统相比,用中紫外进行导弹探测有何优点?
10.4 说明紫外光电阴极的光电发射特性。
10.5 说明 GaN 基的 PIN 结构探测器的基本结构。
10.6 说明 MEM 结构的紫外探测器的能带图。铟封技术是怎样的?

第 11 章　X 射线探测与成像器件

伦琴在 1895 年研究真空管高压放电时发现了 X 射线,它是由高速带电粒子与物质原子的内层电子相互作用而发出的,它的波长短,光子能量大,透过能力强。X 射线的本质与可见光、红外光、紫外光以及宇宙射线完全相同,均属于电磁辐射,具有波粒二象性。它的波长为 $10^{-3} \sim 10 \mathrm{nm}$,短波方向与 γ 射线相接,长波方向与紫外光相接,一般称波长为 $0.1 \sim 10 \mathrm{nm}$ 的 X 射线为软 X 射线,波长为 $0.001 \sim 0.1 \mathrm{nm}$ 的 X 射线为硬 X 射线。X 射线在医学透视、无损探伤、X 射线衍射、天文学、材料学等方面有着广泛的应用。

11.1　X 射线的特性

11.1.1　X 射线的产生

X 射线源有天然和人造两种。星体、放射性同位素等辐射 X 射线,属于天然 X 射线源。人造 X 射线管如图 11-1 所示,阴极灯丝发射的电子打在阳极靶上,阳极靶与灯丝阴极之间加了高电压 U,到达靶上的高能电子与靶原子原子核造成多次碰撞,逐步释放能量的同时产生一系列能量为 $h\nu$ 的光子序列,形成连续 X 射线谱,同时也会产生特征 X 射线。

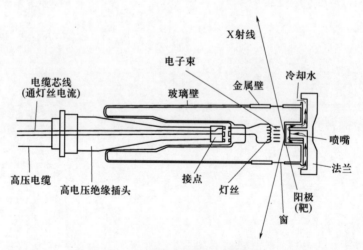

图 11-1　X 射线管的基本结构

用几万伏至几十万伏的高压 U 加速电子,高能电子轰击靶极时会产生高温,故靶极必须用水冷却,有时还将靶极设计成转动式的。X 射线频谱分为连续 X 射线和特征 X 射线谱。用 U 表示加速电子的电压,以 λ 表示产生的 X 射线光子的波长,则产生的 X 射线光子的短波限 λ_0 为

$$hc/\lambda_0 = eU \tag{11-1}$$

式中　e——电子电量。

如果电压 U 和波长 λ_0 分别以 kV 和 nm 为单位,则

$$\lambda_0 = \frac{1.24}{U(\text{kV})}(\text{nm}) \tag{11-2}$$

随着电子能量的增大,连续 X 射线光强最大值和短波限 λ_0 都向短波方向移动,如图 11-2 所示为 W 靶产生的 X 射线的连续频谱的分布。随着应用要求不同,产生 X 射线的电子加速电压从几千伏到几百千伏。

特征 X 射线谱的波长只与靶的原子序数有关,与管电压无关,它的强度峰对应的波长和能量反映了物质元素的原子序数特征,是不连续谱,是物质元素的"指纹"特征,如图 11-3 所示,利用这个特点可以用来鉴定和分析样品所含元素成分和含量,这是一种重要的测试分析手段,在金属、矿产、宝石、半导体、化学分析中获到了广泛的应用。

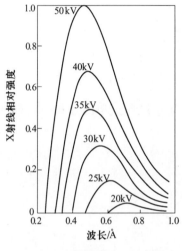
图 11-2　W 靶连续 X 射线谱

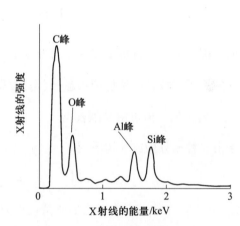
图 11-3　特征 X 射线的能谱分布

11.1.2　X 射线透过和吸收特性

X 射线照射物体时,一部分光子从物质原子间隙穿过,不与物质发生任何反应,这就是 X 射线的穿透作用,另一部分 X 射线与物质发生干涉、衍射、反射、折射等作用,X 射线还会与物质发生各种相互作用,如光电效应、汤姆逊效应、康普顿效应和电子偶效应等多种效应。X 射线与物质的作用是复杂的过程,本文不加论述。

实验证明,强度为 I 的 X 射线在均匀物质内部通过时,强度的衰减率与在物质内通过的距离成正比,用公式可表示为

$$\mathrm{d}I/I = -\mu \mathrm{d}t \tag{11-3}$$

式中　μ——物质的线性吸收系数,它的物理意义是指在 X 射线传播方向上单位长度内 X 射线强度的衰减程度。μ 与物质种类、密度、X 射线的波长等因素有关。

物质对 X 射线的透射和吸收特性是 X 射线成像器件的重要理论依据之一。物质对 X 射线的透射特性服从指数衰减规律。

对式(11-3)两边进行积分,有

$$I = I_0 \exp\left[-\rho t\left(\frac{\mu}{\rho}\right)\right] \tag{11-4}$$

式中 I_0——X 射线输入强度($keV/cm^2 \cdot s$ 或 X 光子数$/cm^2 \cdot s$);

I——X 射线输出强度($keV/cm^2 \cdot s$ 或 X 光子数$/cm^2 \cdot s$);

ρ——材料的质量密度(g/cm^3);

t——样品厚度(cm);

μ——线性吸收系数(1/cm),与物质密度有关;

$\dfrac{\mu}{\rho}$——材料质量吸收系数(cm^2/g),有时也用 μ_m 表示。

所以,该物质对 X 射线的透射率为

$$\tau = I/I_0 = \exp\left[-\rho t\left(\frac{\mu}{\rho}\right)\right] \tag{11-5}$$

则该物质的 X 射线的吸收率为

$$a = 1 - \tau = 1 - \exp\left[-\rho t\left(\frac{\mu}{\rho}\right)\right] \tag{11-6}$$

$\dfrac{\mu}{\rho}$ 的物理意义是该材料单位密度的吸收系数。线性吸收系数 μ 与 X 射线波长(或能量)构成材料的原子序数和样品物理状态(气态、液态、疏松态、致密态、单晶态和多晶态)有关,不同 X 射线照射下的 $\dfrac{\mu}{\rho}$ 值可由文献查出。

对于由多种成分构成的物质,有

$$\left(\frac{\mu}{\rho}\right)_{Total} = \sum_{i=1}^{n} w_i \left(\frac{\mu}{\rho}\right)_i \tag{11-7}$$

式中 w_i——第 i 个组分元素所占的质量权重因子;

$\dfrac{\mu}{\rho}$——第 i 个组分元素的质量吸收系数,有时也用 μ_m 表示。

很显然,作为像增强器的输入窗,要求 X 射线透过率高,作为 X 射线阴极材料要求对 X 射线吸收越多越好,即材料质量吸收系数 $\dfrac{\mu}{\rho}$ 和厚度越大越好。

物质对 X 射线吸收和透过的规律可知,被透视的物体因其各处有不同的组分、或同一组分有不同的厚度,或有不同的物理状态,这样,就会对输入的二维均匀分布的 X 射线辐射强度进行相应的空间调制,进而经探测器,获得一幅与被透视物体各点透过率呈特定关系的人眼可见二维空间图像。

11.1.3 X 射线量的表征

X 射线由它的质和量来表征。所谓 X 射线的质就是指射线的穿透能力或其强度,它以 X 射线的能量表征,可通过增大 X 射线管电压来增大。X 射线的量以它产生电离的能力度量。衡量 X 射线最常用的几个单位如下。

1. X 射线的波长

X 射线是电磁波,波长 λ 是衡量电磁波的重要特性。它的波长范围为 $10^{-3} \sim 10$ nm,其光子

能量 E 可由相关公式获得,单位用电子伏特(eV)和焦耳(J)表示,eV 与 J 的关系是 $1\text{eV}=1.602\times10^{-19}\text{J}$。

$$E = h\nu = \frac{1.24}{\lambda(\mu m)}(\text{eV}) = \frac{1.24}{\lambda(\text{nm})}(\text{keV}) \tag{11-8}$$

2. X 射线的辐照强度

与可见光和红外线的辐射照度定义相似,X 射线的辐照强度 I 定义为单位时间内照射到单位面积上的 X 射线的能量,单位是 $\text{keV}/\text{cm}^2\cdot\text{s}$。

类似地,可用 X 射线的光子数表示,单位是个$/\text{cm}^2\cdot\text{s}$。

3. X 射线的剂量

X 射线的剂量用 X 射线引起空气电离能力来表示。

1C(库仑)对应 6.242×10^{18} 个离子—电子对。

1 个离子—电子对需要 33.7eV(对空气)的激发能量。剂量有以下一些单位。

剂量单位之一:C/cm^3(空气)、C/kg(空气)。

剂量单位之二:eV/cm^3、J/cm^3、eV/kg、J/kg,J/kg 常写为 GY。

剂量单位之三:伦琴,常用毫伦琴(mR)。

剂量单位之四:拉德,常用毫拉德(mrad)。

剂量单位的换算:

$$1\text{mR} = 2.58\times10^{-7}\text{C}/\text{kg}$$
$$= 3.354\times10^{-13}\text{C}/\text{cm}^3(\text{对空气})$$
$$= 7.05\times10^4\text{keV}/\text{cm}^3(\text{对空气}) \tag{11-9}$$

$$1\text{mR} = 0.869\text{mrad} \tag{11-10}$$

$$1\text{J}/\text{kg} = 10^2\text{rad} \tag{11-11}$$

常用的单位是 mR、mrad。

4. 剂量率

剂量率是指单位时间 X 射线穿过空气,被空气吸收的辐射能量。文献中常用的单位是 mR/s(毫伦琴/秒),国家标准用 mrad/s(毫拉德/秒)做单位。

$$1\text{mR}/\text{s} = 0.869\text{mrad}/\text{s} \tag{11-12}$$

5. 各量之间的关系

单色 X 射线剂量率 $P_{0\lambda}(\text{mR}/\text{s})$、辐射强度 $I_{0\lambda}(\text{keV}/\text{cm}^2\cdot\text{s})$、X 光子能量 $E_\lambda(\text{keV})$ 和相应 X 光子数 $N_{0\lambda}$(个$/\text{cm}^2\cdot\text{s}$)间的关系分别为

$$I_{0\lambda} = 2.71\times10^9 P_{0\lambda} \tag{11-13}$$

$$N_{0\lambda} = 2.71\times10^9 P_{0\lambda}/E_\lambda \tag{11-14}$$

而具有连续谱的 X 线管在 $E_{\min}$—E_p 波谱范围内的积分 X 光子总数为

$$N = 2.71\times10^9 \int_{E_{\min}}^{E_p}(P_{0\lambda}/E_\lambda)\text{d}E \tag{11-15}$$

$$N = 2.71\times10^9 I_{\max}\int_{E_{\min}}^{E_p}(W_\lambda/E_\lambda)\text{d}E \tag{11-16}$$

$I_{\max}$ 为额定电压下,X 线管能谱峰值辐照强度($\text{keV}/\text{cm}^2\cdot\text{s}$)。

W_λ 为 E_λ 处、ΔE 间隔内的 X 光子能量在该 X 线管辐射总能量中所占的权重比。

11.2 X射线探测与成像器件的分类

11.2.1 X射线成像器件的分类

X射线探测与成像器件按X光的转换方式,主要有X射线胶片法、X射线光致荧光屏、像增强器成像、直接数字化成像四种。由于计算机处理技术的发展,医学图像信息数字化及计算机处理从根本上改变了医学影像采集、显示、存储、交换方式和手段。从这些方法中产生了许多新的技术,X射线胶片信息数字化、X射线计算机断层扫描技术、X射线TV影像、X射线影像光电二极管阵列成像等,X射线成像技术正在进行着一场重大的变革。

1. X射线胶片技术

该技术以X射线胶片为影像载体。这类X射线的胶片依据的是X射线致化学反应,通过曝光、显影、定影,形成一负胶片。这是世界上最早的探测X射线的方法。X射线片具有很高的分辨率,可长期保存观察,至今仍应用于医疗检测中。然而,它的缺点就是X射线胶片光量子效率极低,X射线剂量大,需要单独的拍片室和冲洗室,不能实时观察,不便于储存和处理,且属事后(非实时)处理,故被后来发展起来的各种X射线荧光转换屏所部分替代。

2. X线荧光转换屏

X线荧光转换屏(增感屏)由输入窗基底/反光金属膜/X线荧光粉/含铅的透光玻璃等层组成。其中的荧光粉原子受X射线光子激发,产生人眼或照相版敏感的荧光,荧光的亮度正比于输入点X线辐照强度。医院的大型透视仪就是这种转化屏。这种方法的缺点是X射线的转化效率太低,因而必须在暗室观察且X射线剂量必须足够强才能有一定的亮度,对人体有伤害且分辨率不高。荧光转换屏输出的光可以用以下方式进行处理:

(1) X射线荧光屏可以供人眼直接观察,实际中一般很少进行。

(2) 可供照相底板拍成照片,现在还在广泛的应用。

(3) 可以利用摄像机将其图像转换成电视(TV)图像,供人看,或转化为数字图像,进行保存和处理。

(4) CR(Computed Radiography)成像技术。使用激发荧光(IP)板来代替增感屏+胶片组合,该荧光板经X照射后会有电子激发从而得到对应的X射线强弱影像信息,经激光束扫描获得光信号,再由模/数转换而成数字信息,如图11-4所示。

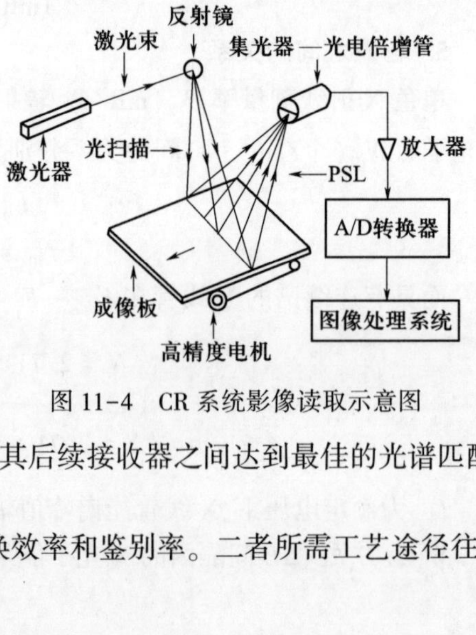

(5) 在荧光屏上集成光电二极管阵列,将图像转换成数字图像,该技术属于间接数字X线影像(Indirect Digital Radiograph, IDR)技术,后面将详述。

图11-4 CR系统影像读取示意图

对于不同的荧光转换屏输出显示方式,应选择特定的不同的荧光粉,以使荧光屏发光光谱分布与其后续接收器之间达到最佳的光谱匹配,因此荧光屏发光光谱分布是荧光转换屏的重要特性。

X射线荧光屏的另两个重要特性是荧光亮度转换效率和鉴别率。二者所需工艺途径往往是相互矛盾的。为了提高转换效率,常采用增大粉粒粒度、加厚粉层厚度、选择多重元素的粉材料和加镀 Al 膜等措施,但却因此降低了屏的鉴别率。实际上,需根据具体要求,做适当的折中处理。新近出现了多种材料和荧光屏制作专利,例如,用真空沉积方法生长的阵列单晶荧光屏,兼顾了高光效(因为是单晶,非辐射复合损失大大减少了)和高分辨(因为是阵列,各像元之间串光干扰小、对比度明显提高了)的双重优点。表 11-1 列出了一些 X 射线与 γ 射线荧光粉的主要特征。

表 11-1　X 射线与 γ 射线荧光粉的主要特征

名　称	质 量 组 分	密度/(g·cm^{-3})	μ/ρ $h\nu=20\text{keV}$	μ/ρ $h\nu=40\text{keV}$	备注
ZnS:Ag	0.67Zn+0.33S	4.1	24.39	4.39	X 屏
ZnS/CdS:Ag	0.341Zn+0.382S+0.271Cd	4.46	20.18	10.76	X 屏
CaWO$_4$:W	0.142Ca+0.634W+0.224O	6.06	49.50	9.57	X 屏
CsI:Tl	0.51Cs+0.49I	4.51	23.52	23.32	X 屏
CsI:Tl 单晶阵列	0.51Cs+0.49I	4.51	23.52	23.32	X 屏
CsI:Tl	0.51Cs+0.49I	4.51	23.52	23.32	γ 屏
CsI:Na	0.51Cs+0.49I	4.51	23.52	23.32	γ 屏

3. X 射线影像增强器成像技术

由于在许多应用中,往往需要减少 X 射线的剂量,这就必须将 X 射线图像增强。X 射线影像增强器成像技术有两种方式:

(1) 利用 X 射线光电阴极,X 射线激发光电子,然后将光电子像增强转换成可见光图像,再通过光学系统将光学图像耦合到电视摄像机上形成可实时观看的视频信号。X 射线光电阴极有反射式和透射式两种。

(2) 利用 X 射线转换屏,将转换荧光粉与可见光光电阴极做成一体,荧光粉发出的光致使光电阴极发射光电子,将光电子像增强成像在输出荧光屏上,而后,通过光学系统将光学图像耦合到电视摄像机上形成可实时观看的视频信号。该技术虽然利用了荧光转换屏的原理,但将其放在此类合理一些。X 射线像增强器本文将详述。

4. 直接数字化成像技术

直接数字 X 线影像(Direct Radiograph, DR; Direct Digital Radiograph, DDR)技术将 X 射线光直接转换成电子信号,然后再转换成图像。

根据将 X 射线转换为图像的方式,可以将 X 射线影像方法分为直接法和间接法,如表 11-2 所列。

表 11-2　目前几种的 X 射线成像方法

探测方法		转 换 方 法
间接法	照相胶片	X 射线→化学反应→透光胶片像
	荧光转换屏	X 射线→荧光→光转换(多种)→图像
	像增强管	X 射线→光电子→电子增强—图像
直接法	平板探测器	X 射线→电子图像

几种主要的 X 射线成像的比较如图 11-5 所示。图中三种形式分别为射线胶片照相法、像增强器法和直接数字成像法。

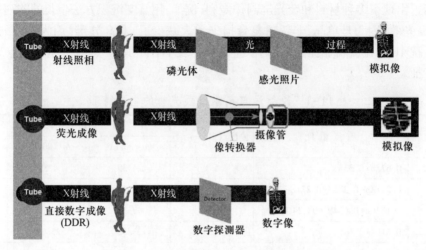

图 11-5 几种主要的 X 射线成像方式的比较

11.2.2 X 射线计算机断层扫描技术

X 射线计算机断层扫描(CT)技术是计算机与数字图像处理技术在 X 射线领域的应用成果。1971 年,豪斯菲尔德研制成功世界上第一台 X 射线计算机断层扫描机(Computerized Tomography,CT),在伦敦一家医院正式安装使用。X 射线管置于患者上方,绕检查部位旋转,患者下方的计数器也同时旋转,如图 11-6 所示。由于人体器官和组织对 X 射线的吸收程度不同,病变组织和正常组织对 X 射线的吸收程度也不同,这些差别反映在计数器上,经电子计算机处理,便构成了探测对象各个部位的横断图像呈现在荧光屏上,它解决了 X 射线照相的前后物体图像重叠问题,大大提高了医学诊断的可靠性和准确性,使医学成像技术向前跨了一大步。

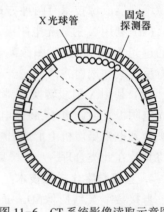

最早的 CT 机使用单束 X 射线,配有 1 个或 2 个检测器,扫描时 X 射线管每次仅转动 1°,完成一次扫描需 4~5min。第二代 CT 机采用两束 X 射线构成 10°~20°的扇形束,配有 20~30 个检测器,每次扫描只需 30~120s。第三代 CT 机由多个 X 射线管组成 30°的扇形束,用 250~350 个检测器,每次扫描只需 2.5s。第四代 CT 机用多个 X 射线管组成 50°的扇形束,用 600~2400 个检测器排列成环状,扫描时间仅 1s。CT 机正向第五代过渡,只要 0.01s 就可捕捉到人体生理活动的动态信息。

图 11-6 CT 系统影像读取示意图

11.3 X 射线成像器件系统的性能指标

可以用多项技术性能指标来评价 X 射线成像器件和系统的质量特性,如输出亮度、分辨率、调制传递函数、灵敏度、最高承受电压、系统的稳定性、系统的连续工作时间、图像的采集和图像处理速度、检测效率、图像一次性检测范围(长度×宽度)、图像的动态范围、系统抗干扰性、系统的工作寿命、系统的价格性能比等多项指标。下面简述X射线成像器件与系统的性能指标。

1. 亮度 B

它表示物体的明亮程度。在其他条件相同的情况下,亮度越高表示发出的光通量越多,单位为 cd/m^2,可用亮度计进行测量。

2. 分辨率

分辨率定义为单位长度上的周期数,单位为线对/毫米(lp/mm)。鉴于X射线穿透力较强,分辨率测试卡要用镀铅测试卡。由于X射线成像系统的分辨率低,还用线对/厘米(lp/cm)来表示。

分辨率是器件和系统的重要指标,系统中的每一个子系统发生变化,都会引起系统分辨率综合性能的变化,所以,抓住了系统分辨率这个综合指标,就等于抓住了X射线实时成像系统的关键。系统分辨率指标是X射线成像系统性能的综合反映,系统分辨率越高,表示系统的技术性能越好。系统分辨率是系统设备客观性能的反映,仅与系统的构成及其性能有关,与检测工艺方法无关,所以,系统分辨率也称为固有分辨率。随着系统设备的老化,系统分辨率也会衰退,因此,对系统分辨率应定期进行测试。系统分辨率可以用分辨率测试卡直接在系统中测试出来。

将分辨率测试卡紧贴在X射线接收转换装置(例如图像增强)器输入屏表面中心区域,线对栅条与水平位置垂直(或平行),按如下工艺条件进行透照,并在显示屏上成像:①X射线管焦点至图像增强器输入屏表面的距离不小于700mm;②管电压不大于40kV;③管电流不大于2mA;④图像对比度适中。在显示屏上观察测试卡的影像,观察到栅条刚好分离的一组线对,则该组线对所对应的分辨率即为系统分辨率。

根据X射线实时成像检测系统不同的配置,X射线实时成像检测系统可分为A、AB、B三个级别来管理,A级的系统分辨率指标可定为大于等于1.4lp/mm,用于普通产品的X射线成像检测,如汽车铝合金轮毂、炼铁高炉炉衬耐火砖以及食品罐头的检验。AB级的系统分辨率指标可定为大于等于2.0lp/mm,用于较重要和产品的检测,例如锅炉压力容器压力管道对接焊缝的检测、汽车零部件、电子元器件的检测。B级的系统分辨率定为大于等于3.0lp/mm,用于重要产品的检测,如核工业产品、航空航天器材的检测。

3. 调制传递函数

与分辨率表示图像的分辨本领相比,调制传递函数(MTF)作为系统质量或图像质量(信息)的客观评价依据,更能全面反映成像系统的分辨本领,如图11-7所示。

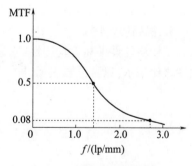

图11-7 X射线成像系统的调制传递函数

调制传递函数可用MTF曲线来表示,横座标是分辨率,纵座标是对比度。频率越小,MTF越大;频率越大,MTF越小。当频率大到一定程度时,MTF趋近于零,表示图像线条间距小到几乎分辨不清。试验表明,正常人的眼睛能够分辨的最低MTF为5%,通常以MTF为8%时对应的分辨率为图像分辨率。

调制传递函数的作用有三:①MTF曲线提供的信息是客观的;②对比度和分辨率是能够测量的;③MTF反映的信息是能够传递的,即系统中各个阶段的图像质量有再现性,并且这种传递能够用简单实用的方法来获得。因此MTF函数是较客观和全面评价图像质量的一种方法。通常用 MTF 曲线来解释系统的配置或图像质量现象，MTF 曲线为图像处理提供了理论基础。

为提高系统分辨率，系统设备的配置应尽可能选用高 MTF 的子系统，且各子系统 MTF 应尽可能互相匹配，如果有一个子系统 MTF 较低，则会影响整个系统的分辨率，即所谓"木桶效应"，要尽可能减少子系统的数量，尽可能选用集成器件。

4. 亮度转换因子 C

亮度转换因子指单位剂量的 X 射线照射下，成像器件所能输出的图像亮度。

$$C = L/P_0 \tag{11-17}$$

式中　P_0——X 射线输入剂量率(mrad/s)；

L——X 射线像增强器的输出亮度(cd/m²)。

下面以 X 射线像增强器为例，来说明亮度转换因子。

输入辐照强度(keV/cm² · s)：$I_0 = 3.12 \times 10^9 P_0$；

X 射线光子能量(eV)：E；

输入 X 光子流密度(光子数/cm² · s)：$N_0 = 3.12 \times 10^9 P_0/E$；

输入窗的通过率(%)：τ；

输入窗衰减后(光子数/cm² · s)：$N_\tau = N_0 \tau$；

阴极的量子效率(%)：η_k；

X 射线光阴极电子密度光子数(光子数/cm² · s)：$n_e = N_0 \tau \eta_k$；

MCP 的电子增益：G_m；

经 MCP 电子倍增后(电子数/cm² · s)：$n_m = N_0 \tau \eta_k G_m$；

经 MCP 出射的电子加速电压为(V)：V_p；

荧光屏的发光效率(cd/m²/W)：η_p；

电子电量(库仑 C)：e；

荧光屏输出亮度(cd/m²)：$L = N_0 \tau \eta_k G_m e V_p \eta_p$。 (11-18)

所以，X 像增强器的亮度转换因子为

$$C = L/P_0 = 8.63 \times 10^{12} \tau \eta_k G_m e V_p \eta_p /E \tag{11-19}$$

对于非单色 X 光源照射情况下的亮度转换因子，需以波长 λ(或能量 E)为自变量，对上式积分，可以求得 X 射线像增强器在响应波段内的亮度转化因子。

5. 视场均匀性 C

视场均匀性即亮度均匀性，它表示两个目标之间的亮度相对差异，通常用亮度起伏同平均亮度之比表示，以百分数表示，即

$$C = (B_{max} - B_{min})/(B_{max} + B_{min}) \tag{11-20}$$

11.4　CsI/MCP 反射式 X 射线光电阴极

由 X 射线光电子物理学可知，如果 X 射线光子与材料的原子相碰撞时会发生以下几种非弹性碰撞过程。

(1) 一次电子发射。一个具有 $h\nu$ 能量的 X 射线光子与物质的原子、原子核相互作用，将自己的一部分能量作用于原子和原子核，另一部分能量使原子内层轨道的电子高速飞出，从物质中逸出电子，这种电子称为光电子，这个作用过程属于光电效应，出射的光电子能量带有物

质元素的"指纹"信息,在此基础上,开发了 X 射线光电子能谱的分析测试技术。X 射线光电子能谱技术,广泛应用于材料元素组成、成分、化学状态、含量的检测,是重要的研究分析工具。

(2) 二次电子发射。如 X 射线光电阴极的电子发射。

(3) 俄歇电子发射。典型的应用是 X 射线激发俄歇电子能谱。

(4) 特征谱(线状)和连续谱 X 射线发射。当 X 射线光子激发原子某层电子的光电效应的发生,就在该层产生空穴。因为放出电子的原子是不稳定的,其空穴很快就被外层电子跃入填充,而产生某系列的标识 X 射线。由于核外电子被激发的方式不一,因此为了区分,把光电效应所产生的标识 X 射线称为荧光 X 射线,如图 11-8 所示。

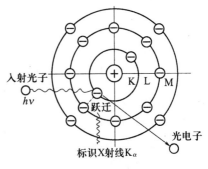

图 11-8 光电效应示意图

(5) 长波辐射(紫外,可见光,红外)。

(6) 电子—空穴对产生。

(7) 晶格振动(声子)发射。

(8) 电子振荡(等离子体)辐射等。

实验证明,X 射线激发二次电子发射是阴极电流的主要来源,占 99% 以上,X 射线激发任何物质都会产生电子发射,其原理由光电效应等产生的。作为光电阴极有很多特殊的要求,只有某些材料适合,如 CsI 等。

X 射线光电阴极的光电子发射过程如下:X 射线光子被 CsI 中 Cs 原子吸收,从其内壳层激发出一次电子,可以直接构成一次光电流,其逸出概率很小,对发射的光电子贡献甚微。而绝大部分一次电子与相邻的更高能级上的电子不断交换能量,产生更多的二次电子。由于阴极材料是相对疏松的,因而有助于这些二次电子在外加高电场作用下不断倍增,其中,某些电子扩散长度大于出射深度,在中途没有被复合掉,并能克服真空界面位垒,以一定概率逸出真空,变为光电子,从而构成与输入 X 光图像相应的二维光电子图像。

X 射线像增强器的 X 射线阴极一般分为透射式(入射窗/阴极材料)和反射式(阴极材料/MCP)两种。透射式二次电子以透射形式穿过阴极材料逸入真空,反射式二次电子从阴极材料入射面逸入真空。

11.4.1 反射式 X 光阴极的物理过程

采用真空蒸镀法将 CsI 蒸镀在微通道板(MCP)输入端面,就构成了典型的 CsI/MCP 反射式 X 光阴极。如图 11-9 所示,当一个能量为 $E(keV)$ 或波长 $\lambda = 1.24/E(nm)$ X 射线光子打在厚度为 d 的阴极材料某点上时,将在该点产生一次光电子,一次光电子在行进过程中将产生多个二次电子,二次电子的物理发射过程十分复杂,通常将其分为三步。

(1) 一次光电子在行进过程中发生能量损失并激发产生二次电子,这时材料体内电子受一次光电子激发,由低能态跃迁至高能态。

(2) 二次电子从激发产生的地点向表面运动的过程。在这一过程中,它可能与自由电子、晶格原子和点阵缺陷相碰撞,与离子产生复合而损失能量。

(3) 达到表面的二次电子克服表面势垒而逸出。

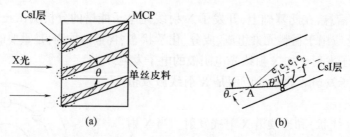

图 11-9 CsI/MCP 反射式 X 光电阴极结构(a)和光电子发射过程(b)

令 MCP 的斜切角为 θ,则 X 射线光子与阴极材料表面成 θ 角的方向进入阴极材料。在入射过程中不断与阴极材料交换能量(被吸收过程),从该原子内壳激发出一次光电子,这些一次光电子直接逸出阴极材料外(数量极少),或将其能量交给原子壳层中更高能级的电子(二次电子),使他们获得能量以克服表面势垒逸出阴极了,形成有用的二次电子发射。这些逸出的二次电子在 MCP 两端电场的作用下,轰击对面的阴极材料或通道壁,以大于 1 的二次发射系数,经多次电子倍增,在 MCP 输出端形成放大万倍的电子流。这些倍增的电子被微通道板与荧光屏之间的高压加速打在荧光屏上,在荧光屏上显现出一幅被检物体 X 射线透射强度二维可见光图像。这就是阴极材料/MCP 反射式 X 射线阴极及反射式 X 射线阴极像增强器的原理。如图 11-9 所示,当 X 光子打在 CsI 层 A 点时,将发生三个物理过程:

(1) X 射线反射,很小,可忽略。

(2) X 射线折射入 CsI 阴极层,产生一次电子和二次电子,它是 X 射线光阴极电子信号的主要来源。

(3) X 射线透过 CsI 阴极层,进入相邻通道,降低对比度。

11.4.2 反射式 X 光阴极的量子效率

光电阴极材料的量子效率是用来表征光阴极灵敏度的一个重要性能指标,它主要取决于材料的有效吸收系数、吸收截面、光电子在材料内的扩散长度 L、电子的逸出功、光阴极的表面亲和势等。很显然,反射式光电阴极的量子效率 $\eta_{反}(E,\theta)$ 的高低,决定于两个物理过程概率的贡献。即

$$\eta_{反}(E,\theta)=N_e(E,\theta)/N_x(E,\theta)\propto P_{吸收}(E,\theta)P_{逸出}(E,\theta) \tag{11-21}$$

式中　　E——X 光子的能量;

θ——MCP 的斜切角;

$N_x(E,\theta)$——X 射线光子数/秒;

$N_e(E,\theta)$——二次电子数/秒;

$P_{吸收}(E,\theta)$——X 光子吸收概率;

$P_{逸出}(E,\theta)$——X 光子逸出概率。

它们均是 X 射线光子能量 $E(\mathrm{keV})$ 和 MCP 斜切角 θ 的函数。从中可以看出,要获得高的量子效率,X 光子吸收概率 $P_{吸收}(E,\theta)$ 是基础,X 光子逸出概率 $P_{逸出}(E,\theta)$ 是关键。

根据 X 射线对材料吸收特性可知,阴极材料的线性吸收系数 μ 越大,X 光子在阴极材料的行程越长,其吸收的概率 $P_{吸收}(E,\theta)$ 就越大。

设距阴极材料表面距离为 z,微分元厚度 $\mathrm{d}z$ 的薄层材料,根据式(11-3),其吸收 X 射线光子数为

$$dN = N_x(E,\theta)\mu(E)\csc\theta'\exp(-\mu z\csc\theta')dz \tag{11-22}$$

式中 　　θ'——X 光子进入阴极材料介质的折射角,一般 $\theta'=\theta$;

　　　　$\csc\theta'dz$——X 光子在材料内行程长短的贡献;

　　　　$\mu(E)\csc\theta'\exp(-\mu z\csc\theta')$——材料本身线性吸收系数的贡献。

设阴极材料厚度为 d,对式(11-22)两边积分,得

$$P_{吸收}(E,\theta) = \frac{\int_0^d dN}{N_x} = \int_0^d \exp(-\mu z\csc\theta')d(\mu z\csc\theta') = 1-\exp(-\mu d\csc\theta') \tag{11-23}$$

式(11-23)是指导 X 射线阴极工艺设计的重要依据。从式(11-23)可看出,要提高 X 光子吸收概率,应选择高线性吸收系数 μ 值的材料、小的 MCP 斜切角 θ 和适当的厚度 d。阴极厚度 d 要适当,否则会对逸出概率起反作用。

在阴极内产生的二次电子并不一定能逸出体内,逸出深度 L_s(从产生点到复合点的距离)、二次电子与表面的距离决定着二次电子的逸出概率 $P_{逸出}(E,\theta)$。

$$P_{逸出}(E,\theta) = P_0\exp(-z/L_s) \tag{11-24}$$

式中　P_0——阴极材料/真空界面上($z=0$)二次电子逸出概率,与阴极表面势垒和表面状态有关。

逸出深度 L_s 与材料组分和物理状态(疏松程度)有关,材料越疏松,其逸出深度 L_s 越长。二次电子逸出概率与材料的逸出深度 L_s、表面状态和内部电子能量分布有关。从式(11-24)可看出逸出深度 L_s 越大,光子进入阴极厚度越小,则总的逸出概率越大。ε 表示阴极材料内发射电子所需要的能量,ε' 表示二次电子发射平均能量,δ 为二次电子发射系数。表 11-3 列出了几种材料致密状态下的 P_0、L_s、ε、ε' 和 δ 的值。

表 11-3　几种材料致密状态下的 P_0、L_s、ε、ε' 和 δ

名　称	P_0	L_s/Å	ε/eV	ε'/eV	δ
裸 MCP	0.15	33	10	0~9	2.3~2.5
LiF	0.75	20~80	15	0~5	5.6
MgF_2	0.20	40	15	0~6	5~6
CsI	0.20	215~650	7	1.4	35~40

要提高阴极的量子效应,就要提高阴极的吸收概率和逸出概率,即 $\eta_{反} \propto P_{吸收}(E,\theta)P_{逸出}(E,\theta)$。从阴极的吸收概率式(11-23)和逸出概率式(11-24)中可发现,随着阴极厚度的增加,吸收概率增加而逸出概率减小,这是一对矛盾。为了兼顾吸收概率和逸出概率,对 $0\sim d$ 路径上产生的二次电子进行积分,则可导出阴极材料/MCP 反射式 X 射线阴极的量子效率 $\eta_{反}$ 的理论表达式,即

$$N_e(E,\theta') = N_x(E,\theta')\sigma(E,\theta')P_0\int_0^d \mu\csc\theta'\exp(-\mu z\csc\theta')\cdot\exp(-z/L_s)dz =$$
$$N_x(E,\theta')\sigma(E,\theta')P_0\frac{\mu L_s\csc\theta'}{1+\mu L_s\csc\theta'}\left[1-\exp\left(-\mu\csc\theta'-\frac{1}{L_s}\right)d\right] \tag{11-25}$$

$$\eta_{反} = \sigma(E,\theta')P_0\frac{\mu L_s\csc\theta'}{1+\mu L_s\csc\theta'}\left[1-\exp\left(-\mu\csc\theta'-\frac{1}{L_s}\right)d\right] \tag{11-26}$$

式中　$\sigma(E,\theta')$——X 光子/二次电子转换效率因子,及 X 光子能量 E 中用来产生电子的那部分能量所占的比例,在特定测试条件下测试测定。

式(11-26)是阴极材料/MCP 反射式 X 射线阴极的设计基础。一般讲，θ' 较小时（即 MCP 的斜切角 θ 小），X 光子在阴极中的行程距离加大，吸收概率 $P_{吸收}(E,\theta)$ 增加；当 θ' 小到一定程度时，X 光子直接从 MCP 通道穿出，MCP 的二次电子倍增级数减小，总的二次电子数减小。因而存在一个最佳 θ' 值。还应考虑逸出概率 $P_{逸出}(E,\theta)$ 的影响。X 光子穿透阴极的能力极强，能量越大，穿透越深，阴极内部产生的二次电子更难逸出，逸出概率 $P_{逸出}(E,\theta)$ 下降。应同时兼顾吸收概率 $P_{吸收}(E,\theta)$ 和逸出概率 $P_{逸出}(E,\theta)$，使 $\eta_{反}$ 取得最大值，即对应不同能量的入射 X 光子，存在一个最佳阴极厚度。X 射线穿透力强而吸收率弱，导致了 X 射线阴极量子效率低且不能做得太厚。

11.5 窗材料/阴极透射式 X 光阴极

11.5.1 窗材料/阴极透射式 X 光阴极物理过程

如果将阴极材料做在窗材料上，就构成了透射式 X 射线阴极，如图 11-10 所示。其工作原理类似反射式阴极。区别点在于：

（1）X 射线照射透射式 X 射线阴极时，一次电子所激发的二次电子从阴极后界面逸入真空。

（2）X 射线阴极后续有加速电场，以提供阴极二次电子从真空界面逸出的能量。

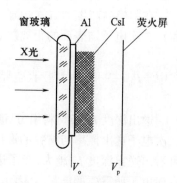

图 11-10 窗材料/阴极透射式 X 光阴极的结构

（3）透射式阴极通常在靠近基底处是致密层，在致密层上有一层疏松层，以提高二次电子的逸出深度和逸出概率。

11.5.2 窗材料/阴极透射式 X 光阴极的量子效率

类似反射式阴极的分析方法，可推导出 X 光垂直入射时透射式 X 光阴极的量子效率为

$$\eta_{透} = \frac{\mu L_s \sigma(E, \pi/2) P_0}{\mu L_s - 1}[\exp(-d/L_s) - \exp(-\mu d)] \quad (11-27)$$

对于常用的 X 射线阴极材料：L_s 为 100~1000Å，μ 为 10~100 cm^{-1}，μL_s 远远小于 1，因而式(11-27)可简化为

$$\eta_{透} = \mu L_s \sigma(E, \pi/2) P_0[\exp(-\mu d) - \exp(-d/L_s)] \quad (11-28)$$

从式(11-28)可看出，选择线性吸收系数 μ 值高、二次电子逸出深度 L_s 大的材料，可获得较高的量子效率。$\sigma(E, \pi/2)$ 中的 $\pi/2$ 表示出射电子垂直表面发射。

定义各向同性的阴极材料的疏松度为

$$\Omega = \rho_0 / \rho \quad (11-29)$$

式中 ρ_0——阴极材料致密状态密度；

ρ——阴极材料疏松状态密度。

因而二次电子逸出深度 L_s 变为 $\sqrt[3]{\Omega} L_s$，于是，式(11-28)变为

$$\eta_{透} = \mu \sqrt[3]{\Omega} L_s \sigma(E, \pi/2) P_0[\exp(-\mu d) - \exp(-d/\sqrt[3]{\Omega} L_s)] \quad (11-30)$$

同理，式(11-26)变为

$$\eta_{\bar{\Sigma}} = \sigma(E,\theta')P_0 \frac{\mu\csc\theta'\sqrt[3]{\Omega}L_s}{1+\mu\csc\theta'\sqrt[3]{\Omega}L_s}\left[1-\exp\left(-\mu\csc\theta'-\frac{1}{\sqrt[3]{\Omega}L_s}\right)d\right] \quad (11\text{-}31)$$

Ω是一个大于1的数值，$\sqrt[3]{\Omega}$也是一个大于1的数值，所以实际上二次电子逸出深度变大了，阴极量子效率变大。式(11-30)和式(11-31)是人们选用致密/疏松复合阴极的理论依据。

11.6　X射线像增强器

11.6.1　X射线像增强器的基本结构

由于在许多应用中，往往需要减少X射线的剂量，这就必须将X射线图像增强。鉴于目前的技术水平，还不能将X射线直接放大或成像，因此要采用变换增强的方法。第一代X光像增强器出现于20世纪50年代，它实际就是一个真空光电成像器件。它的原理是通过转化屏把X光图像转化成可见光图像，可见光照在光电阴极上，光电阴极把可见光图像转化成光电子图像，最后通过加速电场加速电子轰击显示荧光屏，把光电子图像转化为高亮度可见光图像。因此该法将荧光转换屏发光的方法与光电发射方法结合起来。

由于X射线不能成像，而实际被测物体又比较大，这就要求输入面要大，由于输出亮度的需要，输出屏又不能太大，这种X光像增强器输出口径和输入口径有一定的压缩，一般压缩比$m<0.1$，所以常俗称这种管型为"大头管"。如图11-11所示，荧光转换屏的结构，从左到右依次为玻璃衬底、铝层、荧光粉、隔离膜和光电阴极。这需要重点考虑两个问题：一是荧光粉与光电阴极的光谱匹配；二是为防止光电阴极与荧光粉之间的相互作用而选择的隔离膜材料。

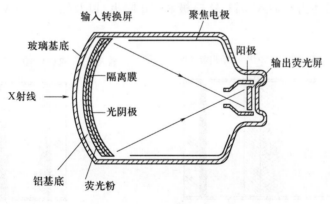

图11-11　"大头管"的结构

荧光转换屏的任务是将X射线图像转换位可见光图像，并进而激发电阴极发射电子，因此要求荧光材料对X射线具有较高的转换效率，同时在光谱特性上又与光电阴极有良好的匹配。最初的荧光粉是(ZnS)Cd，后来，CsI荧光粉材料代替了原来的荧光粉，它的X光转换效率和空间分辨率都明显提高了。X射线增强管的光电阴极多采用Cs_3Sb的S-11阴极。

到目前为止，这种X光像增强器依然作为核心器件在X光电视成像系统中使用，对大视场特别适用。由于大视场产生了电子光学系统设计方面的特殊要求；由于倍率很小，所以物距很大。因为管内阴极面处场强很低,为此需要加聚焦束极(栅极),聚束极的另一作用是调节焦距。由于物面太宽,要设法减少边缘像差,为此采取中心和边缘像质折衷的设计方法。物距的变化对像面位置影响不大。由于其结构的特殊,CsI 转换屏的制作也不易,成像质量对电压稳定性要求高,整个像管是 9~10 英寸的大真空室,价格比较昂贵,仅在一些大型医院中使用。当前可供选用的 X 图像增强器按输入屏直径有 $\phi 225mm$(9 英寸)、$\phi 150mm$(6 英寸)、$\phi 100mm$(4 英寸)三种。$\phi 225mm$(9 英寸)图像增强器直径较大,视野宽阔,一次检测范围较大,但清晰度较低,价格较高;$\phi 100mm$(4 英寸)图像增强器直径较小,质量较轻,便于携带式作业,且清晰度较高,但视野较狭小,一次检测长度较小,工效较低;通常以选择 $\phi 150mm$(6 英寸)图像增强器为宜。

近年来,出现了一种双近贴式 X 光像增强器。通过近贴聚焦,受电压波动影响的畸变和磁场对像质的影响都减弱。它把 X 光转换屏做在微光管(类似于二代近贴管结构)的输入光纤面板外侧,实际是 X 光转换屏和微光管的复合体。它的一个致命弱点就是不可能做出大口径 X 光像增强器,因为制作大口径微光管十分困难,到目前为止,也仅做出 $\phi 100mm$ 以下的微光管。

11.6.2 近贴型 X 射线像增强器

下面介绍的 X 射线像增强器是带 MCP 的平板式近贴 X 光像增强器。因为 MCP 引入,使得增益很大,体积和质量都很小,所需 X 射线剂量很小,具有结构简单、造价低廉等优点。它一般有两种结构,其区别主要在阴极,如图 11-12 和图 11-13 所示。一种是单阴极、单近贴 X 光像增强器,采用了 CsI/MCP 反射式光电阴极;另一种是双阴极、双近贴 X 光像增强器,采用了透射式 X 光电阴极和反射式 X 光阴极。双阴极、双近贴 X 光像增强器比单阴极、单近贴 X 光像增强器仅仅是量子效率高,而分辨率会降低,结构和制作都复杂,双阴极、双近贴 X 光像增强器还需在输入窗镀 Al 电极和 CsI 阴极,以及输入窗和 MCP 输入之间加上阴极电压。

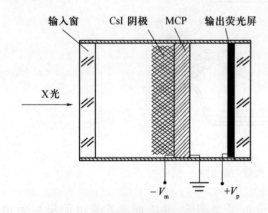

图 11-12 单阴极、单近贴 X 光像增强器原理示意图

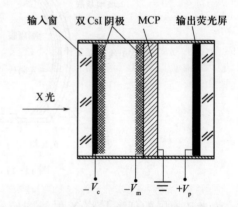

图 11-13 双阴极、双近贴 X 光像增强器原理示意图

基于 MCP 的 X 光像增强器适用于以下方面:亮室中对患者的四肢骨折、骨刺、异物进行实时透视检查,尤其是对手、腕、肘、前臂和脚趾、足、小腿等部位更适合;小型动物的内外科检查和骨科检查;集成电路板、电子元件等检查;公安部门和边防海关等部门的安全检查;战地医院、山区、运动场所的室外应急检查等。

11.7　X射线影像光电二极管阵列成像器件

X射线影像光电二极管阵列成像器件,由X射线转换屏+光电二极管(PD)+TFT(薄膜晶体管)阵列组成,是一种集成的获得荧光屏光的新方法。X射线影像光电二极管阵列成像器件由射线接收器、信号处理器和电源等组成。射线接收器中包含有闪烁晶体屏(Gd_2O_2S 或 CsI 等)、大面积非晶硅传感器阵列及读出电路等。如图 11-14(a)所示,它利用 CsI 的特性,将入射 X 光子转换成可见光,再由具有光电二极管作用的非晶硅阵列变为电信号,通过外围电路检出及 A/D 转换,获得数字化图像。每个探测单元包括一个非晶硅光电二极管和起开关作用的场效应管,如图 11-14(b)所示。光电积累时,场效应管关闭,给光电二极管一个外部反向偏置电压,通过闪烁的可见光产生的电荷聚集在二极管上。读取时,给场效应管一个电压使其打开,电荷就会由二极管沿数据线流出,以电信号的形式读到信号处理单元。这种器件属于间接数字化 X 线影像(IDR)器件。

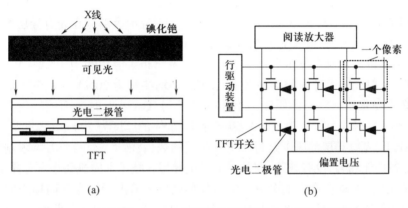

图 11-14　转换屏+PD+TFT 探测器的原理图(a)和读出电路图(b)

根据探测单元的排列方式不同,该成像器件可以细分为线阵和面阵两种,分别简称为线性探测器和成像面板。由于排列不同,虽然二者的基本功能和电气特性完全一致,但在检测图像的质量和配套设备的选择方面仍有差别。线性探测器可以在其接收端口安装射线准直窗口,屏蔽周围散射线的影响,所以图像的本底噪声非常低,几何不清晰度影响减小,因此可以使用大焦点射线源。

11.8　直接数字 X 射线影像器件

直接数字 X 线影像(DDR 或 DR)器件是新型的 X 射线成像器件,已经成功制造出以硒为基底,直接转换的平面 X 射线探测器,该探测器能实现高清晰的数字透视和射线照相。这种新发展起来的平面探测器是面积为 23cm×23cm 的二维平面,它由光电材料(非晶态硒)和一系列薄膜晶体管阵列(TFT)组成,该薄膜晶体管上的探测元的尺寸为 150μm×150μm。该探测器能以高达每秒 30 幅图像的速率实现数字透视和射线照相,并提供有很好的空间分辨率的数字动态像和静态像。这种新型的 X 射线探测器确实能取代已经使用了超过 50 年的常规的 X 射线图像增强管。在即将到来的完全数字成像诊断和医学信息网络化时代,人们期望这种探测器能适用于各种不同的检查,从一般的射线照相到肠胃、心脏以及血管的检查,都有很多临床上的优势。利用平面探测器的直接转换方法来完成高速动态成像一直被认为是一个极其困难的挑战。

11.8.1 光电导体 X 射线的吸收

吸收系数 α 是一种材料参数,它决定了由光电效应造成的光电导体所吸收的 X 射线光子数量。光电导体所吸收的入射 X 射线光子的分数为

$$A_Q(E) = 1 - \exp(-\alpha L) \tag{11-32}$$

式中　L——检测器的厚度；

　　　α——光电导材料的光电吸收系数,$\alpha = \alpha(E, Z, d)$,它取决于入射 X 光子的能量 E、光电导体的原子序数 Z 和密度 d。

典型情况下,光电吸收系数随着 X 射线能量的增加而呈 E^{-n} 降低(例如 $n \approx 3$),随 Z 的增加而增加,通常 $\alpha \propto Z^m$,$m \approx 3 \sim 5$。X 射线光子与原子的最初相互作用会导致高能电子从内部核心壳层发射到导带,因此每个壳层代表吸收的开始,反映为 $\alpha(E)$ 曲线上尖锐的边。标定原子壳层的吸收边(即 K,L 壳层)有利于比较不同的光电导材料以及它们在 X 射线造影中的应用潜力。

为了使患者受到最少量的 X 射线辐照,应当使入射辐射大部分在光电导层内吸收。这就意味着吸收深度 $\delta = 1/\alpha$(导致入射 X 射线束衰减 63% 所需要的材料的量),应该远低于层的厚度,即 $\delta < L$。所需的光电导层厚度取决于特定的 X 光照相术应用和用于探测 X 射线的材料。例如用于乳腺 X 射线造影过程的典型 X 射线辐照平均能量为 20keV。如果需要的光电导厚度为 2δ,那么需要非晶硒(Se)的厚度为 100μm 来充分吸收入射的 X 射线辐射。用于胸腔 X 射线造影检查的 X 射线束能量为 60keV,就要求非晶 Se 的厚度为 2000μm。

理想状况下,光电导层的厚度是材料吸收深度的数倍,然而,有三个因素限制了该层的最大厚度:①制备性能均匀、没有缺陷、非常厚的光电导层在技术上困难而且十分昂贵;②随着光电导层厚度的增加,X 射线产生的电荷在到达收集电极之前由于被俘获而损失的可能性也相应增加;③工作偏压与光电导的厚度呈比例增加,大的偏压(>10kV)带来另外的技术问题,例如提供这些电压,面板的电介质击穿以及保护相关线路中的 TFT(薄膜场效应管)开关等都有特殊要求。

11.8.2 电子—空穴对产生能

X 射线光子的吸收导致产生一个在材料中高速传导的含能光电子。电子与其他原子互碰撞,引发沿其路径进一步离子化,因此通过吸收单个 X 射线光子会产生许多电子—空穴对。通过吸收一定 X 射线光子能量 ΔE 产生的电荷数 ΔQ 为

$$\Delta Q = \frac{e \Delta E}{W_{\pm}} \tag{11-33}$$

式中　$W_{\pm}$——电子—空穴对产生能,即材料产生单个电子—空穴对所需要吸收的辐照能量,该值应该尽可能的低以获得最大的检测器灵敏度。

对于诸如非晶硒(Se)的非晶半导体,Que 和 Rowlands 已经证明 $W_{\pm}$ 与材料的能隙 E_g 相关($2.2E_g + E_{phonon}$),其中光子能量项 E_{phonon} 被认为很小。另外,$W_{\pm}$ 已经被证实取决于施加的电场,这或许来自作用在光电子产生的 EHP(Electron Hole Pair,电子—空穴对)的复合机制。

11.8.3 电荷传输和移动距离

为了使 X 射线产生电荷能够对图像信号起作用,电荷必须从产生的位置移动到收集电极

上。电子从它所产生的位置以有限的速度(取决于材料的电子迁移率 μ 和电场的大小 E)漂移到正电极上。电荷的传输时间是电子从产生的点移动到电极所需要的时间。X 射线产生的所有电荷都到达电极时,收集效率最高。然而,在非晶 Se 光电导层包含有相当浓度的定域化电子和空穴势阱。被俘获的载流子离开导带变得不可移动,就不会对收集的电荷信号作贡献,这就导致 X 射线检测器的 X 射线灵敏度下降。带电荷载流子被俘获的概率由电荷俘获时间(寿命)τ 的倒数决定。

迁移率 μ、寿命 τ 和工作电场 E 的乘积定义为载流子的移动距离 $\mu\tau E$,即电荷载流子在被俘获之前移动的平均距离。理想状态下,光电导的厚度 L 应该选择为 $L \ll \mu\tau E$。然而,如前所述,这将损害该层的 X 射线吸收效率。针对特定成像应用条件下,选择合适的光电导厚度的过程就是在高的 X 射线吸收要求和传输有效灵敏度之间的权衡过程,即选取 L,使 $1/\alpha < L < \mu\tau E$。为了吸收最大化,使用较厚的光导层,施加高的操作电场($\sim 10V/\mu m$)来提高载流子的移动距离。然而,提高工作电场增加了暗电流的大小,这会降低检测器的信噪比(SNR),也会带来其他技术困难。

11.8.4 X 射线光电导体材料

直接转换 X 射线传感器的性能关键取决于光电导层的选择和设计。因此,为了开发性能更好的材料,辨识出理想 X 射线光电导的性能是有益的。

(1) 要求高的 X 射线吸收效率以便入射 X 射线光子主体部分被检测器厚度层 L 所吸收,而避免患者非必要的辐照。任何穿过检测器的辐照实质上被浪费了。

(2) 为了从吸收的入射 X 射线光子能产生尽可能多的电荷,光电导层应该具有小的 $W_{\pm}$ 值(EHP 产生能)。

(3) 为获得检测器最大的信噪比,光电导层的暗电流应该可以被忽略。可以采用非插入开关(non-injection contacts)和使用大带隙 E_g 材料来使暗电流最小化。然而,提高 E_g 会增加 $W_{\pm}$,又与(2)冲突。

(4) X 射线产生的电子空穴对在漂移到收集电极时不应发生大量的复合。复合速率与所产生的电荷载流子浓度成比例,假定 X 射线曝光不是太高的情况下通常可以忽略。

(5) 产生的电子空穴对的深俘获(deep trapping)应该可以忽略,要求载流子的移动距离应远大于光电导的厚度,$\mu\tau E \gg L$。

(6) 载流子通过的最长时间必须短于像素的读出时间。

(7) 重复 X 射线曝光后的结果不会导致这些性能随着时间变化或者恶化。

(8) 光电导层能够十分经济的涂覆在大面积 AMA(有源矩阵阵列)电路上而不损害电子器件。例如,在 300℃ 以上的温度进行光电导材料退火会损坏 AMA 板中非晶 Si:H(氢化非晶硅)的 TFTs(薄膜晶体管)。由于没有实用的方法将 X 射线辐照聚焦,大面积检测器在放射诊断应用中是必要的。

由于能够容易的制备出超过 40cm×40cm 的大面积非晶体,X 射线敏感非晶半导体是有吸引力的平板诊断系统候选材料。特别是,采用常规真空沉积技术,非晶 Se 合金能够容易地涂覆到 AMA 板上。蒸发过程中基板的温度一般在 60~70℃,不会损害 AMA 中的氢化非晶硅 TFTs。与一些相竞争的多晶材料如 PbI_2 相比,所得到的光电导层展示出可以接受的 X 射线吸收性,良好的电子、空穴传输性能和小的暗电流。因此,它几乎十分理想地适用于诸如胸腔 X 射线造影等大面积放射学应用。此外,作为用于电子照相和干板 X 线摄影的大面积商用感光器件,非晶 Se 合金已经被广泛开发,因此对其电学和物理性能有较丰富的记录信息。

目前,已研究了合金成分对于电荷传输性能 $\mu\tau$ 的影响。纯的非晶 Se 薄膜是不稳定的,随着时间延长趋向于晶化。因此,非晶-Se 源材料通常采用 As(~0.5%,原子分数)进行合金化并掺杂 Cl 原子 20ppm(1ppm,百万分之一,原子分数)来生产器件品质的光电导膜,所得到的合金称为稳定化的非晶 Se。

11.8.5 非晶 Se 的性质

由于它们在商用静电复印中的重要性,非晶 Se(a-Se)及其合金已经被广泛研究。目前,由于在发展医疗成像用数字平板 X 射线探测器方面的兴趣,这些材料的研究正经历着各种各样的复兴。将入射 X 射线光子直接转换成电荷的非晶 Se 光电导层能够容易地大面积制备,而这是胸腔放射学等成像应用中所需要的。这类检测器的 X 射线灵敏度与光电导非晶 Se 层的光学和电学性能相关。因此,为了优化这些探测器的性能,有必要对光电导非晶 Se 的性能进行彻底认知。

采用量子力学分析材料中原子之间成键排列可以推导出材料性能认知的理论框架。这就产生了固体的能带理论,该理论对于认知现代固态电子器件操作原则十分重要。在晶态固体中,原子网格的周期性导致可以利用数学简化来导出描述这些材料电学和光学性能的能带模型。然而,非晶态材料原子网络中缺乏长程周期性,因此很难推导出描述其性能的框架。然而,注意到非晶半导体与晶态半导体的类似性,通过对其电学和光学性能的实验观察可以推导出它们的能带模型。

1. 非晶态半导体的原子结构

固体是由原子键相互连接的三维原子网络组成。这些键包括原子相互靠近形成固体时原子的外壳层波函数、价键和电子之间的相互作用。在半导体中,当两个或者多个原子分享价电子来完成各自原子的亚层时,原子键得以形成。这些电子的波函数不再孤立于单个原子,而是扩展到整个固体的体积内。该类型键称为共价键,固体中给定原子最近邻原子个数称为该原子的配位数。

图 11-15 为半导体中晶体和非晶成键排列的二维图解。图中的点代表原子振动所围绕的平衡位置,直线代表原子与其最近邻原子之间的键。如图 11-15(a)所示,晶体结构以原子高度有序排列为特征。网格中每个原子都有相同的共价键数,原子间的键长和键角均相同。这种有序很高程度上贯穿于整个晶体中,因此在忽略表面态时,网格中每个原子的平衡位置都能精确的区别于网格其它位置。由于网格的周期性延伸至整个固体内部,这种有序被描述为长程有序。

在非晶半导体中,网络中的原子之间的键长和键角有轻微的变化。如图 11-15(b)所示,这种轻微变化足以破坏超过几个原子半径距离以外网格的空间周期性。短程有序的相似性造成半导体非晶与晶态相具有类似的电子结构。然而,网络中的无序引入了定域化的电子态,即电子波函数被定域化在半导体中特定位置的状态。这些定域态的能量位置和密度对非晶半导体的电学和光学性能有深远影响。

晶体和非晶体半导体的原子结构中也包含影响其性能的缺陷。在晶体网格中,任一个不在平衡位置的原子就是一个缺陷。在非晶结构中,原子唯一明确的结构特征就是原子配位数,通常指的是原子正常结构成键(NSB)。由于没有原子的正确位置,所以不能断定一个特定的结构是否是缺陷。因此,非晶半导体中基本缺陷是一个原子有过多或过少的键所形成的配位缺陷。图 11-15(b)所示为欠配位(U)和过配位(O)缺陷。这些缺陷在非晶材料的电子结构中引入了额外的定域电子态。

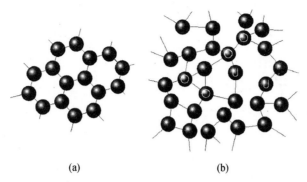

图 11-15　三维原子结构的二维显示
(a) 晶体半导体；(b) 非晶半导体。
O—过配位缺陷；U—欠配位缺陷。

2. 非晶半导体中的能带理论

能带模型是固体物理中用来解释半导体电学和光学性能的重要概念。由大量的原子聚集在一起形成固体时,能带模型是由对电子行为的量子力学处理中推导出来的。在单原子体系中,量子理论提出,电子的能量量子化为不连续的能级或能态。当原子形成固体时,与单个原子相关联的电子能态以这种方式组合形成由允许能量状态组成的几乎连续的能带。能带状态采用一种称为态密度 $g(E)$ 的函数来描述,其定义为在能量 E 附近单位能量间隔的量子状态数目。

图 11-16(a) 中所示为晶态半导体中的态密度,它可以运用量子力学原理,通过晶体结构周期性所引发的数学简化而定量推出。图 11-16(a) 中的能带图的显著特征是由能量禁止区域或禁带(band gap)所隔离开的两个能量允许状态。较低的能带被半导体中参与共价成键的电子完全占据,称之为价带。然而,较高能态的能带几乎完全缺乏电子。当电子获得足够能量超越禁带宽度时,电子变自由并对电流作贡献。因此这个能带称为导带。图 11-16(a) 中, E_C 和 E_V 分别代表导带边和价带边,E_F 为费米能级。

由于缺乏长程拓扑有序,非晶态材料中电子结构的定量演化要困难得多。事实上,非晶半导体中的无序结构使得很多人相信非晶能带图与晶体能带图显著不同。然而,当发现非晶固体拥有其相应晶体一样的基本电学和光学性质后,人们断定只有原子结构中的短程有序才在适用能带理论时是必需的。

N. F. Mott 迈出了概括非晶材料能带模型半定量化的第一步。他指出,晶体半导体电子结构具有以下普遍特征:

(1) 晶体内每个电子可以用扩展态布洛赫函数来描述,它拥有幅值和相位的双重长程有序。

(2) 允许的电子能量位于被已定义好的禁带所隔离开的允许态能带。

Mott 假设非晶半导体具有相似的普遍特征。他假设非晶态固体中电子布洛赫波函数在其幅值上有长程有序,而在相位上只有短程有序。这种差异导致定域电子态侵占到禁带区域。

Mott 的假设是建立在 P. W. Anderson 工作之上的。1985 年 Anderson 定量表明足够的结构无序将产生在空间定域化的薛定谔方程本征解。这些 Anderson 态不与特定的缺陷相关联,而是网络随机性的结果。随着网络随机性的增加,这种定域态的数量和能量散布增加。

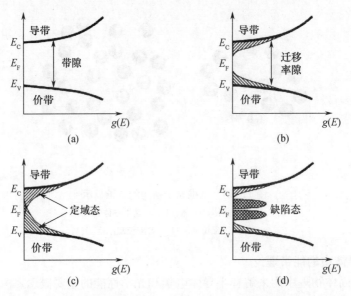

图 11-16　晶体和非晶体的态密度(Density of States,DOS)分布
(a) 晶体态密度;(b) Mott 提出的非晶态密度;
(c) CFO 模型的非晶态密度;(d) Marshall-Owen 提出的态密度分布。

图 11-16(b)图解说明 Mott 所提出的非晶态半导体态密度的能带模型。非晶半导体的导带和价带能态扩展到整个固体的体积中。然而网络的无序引入了定域"带尾态"(tail),它始于带边 E_V 和 E_C,并逐渐减小至禁带区域。Mott 假设由带尾定域态到扩展态的转变是被定义清楚的,对应于电子迁移率的突然变化。扩展态的电子以一个取决于固体内电子有效质量的有限的能带传输迁移速率进行迁移。另外,带尾定域态电子以一个通过态之间热激活隧穿控制的迁移率进行迁移。因此,定域态的迁移率在温度接近于绝对零度时会消失。这种迁移率的转变形成了非晶半导体中迁移率隙(mobility gap)的概念,类似于晶体半导体中的禁带。

Mott 提出的这个模型被 Cohen,Fritzsche 和 Ovshinski 进行了扩展,他们表明拓扑和成分无序将在非晶态半导体中引入比原来预想要多很多的无序。他们的能带模型被称为 CFO 模型,如图 11-16(c)所示。这个模型的显著特征是形成了扩展深入到半导体迁移率隙中并在费米能级区域相互重叠的带尾定域态。尽管电子态连续性贯穿能隙,但是由于这些能隙在空间上是高度定域化的,因此,与金属类似的传导性不被看好。

非晶半导体结构中也包含不同于网格中正常结构成键(NSB)的配位原子。由于非晶网格中的连通性是定义在定域基础之上的,因此可以很好地定义诸如悬键、链末端、空位、置换杂质和间隙等定域化缺陷。这些缺陷导致材料的迁移率隙中出现额外的定域化态。

最初的假定是非晶态结构的本征无序会在能隙中引入充分大的态密度来掩盖任何缺陷态的影响。然而,Marshal 和 Owen 提出,网格 NSB 中的缺陷将会形成显著的禁带中央(mid-gap)态密度,如图 11-16(d)所示。这个能带模型中,费米能级的位置由分别出现在迁移率隙的上半部和下半部的施主和受主态的能态所决定。固体形成时,这些状态通过自补偿机制进行自身调节,因此它们的浓度近乎相等,费米能级保持在能隙中间附近。即使是小的态密度也可以影响到半导体的能带模型,所以在预测材料电学性能时人们对它们的起源很感兴趣。

3. 非晶 Se 中的态密度和载流子传输

图 11-17 给出了目前被认可的非晶 Se 的态密度(DOS)分布。1988 年,作为上述 Owen-Marshall 模型的扩展被 Abkowitz 首次提出,其显著特征是从带边呈逐渐衰减的定域化态密度,峰值靠近价带和导带的带边。这些峰被分别称为空穴浅阱(shallow traps)和电子浅阱。靠近费米能级,在 DOS 中有两个额外的峰,称为深阱。如图 11-17 中所示,非晶 Se 的迁移率隙实际上是 2.22eV。

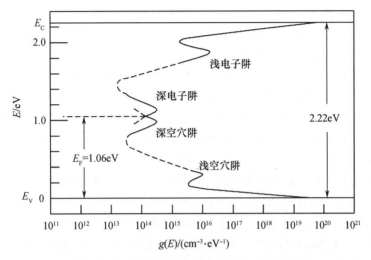

图 11-17 实验测定的非晶 Se 的态密度分布

非晶 Se 中载流子迁移率的实验观察表明,空穴和电子在低温下都是可移动的和热激活的。而且,人们相信载流子漂移迁移率是受浅阱控制的。这意味着载流子有效漂移迁移率 μ 需要将扩展态的微观迁移率 μ_0 按照浅阱俘获和释放的发生进行相应的降低,即

$$\mu = \theta\mu_0 = \frac{p_{\text{free}}}{p_{\text{free}} + p_{\text{trapped}}}\mu_0 \tag{11-34}$$

式中 θ——迁移率约化因子;

p_{free}——载流子在传输能带(transport band)中的浓度;

p_{trapped}——占据浅阱的载流子浓度。

假定 p_{free} 和 p_{trapped} 保持平衡。

对于一组离散的单能浅阱,可以得到空穴迁移率方程:

$$\mu = \mu_0\left[1+\frac{N_t}{N_v}\exp\left(\frac{E_t}{kT}\right)\right]^{-1} \approx \mu_0\frac{N_v}{N_t}\exp\left(-\frac{E_t}{kT}\right) \tag{11-35}$$

式中 N_v——价带迁移率边 E_v 上的态密度;

N_t——浅阱浓度;

E_t——浅阱距离 E_v 的能级深度。

在足够低的温度下,假设 $p_{\text{trapped}} \gg p_{\text{free}}$,迁移率可以用阿伦尼乌斯(Arhenius)形式来表示。随着温度提高,μ 趋向于 μ_0。

图 11-17 中浅阱的位置可以用式(11-35)对载流子漂移迁移率与温度关系的实验观察进行曲线拟合来确定。已经表明,空穴浅阱的浓度峰值位于 $E_t-E_v \approx 0.29\text{eV}$ 处,空穴的微观迁移率与温度相关,几乎呈扩散指数关系(即 $\mu_0 \propto T^{-n}$,其中 $n \approx 1$)。这就给出了室温下空穴在传输

带内的微观迁移率为 0.3~0.4cm²/V,与霍尔效应测量所报道的 μ_0 相一致。可以用类似的方法推导出电子浅阱密度的峰值,发生在 $E_c - E_t \approx 0.35\text{eV}$。已经表明空穴和电子浅阱的密度从传输带边(transport band edge)开始呈指数衰减。

通过测试了图 11-17 中深阱能量分布的峰值,空穴深阱密度分布的峰值位于距离 E_v 0.87eV 处,而电子深阱峰值发生在距离 E_v 1.22eV 处。与类似的非晶半导体相比,这些深能态(deep states)的积分浓度很小,这使得非晶 Se 成为 X 射线光子检测应用的良好备选材料。实验也已经测量出定域空穴深能态(deep localized hole states)的峰值约发生在 0.85eV。

已经表明,迁移率隙中的浅定域态和深定域态都起因于室温下热力学稳定的不同结构缺陷。因其控制载流子的寿命或俘获时间进而决定载流子的移动距离 $\mu\tau E$ 以及光电导的 X 射线灵敏度,深能态(deep states)受到额外的关注。19 世纪 80 年代,施乐的实验表明这些态是从平衡缺陷衍生出来的,因此并不能够通过仔细的制备方法或者源材料的提纯来消除。非晶 Se 迁移率隙中势阱的确切性质并未被结论性地解决,但是目前已经被接受的是它们源自非晶 Se 原子结构中的 VAP(Valence Alternation Pairs,变价对)缺陷(即带正电荷的过配位 Se_3^+ 和带负电荷的欠配位 Se_1^- 中心)。

杂质和合金化元素对非晶 Se 的传输性能影响已经有很好的记录。纯非晶 Se 是不稳定的,过一段时间(几个月到几年,取决于环境条件)会趋向于晶化。已经发现,通过在纯非晶 Se 中加入少量的 As(0.2%~0.5%)进行合金化能够降低其结晶化速率。由于 As 原子为Ⅲ价,它们能够三重成键(triply bonded)并连接到 Se 链,增加非晶结构的粘度并阻止其结晶化。然而,As 的添加增加了作为空穴势阱的 VAP 缺陷数目,因此降低了空穴寿命。这可以通过添加百万分之几范围的卤族元素(如 Cl)来补偿。

通过调节 As 和 Cl 的量来平衡形成载流子势阱的 VAP 缺陷数量,可以获得具有良好空穴和电子传输性能的热稳定薄膜。所得到的材料称为稳定化的非晶 Se,例如,标称成分为a-Se:0.3%As +20ppm Cl。目前,作为尚未完全解决的基础性问题,As 和 Cl 对非晶 Se 光电导电荷传输性能的补偿效应正在被研究。表 11-4 总结了一种典型的稳定化非晶 Se 光电导膜的传输性能。

表 11-4 稳定的非晶 Se(a-Se:0.2%~0.5% As +10~40ppm Cl)光电导薄膜的输运性质

性 质	典型范围	$\mu\tau E$ @ 5V/μm	备 注
空穴迁移率 μ_h/(cm²/V·s)	0.12~0.14		受到浅陷阱控制
电子迁移率 μ_e/(cm²/V·s)	0.003~0.006		随 As 增加而快速下降,受到浅陷阱控制
空穴寿命 τ_h/μs	20~200	1.2~12mm	依赖于衬底温度
电子寿命 τ_e/μs	200~1000	0.3~1.5mm	对杂质微含量敏感
空穴范围(Hole range) $\mu_h\tau_h$(cm²/V)	2×10⁻⁶~2×10⁻⁵		比 PbI_2 高
电子范围(Electron range) $\mu_e\tau_e$/(cm²/V)	1×10⁻⁶~6×10⁻⁶		比 PbI_2 略高

4. 非晶 Se 的光学性质

和许多其他半导体材料一样,非晶 Se 中随着曝光的增加导致材料内载流子的密度增加,材料的电导率显著增加。该现象称为光电导现象,足够能量的入射光子能够将电子从价带激发到导带。发生吸收的可能性由材料的光吸收系数 α 决定。该值取决于入射光子的能量和带边处 DOS 的大小。如果入射光子的能量小于禁带,吸收被忽略。入射光子能量超过禁带值时,吸收系数的大小快速增加。

试验研究表明,非晶 Se 的光吸收系数 $\alpha(\text{cm}^{-1})$ 符合形式为

$$\alpha(h\nu) = 7.35\times 10^{-12}\exp(h\nu/0.058) \quad (11\text{-}36)$$

$h\nu$ 的单位为 eV。这对应于电荷载流子从禁带中央(mid-gap)定域态激发到扩展态。更高的光子能量时,吸收系数符合 $\alpha(h\nu) \propto h\nu - E_0$,其中 $E_0 \approx 2.05\text{eV}$ 是室温时的光学带隙(optical gap)。这种行为归因于态密度在带边的急剧增加。已经观察到光学带隙 $E_0 \approx 1.9\text{eV}$ 时,其关系遵循托克定律 $\alpha(h\nu) \propto (h\nu - E_0)^2$。

光子的吸收导致产生电子—空穴对(EHP),电子激发到导带时在价带中留下一个空洞或空穴。这种光产生的电荷载流子可以在电场下对传导电流起作用。量子效率 η 决定了产生的 EHP 被电场所分离的可能性,是半导体材料的另外一个重要光学参数。没有被电场所分离的 EHP 快速复合,不会对传导电流起作用。已经发现,即使光子能量远高于光学带隙,非晶 Se 中的量子效率强烈依赖于电场。α 和 η 对光子能量 $h\nu$ 和电场 E 的依赖关系示于图 11-18。

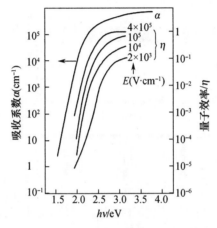

图 11-18 a-Se 的吸收系数 α 和量子效率 η

在非晶 Se 中观察到的量子效率对电场的依赖性,其背后的机制可以用光产生 EHP 解离的昂萨格(Onsager)理论来解释。实质上,昂萨格理论计算了在给定电场 E 和温度 T 时,一个 EHP 扩散分开的可能性。量子效率可以表示为 $\eta = \eta_0 f(E,T,r_0)$,其中 $\eta_0(h\nu)$ 是本征光产生过程的量子效率,$f(E,T,r_0)$ 是 EHP 分离的可能性,r_0 是光生电子—空穴对的最初分离率(initial separation)。

11.8.6 样品制备

采用常规的真空沉积技术制备了非晶 Se 样品。Se 玻璃颗粒在不锈钢蒸发舟内加热产生 Se 蒸气,冷凝到铝基板上形成非晶 Se 层。纯的非晶 Se 层热力学上不稳定,会随时间趋向于发生晶化。通过在纯 Se 中加入少量 As(约 0.2%)合金化可以显著降低其晶化速率。通常,也加入少量的(约 10ppm)卤素(如 Cl)来补偿由于 As 的加入造成的空穴寿命的下降。所得到的热稳定合金被称为稳定化非晶 Se,例如 a-Se:0.5% As + 10ppm Cl,这就是稳定化非晶 Se,简写为 a-Se。

采用图 11-19 所示的 NRC3117 型不锈钢真空涂覆系统将 a-Se 层蒸发到基板上,基板和源材料装在系统内,腔内抽真空至本底压强 10^{-4}Pa。施加大直流电流(100~150A)将含有源

材料的钼舟加热到约 250℃。薄膜的性能取决于沉积条件,因此,采用两个热电偶(T/C)仔细检测舟和基板的温度。使用数字式石英晶体速率监测器监测 Se 的蒸发速率。在形成约 2μm/min 的稳态蒸发之前,用一个机械式遮板阻挡 Se 蒸汽在基板上的凝结。

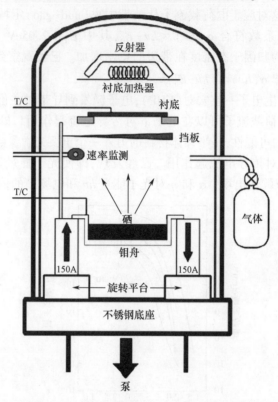

图 11-19 真空沉积非晶 Se 膜的设备示意图

在薄膜沉积过程中,基板的温度要仔细维持在一个高于 a-Se 的玻璃转变温度(60℃)的恒定值。为了制备均匀的样品,在舟中的源材料完全蒸发完之前,通过关闭遮板来结束沉积过程。为了制备厚度约为 100μm 的薄膜,每次沉积大概要使用 40~50g 的材料。随后关闭基板和舟的加热器,使得系统在腔体充压的状态下冷却。然后样品从系统中取出,采用数字式千分尺测量沉积层的厚度。然后样品在室温下放置于黑暗的地方 2~3 天使其物理性能稳定化。

11.8.7 动态成像的直接转换探测器的结构

利用直接转换平面探测器来获得动态图像,是通过将穿过人体或物体的 X 射线直接转换成电信号以产生完全的数字动态和静态图像。该探测器由四部分组成,即一个 X 射线转换单元、一个探测器元阵列单元、一个高速信号形成单元和一个数字图像转换单元,如图 11-20(a)和图 11-21 所示。

1. X-射线转换单元

如图 11-20(a)所示,在该单元中,非晶态的硒被用作光电材料,将 X 射线转换成电信号。当 X 射线照射到一层非晶态硒上时,便产生正负电荷,其数量正比于 X 射线的照射量,X 射线的照射量又与光子的传导率有关。接上几千伏的电压,产生的电荷就会沿着电场方向移动并作为光电流被储存起来,而不是通过探测器元阵列散射或消失。

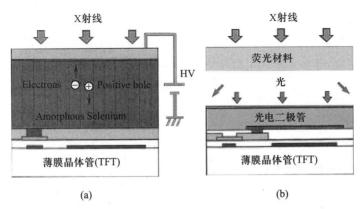

图 11-20 直接 X 射线成像的像元结构与非直接方法的比较
(a) 直接转换方法;(b) 间接转换方法。

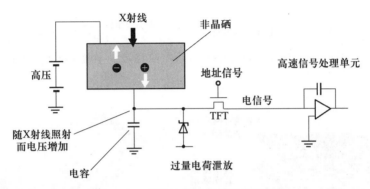

图 11-21 直接 X 射线成像的像元电路

2. 探测器元阵列单元

在这一方面,TFT 技术被用来在一块玻璃底面上制作一个有多于两百万探测器元的阵列。如图 11-21 所示,每个探测器元包括一个电容器和一个 TFT,当 X 射线照射到转换单元时,产生的电荷便聚集到电容器里。若 TFT 被一束从快速变化单元发出的处理信号激活时,储存的电荷便被作为电信号读出到快速变化单元。

3. 快速信号变化单元

该单元产生的处理信号连续激活探测器元阵列中探测元的薄膜晶体管,由于这些处理信号而产生的电信号被放大并被传送到 A/D 转换器,如图 11-21 所示。

4. 数字图像转换单元

该单元用来校正数字信号的固有特征,并连续地将数字图像传输到主计算机。在 X 射线透视中,动态图像是以每秒高达 30 幅的速度获取的,这与大于 1Gb/s 的传输率相符合。

11.8.8 动态成像的直接转换探测器的工作原理

直接数字化 X 射线成像是将非晶硒涂在薄膜晶体管(TFT)阵列上,入射的 X 射线能量可直接转换成数字信号。非晶硒为光电材料,它将 X 射线转换成电子信号,当 X 射线照射非晶硒层时,产生电子—空穴对,在外加偏压电场的作用下,电子和空穴朝相反的方向移动形成电流,电流在 TFT 的电容上积聚成储存电荷,如图 11-22 所示。每个 TFT 的储存电荷与入射的 X 射线光子的能量相对应,这样每个 TFT 就成了一个采集影像信息的最小单元,即像素。每个像素中还有一个起"开关"作用的场效应管。诸多像素被安排成二维矩阵,按行设门控线,按列设图像电荷输出线,如图 11-23 所示。读出时,哪一行被给予电压,这一行的开关就被打开,电荷从被选中行的所有电容中沿数据线同时流出。像素信号经读出放大器放大后被同步转换成 14 位二进制数字信号,经一条电缆传送到系统控制台,在那里完成数字图像信息的存储与处理,并在影像监视器上显示。器件的基本结构如图 11-24 所示,图 11-25 是其实物图。

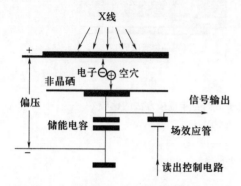

图 11-22 非晶硒平板探测器成像原理图

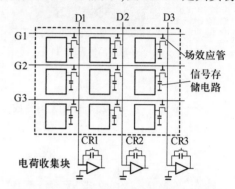

图 11-23 直接转换平板探测器的电路图

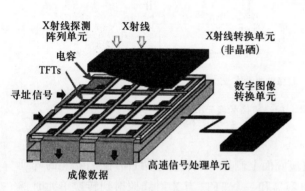

图 11-24 直接数字 X 射线成像器件内部结构

图 11-25 直接数字 X 射线成像器件

11.8.9 直接转换成像器件的分辨本领

图 11-26 显示了三种 X 射线成像器件的空间分辨特性。转换屏 + PD + TFT 方法如图 11-26(a) 和 (b) 所示,由于出射光在转换屏中的散射,使扩展函数增宽,空间分辨下降,其

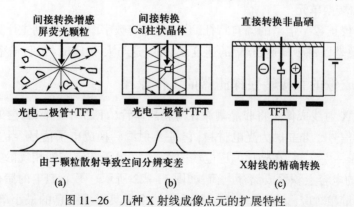

图 11-26 几种 X 射线成像点元的扩展特性

中利用 CsI 柱状晶体的转换屏(b)的效果好些。而直接转换法不存在光的散射,如图 11-26(c)所示,扩展函数好。图 11-27 显示了两者调制传递函数比较,可见直接转换成像的空间分辨特性明显优于间接转换方式的成像。

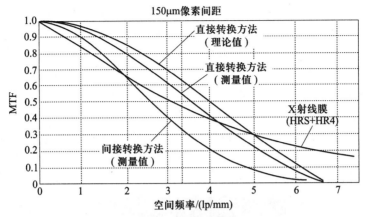

图 11-27　几种 X 射线成像器件的 MTF 的比较

11.8.10　动态成像的直接转换探测器的灵敏度

像元的灵敏度如图 11-28 所示,像元灵敏度为 $8.5pC/(nC/kg)/cm^2$,图中标示 258nC/kg 为 1mR。达到一定计量,灵敏度曲线饱和。图 11-29 表示了几种不同厚度的非晶硒厚度对像元的电荷积累量的影响,看来非晶硒厚度越大,像元在一帧时间内积累的电荷量越多。非晶硒层厚度要达 1mm 左右,这需要较长时间的真空蒸发,才能达到这样的厚层。

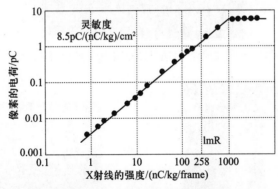

图 11-28　像元的灵敏度曲线

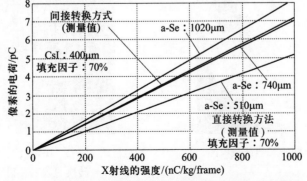

图 11-29　几种不同厚度的非晶硒厚度像元的电荷积累量

与间接转换方式相比,直接转换方式的水平分辨率要高出 1.5~2 倍。因为间接转换方式在将 X 线转换为光时,光的散射会导致图像质量恶化,难以提高分辨率。与最好的间接成像方式相比,直接成像方式剂量下降一半,仍然能获得质量很好的图像。目前,1536×1536 个像素的直接成像器件已研制成功,像素间距为 150μm,9 英寸×9 英寸的面积中,能够以 30 帧/s 的影像读取出来。17 英寸×17 英寸的大尺寸 X 射线传感器达到了实用化水平,能够拍摄胸部和大腿部位等大范围的 X 线图像,不仅是医疗设备,而且将其用于半导体的无损检查和食品的防异物设备等领域。如图 11-30(原始图片)所示为数字 X 射线图像检测集成芯片的结构图。图 11-31、图 11-32 比较了早期的胶片图像与数字 X 射线图像,其图像质量不可同日而语。基于 DR 直接数字成像系统产生的图像质量完全可与光学胶片照相媲美,在大多数领域可以代替胶片照相。像数码相机代替普通胶片相机一样,这种技术将引起射线检测技术的一次革命,实现 X 射线检测高质量、高效率、低成本。直接 X 射线数字成像系统体积、质量小,图像质量好,应用范围也较宽。

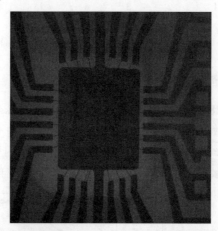

图 11-30 数字 X 射线成像器件获得的微电子器件的图片(554×565 像元)

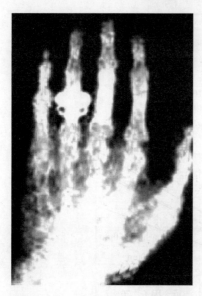

图 11-31 早期的 X 射线成像图

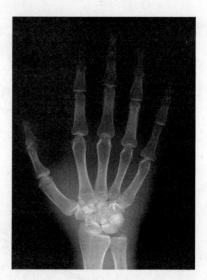

图 11-32 像素数 1280×1536 直接转换的数字 X 射线成像图

练 习 题

11.1 什么是连续 X 射线？什么是特征 X 射线谱？
11.2 说明 X 射线透视成像的基础。
11.3 说明 X 射线成像器件的分类。
11.4 画出 CsI/MCP 反射式 X 射线光电阴极结构。
11.5 X 射线激发电子的过程是什么？
11.6 画出透射式 X 光阴极的结构。
11.7 画出 X 射线像增强器(大头管)的基本结构。说明其基本工作原理。
11.8 直接数字 X 射线成像器件的探测器的基本结构是怎样的？简要画图,并说明其工作原理。
11.9 通过比较,说明直接数字 X 射线成像器件的探测器的分辨率高的原因。
11.10 简述直接数字 X 射线成像器件的基本原理。

参 考 文 献

[1] 方如章,刘玉凤. 光电器件[M]. 北京:国防工业出版社,1988.
[2] 刘恩科,朱秉升,罗晋生[M]. 半导体物理学. 北京:国防工业出版社,2006.
[3] 王君容,薛召南. 光电子器件[M]. 北京:国防工业出版社,1982.
[4] 汪贵华,杨伟毅,常本康. 光阴极材料 GaAs/AlGaAs 的组分分析[J]. 真空科学与技术学报,1999,19(6):456-460.
[5] 汪贵华,杨伟毅,宗志园. 用变角 XPS 定量分析研究 GaAs 光电阴极激活工艺[J]. 真空科学与技术学报,2002,22(6):399-402.
[6] 汪贵华,房红兵. GaAs 和(Cs,O)/GaAs 热处理工艺的 XPS 研究[J]. 真空科学与技术学报,2003,23(5):307-310.
[7] 向世明,倪国强. 光电子成像器件原理[M]. 北京:国防工业出版社,1999.
[8] 易家良,牛丽红,阚晓梅,等. 半导体玻璃微通道板的研制[J]. 应用光学,2007,28(2):121-124.
[9] Su C Y, Spicer W E, Lindau I. Photoelectron spectroscopic determination of the structure of (Cs,O) activated GaAs (110) surface[J]. Journal of Applied Physics, 1983, 54(3):1413-1422.
[10] Timothy W. Sinor, Bender E J, Chau T, et al., Frontiers in 21th century Microchannel Plate (MCP) technology: Bulk Conductive MCP Based Image Intensifiers[J]. Proceedings of SPIE, 2000,4128:5-13.
[11] Joseph P Estrera, Bender E J, Adriana Giordana, et al. Long Lifetime Generation IV Image Intensifiers with Unfilmed Microchannel Plate[J]. Proceedings of SPIE. 2000,4128:46-53.
[12] 王庆友. 图像传感器应用技术[M]. 北京:电子工业出版社,2006.
[13] 米本和也. CCD/CMOS 图像传感器基础与应用[M]. 陈榕庭,彭美桂,译. 北京:科学出版社,2006.
[14] 吴宗凡,柳美琳,张昭举. 红外与微光技术[M]. 北京:国防工业出版社,1998.
[15] 刘俊刚. 高性能 PtSi 凝视红外焦平面阵列的研究与进展[J]. 红外与激光技术,1994,5:1-8.
[16] 杨亚生. 凝视 PtSi 红外焦平面列阵的结构和性能[J]. 半导体技术,1997,4(2):47-52.
[17] Dereniak E L, Boreman G D. Infrared Detectors and System[M]. JOHN WIIEY & SONS. Inc, 1996.
[18] Kruse P W, Skatrud D D. Arrays and Systems of Uncooled IR Imageing[J]. Semiconductors and Semimetals, 1997,47.
[19] Hansonc. Uncooled thermal imaging at Texas Instruments[J]. SPIE, 1993, 2020:330-339.
[20] Kruse P W. Uncooled IR Focal Plane Arrays[J]. SPIE, 1995,2552:556-563.
[21] Jerominek H, Picard F. Micromachined, uncooled, VO_2-based, IR bolometer arrays[J]. SPIE,1996,2746:60-71.
[22] Polla D L, Baude P F. Micromachined infrared detectors based on pyroelectroic thin films[J]. SPIE, 1995, 2552:602-611.
[23] Whatmore R W, Stringfellow S B, Shorrocks N M. Ferroelectric Materials for Uncooled thermal Imageing[J]. SPIE, 1993,2020:391-402.
[24] 苏现军,王武杰. GaN 基可见光紫外探测器及其研究进展[J]. 量子电子学报,2004,21(4):406-410.
[25] 赵文锦. 透射式碲铷光电阴极的工艺和特征研究[J]. 光电子技术,1999,19(2):93-96.
[26] In-Seok Seo, In-Hwan Lee. Characteristic of UV photodetector fabricated by Al0.3Ga0.7N/GaN hetrostructure [J]. Journal of Crystal Growth, 2003, 252:51-57.

[27] 向思明. 硬 X 射线 CsI 光阴极二代近贴像增强器[J]. 应用光学,1989,3.
[28] 谈凯声,潘智勇. 应用 SEM 研究 CsI 光阴极的微观结构[J]. 真空电子技术,1993,4:23-27.
[29] Fraser G W,Lees J E,Peorson J F. Near-edge structure in the soft x-ray quantum efficiency of microchannel plate detector[J]. SPIE ,1994,2280:101-108.
[30] TheChallenges of Direct Digital X-Ray Detectors[EB/OL]. www.dondickson.co.uk.
[31] 陈继述,胡燮荣,徐平茂. 红外探测器[M]. 北京:国防工业出版社,1986.
[32] 王义玉. 红外探测器[M]. 北京:兵器工业出版社,1993.